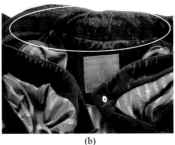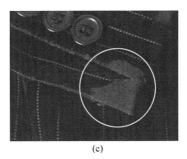

(a)　　　　　　　　　　(b)　　　　　　　　　　(c)

彩图1　静电植绒面料服装干洗事故造成绒毛脱落、倒伏

(a) 休闲服表面反光涂层　　(b) 羽绒服外涂层水洗　　(c) 衬衫干洗内涂层分离，　　(d) 夹克内涂层干洗起泡硬裂，
　　干洗损伤,面目全非　　　　磨损脱落　　　　　　拉动面料抽缩变形　　　　导致面料抽缩

彩图2　涂层洗涤损伤示例

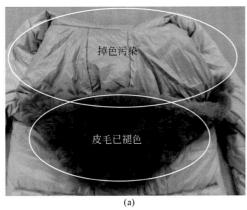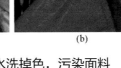　

(a)　　　　　　　　(b)

彩图3　羽绒服领帽染料染色裘皮水洗掉色，污染面料　　**彩图4**　纯白色裘皮干洗
变为灰白色

(a) 拔白

(b) 拔白

(c) 色拔

彩图5　拔染印花

彩图6　珠光粉仿蜡染印花布

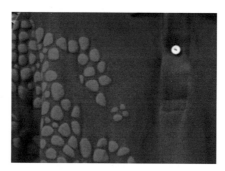
彩图7　纯棉T恤发泡印花

彩图8　纯棉T恤金银粉印花

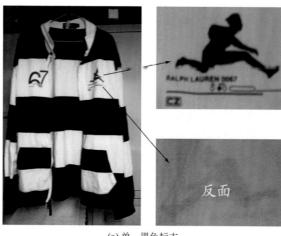

(a) 单一黑色标志

(b) 多种颜色，摩擦容易掉色，一旦掉色不可修复

彩图9　压膜印花，看上去犹如贴上一层厚厚的塑料膜，亮而发硬，手感与人造革、PU革相同，材质为PVC，干洗必然脱落，或逐次脱落

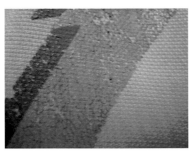

彩图10 夹克服装上的涂料印花（局部），其工艺属于压膜印花工艺性质。由于干洗溶剂的溶解和摩擦作用，树脂涂饰和图案严重脱落，不可修复

彩图11 纯棉上衣（属于硬挺织物）刷洗过头造成色花

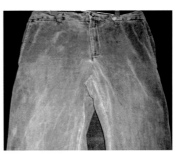

彩图12 纯棉休闲裤水洗色花

   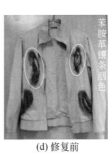 

(a) 正面　　(b) 背面　　(c) 棉服局部　　(d) 修复前

(e) 修复后

彩图13 泅色

备　注　泅色处理前后对比情况：（a）、（b）面料由白色、红色锦纶、黑色苯胺革拼料组成；（c）棉服深土黄色，衣袖及兜口苯胺革滚边；（d）、（e）夹克兜口为苯胺革镶条。

彩图14 染料染色污染情况，羽绒服（局部，连体帽），染料染色裘皮毛领掉色，污染面料尼龙绸

彩图15 真丝提花面料棉袄涂抹干洗皂液咬色

(a) 简单印花

(b) 复杂印花

(c) 复杂印花

彩图16 简单印花与复杂印花洗涤情况

备　注　衣物（a）尽管在水洗时加入了冰醋酸以防掉色，长袖T恤还是有轻微洇色痕迹，如不事前采取预防措施，可能洇色严重。衣物（b）、（c）为涂料印花，水洗不掉色，即便摩擦掉色或干洗掉色，也不会造成"三色"。

(a) 涤纶丝分散染料染色

(b) 涤纶丝分散染料染色

(c) 涤纶丝分散染料染色

(d) 涤纶涂料印花

(e) 锦纶弹力巾涂料印花

彩图17 五块布料同时浸入次氯酸钠溶液中颜色的变化

浸泡试验　水550毫升，次氯酸钠20克（浓度4%），水温58℃，时间30分钟，颜色毫无变化。经保险粉试验，颜色也毫无变化。

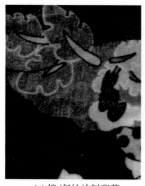
(a) 棉/氨纶涂料印花

(b) 真丝绸涂料印花

彩图18 印花案例

浸泡试验　浸入氯漂液中浸泡，时间30分钟，水250毫升，次氯酸钠14.8克（浓度6%），温度44℃，颜色毫无变化。又用保险粉浸泡试验，颜色也都毫无变化。保险粉10克，时间1小时，颜色无变化；加温到80℃以上仍无变化；遂浸泡23小时也无变化。

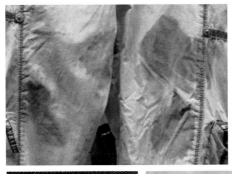

彩图19 纯棉青莲色（藕荷色）休闲女裤在洗衣前去渍色花，复染后依旧色花

备　注 外送复染，先彻底剥色后的效果，复染失败。回店后用次氯酸钠剥色，但毫无变化。用次氯酸钠剥色和次氯酸钠咬色性质是相同的，大部分变色而不能变白。

(a) 黑色纯棉裤脚染料染色，综合判断，靛青染料染色

(b) 氯漂后变化的颜色

(c) 纯棉染料印花原色

(d) 纯棉染料印花(c)氯漂后变化的颜色

彩图20 氯漂变色

浸泡试验 浓度3%，水温60℃，时间20分钟，由蓝色变为棕色；经过保险粉浸泡试验，颜色变化为黄色，与其棕色差异较大。

拔白印花上衣

(a)

次氯酸钠

氯漂后变白

PU革

(b)

保险粉

保险粉浸泡后无变化（先消色遇空气恢复）

(c)

彩图21 次氯酸钠、保险粉颜色作用试验

备　注 这是洗衣店员工废弃的一件纯棉上衣，为拔白印花。容易磨损的部位贴缝PU革；白点为腐蚀剂拔白，腐蚀剂应为酸剂。由于酸剂浓度过高，对纤维的损伤严重，穿用不足3个月，衣袖、腋下等多处白色部位破漏。操作：(1)次氯酸钠，水500毫升，次氯酸钠溶液浓度5%左右，水温60～70℃，5分钟时蓝色明显改变，15分钟时蓝色完全消失变白；(2)保险粉，试验方式与氯漂相同，5分钟左右蓝色大部分消失，10分钟左右已完全变成浅土黄色。试验结束取出遇到空气，颜色逐渐变深，当漂洗干净，约有五六分钟时，已完全恢复原来的蓝色。由此可以断定蓝色为靛蓝还原染料。氯漂与保险粉试验，PU革均毫无变化。PU革具有很强的耐氯漂、还原剂能力。

(a)　　　　　　　(b)

彩图22 保险粉——变色不能恢复原色

案例

　　2010年，客户送洗一件纯棉染料印花T恤，颜色为白、深蓝、浅蓝条相间。前襟沾染红酒要求处理掉。水洗师傅用保险粉剥色，虽然除去了红酒，但衣物蓝色部分变成棕色，甚为惊骇。然而没想到晾干之后又恢复原色，效果很好，顾客取衣时十分满意。几天之后这位顾客又拿来一件相同的T恤，也是前襟洒上红酒，要求处理掉。水洗师傅欣然同意，采取了与上次同样的办法处理，蓝色也变成棕色，以为晾干之后照样恢复蓝色。但又一次出乎意料。晾干之后依然还是棕色，水洗师傅又是一次惊骇。幸运的是棕色均匀，也不难看，但风格完全改变。最终顾客认可取走。需说明的是领口衬布为涂料印花，颜色未变。

彩图23 毛呢涂料印花

试验操作 保险粉10克，水250克，水温 80℃以上，时间1小时，颜色无变化。

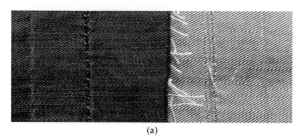
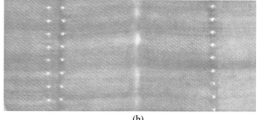

(a)　　　　　　　　　　　　　　　　(b)

彩图24 扦裤脚余料，黑色，为靛青还原染料

浸泡试验 水200毫升，水温80℃，保险粉10克，颜色迅速变为黄色。布料刚从溶液中取出，已经变成的黄色就开始向原来的黑色转变,3分钟左右完全恢复原色。

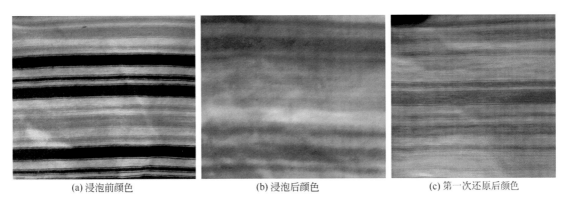

(a) 浸泡前颜色　　(b) 浸泡后颜色　　(c) 第一次还原后颜色

彩图25 纯棉染料印花

浸泡试验 第一次用保险粉浸泡：保险粉15克，水600毫升，水温40℃，时间20分钟。用工业洗衣粉还原：保险粉11克，水5升，时间20分钟。恢复的颜色距原色相差甚远。第二次用纯碱还原：水量300毫升，水温60℃，纯碱10克，时间20分钟左右，颜色恢复好于第一次，但距离原色仍有较大差距。继续浸泡至23小时，没有完全恢复原色。结论：用纯碱还原好于工业洗衣粉。

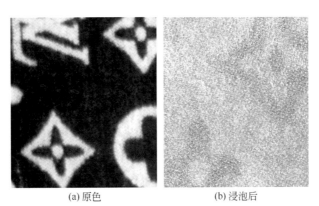

(a) 原色　　　　　(b) 浸泡后

彩图26 纯棉针织内衣染料印花面料用保险粉浸泡前后颜色的变化

操作 保险粉10克，水0.3升，温度60℃。经纯碱还原，颜色未有恢复，加大纯碱用量，仍然没有恢复。

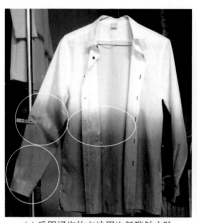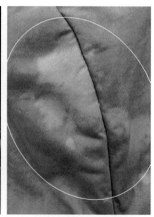

(a) 采用浸泡的方法用次氯酸钠去除衣领汗黄渍，由于操作不当和不慎，造成次氯酸钠咬色

(b) 用次氯酸钠剥色时操作不规范，使漂液沾染其它衣物造成咬色

彩图27　氯漂咬色

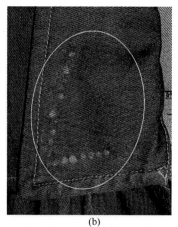

(a)　　　　　　　　　(b)

彩图28　黏胶溶化污染衣物，亮钻脱落

备　注　牛仔布风衣，衣领、前襟、袖口多处用树脂胶粘上许多树脂亮钻，复染后基本全部开胶脱落，留下黏胶痕迹，并留下污染痕迹。黏胶痕迹不容易去除，即便去除了，也可能造成颜色的破坏，形成渍花。

洗衣技术

与

事故防治

XIYI JISHU YU SHIGU FANGZHI

吴成浩　编著

化学工业出版社

·北京·

本书着力从纺织印染的源头探讨事故发生的原因，结合实践，介绍了洗衣事故的预防措施和救治修复方法。

书中以洗衣技术为主线、以洗衣事故为中心展开叙述。比较详细地介绍了纺织纤维、皮革裘皮的性能；纺织纤维织物组织和主要织物的特点；洗衣常用的洗涤用品、去渍化料，其中对于主要洗涤用品和去渍化料详细地介绍了成分构成、性能和使用方法，对经常使用的主要化料进行对比分析；比较详细地介绍了各种衣物颜色所使用的色料、着色方法、色牢度，以及各种颜色对不同化料的反应和对洗涤方式、洗涤方法的影响；介绍了重点污垢的主要成分、适合的去渍化料、去渍方法、去渍原理；水洗、干洗、熨烫操作方法和须注意的问题；复染技术；系统地介绍了合成树脂在服装中的应用及对洗衣的影响。

本书的读者对象主要是洗衣店的经营者、管理者和员工。

图书在版编目（CIP）数据

洗衣技术与事故防治/吴成浩编著. —北京：化
学工业出版社，2013.4（2023.6重印）
ISBN 978-7-122-16604-3

Ⅰ.①洗⋯　Ⅱ.①吴⋯　Ⅲ.①服装-洗涤-技术
②服装-洗涤-事故防治　Ⅳ.①TS973.1

中国版本图书馆 CIP 数据核字（2013）第 038985 号

责任编辑：李晓红　　　　　　　　　　　　文字编辑：王　琪
责任校对：徐贞珍　　　　　　　　　　　　装帧设计：王晓宇

出版发行：化学工业出版社（北京市东城区青年湖南街 13 号　邮政编码 100011）
印　　装：北京盛通数码印刷有限公司
787mm×1092mm　1/16　印张 21　彩插 4　字数 508 千字　　2023 年 6 月北京第 1 版第 9 次印刷

购书咨询：010-64518888　　　　　　　　　　售后服务：010-64518899
网　　址：http://www.cip.com.cn
凡购买本书，如有缺损质量问题，本社销售中心负责调换。

定　　价：78.00 元　　　　　　　　　　　　　版权所有　违者必究

前 言 FOREWORD

本书可以说是以洗衣事故为中心的一部洗衣总结报告。我在洗衣店七年多的时间里，十分注意观察操作。我在处理洗衣事故和问题时也曾发生过二次事故，对于有些事故并不晓得根本原因，为此我决心从纺织、印染、精细化工的源头学习和研究，探寻事故的根本原因，研究洗衣技术和洗衣事故的防治方法。凡是我经手、看到、听到以及研究问题时发现的洗衣事故和问题，基本都写进了这本书里。可以说本书是洗衣实践和事故教训换来的成果。为了进一步了解和说明有关问题，我还特意到印染厂实地调研。

本书针对的主要对象是街巷前店后厂式的专业洗衣店。专业洗衣店与各大宾馆、大型医院的洗衣车间、洗衣工厂相比，虽然同属洗衣行业，但是在投资、工作场地、洗涤设备、洗涤衣物、经营模式、管理方式等方面有很大的区别。尤其是洗衣车间、洗衣工厂以洗涤布草为主，专业洗衣店洗涤的衣物涵盖了各种类型的所有衣物，这是二者的最大区别。

洗衣看似简单，实则涉及的知识面很广，是集纺织、印染、精细化工等行业的专业知识于一体，纤维性能、织物组织、颜色、洗涤化料、设备操作与维护、技术管理、员工的思想情绪等，都是产生洗衣事故和洗衣问题的重要因素。按照一般家庭普通洗衣标准，洗衣工作确实简单，洗坏了大不了扔掉。但是对于洗衣店则大不相同，每天几十件、上百件，甚至几百件的衣物，每一种类的衣物、每一件衣物都洗得干净、洗得快，熨烫符合标准，很不容易做到。如果衣物洗不好——返洗，洗坏了——赔付或补偿，不可避免引起纠纷。一旦事故接连而出，会使人焦头烂额。有的洗衣店因此而经营萎缩，甚至倒闭。

洗衣事故的救治是洗衣店专业技术的集中体现，同时洗衣事故的救治也是洗衣店的一项新的业务。有的洗衣店已经打出了洗衣事故救治的牌子，这一情况折射出中国洗衣行业的发展处于不健康状态，洗衣技术亟待提高。对于绝大多数洗衣店而言，学习和研究事故衣的救治与修复，其根本目的和意义是提高洗衣技术和洗衣质量，提高收洗率，避免和减少洗衣事故的发生，赢得更多的顾客，这是洗衣行业发展的根本方向。

现在社会上有许多人称洗衣店为干洗店，甚至有的洗衣行业专业人士也将其称为干洗店，这种称呼的本身就表明了对洗衣的片面了解或偏见。并非干洗高档，水洗低档。实际的情况是衣物到底是适合水洗还是适合干洗的问题。干洗和水洗是洗衣店的"两条腿"，缺一不可，研究洗衣技术，不可能将干洗和水洗分离开来。

洗衣事故有许多是在似懂非懂、大概其、差不多的情况下进行操作所发生，重复性和类似性事故便是有力的说明。实事求是地讲，中国目前的洗衣行业从业员工文化程度普遍偏低，招聘大专以上学历的年轻人很难，即便招来了也很少能留住。有意愿能够长期从事洗衣工作并具有大专以上学历的年轻人寥寥无几。因此，本书从通俗易懂、可操作性强的原则出发，尽量简明扼要，尽量不用与实际工作相距较远的原理概念和看不懂的外文符号，尽量使用通俗语言，不用科技专用术语，需要使用的专业术语，随即加注解释说明。在书中尽量插入实例和案例，还附有图片、分析、提示等，以提高说明效果。

我在编写这本书的过程中，得到了耿丽的大力支持和协助。耿丽身为洗衣店长，从业 10 年，技术全面，经验丰富，对本书稿进行了认真核对，并提出了许多宝贵的意见。在此深表谢意。

在本书初稿成型之后，经鞍山市博亿印染公司副总经理、工程师吕华利的审阅和指导，提出了许多具体意见，并提供了纺织工业部和印染行业宝贵的技术资料，在此表示深深的谢意！

本书经反复研究、试验至编写成稿历时两年多，由于水平有限，本书有些观点和操作办法难免有表述不准确、不完整之处，在事故救治方面还有很多欠缺，敬请广大读者批评指正。

吴成浩

2013 年 1 月于辽宁鞍山

目 录 CONTENTS

第四章
皮革与裘皮

第九章
合成树脂

第十二章
洗涤方式——干洗与水洗

第一章
洗衣市场与洗衣技术

第一节
洗衣市场现状与展望

人类生活的四大要素是衣食住行，穿衣排在首位，只要穿衣就离不开洗衣。因此，洗衣在人们的日常生活中占有十分重要的地位。

洗衣店洗衣是现代洗衣的标志，然而中国却落后于西方发达国家。1978年12月，中国共产党十一届三中全会召开以后，中国实行了改革开放的政策，国民经济高速发展。随着人们生活水平的不断提高，一些人从过去家庭洗衣为主，转为送洗衣店洗衣为主，送洗衣店洗衣由奢侈消费逐渐转为正常消费，而小汽车迅速进入家庭则是这一消费趋势的风向标。人们生活的方式在悄悄地发生变化，洗衣市场的服务空间和发展空间在迅速扩大。进入20世纪90年代以来，我国洗衣市场呈现出专业化快速发展的趋势。以福奈特加盟连锁经营为标志的前店后厂、专业化的洗衣店模式纷纷涌现，迅速占有了洗衣行业的主导市场，目前中国已拥有各类干洗机20万台左右，一台干洗机就是一家洗衣店。过去以家庭成员为主、技术设备落后、作坊式的小洗衣店渐渐失去了活力，逐步淡出洗衣市场。根据有关资料提供的数据，西方发达国家无论是人均的洗衣店数量，还是洗衣行业的营业额在国民经济中的占比，都远超中国。2000年美国洗涤行业一年营业额仅水洗就达260亿美元，是中国的20倍，而中国的人口约是美国的5.5倍，扣除中国与美国人均收入差距的因素，从中国经济发展的前景来看，消费潜力巨大。这就是我国洗衣市场的现状。

现在，人们的服装、家庭装饰，美观大方，色彩鲜艳，丰富多彩。求新、求异、求变、讲究品牌，成为许多人追求的时尚，给洗衣行业提出了更高的要求，洗衣技术成为洗衣店生存和发展的关键。目前，洗衣市场竞争激烈，机遇与挑战并存。

第二节
洗衣店洗衣与家庭洗衣的区别

　　洗衣店洗衣具有家庭洗衣不可替代的作用和优势，无论是洗衣安全，还是洗净度，家庭洗衣不可与之相比。洗衣店与家庭洗衣的区别表现在以下诸多方面。

1. 洗衣设备不同

　　洗衣店洗烫设备齐全，一些主要设备是家庭不可能配备的，如干洗机、熨烫机、大型水洗机、去渍机、烘干机、气泵喷枪等。没有这些专用设备，有些衣物根本无法洗涤和护理。

2. 洗涤用品不同

　　家庭很难将各种洗涤用品备齐，因此很难根据不同的衣物使用不同的洗涤用品。现在市场上销售的洗涤用品，种类繁多，性能各异，使用方法不同，作为家庭很难全面了解。如果洗涤用品不加区分，使用不当，轻者洗不好衣物，重者可能洗坏。有些专用的洗涤用品市场上很少销售，家庭很难配备。

　　例如，有的顾客听说84消毒液既可消毒又可漂白，结果他购买使用之后，衣物"咬色"、变色，纤维受损，严重者变"糟"。洗衣店经常遇到顾客将在家里用84消毒液洗坏的衣物拿来要求修复处理，就是很好的说明。

3. 洗涤手段不同

　　家庭洗衣只有水洗一种方式，而洗衣店除了水洗之外，还有干洗。干洗分为石油干洗、四氯乙烯干洗。由于织物纤维和服装加工用料的复杂性，有些衣物只能干洗，如若采用水洗则收缩变形或损伤。如黏胶纤维、丝毛等衣物水洗缩水率很高，裘皮、皮衣水洗则褪鞣皮板变硬。有些水洗的衣物，由于太大，家庭洗不了，只能拿到洗衣店，如面积很大的窗帘、窗纱、大衣、婚纱、地毯、汽车坐垫等。家庭虽然都有洗衣机，但一般都是涡轮式，水洗羽绒服必须用滚筒洗衣机洗涤，如果用涡轮洗衣机洗涤，因羽绒服的双层结构和面料紧密而鼓包，得不到有效洗涤，甩干容易发生气爆，并且需要烘干，家庭不可能都配备烘干机。家庭洗衣一般多用冷水，洗衣店多使用温水，洗净度高于家庭。

4. 洗涤技术不同

　　洗衣店除了配备各种洗涤用品外，还配备各种专用的去渍剂和化学药剂。可以说家庭洗衣去不掉的污渍，洗衣店大部分可以去除；而洗衣店去不掉的污渍，家庭基本无法去除。对洗衣过程中出现的问题，洗衣店解决的办法很多，解决不好的可以请教加盟总部和同行。而家庭洗衣技术有限，既缺少沟通渠道，也缺少解决问题的耐心。

　　洗衣店的员工在上岗前都经过专业培训，或以师带徒，或在师傅的指导下独立工作。就整体而言，家庭洗衣技术不可与洗衣店相比。

5. 洗涤质量和洗涤效果不同

　　洗衣店洗衣和熨烫是有标准的，达不到标准要返洗返烫，直到顾客满意。家庭洗衣则不同，洗不净只要没有大的妨碍则将就穿用，下次洗涤时再说。

　　家庭洗衣有许多不经过熨烫，其原因一是没有熨烫设备，二是嫌熨烫麻烦。但有的衣物不经过熨烫难以穿用，一部分顾客将衣物送到洗衣店主要是为了熨烫。单烫衣物在洗衣店占有一定比例。

衣物家洗和送到洗衣店洗涤感觉是不同的；送到专业洗衣店洗衣与送到小洗衣店洗衣的感觉也是不同的。虽然小洗衣店的价格便宜，但服装的购价较高，小洗衣店的技术和设备条件有限，可能洗不好，得不偿失。在讲究品牌的年代，到洗衣店洗衣，特别是到专业洗衣店洗衣，不仅可减轻家庭劳动，而且体现了自己的身份。

第三节
洗衣技术

洗衣事故的发生有主观因素，也有客观因素；有洗衣技术的因素，也有管理的因素；有衣物本身的因素，也有操作的因素；有人为因素，也有设备因素等，涉及方方面面，十分复杂。有许多人将洗衣工作视为简单劳动，事实上并非如此。洗涤的衣物数量越多，遇到的复杂情况越多，缺少专业知识不仅有许多问题解决不了，而且在洗衣过程中必然出现事故和问题。俗话说"吃一堑长一智"，事实往往是吃了一堑，并未长一智，重复出现的事故并不少见，有许多事故发生于似与不似、似懂非懂之间，每次出现事故，知其然而不知其所以然，究其根本是洗衣技术较低。洗衣技术包括两个方面：一是洗衣理论知识；二是操作技能，是实际工作能力。洗衣知识不是单纯的理论，而是实践总结的经验，有许多是惨痛的经历换来的教训，学习了洗衣知识，还需要经过实践才能掌握洗衣技术。操作技能还包括洗衣效率，以达到定额标准。因此真正做好洗衣工作不仅需要动脑，还需要一定的体力。

✦ 一、洗衣知识

洗衣行业涉及石油化工、纺织印染、精细化工等行业的知识，看似简单，其实比较复杂，能够真正掌握相关的主要知识就已经很不容易。从洗涤方式、洗衣熨烫的质量要求和洗衣熨烫安全的角度来看，洗衣员工需要学习和掌握以下主要知识。

1. 纤维性能方面的知识

纺织纤维有许多种类，主要大类有天然纤维（包括棉、麻、毛、蚕丝）、人造纤维（主要有黏胶纤维、醋酯纤维等）和合成纤维（有涤纶、锦纶、腈纶、维纶、氯纶、丙纶、氨纶）。各种纤维性能有的相同或相似，有的差异很大，有的完全相反。不同性能的纤维织物对洗涤方式、洗涤化料、洗烫温度等都有不同的要求。除了纺织纤维，还有裘皮、皮革，包括真皮、人造革（PVC 革、PU 革），其性能在许多方面与纺织纤维有许多不同之处。

作为服装的组成部分，如树脂纽扣、珠钻、配饰、标牌、拉链等，其性能又有许多特殊之处，洗涤中如果只注重面料，忽略这些附件，同样会出现洗衣事故。从以往的事故来看，由附件导致事故的并不在少数。

2. 织物组织方面的知识

同样是纤维，如果织物组织不同，洗涤要求往往有很大的差异。例如，纤维粗细不同，织物组织密度不同，普通织物与经过特殊处理（如双绉），其缩水率有很大差别；对于完全相同的纯棉织物，经过预缩处理与未经过预缩处理，水洗时缩水率不言自明。有的服装面料由不同性能的纤维混纺或交织而成，与纯纺织物相比，洗烫要求发生了变化。

3. 颜色方面的知识

由于科技的发展，衣物的颜色和花色丰富多彩，越是这样，给洗涤带来的课题越多。衣物的颜色及花色有染料染色、涂料染色、染料印花、涂料印花，在印花工艺中，还运用化学药剂腐蚀纤维、咬色、防染等技术。同样是一种纤维织物，可以用多种染料染色，同样是一种染料，有的可以染色多种纤维织物，有的只能染色一种纤维织物，而色牢度却有很大差别。例如两件外观完全相同的纯棉 T 恤，用保险粉漂除去渍剥色，一件效果非常理想，而另一件虽然沾染的色迹除掉了，但是衣物原有的颜色却发生了改变，导致了洗衣事故的发生。

4. 洗涤化料知识

洗涤化料包括洗涤用品和去渍、处理颜色问题的各种化学药剂。在洗衣店正常使用洗涤用品的同时，对于有些去渍、漂白、串色、搭色、洇色的处理，离不开去渍剂和化学药剂，洗衣工不会使用去渍剂和化学药剂，就是一位不合格的洗衣工；不会使用去渍剂和化学药剂的洗衣店或使用不好的洗衣店，只能是一家三流的洗衣店。处理污垢和问题最忌讳"大概齐"、"差不多"、"试试看"，胆大冒险，盲目从事，稍有不慎便产生事故。

5. 温度知识

回顾以往发生的洗衣事故，有很多是因为温度不当造成的。温度包括水洗温度、干洗温度、熨斗底板温度、熨烫蒸汽温度、去渍蒸汽温度、皮革熨烫温度、烘干温度、剥色温度、复染染液温度、干热温度、湿热温度等。温度是双刃剑，用好了可以保证和提高洗烫质量，用错了是导致事故的元凶。有的员工认为洗衣店比家庭洗衣服干净，主要是因为用温水、热水。所以为了提高衣物的洗净度，不管是什么样的纤维面料都尽量使用高温，很少想到高温洗涤的风险，这实质是对纤维、洗涤化料缺少了解的缘故。许多人虽然天天使用熨斗、蒸汽，但是问起蒸汽的温度，答案五花八门，差距甚大。对于水温，如常温、室温、自来水温度，更是概念模糊，如果端来一盆水让其用手测温，其判断很难与实际温度相差无几，因此操作时难免不出差错。

✚ 二、操作技能

操作技能是指在学会设备操作，掌握一定洗衣知识的基础上，在保证质量不出事故和问题的前提下，在单位时间内完成定额的能力。完成越多，操作技能越强。按照一般要求，从事洗衣工作一年，每天 8 小时，水洗数量至少在 100 件以上，其中包括 20 件左右羽绒服（水洗数量最多的，一天达到 260~300 件，其中包括 40 件左右羽绒服）。干洗如果是 10 千克主机，每小时应洗涤 14~16 件。熨烫每小时达到 20 件左右。福奈特一位技师到一家洗衣店帮助抢任务，一天完成熨烫 300 多件（超过 8 小时）。前台每 3 分钟收衣 5 件。

要想达到较高的工作效率，需要具备三个条件：一是要学习掌握洗衣知识，知道怎么干，遇到问题知道怎么处理，而盲干、凭想象干，很难有较高的效率，也容易出现事故；二是要经过实际操作的熟练过程，需要一定的时间，悟性好的时间较短，悟性差的时间延长；三是要有适应工作的体力，要有一定的吃苦精神，娇气十足和懒惰的人不能从事洗衣工作。

在实际工作中完成的工作量还受到其它因素的制约，例如干洗或水洗要分色洗涤，同样是洗涤一锅，如果相同颜色的衣物只有几件不够一锅，势必影响洗涤效率；如果这几件必须洗涤不能等待，势必提高单价平均成本。

第四节
洗衣事故的概念和界定

1. 死头事故

什么是洗衣事故？对员工而言，在洗衣过程中出现了问题，自己解决不了，他人解决了，视为洗衣问题，也可以算作岗位事故；对洗衣店而言，员工洗衣出现的问题虽然解决好了，但额外发生了较多的费用，视为店内洗衣事故；如果店内解决不了，送到店外解决了，视为一般性的洗衣事故；如果送到店外问题也解决不了，将面临补偿或赔付，视为死头事故。

洗衣问题和洗衣事故可以互相转化，处理好了事故转为问题；处理不好问题就转为了事故。救治不是万能的，有些病衣是救治不了的。如同医生给病人看病一样，如果确认病人已经死亡或即将死亡，再高明的医生也无能为力。衣物确认彻底损坏，便失去了修复的价值。

2. 二次事故

衣物送洗时就已经存在的问题和洗衣过程中出现的问题，在救治与修复过程中没有解决好，反而问题更加严重，直接导致死头事故，称为二次事故。

3. 漏检事故

有些衣物送洗时就有问题，因漏检顾客之后予以否认。如果没有充分的理由证明送洗时就有问题，责任只能由洗衣店承担。这种事故称为漏检事故。漏检事故属于非洗衣技术事故，属于管理型的责任事故，只能通过加强管理和完善制度，提高员工的责任心，加强沟通与协作，才能避免这类问题的发生。

4. 自责事故

在实际工作中，洗衣店不仅要对洗衣过程中出现的事故进行救治与修复，也会经常收到顾客送来要求处理的病衣。这些病衣有的是在家洗坏，有的是在其它洗衣店洗坏，有的是在穿用时损坏，这种衣物的损伤称为自责事故。对于有把握修复好的可以接收，对于没有把握修复好的可以拒收，或者经顾客同意无责修复。

无论是洗衣事故，还是洗衣问题，如果洗衣店具有较强的救治和修复技术，不仅可以使其避免和减少，同时可以提高洗衣店的声誉，开辟一条新的业务渠道。

第五节
洗衣事故的评估与救治

✦ 一、洗衣事故的评估

很多洗衣店都是个体私营，没有报表和统计数字，洗衣店之间也很少直接发生横向联系，即便是连锁经营总部召开年会，经营者之间也很少交流洗衣店经营的真实数据，因此只能根据了解到的情况进行评估。

洗衣店经营中不发生一起事故是不客观的。事故率多高为正常呢？有的洗衣加盟总部提出不超过 2‰。这是非常高的标准。如果按照洗衣额计算，经营面积 110 多平方米，年洗衣额 80 多万元可列为经营较好的洗衣店，一年发生两起千元赔付，就超过了这个指标。按照洗衣件数计算，伸缩性很大。据了解，大多数洗衣店的赔付金额都超过了 2‰ 的标准，否则洗衣行业就不会出现有些洗衣店打出事故衣救治的牌子。据业内传闻，浙江有家洗衣店原来经营很好，曾经年洗衣额超过 200 多万元，但近年来每况愈下，最多一年赔付超过 10 万元以上，经营到了步履维艰的境地。可以肯定的是，一些洗衣店已经被事故赔付所困扰。按照统计规律，相同的赔付率，洗衣量越大，洗衣事故越多；服装档次和洗衣价格越高，赔付金额越大。这是大洗衣店的事故多于小洗衣店的重要原因。

洗衣店收洗的衣物，一般水洗占 70％～75％，干洗占 25％～30％，水洗事故率高于干洗是正常的。水洗衣物的复杂性高于干洗，特别是颜色事故，洗衣店所备用的各种原料型化学药剂主要是针对水洗，水洗是洗衣事故的高发区。就目前洗衣行业的技术现状来看，对于全年营业额 60 万～80 万的洗衣店来说，全年件数事故率、金额赔付率不超过 20‰，视为经营正常；不超过 10‰，视为比较优秀；如果达到 2‰，视为经营特别优秀。

皮革裘皮的清洗护理不是所有的洗衣店都有的业务。由于皮革裘皮购价高，收洗价格也高，而收洗件数占比例低，因此它的事故发生率伸缩性较大，技术好，操作认真，事故发生率可以低于 2‰，如果出现问题只要一件大额赔付，赔付金额占皮衣营业额就可能大大超过 2‰，达到 20‰，甚至 100‰。

✚ 二、洗衣事故对经营的影响

洗衣店出现洗衣事故的多少，是衡量洗衣店洗衣技术水平和管理水平高低的重要标志之一，不仅要看当年的赔付情况，还要看连续几年的赔付走势，更要看收衣和洗衣的互动变化情况。例如为了减少赔付，有风险的衣物拒洗，有风险的污垢不除，这样一来事故赔付必然减少。有的确实是污垢难除难洗、风险大，有的则是技术低。这样的情况一旦常态化或在洗衣店形成一种经营理念，带来的结果是直接影响洗衣店的信誉，洗衣额会不断下降，顾客会逐渐流失。这种变化是致命的、长期的，颓势一旦出现，需要较长时间的努力才能够扭转。

洗衣行业与其它行业的经营特点不同，是微利行业，也是需要长期经营的行业，当经过两年左右的客户积累期和亏损期后，只要管理正常，技术逐步提高，不断积累经验，盈利是比较平稳的。根据中国消费市场的发展趋势，大中城市的洗衣行业正在进入成熟期。

✚ 三、洗衣事故救治与一般去渍的区别

什么是去渍？从广义上讲，为去除衣物上的污垢而采取的一切手段都是去渍，包括正常洗涤。从狭义上讲，是指衣物上特殊和明显的污点，通过正常洗涤不能去除或不能全部去除，需要洗前或洗后单独处理，在一般情况下需要使用专用去渍剂、化学药剂和去渍工具，称为去渍。

什么是洗衣事故的救治？一般而言，去渍就是救治。但是去渍难度大，一般去渍方法解决不了问题的，或者需要送到店外处理的称为救治。救治与去渍的区别主要有以下几个方面。

（1）使用药剂不同。去渍一般以使用复配型的专用去渍剂为主；救治以使用原料型化学药剂、染料、颜料等为主。

（2）使用工具不同。去渍主要使用去渍台及所属工具；救治除此之外主要借助上色喷枪、调色盘、染锅、水盆等一般去渍不用的各种工具。

（3）操作方法不同。去渍主要采用喷枪打除、刷除、刮除、揉搓等办法；救治大多采用补色、漂白、剥色、润色、复染等方法。

（4）难度和时间不同。去渍难度小，时间短；救治难度大，有的需要很长时间。

（5）有些病衣的救治，除上述办法外还需要缝纫、织补、粘补、更配等手段。

✚ 四、洗衣事故救治的标准

对于洗衣店在洗衣过程中出现的事故衣，其救治的标准有以下几条。

（1）修旧如旧。如果旧服装修复后变成像新服装一样，有时可能会画蛇添足。对此有的顾客会满意，有的会产生疑问，增添不必要的麻烦。

（2）修新如初。收洗衣物比较新，修复之后，达到送洗时的色泽和新旧程度。如果修复后比洗前还好、还靓丽，顾客一定会很满意。

（3）修旧如新。对于顾客要求修复的病衣，越完满越好，如果达到以旧翻新的程度，顾客会十分高兴。

（4）不可随意改变风格。如果改变风格，效果再好，若顾客不认同照样赔付。

病衣救治是一项要求很高的技术工作，需要十分认真和耐心。操作者不仅要学习和掌握许多专业知识，而且要有实际的操作技能，同时熟悉管理程序，发现问题及时提出建议或制定有效的措施，不再出现类似问题，争取防患于未然。

✚ 五、洗衣质量与顾客要求

有很多人有这样一种认识，洗衣店洗衣就应当比家庭洗衣干净，家庭去不掉的污渍洗衣店应该能去掉，家庭洗不了的衣物洗衣店应该能洗，否则何必花钱到洗衣店洗衣。这种看法对不对呢？这种看法既对又不对。

前面我们已经列举了洗衣店洗衣与家庭洗衣五个方面的不同，这是洗衣店洗衣的优势，既然有了这五个方面的优势，如果洗衣店洗衣与家庭洗衣一样，甚至不如家庭洗衣，家庭可以去掉的污垢，洗衣店去不掉，那么洗衣店还有存在的理由吗？商机从哪里来？商机是创造的。洗衣店的硬件超越家庭，但洗衣质量不超越家庭，顾客不会前来。货比三家是市场规律。洗衣质量不高，付衣时间过长，服务态度欠佳，顾客的消费不会持久，会很快流失。顾客的需求是洗衣店发展的动力，让顾客满意是优胜劣汰的市场规律。

"不是所有的污渍都能去掉"是洗衣行业的一句行话，例如有的污垢实际是纤维损伤，作为污垢除掉是不可能的。我们多次碰到顾客在家洗涤纶或涤/棉混纺的裤子，因裤兜处有褶皱熨不平，便高温熨烫，致使面料出现明显亮痕，实质是涤纶纤维的性质发生了变化，这是一种不可逆转的变化。也有的污垢可以去除，但同时也去掉了颜色。但"不是所有的污渍都能去掉"不能成为敷衍顾客、推诿责任的借口。

在洗衣工作中经常可以碰到有缺陷的衣物，要想全部恢复原貌是不可能的，如果改变风格并不失美观，必须要顾客同意签字，不可未经顾客同意擅自改变风格。

✚ 案例 1

2011 年，前台收洗一双翻毛靴，有一只靴面因为遇水，局部驼色变成棕色，顾客要求恢复驼色。操作师傅经过试验，棕色去除不掉，而且再遇水照样变色。如果全部变成棕色并不难看，因为街上有许多人穿的与此相同的翻毛靴就是棕色。于是操作师傅没有与前台沟通，征求顾客意见，自己擅作主张将其改为棕色，结果顾客不同意，最后赔付 900 元。

✚ 案例 2

2011 年，前台收洗一件印花革服装。皮衣护理师傅将其干洗之后，发现印花严重脱落，索性进行了喷色，虽然效果很好，但是风格已经改变，顾客不认可，要求索赔，最终以补偿了结。

这件事故有两个教训，一是收洗时应将有关事宜向顾客交代清楚，如果同意改变风格需要签字；二是印花革不可干洗。如果前台不懂尚可原谅，皮衣护理师傅不懂则难辞其咎。这是一起典型的技术事故。

✚ 六、洗衣事故救治：时效重于救治

洗衣事故的救治成功与否，时间非常关键。一个本来不大的毛病，完全可以修复得十分完美，在顾客取衣前处理好可以避免一切麻烦。可是到了顾客取衣时才发现，或者抱着蒙混过关的想法被顾客取衣时发现，就可能成为一起赔付事故和纠纷。如果付衣一再拖延，顾客一定心生疑虑，取衣时大多数人会详细查看，即使没有问题，也有可能找出意外的瑕疵和问题。这已有前车之鉴，因此按时付衣十分重要。

洗衣事故的救治时效重于救治，通俗来讲就是在顾客取衣前将事故或问题处理好，避免赔付或补偿。不能简单地认为这是维护洗衣店的利益而侵犯消费者的利益。评价是否侵犯消费者的利益，最终要看顾客的正常消费是否受到了影响。

✚ 七、研究救治和修复技术的目的

每一家洗衣店、每一位员工都不愿意出现事故，一旦出现事故不仅耗费大量的时间和精

力，还会造成经济损失，赔付的都是纯利润。赔付一件等于白洗十几件、几十件，甚至上百件。在赔付事故中，有的是死头事故，有的则是救治和修复的其它事故。

救治和修复对洗衣店来说只是事后补救的手段和措施。对于绝大多数洗衣店来说，学习和研究救治技术，不仅仅是修复事故衣，更重要的或者说根本目的是提高洗衣技术，搞好预防，避免和减少洗衣事故的发生。洗衣事故预防的意义远远大于救治。从洗衣行业和洗衣店的发展方向来看，靠的是洗衣量的提高，而不是病衣修复生意的增加。反过来说，以救治和修复为主要业务的洗衣店生意越火，说明洗衣行业问题越多，洗衣技术差距越大。

> **扁鹊解医的启示**：据《鹖冠子》中记载，大意是中国战国时期的魏文王问名医扁鹊说："你们家兄弟三人，都精于医术，到底哪一位最好呢？"扁鹊答曰："长兄最好，中兄次之，我最差。"文王再问："为什么你最出名呢？"扁鹊答曰："我长兄治病，是治病于病情发作之前。由于一般人不知道他事先能铲除病源，所以他的名气无法传出去，只有我们家的人才知道。我中兄治病，是治病于病情初起之时。一般人以为他只能治轻微的小病，所以他的名气只及于乡里。而我扁鹊治病，是治病于危重之时。一般人都看到我在经脉上穿针管来放血、在皮肤上敷药等大手术，所以以为我的医术高明，名气因此响遍全国。"文王说："你说得好极了。"
>
> **启示**：事后控制不如事中控制，事中控制不如事前控制。洗衣事故的防治关系与此相同。

第二章 纺织纤维

什么是纺织纤维？纺织纤维就是很细很长、具有服用功能的丝缕。纤维的直径是从几微米到数十微米；长度比直径大许多倍，甚至上千倍；具有一定的强度、保温、吸湿、隔热等性能和一定的化学稳定性。

纤维的细度称为纤度，表示纤度的方法一般有三种：支数（N）、旦数（d）、特数（T）。

（1）支数　单位质量的纤维所具有的长度数（米）称为支数。如重 1 克的纤维长 60 米，为 60 支。在同一种纤维中，支数越高，纤维越细。纤维的支数计算如下：

$$N(支数) = \frac{L(纤维长度)}{G(纤维质量)}$$

（2）旦数　9000 米长的纤维所具有的质量数（克）称为旦数。如 9000 米长的纤维重 1 克称为 1 旦。计算如下：

$$d(旦数) = \frac{G(纤维质量)}{\dfrac{L(纤维长度)}{9000}} = \frac{9000G}{L}$$

（3）特数　1000 米长的纤维所具有的质量数（克）称为特数。如 1000 米长的纤维重 1 克为 1 特。特的 1/10 为 1 分特（dT）。计算如下：

$$T(特数) = \frac{1000G}{L}$$

特数方法简便，大多数国家已采用。纤维的纤度对制品的品质影响很大。同品种纤维越细，纤维的形成过程越均匀，纤维及制品越柔软，光泽越调和，同时纤维的弹性及耐多次变形的稳定性越高。

特数或分特数、旦数、支数之间的数值可以互相换算：旦数×支数＝9000；特数×支数＝1000；分特数×支数＝10000；旦数＝9×特数；分特数＝10×特数。

注：1 米等于 1000 毫米；1 毫米等于 1000 微米；1 微米等于 1000 纳米。

纤维分为长丝和短丝两种。长丝的长度超过十几米、几百米，甚至超过上千米。在天然纤维中长丝有蚕丝，最短长达 600 多米，最长可达 1400 多米。化学纤维（化纤）

理论上讲长度可以无限长。在化纤中长丝较多，如涤纶长丝、人造长丝（黏胶）、锦纶长丝等。化纤长丝又称连续长丝。长度达几千米或几万米的长丝可分为单丝和复丝两种。长纤维织物表面光滑、轻薄、光洁，穿着有凉爽之感；短丝织物外观丰满，有温暖之感。

纤维的截面形状有圆形、椭圆形、半椭圆形、三角形、多角形、双肾形（蚕丝）等，其中异形纤维最为复杂。截面的不同形态决定了纤维的许多性能。在常见的纤维中，羊毛纤维的鳞片结构所反映的特殊性能最为突出。

各种纤维相同体积的质量，纤维素纤维重于蛋白质纤维与合成纤维。其中最高为棉，1.54克/厘米³，其次是麻、黏胶、铜铵，均为1.50克/厘米³，最低的是丙纶，为0.91克/厘米³，轻于水的质量。

纺织纤维是构成衣物的主体。纺织纤维种类很多，其性能有的相同，有的存在差异，有的甚至相反。因此，同一种洗涤化料，有的衣物可以使用，效果很好，有的衣物不可使用，如果使用则可能对衣物造成损伤。在去渍方面，对相同的污渍，有的衣物可以使用某种去渍剂或化学药剂，有的不能使用，如果使用，面料纤维轻者损伤，重者损毁；有的衣物可以高温洗涤，有的只能低温洗涤；有的衣物只能干洗，有的只能水洗，有的干洗和水洗皆可，其原因是由纤维的性能所决定的。所以，掌握纤维的性能特点，对于正确地洗涤和去渍，避免和减少事故的发生十分重要。

第一节
纤维的分类

随着科学技术的发展，纺织品的种类越来越多，目前全世界已有各种纺织纤维品种数百种。纺织纤维的原料来源如下：一是纯天然材料，如棉、麻、丝、毛，称为天然纤维；二是用木材、芦苇、甘蔗、棉秆、牛奶、大豆等天然动植物及辅料经过化学加工而成的纤维，如黏胶纤维、醋酯纤维、大豆纤维等，称为人造纤维或再生纤维；三是用煤炭、石油、天然气为原料，通过化学方法聚合或缩合而成的纤维，如涤纶、锦纶、腈纶、维纶、氯纶、丙纶、氨纶等，称为合成纤维，再生纤维、合成纤维都属于化学纤维，简称化纤；四是其它纤维，如玻璃纤维、石棉纤维、聚乙烯醇纤维，广泛用于工业生产，这类纤维一般不用于服装生产，因此不是本书研究的对象。

随着科学技术的发展和一些行业的特殊需要，新型纤维不断出现，如聚氨酯弹性纤维、耐高温纤维、耐燃纤维等，品种繁多。纤维的用途十分广泛，除了用于纺织织物外，有的也用于制造工业产品；有些纤维属于非纺织纤维，主要用于工业产品的加工制造和工程建筑。

按纤维性能特点分类见表2-1。

表2-1中将纺织纤维分为纤维素纤维、蛋白质纤维、合成纤维三大类，没有按天然纤维与化学纤维（再生纤维、合成纤维）分类，因为在洗衣工作中洗衣员工最关心的是纤维性能，而再生纤维其性能更多地接近天然纤维，只有醋酯纤维的吸湿性和可塑性接近于合成纤维，而天然纤维与再生纤维中的纤维素纤维与蛋白质纤维性能差异较大。

表 2-1　按纤维性能特点分类

纤维	纤维素纤维	天然纤维素纤维	棉纤维：棉花、木棉、椰子绒等
			麻纤维：苎麻、亚麻、黄麻、罗布麻、剑麻、蕉麻、大麻等
		再生纤维素纤维	纤维素纤维：普通黏胶纤维、强力黏胶纤维、富强纤维、铜铵纤维等
			纤维素酯纤维：醋酸纤维（醋酯纤维）
	蛋白质纤维	天然蛋白质纤维	毛纤维：羊毛、山羊绒、兔毛、骆驼毛、牦牛毛、牦牛绒等
			丝纤维：桑蚕丝、柞蚕丝、蓖麻蚕丝、木薯蚕丝、蜘蛛丝等
		再生蛋白质纤维	动物蛋白质纤维：牛奶纤维、蚕蛹蛋白纤维等
			植物蛋白质纤维：大豆纤维、花生纤维、玉米纤维
	合成纤维	涤纶：聚对苯二甲酸乙二醇酯纤维，简称聚酯纤维	
		锦纶：聚酰胺纤维，国外称为尼龙等	
		腈纶：聚丙烯腈纤维	
		维纶：聚乙烯醇纤维，又称维尼纶等	
		氯纶：聚氯乙烯纤维	
		丙纶：聚丙烯纤维、聚烯烃纤维	
		氨纶：聚氨基甲酸酯纤维	
	特殊纤维	金属纤维：金纤维、银纤维、不锈钢纤维、镍纤维	
		石棉纤维：温石棉、青石棉、蛇纹石棉	
		特种有机化合物纤维：丝素纤维、甲壳素纤维	
		人造无机纤维：玻璃纤维、碳纤维、陶瓷纤维等	

第二节
纺织纤维的性能和特点

纺织纤维是人们日常穿用和洗衣店收洗的衣物的主体，其中最多的是棉、麻、丝、毛、黏胶、涤纶、锦纶、腈纶、维纶等纤维以及皮革裘皮。氨纶作为弹性纤维与涤纶、锦纶弹性纤维不同，只能作为附属材料，不能单独作为面料。

✤ 一、棉纤维

1. 棉纤维的分类

棉纤维分为棉花、木棉、椰子绒等。棉花被誉为"纤维之王"。20世纪90年代其产量被化纤超越，目前仍占45%左右。棉纤维（cotton）的细度通常为1～2旦，长度为15～70毫米，平均长度为25～31毫米。棉纤维分为长绒棉、细绒棉、粗绒棉三种。

（1）长绒棉　又称海岛棉，原产美洲西印度群岛。主要产于尼罗河流域，最著名的是产于埃及的长绒棉，细长，富有光泽，强力较高，纤维长达60～70毫米，是高级的棉纤维品种，我国新疆也有种植。

（2）陆地棉　又称细绒棉，是世界上产量最多的品种，占世界棉花总量的85%以上。细绒棉洁白或带有光泽，长25～31毫米。

（3）亚洲棉　又称粗绒棉，是中国本土棉花，纤维短，品质较差，已逐渐被细绒棉所代替。非洲棉与亚洲棉相似，逐渐被淘汰。

(4) 天然彩色棉　简称彩棉，有天然色彩，无须染色。彩棉颜色单一，目前只有棕色、绿色两种颜色，产量低，与白棉相比，纤维短，强度低。2002 年，中国彩棉产量为2.1 万吨。彩棉色素不稳定，色彩分离严重，均匀度差，遇酸会发生氧化变色，对氯漂敏感，被汗渍侵蚀也容易变色。相对来说，棕色牢度好于绿色。因此，彩棉服装洗涤和去渍不可使用呈酸性的洗涤剂或酸性化学药剂，不可使用氯漂，不可高温，高温也可使其变色。

2. 棉纤维的主要性能

(1) 吸湿性　棉纤维吸水性强。浸湿后的强度大于干燥时的强度，手感柔软，但弹性差，易褶皱，服装保型性欠佳。不易虫蛀，但易发霉变质。

(2) 耐热、耐光性　棉纤维耐热、耐光性较好。120℃，5 小时变黄；150℃以上，分解。在一般情况下适合各种熨烫方法，最高可承受熨烫温度达 200℃。

(3) 耐酸碱性　棉纤维耐碱不耐酸。在常温条件下棉纤维对碱较稳定，可以在 20℃的条件下用 20%～25%的烧碱进行丝光处理，在所有的纤维素纤维中棉纤维耐碱性最强。印染行业正是利用棉纤维耐酸差的特性加工成烂花产品。棉纤维适于碱性洗涤剂，布草可以使用烧碱洗涤。

棉纤维适用于弱酸［如醋酸（学名乙酸）、蚁酸（学名甲酸）］，但在无机酸条件下极不稳定，如浓硫酸沾染棉织物极易造成孔洞或变"糟"损毁。

(4) 耐氧化剂、还原剂性　棉纤维可用各种氧化剂进行漂洗。次氯酸钠与双氧水虽然同属强氧化剂，但是次氯酸钠对棉纤维的损伤大大强于双氧水，使用不当会使棉纤维变"糟"。还原剂（如保险粉）对棉纤维没有破坏作用，使用安全。

(5) 耐化学溶剂性　不溶于一般化学溶剂，干洗溶剂、溶剂汽油等对棉纤维没有损伤，但能在铜氨溶液中膨润、溶解。

(6) 上染率　棉纤维染色性能好。由于吸水性强，直接染料、硫化染料、还原染料、活性染料等均易上色，在所有纤维中棉纤维的上染率居于前列。

棉纤维织物既适合做面料，又适合做内衣。大多数内衣用料为纯棉纤维，有益人体健康。纯棉织物既可干洗又可水洗，在一般情况下适宜水洗。棉纤维在实际生产中经常与其它纤维混纺或交织，如涤/棉、黏/棉、维/棉、锦/棉等。由于棉纤维所占比例不同，面料的性质和特点也有所不同。

✤ 二、麻纤维

1. 麻纤维的分类

麻纤维（linen）主要是麻类植物的韧皮纤维。麻类植物有苎麻（ramie）、亚麻（flax、cambric）、剑麻、黄麻、洋麻（红麻）、大麻、罗布麻、蕉麻等。

(1) 亚麻　纤维束由 30～50 根长短不一的单纤维，借助果胶质粘连在一起组成，单根纤维长度 4～70 毫米，平均长度 25 毫米，纤维束的长度 300～1500 毫米。

(2) 苎麻　单根纤维长度可达 60～250 毫米，最长可达 550 毫米。苎麻是麻纤维中最好的纤维，具有真丝一般的光泽，在日本苎麻被称为绢麻织物。苎麻起源于中国，主要生产国是中国、菲律宾、巴西。

2. 麻纤维的性能

（1）外观 自然柔和、明亮，手感粗硬，由于延伸率低，麻纤维的弹性较差，较脆硬，容易褶皱，握紧放松后折痕较深，且恢复慢。在折叠处容易断裂，因此熨烫时折叠处不宜反复压烫。

（2）强度 麻纤维在天然纤维中强度最好，沾湿后强度明显增强，湿强度比干强度高20%～30%。耐磨、耐拉、耐热，不易受潮发霉。130℃，5小时变黄；200℃以上，分解。在所有纤维中麻纤维织物可承受熨烫温度最高，可达210～220℃。

（3）耐酸碱性 耐碱性与棉纤维相似，耐酸性强于棉纤维，但在热酸中易损坏，在浓酸中易膨胀、溶化。

（4）耐氧化剂、还原剂性 耐氧化剂性较好。与棉纤维基本相同，但对含氯氧化剂敏感性超过棉纤维。对还原剂（如保险粉）漂白比较安全。不溶于一般溶剂。

（5）上色度 麻纤维上色度较好，但不如棉纤维。

（6）缩水率 没有经过预缩的麻纺织品缩水率较高。初次水洗缩水不会恢复，第二次以后水洗不会继续缩水。麻纺织品的缩水规律是：纤维组织紧密的面料缩水率低；纤维组织疏松的面料缩水率高；较为轻薄的面料缩水率低；较为厚重的面料缩水率高。

✦ 三、黏胶纤维

1. 黏胶纤维的分类

黏胶纤维可分为普通黏胶纤维、强力黏胶纤维、富强黏胶纤维、铜氨纤维等。黏胶纤维（viscose）目前在人造纤维中仍占主体，产量最大。黏胶纤维以木材、棉短绒、棉秆和其它植物的茎秆等为原料采用溶解法加工制得。黏胶纤维按性能分，有普通、高强高湿模量等不同品种；按形态分，有长丝和短纤维两种。

（1）普通黏胶纤维 按形态分，有黏胶长丝和黏胶短纤维两种。

黏胶长丝又称人造丝。长丝分为有光、无光、半无光三种。黏胶纤维面料的光泽与蚕丝相似，但不加蚕丝的光泽自然柔和。黏胶长丝可单独纺织，也可与棉、蚕丝交织成各种精美的绸缎，如线绨被面、羽纱、美丽绸、富春纺、花软缎、织锦缎、古香缎、汉王锦、晶彩缎等。

黏胶短纤维是把长丝按照棉花或者羊毛的长度切短而成。长度和粗细接近于棉花的称为人造棉；接近于羊毛的称为人造毛；后来又生产出介于棉花和羊毛之间的短纤维，称为中长纤维；人造毛与羊毛、涤纶等混纺后，可制成各式混纺毛织品。中长纤维与中长涤纶或腈纶混纺后，可制成仿毛产品。

（2）强力黏胶纤维 强力黏胶纤维、富强纤维、HWM纤维、铜铵纤维均属黏胶纤维系列产品。强力黏胶纤维的截面为全皮层，与普通黏胶纤维相比，强力大大提高，同时湿强度达到干强度的65%～70%，普通黏胶纤维为55%～67%。

（3）富强黏胶纤维 富强纤维，也称丽赛纤维，是高湿模量黏胶纤维，纤维截面为全芯层。在日本被称为虎木棉，是用精制木浆制成的新型纤维，是黏胶纤维的改良品种，为高湿模量纤维，它保留了黏胶纤维的优点，克服了黏胶纤维的缺点，干、湿强度相当，不像普通黏胶纤维湿强度比干强度大幅度下降，有较好的强度。

富强纤维耐碱性好，可以像棉一样丝光整理，具有弹性回复性和较低的水中溶胀度，因而具有良好的尺寸稳定性，织成的织物挺括，水洗后不会收缩和变形，较为耐穿和耐用，耐洗和耐褶皱。富强纤维服装可高碱性水洗，也可干洗；适宜中温熨烫。属于纤维素纤维中的高档品，目前主要以短纤维的形式被使用。

（4）铜铵纤维 铜铵纤维需采用天然优质的浆粕进行加工制造。由于原料的限制和工艺较为复杂，生产成本较高，产量较低。美国1975年就停止了生产，目前仅有几个国家生产铜铵纤维。

铜铵纤维的手感、强度、耐磨性、耐疲劳性、染色性等方面，均优于普通黏胶纤维，因此可以作为高档丝织物或针织物。

铜铵纤维的基本物理性能与普通黏胶纤维相似。铜铵纤维的吸湿性与黏胶纤维接近，公定回潮率为11%，在一般大气环境下回潮率可达到12%～13%，上染率高于黏胶纤维，在相同条件下得色率高于黏胶纤维，上色较深。

铜铵纤维耐热性较低，80℃就开始枯焦。干强度与普通黏胶纤维接近，湿强度高于普通黏胶纤维；耐磨性高于普通黏胶纤维。但其强度低于强力黏胶纤维。

铜铵纤维耐酸碱性较差，能被热稀酸及冷浓酸溶解，遇稀碱液可轻微受损，遇强碱会引起膨化和强度的损失，最后溶解。

铜铵纤维不溶于有机溶剂，但能溶于铜氨等特殊溶液之中。

铜铵纤维耐氧化剂性能很差，既不抗氯漂，也不抗氧漂。

2. 黏胶纤维的性能和特点

黏胶纤维属于纤维素纤维，因此，它的化学成分、组成、性能、特点接近于棉纤维。黏胶纤维的最大缺点是缩水率高和湿强度低。

（1）吸湿性 黏胶纤维的吸湿性大于棉纤维，在所有的纤维中居于首位，或者说仅次于羊毛。由于吸湿大，容易受潮发霉；缩水率很高；染色性能好，极易上色，上染率高于棉纤维。

（2）强度 黏胶纤维的强度不高。与棉纤维相比，棉纤维的湿强度高于干强度，但是黏胶纤维的湿强度比干强度下降幅度大，降到干燥时的40%～50%，在所有的纤维中也是居于首位。所以做成的衣服经不起在水中多次搓洗，而且黏胶纤维弹性差，容易褶皱变形，弹性回复能力弱，衣裤的肘部和膝盖部容易鼓起来。

（3）耐磨、耐光性 黏胶纤维耐磨性差，易起毛，不耐阳光，暴晒后会褪色和降低强度。

（4）耐酸碱性 黏胶纤维耐酸碱性均低于棉、麻纤维。常温下棉纤维可用浓烧碱丝光，但黏胶纤维绝对不可，高浓度的碱溶液会使黏胶纤维溶化，变成再生纤维素溶液。由于黏胶纤维耐酸性较差，所以丝绒烂花绒面纤维也常常选用黏胶纤维。

（5）耐氧化剂、还原剂、有机溶剂性 对含氯氧化剂、含氧氧化剂和还原剂有一定的抵抗能力，但稍逊于棉、麻纤维。耐有机溶剂性较好。

（6）洗涤 根据黏胶纤维缩水率高的性质和容易变形的特点，黏胶纤维一般适合于干洗。白色黏胶纤维织物干洗次数多了以后，会出现发灰现象或有汗黄渍不能去除需要水洗，第一次水洗缩水不能恢复，第二次以后水洗不会继续缩水，即使有轻微缩水也可以通过熨烫整理恢复。

✚ 四、醋酯纤维

醋酯纤维（acetate fibre），又称醋酸纤维。醋酸纤维是用木材、棉短绒等含有天然纤维素的物质，经醋酸处理而制得，因此而得名。醋酸纤维与棉、麻虽然同属纤维素纤维，由纤维素纤维改性而得，但化学结构和组成已经不同于纤维素，属于纤维素酯类衍生物。称之为醋酯纤维更能准确地反映其性能特点。醋酯纤维有些性能接近于合成纤维，具有合成纤维的热塑性，它的吸湿性很低，与合成纤维中的锦纶、维纶相似，这是醋酯纤维与黏胶纤维及其它纤维素纤维的不同之处。为此有的印染书籍将醋酯纤维列入合成纤维。

醋酯纤维的主要成分是纤维素醋酸酯，有二酯纤维和三酯纤维。市场常见的醋酯纤维一般是指二酯纤维，二酯纤维与三酯纤维除吸湿率相差较大外，其它性能基本相同。醋酯纤维长丝酷似真丝，是化学纤维中外观最接近真丝的纤维，其光泽优雅，色彩鲜艳，手感爽滑柔软，质地轻，回潮率低，弹性好，不易起皱，保型性强，速干，可耐高温熨烫和低温打褶，具有稳定的抗起球性、抗静电性，不霉不蛀。应用于纺织加工高档服装以及休闲裤、睡衣、内裤、婚纱、里子布等，具有良好的服用性能。醋酯纤维强度和回潮率较低，回潮率仅为 4.5%～6.5%，与黏胶纤维、铜铵纤维相差甚大。醋酯纤维吸水后强度下降 40% 左右，这一点与黏胶纤维相似；耐热、耐磨、耐日光等性能较差，机洗宜缓和洗涤，时间不宜过长。醋酯纤维由于吸湿性低，上染率不高，是最早使用分散染料的纤维。

醋酯纤维能溶于丙酮、香蕉水、醋酸乙酯、醋酸丁酯、二氯甲烷、较浓的冰醋酸、氨水、浓碱液等溶剂，因此醋酯纤维去渍，不能使用含有可以溶解醋酯纤维溶剂的去渍剂，不可使用酸性去渍剂。醋酸水溶液浓度超过 5% 会使醋酯纤维衣物变色，超过 28% 就会直接造成溶洞。醋酯纤维不耐碱，遇强碱也会引起皂化水解。醋酯纤维可以过酸，浓度以 0.5% 为宜。事实上任何纤维织物过酸浓度不超过 1% 都是安全的。与醋酯纤维性质相同的有硝酸纤维、莫代尔纤维。

醋酯纤维在人造纤维素纤维中产量仅次于黏胶纤维，但生产用水仅为黏胶纤维的 1/20，日本、欧美发达国家等已陆续关闭黏胶纤维生产厂家，转而扩大醋酯纤维的生产。目前，醋酯纤维技术由国外几家大公司垄断。

✚✚ 案例 1

一家洗衣店在衣物过酸时，将未经稀释的冰醋酸直接倒入洗衣机内，恰巧倒在醋酯纤维衣物上，使衣物变质溶解成破洞，造成损毁。

✚ 五、丝纤维

1. 丝纤维的分类

丝纤维（pure silk）分为蚕丝、人造丝与仿丝、绢丝等。

（1）蚕丝 蚕丝是天然丝，为区别于人造丝、合成丝，又称真丝。蚕丝包括桑蚕丝

(mulberry silk)、柞蚕丝（tussah silk）、蓖麻蚕丝、木薯蚕丝等，是高级的纺织原料，其中桑蚕丝质量最好。蚕丝生产源于中国，已有 4700 多年的历史，目前蚕丝产量仍居世界第一。中国生丝年产 2 万吨以上，约占世界总产量的 46％，出口量占世界生丝贸易总量的 80％以上。市场上的丝织品主要是桑蚕丝和柞蚕丝。

蚕丝是唯一的天然纤维长丝，细而长，春茧一般可缫丝 800～1200 米，优良品种可达 1400米，夏秋茧 650～950 米。单根蚕丝太细不能纺织，丝纱一般由 7～9 根或几根蚕丝合成。

蚕丝为天然蛋白质纤维，是由蚕体内绢丝腺分泌出的丝液凝固而成的，每一根蚕丝是由两条平行的单丝组成的。单丝主要成分是丝素，丝素也称丝朊，外层包裹丝胶。丝素是主体，占蚕丝的 70％～80％，丝胶占 20％～30％。蚕丝的化学成分是天然蛋白质，丝素主要是蛋白质纤维；丝胶主要是球形蛋白，起黏合作用。在显微镜下观察，每根蚕丝的横截面呈钝三角形（图 2-1）。一般茧外层的丝比较圆钝；到内层逐渐扁平。

桑蚕丝大多为白色，少数为淡黄色，柞蚕丝基本为淡黄色。蚕丝未经脱脂和处理的称为生丝，脱脂和处理之后称为熟丝。丝织品有生丝和熟丝。生丝的优点是强度高，与熟丝比较，生丝质量上的缺陷主要有颣节、色泽疵点、污染疵点、手感粗硬、损伤霉变、整理不良和绒毛等。蚕丝用下脚料丝切断后纺成纱再织成的织物称为绢纺织物。

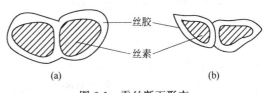

图 2-1 蚕丝断面形态

丝胶

丝素

(a) (b)

（2）人造丝与仿丝 蚕丝为真丝，仿丝包括再生纤维和合成纤维，一般称再生纤维长丝为人造，常见的有黏胶纤维、醋酯纤维等，合成纤维常见的有涤纶丝、尼龙丝（锦纶）。真丝与仿丝虽然都称为丝，但性能不同且有很大区别。真丝与仿丝可纯纺，可混纺，可交织，为改善织物性能和降低材料成本，许多丝织品为混纺或交织品。

（3）绢丝 绢丝，也称绢纱，由脚丝、不能缫丝的蚕茧、茧衣、蚕种场的削口茧以及丝织厂的回丝等加工而成。绢丝的原料品位极低，但制成的却是高档丝织材料。保温性和吸湿性优良，但强力不如长丝纤维。

2. 蚕丝的化学性能和特点

"起毛"、"水迹"、"变形"、"泛黄"是长期以来柞蚕丝的"四大公害"，熨烫时，不宜高温、不宜直接熨烫，必须在上面加盖一层干布，适宜的温度还能使晾干后粗硬的手感变得柔软如初，但温度超过 130℃后会导致泛黄。熨烫时切忌喷水，以防产生水迹痕影响美观。

（1）对水的作用 蚕丝吸水性好，回潮率在 10％左右，它的饱和回潮率可达 30％以上。蚕丝吸湿或被水浸湿后膨胀体积增大，直径增大 16％～18％，长度增加约 1.2％。丝胶因膨化开始部分溶解，溶解度随水温和时间而变化。在低于 60℃的水中溶解度较小；60℃以上逐渐加快；升至 100℃时溶解度显著增加；如果在 100℃中煮沸，短时间影响不大；时间长有部分溶解，并失去光泽。柞蚕丝洗涤时易产生水渍。水渍在重新下水后才会消失。蚕丝耐湿热能力远远低于耐干热能力。对真丝织物的熨烫适宜垫干布，以防烫黄和出现水渍。

（2）对金属盐的作用 蚕丝耐盐性较差，内衣的腋下、领口容易出现汗黄渍。

（3）对酸碱的作用 蚕丝对碱敏感，尤其以烧碱最为强烈。蚕丝耐酸性较强。桑蚕丝在弱酸溶液中较为稳定，但在强无机酸（如盐酸、硫酸、硝酸）中，可以使蚕丝水解。在浓度大和高温的情况下，能将丝素迅速溶解。与桑蚕丝相比，柞蚕丝对强酸、强碱和盐类的抵抗力较强，耐光性也强于桑蚕丝。正是利用柞蚕丝耐酸性大大优于棉纤维的这一特性，真丝与棉纤维、黏胶纤维的搭配生产出真丝烂花绒。

(4) 对氧化剂、还原剂的作用 氧化剂对真丝有破坏作用，含氯氧化剂尤甚，如次氯酸钠、漂白粉、亚氯酸钠对丝素破坏最大，能使纤维顷刻之间变色，强力下降，因为含氯氧化剂不仅对丝素起氧化作用，同时又起氯化作用，使纤维破坏。因此含氯氧化剂绝对不可用于真丝衣物。

(5) 对其它化学溶剂的作用 丝胶不溶于乙醇、乙醚、丙酮、苯等有机溶剂，但能与甲醛起作用，使丝胶产生固化作用。经甲醛固化的丝胶在水中的溶解度降低。

(6) 对酶的作用 蚕丝的成分是蛋白质，所有的菌酶都能对蚕丝发生作用，尤其是生丝如果贮存不善，会发生霉烂，导致强力下降，或者造成局部霉斑。洗涤丝织品不可使用加酶洗衣粉。

(7) 对热和光的作用 蚕丝耐干热能力远远高于耐湿热能力。蚕丝在干热条件下235℃分解，275℃以上燃烧。蚕丝适宜干烫，不可湿烫，湿烫会使蚕丝受到一定的损伤，而最大的问题是出现黄迹。

蚕丝耐光性差，在所有的纤维中居于首位，其次是锦纶。蚕丝经长时间照射，会发黄和发脆。由于光能的氧化作用可使丝纤维断裂，强力下降，这种作用尤其以紫外线为最。相比之下，柞蚕丝在吸湿和耐光方面的性能优于桑蚕丝。

✦ 六、毛纤维

1. 毛纤维的分类

毛纤维分为羊毛、山羊绒、兔毛、马海毛、驼羊毛、牦牛毛与牦牛绒、骆驼绒等。

(1) 羊毛 羊毛（wool）主要是指绵羊毛。绵羊全世界产地广泛，绵羊毛在毛纤维中占主导地位。绵羊毛分为细毛、半细毛、粗毛三种。美利奴绵羊品质优良，产量高，占全世界绵羊毛产量第一位。美利奴绵羊原产西班牙，现已遍布全球，但不同国家羊毛品质差异较大，以澳大利亚所产最优。世界绵羊毛主要生产和出口的国家有澳大利亚、俄罗斯（出口少）、新西兰、阿根廷、南非、乌拉圭，占国际市场销售量的80％左右。其中澳大利亚占世界绵羊毛总产量的1/4以上，主要生产细羊毛，出口量占世界的50％。新西兰主要产半细羊毛。

羊毛的结构与其它纤维相比有很大的差别，与同是蛋白质的丝纤维也有很大区别（图2-2、图2-3）。羊毛的结构有三层。第一层是细胞状类似瓦片相互重叠的鳞片。开口端朝向毛尖，由于和一些爬行动物和鲤鱼的鳞片相似，故称鳞片结构。第二层是角质，即角朊组织。角朊是一种含有相当数量胱氨酸的蛋白质或蛋白质络合物，胱氨酸是氨基酸的一种，它使角朊的性能较为稳定。角质在毛的成分中占比最高，是毛的主体。第三层是毛髓。毛髓是毛的中心部分，髓质层一般只存在于粗的羊毛纤维中，细羊毛无髓质层。有些动物的毛没有毛髓，只有表层和角质。

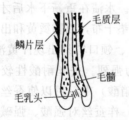

图 2-2 羊毛剖面示意图

图 2-3 羊毛表面显微照片

(2) 山羊绒 山羊绒是从山羊身上用铁梳子抓下来的细绒。按其颜色，分为白绒、紫绒、青绒三种，以白绒的价值最高。亚洲克什米尔地区在历史上曾是山羊绒向欧洲输出的集散地。国际市场习惯称山羊绒为"克什米尔"，中国谐音为"开司米"。这是一种稀有而高贵的纺织原料，被誉为"毛中之王"。世界原绒年产量为 15000～16000 吨，其中中国约占世界总产量的 70% 以上，质量上也优于其它国家，山羊绒世界年贸易量约 6000 吨，中国约占 3000 吨，居世界首位，世界主要消费国是美国、英国和日本等国家。约 70% 的羊绒产自中国。羊绒品质优良，十分珍贵，产量稀少，仅占世界动物纤维总产量的 0.2%，一只产绒山羊每年产绒仅为 50～80 克，平均每 5 只山羊的绒才够做一件羊绒衫。交易中以克论价，被人们认为是"纤维宝石"、"纤维皇后"、"软黄金"。山羊绒因其弹性变形能力强，穿着时容易起球，洗涤时容易毡缩，使纺织成品尺寸缩短，在实际应用时，经常与 10%～15% 的细绵羊毛混纺，使织物柔软、舒适，大多用于羊绒衫、高档绒衣原料。由于山羊绒稀少，人们通常将绵羊细毛称为羊绒。

(3) 兔毛 兔毛（rabbitere）的产量主要来自中国。兔毛由绒毛和粗毛组成。毛的结构与羊毛相似。兔毛表面光滑，毛轻毛细，手感柔软，保暖性好。但兔毛长度短、抱合力差、强度低、可纺性差，因此不能单独纺织，只能与羊毛、化纤混纺。兔毛由于鳞片的特殊结构，其缩绒重于羊毛。如果羊毛衫中含有兔毛成分，洗涤时要更加注意，防止出现缩绒问题。

(4) 马海毛 马海毛是土耳其的安哥拉山羊毛，土耳其语为"最好的毛"。是目前世界市场上高级的动物纺织纤维原料之一。18 世纪后其它国家和地区引进繁殖，目前世界上马海毛主要的生产国家是澳大利亚、南非、美国、土耳其、阿根廷、莱索托等，中国西北的中卫山羊毛也属于马海毛类。

马海毛的外观形态与绵羊毛相类似，马海毛的细度约为 25 微米，长度为 100～250 毫米。马海毛条干较粗硬，鳞片少，平阔紧贴于毛干，很少重叠，故纤维表面光滑，具有天然闪亮色泽，蚕丝一般的光泽，不易收缩，也难毡缩。强度高，具有较好的回弹性和耐磨性及排尘防污性，不易起球，易清洁洗涤。马海毛夹杂一定数量的杂毛，质量好的含量不超过 1%，质量差的含量达 20% 以上。马海毛主要用于粗纺毛呢，如粗花呢、大衣呢、毛毯、高档毛线。著名的银枪大衣呢就是用了马海毛织成银白色枪毛而得名。

(5) 驼羊毛 驼羊，又称羊驼，生长于南美洲秘鲁的安第斯山脉。安第斯山脉海拔 4500 米，昼夜温差很大，夜间可在 −20～−18℃，白天却达 15～18℃，寒风凛冽，空气稀薄，阳光辐射强烈。在这种恶劣环境下生活的羊驼，其毛发能抵御极端的温度变化，羊驼毛不仅能够保温，还可有效抵御日光辐射。在显微镜下羊驼毛纤维可看到特有的髓腔，因此羊驼毛的保温性优于羊毛、羊绒和马海毛。由于羊驼毛产量低，以制作高档衣物著称。

(6) 牦牛毛与牦牛绒 牦牛，又称西藏牛，一般生长在海拔 2100～6000 米的高寒地带，其颜色多为黑、深褐或黑白混色，光泽在毛类中最差，其保暖性与山羊绒相当。牦牛毛分为细毛、粗毛两类。粗毛平直而光滑，缺乏抱合力，不宜作纺织用，因此作为纺织织物的均为牦牛细毛。细毛手感柔软，纤维卷曲少，弹性好。手感可与山羊绒媲美。因此牦牛细毛也称牦牛绒。

牦牛绒毛层表面鳞片结构与绵羊毛不同，织物表面光滑，不起毛，缩绒较小。牦牛绒的耐磨性低于羊毛和羊绒，但高于骆驼绒和马海毛。牦牛绒对氧化剂的抵抗能力好于羊绒和羊毛。牦牛绒可纯纺，也可与羊毛等纤维混纺。

（7）骆驼绒　骆驼绒是优质的纺织原料。其光泽与兔毛相当，差于羊绒，好于牦牛绒。由于骆驼绒鳞片少，鳞片与毛干抱合紧密，以及鳞片翘角小的缘故，在毛类中缩绒率最低。骆驼绒耐酸、碱、氧化剂、还原剂的性能均优于羊绒、牦牛绒和羊毛。但在热水中收缩率较高。骆驼绒保暖性很好，常用作保暖絮片。骆驼绒可制成高档大衣、床毯等，保暖性优良。

2. 羊毛纤维的性能

羊毛纤维由于鳞片的特殊结构，其性能与众不同，对于洗涤而言，它的最大缺点是缩绒，不耐碱，不耐氯漂。

（1）羊毛的吸湿性　加工后的羊毛吸湿性很强。羊毛在羊的身上密度很大形成毛被，遇到雨雪，水的浸湿速度很慢，需要几小时甚至几天时间才能浸透到毛的根部，这是因为油脂的原因。当羊毛经过化学方法脱脂后，鳞片内失去了油脂的保护，吸湿性很强，遇到水几分钟甚至几秒钟就能浸透。在相对湿度达到饱和的空气中，羊毛的吸湿量可达 35%，吸湿性居各纤维之首，棉花仅为 28%，蚕丝仅为 24%。

（2）羊毛缩绒与其它纤维缩水的区别　羊毛纤维缩绒既包括缩水，又包括毡缩。这是与其它纤维缩水的显著区别，而毡缩是毛纤维的独有特征。鳞片造成的毡缩很特殊，其它纤维水洗一次缩水后，下一次水洗不再缩水，即便缩水，程度也很轻，通过熨烫可以整理过来。羊毛纤维则不同，每次水洗都会继续缩绒，只是程度减轻。

什么是毡缩？羊毛由于鳞片结构的特点，犹如"倒枪刺"，从毛尖向毛根反鳞片方向摩擦的强度，远远高于从毛根向毛尖方向的摩擦，羊毛纵向运动只有向毛根一个方向运动。绵羊毛在湿态情况下受到外力的作用摩擦、揉搓、挤压时，羊毛由长变短，彼此间相互毡合纠缠，形成"毡缩"现象。一般称为羊毛的缩绒。因此，摩擦力越大，羊毛毡缩越重。毡帽就是利用羊毛纤维的毡缩性质，既不用胶，也不用缝合，靠压力和温度的作用制成。

羊的品种不同，羊毛的组织结构不同，缩水程度也就不同。羊毛越细，鳞片越多，缩绒越重；羊毛越粗，鳞片越少，缩绒相对较轻。这就是羊绒与羊毛的区别。因此羊绒衫的缩绒、缩水重于羊毛衫；兔毛缩绒重于羊绒；牦牛毛没有鳞片，织物表面光滑，缩水性很低。

羊毛织物如何水洗？羊毛织物如毛绒衫穿用时间较长或干洗次数较多，不如当初蓬松柔软，浅色的越来越暗，有些蛋白质类的污垢不能去除，甚至留下斑斑黄渍。有效的解决办法是水洗。经日本有关专家研究表明，这种鳞片约在 20℃ 时开始张开，而穿在人身上的毛织物通常是在 20℃ 以上，所以有一部分鳞片处于张开状态。此时附着的污垢，如果用冷水洗涤，鳞片就会闭合起来，使得污垢难以洗掉。因此用 25~30℃ 的温水来洗涤最为适合，而且在这种温度条件下，羊毛纤维也不会发生收缩。温度达到 40℃ 以上缩绒倾向明显，提高到 50~60℃ 就会产生显著的缩绒（毡化）现象。所以洗涤羊毛衫适宜用低温水。

（3）"丝光毛"与防缩处理　世界各国都在研究解决羊毛的缩绒问题，目前主要有两种办法：一是"减法"防毡缩处理，主要是用氯化剂和酶制剂破坏羊毛鳞片层；二是"加法"防毡缩处理，利用高聚物（合成树脂）填平鳞片层，使其光滑而减小摩擦系数，被称为"加法"。这两种办法整理过的羊毛被称为"丝光毛"。实践证明，羊毛丝光只是一定程度地减轻缩绒，并未从根本上解决缩绒问题。有用户反映，丝光毛羊绒衫在水洗几次之后仍然出现缩绒问题。

（4）阳光、酶对毛的作用　羊毛纤维的耐光性较差，长时间阳光照射会使其颜色泛黄和脱色，尤其是在湿态的情况下暴晒尤为严重。羊毛纤维潮湿易霉变，易虫蛀，形成洞眼。羊毛纤维上色度好，易于染色和上色，以酸性染料为主。

（5）酸碱对毛的作用　羊毛耐酸性很强，甚至在短时间内可以承受 80％浓硫酸的作用。羊毛耐碱性很差，碱可以使羊毛水解，造成强度下降，纤维变黄，手感粗糙。在 5％浓度碱性溶液中煮沸几分钟，就可以使羊毛溶解而彻底破坏。因此羊毛织物水洗不可使用碱性洗衣粉。

（6）氧化剂、还原剂对毛的作用　羊毛耐含氯氧化剂性极差，氯漂对羊毛有很大的破坏作用，可以使羊毛强烈膨化和强度下降。有的厂家用次氯酸钠消除鳞片，解决缩绒问题，但用量很小，时间很短，但这并不表明洗衣店对羊毛纤维可以使用含氯氧化剂。同为氧化剂，含氧氧化剂对羊毛纤维的破坏轻于含氯氧化剂，所以常用于羊毛的漂白，但是如果浓度、温度控制不当，也会造成羊毛的损伤。因此羊毛织物禁用碱性洗涤，禁用氯漂。羊毛纤维抗还原性较强，使用保险粉漂白相对比较安全。

✦ 七、涤纶

　　涤纶（polyester），学名聚对苯二甲酸乙二醇酯纤维，简称聚酯纤维。国外称之为特丽纶（Terylene）、帝特纶（Dacron）、达可纶（Tetoron）等。涤纶是日常生活中最常见的化学纤维，是世界上产量最大、应用范围最广的合成纤维。涤纶 1953 年开始工业化生产，2008 年中国化纤总产量为 2404.6 万吨，占全球产量的 51％，其中涤纶 2004.5 万吨，占全球产量的 66％。此后涤纶生产仍呈现强烈的上升趋势。在洗衣店收洗的衣物中涤纶及涤纶混纺占有很大比例，因此洗衣店的员工应该对涤纶有比较多的了解。

1. 涤纶的分类

　　涤纶有长丝和短纤维之分。普通短纤维截面一般为圆形，也可生产异形丝、弹力丝，纤维平滑光洁，均匀无条痕。纤度与天然纤维接近，也有超细纤维。合成纤维的差别化，涤纶表现最多。涤纶在外观上可仿毛、麻、丝等天然纤维，已达到以假乱真的程度。

2. 涤纶的性能和特点

（1）吸湿性　涤纶几乎不吸湿，由于这一性能，决定了具有下述特点。

① 不透气，涤纶衣物穿着有闷热感，但洗后晾干速度快。

② 易产生静电，使织物易起毛、起球、吸尘。

③ 染色性差。采用高温高压、热熔方法成功染色之后，各项色牢度十分优秀，干洗和水洗均不掉色。也很少沾染其它颜色，但是一旦被其它颜色沾染，极难去除。

④ 涤纶纤维织物分散染料染色对次氯酸钠也有很好的稳定性，在浓度达到 5％、温度达到 60℃时，涤纶分散染料染色依然不会发生变化。洗衣店常用的化学药剂对涤纶分散染料染色基本都没有破坏作用。

（2）强度、耐晒性　涤纶强度比棉花高 1 倍，比羊毛高 3 倍，其强度仅次于锦纶。尺寸稳定性和褶裥优良性及初始模量（弹性）居合成纤维之首，仅次于羊毛，坚牢耐用，不褶不皱，具有优良的保型性，有"洗可穿"（免熨烫）的美誉，用涤纶制作的刀褶裙，采用热定型工艺可形成永久褶裥和造型。

　　涤纶湿强度与干强度相同，耐磨，不霉不蛀。涤纶耐光性良好，其耐晒能力超过天然纤维。它的耐晒能力远远高于与它同属杂链类合成纤维的锦纶。

（3）耐酸碱性　涤纶对碱比较敏感，但与蛋白质纤维相比，耐碱性很强，洗衣店的用碱浓度几乎对涤纶没有影响。利用浓碱和适当的温度腐蚀涤纶的表面，涤纶的重量减轻，细度变细，可产生真丝风格，称为碱减量处理。

涤纶耐酸性很强，对于稀酸，即使在沸热温度下也是稳定的；浓度达 35％ 的盐酸、75％ 的硫酸、66％ 的硝酸，在室温下对涤纶不发生影响。但是热的浓硫酸和碱都能使涤纶发生水解。由于涤纶的耐酸性很好，烂花绒面料与棉、黏胶相配的底衬纤维多为涤纶（涤丝烂花绒）。

（4）熔孔性 织物某个局部受到或接触到温度超过熔点的火花、烟头时接触部位会形成熔孔，火花熄灭或热体脱离时，孔洞周围的纤维凝固黏结不再扩大。这种现象被称为熔孔性，抵抗熔孔能力被称为抗熔孔性。在纤维中只有少数合成纤维具有熔孔性，涤纶是其中之一。

（5）耐氧化剂、还原剂性 涤纶对氧化剂稳定，在 pH 值 7～11、水温 50℃、有效氯浓度 5 克/升时，长时间处理涤纶无损伤。当浓度过高、水温过高时，涤纶强度可能下降。涤纶对还原剂（如保险粉）是十分稳定的。

在低温条件下涤纶对丙酮、苯、氯仿、三氯乙烯、四氯化碳等溶剂稳定，在高温时则会发生溶胀、收缩现象。所以处理涤纶织物上的污渍时应避免在高温下操作。

（6）耐热性与热稳定性 涤纶的软化温度为 230～240℃，熔点为 255～265℃，在火中能燃烧，发生卷曲，并熔成珠。虽然涤纶的耐热性最好，但涤纶与锦纶的分子结构同属杂链类合成纤维，热稳定性不太好。涤纶在低温、常温下弹性非常好，但是如遇高温，涤纶弹性下降幅度很大。据许多资料介绍，涤纶耐热温度很好，甚至高于棉，但从洗衣和熨烫实践经验看，实际承受洗涤和熨烫温度均低于棉，虽然高温洗涤涤纶的性质并未变化，但可以出现死褶，高温熨烫可以出现亮痕。而这两个问题洗衣店很难解决。

涤纶大多作为服装面料，而面料出现褶皱必须熨平，稍有不慎便出现亮痕。涤纶常温水洗不会产生褶皱，低温水洗不超过 40℃，褶皱很少，也不会出现死褶，为此不能不引起洗衣店的高度注意（表 2-2）。

表 2-2 涤纶不同水洗温度下纬弹织物经纬向收缩率

工 艺 条 件	坯布试样尺寸 （径向×纬向）/毫米	坯布试样尺寸 （径向×纬向）/毫米	径向收缩率/％	纬向收缩率/％
30℃，15 分钟	100 × 100	98.5 × 10	1.5	0
40℃，15 分钟	100 × 100	98 × 10	2	0
50℃，15 分钟	100 × 100	96.5 × 96.5	3.5	3.5
60℃，15 分钟	100 × 100	96 × 89	4	11
70℃，15 分钟	100 × 100	95 × 84	5	16
80℃，15 分钟	100 × 100	93 × 77	7	23
90℃，15 分钟	100 × 100	91 × 72	9	28
100℃，15 分钟	100 × 100	89 × 70	11	30

注：此表来源于《涤纶及其混纺织物染整加工》。

（7）用途 涤纶品种繁多，仅涤纶长丝就多达几十种，用途广泛，大量用于衣料、床上用品、各种装饰布料、国防军工特殊织物等纺织品及其它工业纤维制品。为了扬长避短，涤纶常与天然纤维和黏胶纤维等混纺和交织。涤纶与毛的混纺多用于上档次的工装，与棉的混纺多用于服装面料。涤丝绸、涤纶乔其纱、涤弹华达呢、涤弹哔叽等都是市场畅销品。涤纶长丝织物——轻薄、手感柔软、滑爽的仿真丝绸织物，效果颇佳，用其制作的百褶裙，褶裥持久而美观。

✛ 八、锦纶

锦纶（polyamide），学名聚酰胺纤维，也称尼龙（nylon）、耐纶、贝纶、赛纶、卡普龙。锦州化纤厂是中国首家生产聚酰胺纤维的工厂，因此中国将其称为锦纶❶。锦纶是世界上最早的合成纤维品种，性能优良，原料来源丰富，一直广泛生产和使用，锦纶是合成纤维中最早进行工业化生产的。锦纶有多个品种，以锦纶66、锦纶6为主。锦纶66性能优于锦纶6，总体性能相近。

1. 锦纶的分类

锦纶有长丝和短纤维两种。长丝可以单独织制，也可与其它纤维的长丝交织，织成各种轻薄的衣用织物和透明的锦纶丝袜，市场上见到的锦丝纺、锦纶绉、锦格绸、锦缎被面等，都是含有锦纶长丝的产品。

锦纶短纤维多采用长度和粗细接近于羊毛的毛型短纤维，与羊毛或者与其它化学纤维混纺。如锦纶与黏胶纤维混纺的华达呢、凡立丁，与黏胶纤维、羊毛混纺，或与黏胶纤维、腈纶混纺的"三合一"花呢等，都是物美价廉、结实耐磨的产品。

锦纶长丝经过变形处理成为弹力纱，也称弹力丝，用来生产弹力袜、弹力衫、弹力裤等。

2. 锦纶的性能和特点

(1) 吸湿性　锦纶在合成纤维中属于吸湿性较大者，仅次于维纶，回潮率在4.5％左右。但与天然纤维和再生纤维相比，属于吸湿性较小者，同时锦纶结构紧密，因此穿着闷热、不透气、易起静电和沾污。

(2) 染色性　锦纶的染色性不如天然纤维，但在合成纤维中又属于容易染色的。有与羊毛类似的染色性，可用分散染料、酸性染料、活性染料染色，也可用阳离子染料染色。对直接染料、硫化染料、还原染料没有直接性。因此锦纶适合洗衣店复染。

(3) 耐磨性与强度　锦纶的耐磨性、耐用性和强度居所有纤维之首。它的耐磨性是涤纶的4倍、棉纤维的10倍、羊毛的20倍、黏胶纤维的50倍，用15％的锦纶与85％的羊毛混纺，其织物的耐磨性比羊毛织物高出3倍多。最适于做袜子、羽绒服、登山服和冬季服装的面料。锦纶的强度大得惊人，超过钢丝绳，一根手指粗的锦纶绳，可以提起装满货物的载重汽车。

(4) 弹性　锦纶的弹性是纺织纤维中的佼佼者。有资料报道，锦纶伸长10％，其回弹率为92％，可是在相同条件下羊毛为73％，涤纶为67％，黏胶纤维仅为38％。锦纶的急弹恢复性较低，保型性不如涤纶，容易变形，外观不够挺括，易起毛、起球。

锦纶耐疲劳性能也很好，可以经得起几万次折挠而不损坏，而棉花只有它的1/10。

(5) 耐热性、耐光性及热稳定性　锦纶的缺点也十分突出。锦纶与涤纶同属杂链类合

---

❶　锦纶最初仅代表尼龙-6，后行业内约定俗成可代表聚酰胺纤维一类物质。

成纤维，热稳定性不好，容易伸长变形走样，不耐日光晒，不耐热，在阳光长期照射下，或者在150℃的温度下放置几小时，纤维就会发黄，强力显著下降。锦纶在空气中的最高使用温度是100～110℃，高于120℃时，锦纶发生明显的氧化裂解，达到150～185℃时，裂解变得十分迅速。锦纶的软化点温度是180℃，熔点是215～220℃。锦纶的熨烫安全温度最高是120℃。锦纶的耐光性虽然很差，但仍优于蚕丝。

(6) 熔孔性 锦纶与涤纶相同的是具有熔孔性。

(7) 耐酸碱性 锦纶耐碱性强于耐酸性，浓度大于10%的烧碱和大于28%的氨水可作用较长时间。热的浓碱可使锦纶发生水解。锦纶对酸的稳定性较差，常温下能溶于有机酸（如甲酸，又称蚁酸）中，高温下能溶于冰醋酸中；对无机酸敏感，在浓的无机酸（如硫酸、盐酸）溶液中，锦纶可溶解，强度迅速下降。用冰醋酸过酸时只要浓度不超过1%是安全的。

(8) 耐氧化剂、还原剂性 锦纶对含氯氧化剂敏感。次氯酸钠对锦纶有损伤，不可氯漂。一般也不使用双氧水漂白，需要时使用温度不宜过高，浓度不超过3%。锦纶抗还原剂能力很强，适宜保险粉漂白。

(9) 耐化学溶剂性 锦纶不溶于一般的有机溶剂，可以干洗。但锦纶在常温下能溶于甲酚、氯化钙、甲醇饱和溶液，高温下能溶于苯甲醇、乙二醇溶液中。这几种特殊溶剂洗衣店基本不配备使用，因此这类事故基本不会发生。

✚ 九、腈纶

腈纶（acrylic），学名聚丙烯腈纤维。腈纶属于碳链类合成纤维，碳链类合成纤维包括维纶、丙纶、氯纶、氟纶等。腈纶的外观和保暖性与羊毛相似，俗称"人造羊毛"。腈纶是合成纤维中三大品种之一，产量仅次于涤纶、锦纶，用途广泛，可与羊毛及其它纤维混纺，制成高级毛料。由于腈纶的仿毛性，多用于毛型衣物，如呢绒、毛线、毛毯、地毯、长毛绒、针织外衣、羊毛衫、绒衣绒裤、运动服等。由于耐晒性很好，腈纶又经常用于制作野外工作服、窗帘、幕布、帐篷、船帆等。

1. 腈纶的分类

为了获得性能更好的腈纶，市场上又推出了一些腈纶的新品种，如吸水性比天然纤维还要大的腈纶、容易染色的腈纶、难燃烧的腈纶、抗起球的腈纶、抗静电的腈纶等。

2. 腈纶的性能和特点

(1) 吸湿性 吸湿性较差，摩擦产生静电大，容易吸附污垢，穿着有闷气感，易洗快干，不霉不蛀。

(2) 上染性 腈纶织物色彩鲜艳，但上色度差，染色难。它的染色采用阳离子染料，是经过高温高压工艺实现的。不适合洗衣店复染。

(3) 保暖性 腈纶刚性较低，因而用腈纶织造的毛毯非常柔软、保暖，保暖性比羊毛高出15%，它又比羊毛轻、结实、耐腐蚀，这些性能胜过羊毛。

(4) 耐晒性 腈纶的突出特点，就是非常耐晒，这一特性居各纤维之首。露天暴晒一年，强度仅下降20%，回弹力仍可保持65%，而棉花则降低90%，蚕丝、羊毛、锦纶、黏胶等纤维，强力基本完全丧失。

(5) 强度和耐磨性 腈纶的强度和耐磨性不如其它合成纤维，耐磨性在合成纤维中较差，腈纶衣物的褶裥处容易磨损、断裂。弹性不如羊毛、涤纶等纤维，反复拉伸弹性下降更多，尤其在领口、袖口、下摆处，容易出现"三口松弛"现象。腈纶服装摩擦起球最重，如果起球较多显得服装很脏，只有用去球器去除，否则无论怎样洗涤都不能干净。

(6) 耐热性与热稳定性 腈纶耐热性良好，在150℃热空气中处理20小时后，其强度下降不到5％。腈纶遇热的弹性变化因品种而异。有的品种弹性初始模量很高，因而保型性好；有的品种初始模量较低，保型性较差。人们日常生活中使用的腈纶属于后一种。初始模量不高，遇到高温下降幅度更大，出现变形。因此，腈纶洗涤的适宜温度是常温或低温；适宜低温熨烫。曾有一案例，腈纶毛毯高温干洗导致绒毛卷曲，虽然使用功能并未完全丧失可以使用，但是毛茸茸的形态不见了，造成赔付。

(7) 耐酸碱性 腈纶耐酸性较好，但酸浓度对高温敏感。腈纶耐碱性较差，用稀碱液或氨处理时易变黄，用浓碱液处理时则破坏。但是，与蛋白质纤维相比，耐碱性依然较好；与纤维素纤维相比，耐酸性依然较好。

(8) 耐氧化剂、还原剂性 腈纶耐氧化剂性较好，在还原剂中也非常稳定。

✛ 十、丙纶

丙纶（polypropylene），学名聚丙烯纤维、聚烯烃纤维，又称帕纶。丙纶密度小，质地轻，可浮于水面，其重量仅为棉花的3/5，故可用于棉服的絮填料。保暖，强度高，干湿状态下强度无变化，很耐磨，弹性好。丙纶具有排汗快、快干、无汗臭等优点。丙纶本身不吸湿，但超细丙纶芯吸能力很强，排汗作用明显，因此多用来制作尿不湿。

> **芯吸效应：**"芯吸效应"是超细纤维特有的性能，是指超细纤维中孔隙接近真空时，近水端纤维管口与水分子接触形成纤维中真空孔隙，此时大气压值超过纤维内部的真空，水就自然压挤进入纤维孔隙中，纤维孔隙越细，芯吸效应越明显，这种芯吸透湿效应越强。超细丙纶纤维织物导汗透气，穿着时可保持皮肤干爽，出汗后没有棉织物的凉感，也没有其它合成纤维的闷热和汗臭感，从而提高了织物的舒适性和卫生性。

丙纶电绝缘性能很好，但易产生静电。

丙纶易燃，不耐热，不耐熨烫，不耐日晒，易老化脆损。丙纶需要低温洗涤、低温熨烫。

丙纶耐酸碱性强。除了浓硫酸、浓烧碱外，对酸碱抵抗性能良好。

丙纶对氧化剂稳定，对还原剂稳定性较差。

丙纶吸湿性为零，染色性极差，直至今日也不能染色，只能在生产纤维时将染料与合成树脂混在一起，纤维生产出来就带有颜色，即使丙纶改性以后可以染色，但上染率仍然很低，因此丙纶织物一般不适合洗衣店复染。

丙纶耐热老化性、耐光老化性差。

丙纶对干洗溶剂很敏感。在干洗溶剂中如果温度超过 60℃ 纤维容易收缩，使纤维膨化，因此丙纶织物不能干洗。

丙纶纤维软化点低，不耐熨烫。软化点为 150℃，当熨烫温度超过 150℃ 时，有 15％ 的纤维熔融，168℃ 时有 85％ 的纤维熔融，所以丙纶织物熨烫时要放上湿棉布，使温度低于 100℃。

✦ 十一、维纶

维纶（vinylon），学名聚乙烯醇缩醛纤维，又称维尼纶、维纳纶、妙纶等。它是用石灰石和石油制造出来的。在某些性能方面很像棉花和麻，所以有"合成棉花"之称。因其综合性能不如涤纶、锦纶和腈纶，常作为低档衣料，生产流程较长，所以年产量较小，居合成纤维第五位。

维纶的吸湿性在合成纤维中最高，在标准条件下，回潮率为 4.5％～5％，用它做的衣服穿在身上能吸汗。维纶的耐磨性和强力都超过棉花，50∶50 的维/棉混纺织物，其强度比纯棉高 60％，耐磨性提高 50％～100％。耐晒、耐腐蚀，不霉不蛀。由于导热性差，维纶具有良好的保暖性。

维纶耐干热性能较好，但不耐湿热，湿热状态下，特别是在热水中收缩、褶皱。

维纶弹性差，其织物不挺括，易出褶皱，易起毛、起球，染色性不好，色泽不鲜艳。

维纶耐酸碱，在 10％ 的盐酸溶液或 30％ 的硫酸溶液中其强度无影响。在有机酸中不溶解。用 50％ 的烧碱溶液处理，其强度几乎不下降。但 80％ 的浓酸会使其溶解。

维纶耐氧化剂和还原剂性较强。

维纶耐溶剂性较好，不溶于一般的有机溶剂，如四氯乙烯、汽油、丙酮、苯、乙醚、乙醇等，但在热的吡啶、酚、甲酸中溶胀或溶解。

维纶耐晒性较好，在日光下暴晒 6 个月，棉帆布强度损失 48％，而维纶仅下降 12％。

干法制丝的维纶染色性与纤维素纤维相似，可以采用直接染料、硫化染料、还原染料、不溶性偶氮染料染色，吸附染料的数量大于棉化。湿法制丝的维纶对分散染料也具有亲和力，但上染速率慢，染料吸附量低。

维纶用途广泛，较多适用于与棉花混纺的平布、细布、卡其布、色织布、灯芯绒、劳动布、衬衣、睡衣、工作服、鞋面布和儿童服装等。维纶混纺工作服和儿童服装结实，比棉布耐用，容易除去油污。

维纶适宜低温或冷水洗涤；低温熨烫，高温熨烫会使维纶面料损毁；不能垫湿布或喷水，不可蒸汽熨烫。维纶与棉花混纺或交织要按维纶的要求熨烫。

✦ 十二、氯纶

氯纶（polyvinyl chloride），全称聚氯乙烯纤维。以聚氯乙烯为基本原料制造，又称天美纶、滇纶、罗维尔等。氯纶是人类历史上最早出现的合成纤维，由于性能不令人满意和纺丝成形方法不够成熟，至今仍是小品种。

氯纶耐酸碱，难燃烧，不吸湿，耐晒、耐蚀、耐磨，不霉不蛀，有良好的抗静电性。保暖性好，其保暖性比棉高 50%，比羊毛高 10%～20%。

氯纶的突出缺点是不耐热，它的软化温度极低（65～75℃），水洗和烘干达到一定温度就开始收缩，在 100℃沸水中可收缩 40%～50%。因此氯纶衣物只能常温或冷水洗涤，不能熨烫。氯纶染色难，一般只能用分散染料染色。

氯纶耐酸碱、氧化剂和还原剂性能极佳，通常无机酸和碱对氯纶没有影响。氯纶多与其它纤维混纺，一般用于窗帘、帷幕、内衣等。

✚ 十三、氨纶

氨纶（spandex），学名聚氨基甲酸酯，有聚醚型与聚酯型两类产品。美国的商品名称为莱卡（Lycra）、斯潘德克斯（Spandex）；日本称内欧纶（Neoion）；德国称多拉斯弹（Dorias-tan）等。氨纶最早由德国拜耳公司试制成功，最早由美国杜邦公司于 1958 年实现工业化生产，目前中国是世界最大生产国。

(1) 弹性 氨纶具有很高的弹性，因此也称弹性纤维。聚醚型氨纶在伸长 500% 时回复率达到 95%；聚酯型氨纶在伸长 600% 时回复率达到 98%。氨纶具有很好的耐疲劳性，在 50%～300% 的伸长范围内，可耐 100 万次的收缩疲劳，而橡胶仅能耐 2.4 万次。氨纶在强度、模量、耐老化性、耐磨性等方面均优于橡胶。氨纶在实际使用时由于受各种化学药剂以及水和温度等因素的影响，其优良的弹性和强度大打折扣，严重者变硬、断裂。

(2) 耐酸碱、氧化剂、还原剂性 氨纶分为聚酯型、聚醚型两种。聚酯型对氧化剂和还原剂稳定，也比较耐酸。但聚酯型不耐强碱，在热碱溶液中快速溶解。两种类型的氨纶对还原剂、氧漂比较稳定，但都不耐氯漂，氯漂对聚醚型氨纶损伤更重。

(3) 耐溶剂性 有些化学溶剂（如环己酮、二甲基甲酰胺、二甲基乙酰胺）对氨纶有溶解作用；四氯乙烯干洗溶剂可使其发硬，直至断裂；一些不饱和油，如松节油及耐晒油（亚油酸酯等）也会使其溶胀，强度下降；有些常用化学溶剂对氨纶不起作用。各种表面活性剂和一些染整助剂也会吸附于氨纶，有的起载体作用，有的还会改变其性能，如染色性等。

(4) 吸湿性与耐热性 氨纶的吸湿性很低，聚酯型回潮率只有 0.3% 左右，聚醚型在 1.3% 左右。水对氨纶有增塑作用，使纤维的拉伸强度下降，聚酯型下降 10%，聚醚型下降 20%。氨纶不耐高温，受热强度下降，易收缩、熔融、断裂。

氨纶一般不单独使用，而是少量地掺入织物中，这种纤维既有橡胶的性能，又有纤维的性能，多数用于以氨纶为芯纱的包芯纱及包覆纱、合捻纱，称为弹力包芯纱（图 2-4），广泛用于制作弹性织物，最常见的是服装的罗纹（袜口、袖口、领口）、腰带，一些休闲裤、牛仔裤、T 恤、内衣等弹性服装经纱也都使用了氨纶，含

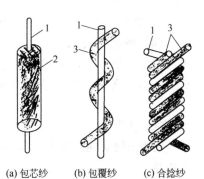

(a) 包芯纱　　(b) 包覆纱　　(c) 合捻纱

图 2-4　三种弹力纱结构示意图

1—氨纶；2—短纤维；3—长丝或短纤维

量一般在 5% 左右。

第三节
纤维的识别与认定

纺织纤维面料及里料种类繁多，非常复杂。有的容易识别，看一眼就可以认定，有的则非常困难。尤其是有的面料除了本身的纤维外，还有涂层、涂胶等，一旦失误则可能采取错误的洗涤方式，导致洗衣事故的发生。纺织纤维的识别方法有许多，其中显微镜观察法、红外线光谱分析法、手感测摸法、密度测定法、溶剂溶解法、显色试验法、熔点法、染色法等，在洗衣店的环境和条件下不可能采用。在实际工作中，识别和认定衣物与面料的方法主要有下面三种。

✚ 一、感官识别

判定衣物纤维，首先是眼看手摸，也称感官识别法。通过视觉和感觉，具体是看、摸、捏、听，来观察衣物的颜色、光泽、柔软度、弹性、褶皱、薄厚、轻重等来鉴别衣物纤维的种类。

1. 棉型织物

这类织物有纯棉织物、棉混纺织物、棉交织织物、棉型化纤织物。

(1) 纯棉织物 光泽柔和，手感柔软，弹性差，有温暖感觉，易褶皱，用手紧捏布面，松开后有明显折痕，不易恢复。

(2) 棉混纺织物 棉混纺织物生产较多的为涤/棉。此类布面比纯棉细洁光滑，光泽好于纯棉。手感比纯棉挺括，弹性好。抗褶皱性优于纯棉，用手捏后有折痕，但没有纯棉明显，且能很快恢复。丙/棉逊于涤/棉。棉/黏的突出特点是布面平整光洁，色彩鲜艳明亮。维/棉的突出特点是比纯棉布细密，折痕不明显，易恢复原状。

(3) 棉交织织物 生产和销售的棉交织织物主要有棉/涤、锦/棉。这两类织物一般为棉纱线与涤纶长丝或锦纶长丝交织。其光泽比纯棉光亮，布面平滑细腻，手感比纯棉硬挺一些。涤/棉交织织物一般是经纱为涤纶，纬纱为纯棉。

(4) 棉型化纤织物 此类织物生产较多的是黏胶棉型织物，也可称为人造棉织物。布面平整光洁，色泽鲜艳，手感比纯棉柔软，悬垂性好于纯棉。弹性差，轻捏有较明显折痕，不易恢复。抽出纱线沾水后易拉断，并断于湿处。黏胶织物落水后变厚，手感发硬。

2. 麻型织物

此类织物有纯麻织物、麻混纺织物、麻交织织物、仿麻织物。由于材料不同，外观与手感各异。

(1) 纯麻织物 外观粗犷，纱线粗细不均匀，有明显结节，手感硬挺，皮肤接触有麻爽的感觉。手捏松开有明显折痕，不易恢复平整。

(2) 麻混纺织物 生产较多的有麻/棉、涤/麻。麻混纺的纱线粗细均匀度好于纯麻。

涤/麻比纯麻平整光洁，抗折性好于纯麻，手感更为硬挺。麻/棉光洁度和柔软性好于纯麻。

(3) 麻交织织物 麻/棉、麻/黏生产较多。麻交织织物外观仅有一个方向的纤维有粗节，多为纬线。在手感柔软度、布面光洁度、光泽度这三个方面，麻/黏均好于麻/棉。

(4) 仿麻织物 仿麻织物多采用涤纶、黏胶纤维加工。是利用纱线与组织结构的选择达到麻织物的效果。

3. 丝型织物

此类织物主要指桑蚕丝织物、柞蚕丝织物、涤纶丝织物、锦纶丝织物、黏胶纤维丝织物等。因其材料不同，各种织物的风格与性能差异甚大。

(1) 桑蚕丝织物 绸面光泽明亮、柔和、优雅、美丽。色彩纯正，质地平滑细腻，手感滑爽柔软，手捏后不产生折痕，撕裂时有"丝鸣声"。

(2) 柞蚕丝织物 光泽和鲜艳度逊于桑蚕丝，织物表面比桑蚕丝粗糙，不够平滑细腻，手感不及桑蚕丝柔软，织物喷洒水晾干后有水迹。

(3) 涤纶丝织物 涤丝绸（涤纶长丝）绸面光泽明亮，有闪光感，手感滑爽，平整但不柔和，抗皱性好，但经高温定型后折痕很难恢复，所以用来制作刀褶裙类衣物是上佳选择。

(4) 锦纶丝织物 锦纶长丝，通称尼龙绸。光泽较暗，似乎涂蜡，色彩不鲜艳，手感硬挺，捏后有折痕，缓慢恢复。

(5) 黏胶纤维丝织物 黏胶丝，也称人造丝绸，颜色鲜艳，不柔和，手感滑爽柔软，捏后有折痕，不易恢复。

4. 毛型织物

这类织物有纯毛织物、毛混纺织物、毛交织织物、毛型化纤织物。

(1) 纯毛织物 此类织物有纯毛精纺、纯毛粗纺两种。纯毛精纺呢面光洁平整，色彩纯正柔和，手感滑润而富有弹性。纯毛粗纺表面有绒毛覆盖，粗犷、厚实、无褶皱，给人温暖感觉，柔软而有弹性。

(2) 毛混纺织物 毛混纺织物常生产的有毛/涤、毛/黏、毛/腈。毛/涤多为精纺，呢面好于纯毛，平整光滑，手感挺括，光泽较亮，弹性比纯毛好，手捏松开折痕少。毛/黏多为粗纺，光泽较暗，弹性不如纯毛，易褶皱，不易恢复。

(3) 毛型化纤织物 主要有涤纶仿毛织物、黏胶仿毛织物、腈纶仿毛织物。涤纶仿毛织物的表面光泽比纯毛亮，但不够柔和，手感挺括而富有弹性，折痕少但较生硬。黏胶仿毛织物弹性差，捏紧松开有明显折痕，不易消退；手感柔软，但挺括感差。腈纶仿毛织物手感温暖柔软，蓬松轻盈，有很强的毛型感，色彩鲜艳明快，是仿毛织物的佼佼者。

✦ 二、燃烧鉴别

首先从织物上拆下几条纱线，用镊子夹住，慢慢靠近火焰，仔细观察纱线接近火焰后的变化，包括燃烧颜色、燃烧速度、燃烧形态、燃烧气味、燃烧灰烬的各种特征，以此来判定是何种纤维（表 2-3）。

表 2-3　部分常见纺织纤维燃烧特征

纤维名称	燃烧状态			燃烧气味	残留物特征
	靠近火焰时	接触火焰时	离开火焰时		
棉	不熔不缩	立即燃烧	迅速燃烧	烧纸气味	呈细而柔的灰黑絮状
麻	不熔不缩	立即燃烧	迅速燃烧	烧纸气味	呈细而柔的灰白絮状
丝	熔而卷曲	卷曲、熔化、燃烧	略带闪光，有时自灭	毛发燃烧味	呈松而脆的黑色颗粒
毛	熔而卷曲	卷曲、熔化、燃烧	缓慢，有时自灭	毛发燃烧味	呈松而脆的黑色颗粒
黏胶	不熔不缩	立即燃烧	迅速燃烧	烧纸气味	呈少许灰白色灰烬
铜铵	不熔不缩	立即燃烧	迅速燃烧	烧纸气味	呈少许灰白色灰烬
醋酯	熔缩	熔融燃烧	熔化燃烧	醋味	呈硬而脆不规则黑块
涤纶	熔缩	熔融冒烟，缓慢燃烧	继续燃烧，有时自灭	有甜味	呈硬而黑的圆珠状
锦纶	熔缩	熔融燃烧	自灭	氨基味	呈硬而淡棕色透明圆珠状
腈纶	熔缩	熔融燃烧	继续燃烧，冒黑烟	辛辣味	呈黑色不规则小珠，易碎
维纶	缩	收缩燃烧	继续燃烧，冒黑烟	特有香味	呈不规则焦茶色硬块
丙纶	熔，快卷离	熔，难灼燃	继续燃烧，冒黑烟	沥青气味	呈黄褐色硬圆
氯纶	熔缩	熔融燃烧，冒黑烟	自灭	刺鼻氯气味	呈深棕色硬块
氨纶	熔融	燃烧迅速，熔融	继续燃烧	特别臭味	呈绵软黑灰球

注：此表资料主要来源于《印染手册》（第二版）。

一般来说，燃烧法只能鉴别纯纤维，不能鉴别混纺纤维。在实际应用中混纺却多于纯纺。对于混纺纤维只能靠操作者积累经验，多看、多摸、多比较、多问、多研究，掌握每一种纤维的特点和各种纤维之间的区别，逐步摸索和掌握变化的规律。

第四节
纺织纤维基本性能与特点比较

纤维的基本性能主要包括干湿强度、弹性、吸湿性能、耐晒性能、耐化学药剂性能等。

✦ 一、纤维织物的丝光与液氨整理

丝光与液氨整理主要是针对天然纤维素纤维织物，用浓碱和液氨进行防缩、改善纤维表面光泽的处理工艺。

（1）烧碱丝光　丝光对象通常是棉织物、麻织物、麻/棉混纺交织物、麻/棉与合成纤维混纺织物，这些织物在印染过程中均需用烧碱进行丝光，只有少数漂白与浅色本光布不需丝光，黏胶纤维不耐碱处理，所以这类织物及其与合成纤维混纺织物不经丝光；纯合成纤维织物用碱不起丝光作用，也不经丝光。

莫代尔纤维是我国从国外引进的新品种，与普通黏胶纤维不同，属于高湿模量黏胶纤维，各项性能好于黏胶纤维，尤其是湿强度提高 30% 以上，因此，普通黏胶纤维不可丝光，莫代尔纤维却可以丝光，但丝光用碱量低于纯棉纤维。

棉纤维经过丝光后具有独特的外观和风格，因为外观有点像丝，所以棉纤维经过丝光的称为丝光棉。棉布经丝光后改善了性能，获得了耐久的光泽，提高了吸收染料的能力，提高了成品尺寸的稳定性，降低了缩水率。经过试验，印染厂丝光温度通常控制在 18～20℃ 为最佳，最高不超过 20℃；棉纤维丝光最佳用碱量是 245 克/升，即 24.5%。

(2) 液氨整理 液氨处理工艺由美国发明。液氨属于碱性物质，与用烧碱丝光的目的和效果基本相同。烧碱丝光与液氨丝光不完全相同，后来人们称液氨丝光为液氨整理。用液氨处理与用烧碱处理相比，上染率低，光泽差，优点是匀染性好，光泽柔和，变色少，尺寸稳定性好，残留在纤维上的碱性物质容易去除。因此易产生折痕的薄型织物适合液氨处理。

丝光与液氨整理都使织物分量减轻，称为减量处理；而树脂整理是增重，称为增量处理。除了天然纤维素纤维用碱丝光外，其它纤维有的也用碱处理，例如涤纶纤维为特殊用途，用碱处理后改变了风格，但不具有棉纤维碱处理后丝一样的光泽，因此涤纶碱处理不称为丝光，而称为碱减量处理。

(3) 了解丝光与液氨整理的意义

① 烧碱丝光和液氨丝光二者虽有不同，但对洗涤、熨烫的要求与未经丝光和未经液氨整理的纤维织物基本相同，没有特殊之处，而且缩水率有所降低。

② 洗衣店员工应进一步了解天然纤维素纤维耐碱的性质，避免看到洗涤标识上注有丝光和液氨整理的文字产生困惑，可以放心水洗和使用碱性洗涤剂。

> **液氨**：氨水与液氨一般认为属同类化合物，但实际上有很大区别。氨气是氮氢化合物的气体，这种气体溶入水中称为氨水，氨气溶入水中生成氢氧化铵；液氨是将氨气直接压缩成液体，为氮氢化合物。液氨包装需置入高压容器。人造冰是利用液氨释放氨气时吸收周围热量的原理制造而成。

✦ 二、纤维混纺与命名

此处所说混纺，既包括混纺，也包括交织。为了扬长避短，很多面料经过混纺或者交织，面料的综合性能得到很大改善和提高。涤/棉衬衣至少比纯棉衬衣耐穿 1 倍以上；涤/毛或者涤/黏西裤，耐穿性是同类纯毛、黏胶衣料的 2 倍，同时改变了纯涤不透气、不透汗的缺点。因此市场上销售的各种服装和面料，混纺和交织的数量已经超过了纯纺。

如何判定混纺、交织面料的性能对洗烫十分重要。一般来说，混纺织品的性能大都由占主体的纤维决定。要分清哪种纤维在混纺、交织中占主体，最简单的办法是根据混纺、交织纺织品的名称来判断。例如涤/棉与棉/涤，都是混纺，原料相同，但成分占比不同，涤/棉是涤纶为主体，棉/涤是棉花占主体，性能不同，价格也不同。中国统一命名规定：两种或两种以上纤维混纺时，按原料比例多少的顺序排列命名，比例多的在前，比例少的在后；如果两种纤维比例相同，按天然纤维、合成纤维、人造纤维的顺序排列命名。例如：

(1) 30％锦纶与70％黏胶混纺的仿毛华达呢，称为黏/锦华达呢；

(2) 65％涤纶与35％黏胶混纺的中长隐条呢，称为涤/黏中长隐条呢；

(3) 50％黏胶与50％锦纶混纺的仿毛哔叽，称为锦/黏哔叽；

(4) 50％维纶与50％棉花混纺的细布，称为棉/维细布；

(5) 50％黏胶、40％羊毛、10％锦纶三合一混纺华达呢，称为黏/毛/锦华达呢；

(6) 黏胶、羊毛、锦纶各1/3混纺的华达呢，称为毛/锦/黏华达呢。

其余依此类推。据国家的有关规定，混合的纤维织物，其中一种纤维的成分占95％以上，该织物的成分就可以这种纤维命名。

一般来说，混纺面料性能由成分占比高的纤维决定，但实际情况并不尽然。以含有金属纤维的面料为例，金属丝的占比多为5％，但是它却决定了这种面料洗涤后必出死褶。棉/涤混纺面料中涤纶占比不足30％，如果高温洗涤同样易出死褶。棉/维混纺面料虽然棉花占比大于维纶，但是熨烫时要首先考虑维纶，要按照维纶的熨烫要求进行熨烫，低温或中温熨烫，并且不可用蒸汽，因为维纶承热能力大大低于棉花。有一事故案例，棉/涤交织面料，由于熨烫时按棉纤维熨烫，结果维纶纱线烫焦损毁。所以混纺和交织面料，无论是干洗、水洗还是熨烫，都要首先考虑性能低的纤维，按性能低的纤维进行洗烫。

✦ 三、纤维素纤维的性能与特点

什么是纤维素？纤维素是由葡萄糖组成的大分子多糖。是植物细胞壁的主要成分。纤维素是自然界中分布最广、含量最多的一种多糖，占植物界碳含量的50％以上。棉花的纤维素含量接近100％，为天然的最纯纤维素来源。一般木材中，纤维素占40％～50％，还有10％～30％的半纤维素和20％～30％的木质素。麻、麦秆、稻草、甘蔗渣等，也都是纤维素的丰富来源。纤维素是地球上最古老、最丰富的天然高分子（高分子与低分子详见第九章）。在常温下，纤维素既不溶于水，又不溶于一般的有机溶剂，如乙醇、乙醚、丙酮、苯等。它也不溶于稀碱溶液。因此，在常温下，它是比较稳定的。纤维素纤维在一定的条件下能溶于铜氨溶液和铜乙二胺溶液等。

水可使纤维素发生有限溶胀，某些酸（无机酸、有机酸中的强酸）、碱和盐的水溶液可渗入纤维结晶区，产生无限溶胀，使纤维素溶解。纤维素加热到约150℃时不发生显著变化，超过这个温度会由于脱水而逐渐焦化。纤维素与较浓的无机酸起水解作用生成葡萄糖等，与较浓的烧碱溶液作用生成碱纤维素，与强氧化剂作用生成氧化纤维素。

再生纤维素纤维是以天然纤维素纤维余料为原料，采用溶解的方法制造的纤维素纤维，也称人造纤维，它的性能更多地接近于天然纤维素纤维。

常见纤维素纤维、蛋白质纤维性能比较见表2-4。

表2-4　常见纤维素纤维、蛋白质纤维性能比较

项目	耐日光	耐酸	耐碱	耐氯漂	耐氧漂	耐溶剂	染色	还原	耐磨	耐虫蛀及霉菌	湿强度/％
棉	一般	差	好	好	好	不溶	好	好	优良	耐蛀易霉	略提高
麻	一般	差	好	好	好	不溶	较好	好	优良	耐蛀易霉	提高30
黏胶	逊于棉	差	一般	一般	好	不溶	最好	好	良好	强于棉	下降50

续表

项目	耐日光	耐酸	耐碱	耐氯漂	耐氧漂	耐溶剂	染色	还原	耐磨	耐虫蛀及霉菌	湿强度/%
醋酯	逊于棉	最差	一般	差	好	不溶	较好	好	良好	强于棉	下降 40
毛	一般	好	很差	很差	一般	不溶	较好	好	较好	易蛀易霉	略提高
丝	差	好	很差	很差	一般	不溶	较好	好	较好	易蛀易霉	略提高

注：此表简单反映大体情况，主要是为了方便比较和记忆，具体详见各种纤维具体介绍。例如醋酯纤维不溶于一般溶剂，但可溶于丙酮、香蕉水溶剂；黏胶纤维有多个品种，普通型耐氧化剂性和耐酸碱性较好；而铜铵纤维耐酸碱性较差，既不抗氯漂，也不抗氧漂。

✤ 四、合成纤维的共同性能

合成纤维主要以石油、天然气、煤焦油为起始原料，经化学聚合、纺丝成形及后加工而成。合成纤维品种很多，主要是涤纶、锦纶、腈纶、丙纶、维纶、氯纶六类，占主导地位的是涤纶、锦纶、腈纶三大品种，尤其是涤纶为后起之秀，遥遥领先。合成纤维性能与纤维素纤维、蛋白质纤维相比，有许多方面差别很大。合成纤维的共同特点如下。

(1) 强度高，耐磨、耐用 涤纶、锦纶、腈纶具有高强度、高耐磨性，因而耐穿耐用，结实程度远远高于天然纤维和人造纤维。锦纶的耐磨性最好，其次是涤纶，维纶、腈纶居于中等。为了提高服装的耐用性，一些针织品的领口、袖口、裤口采用锦纶丝加固，既耐磨，又有弹力，特别是锦纶弹力丝编织的袜类、手套、弹力衫等具有高度耐磨性和高弹性，受到人们的欢迎。

(2) 吸湿性差，不透气、不透汗 大多数合成纤维吸湿率比较低，或基本不吸湿。如涤纶吸湿率极低，丙纶、氯纶不吸湿。

(3) 不缩水，速干 由合成纤维吸湿性差的性能所决定，具有不缩水、水洗后速干的特点。

(4) 尺寸稳定性好 合成纤维服装大多属于衣物"洗可穿"，不熨烫或稍加熨烫就很平整、挺括，抗皱性良好。即使经过多次洗涤和长期使用，其尺寸稳定性依然非常稳定。裤线、袖线、百褶裙的褶可以保留很长时间而不会消失。

(5) 易产生静电，易吸附尘土和沾染污垢 合成纤维与塑料、橡胶等物质一样，属于高分子物质，是电的绝缘材料，干洗、穿用摩擦极易产生大量静电，击打人体，穿着易褶皱，容易吸附灰尘。

(6) 熔孔性 合成纤维遇到火星、烟头、电焊火花立刻出现洞孔。原因是合成纤维的软化温度为 170～250℃（氯纶软化点是 60～90℃），而烟头、火星的温度都在 400℃以上。

(7) 起球、起毛 在纤维素纤维和蛋白质纤维中，除毛织物外，很少产生起球现象，黏胶纤维和醋酯纤维也很少起球。但是含有合成纤维的纺织品，则经常产生较明显的起球、起毛现象。其中以锦纶、涤纶和丙纶最为严重，维纶、腈纶次之。

(8) 保暖性好 随着技术的发展，一些合成纤维的保暖性优良，传统的羊毛保暖性最好的观念逐步被打破。根据测试，氯纶的保暖性比羊毛高出 10%～26%，比棉花高出 50%；腈纶、维纶的保暖性也很好，维纶保暖性虽不及羊毛，但高于棉花、黏胶。

(9) 耐热性与耐晒性 合成纤维总体耐热性较差，洗涤、熨烫均不能承受高温，与纤维素纤维相比，尤其是与棉、麻相比差距很大，皆宜低温。涤纶虽然是化纤中耐热性最好的，但在熨烫中最容易出现亮痕。耐晒性总体好于纤维素纤维和蛋白质纤维，但是差异明显，其中腈纶最强，居各种纤维之首；而丙纶和锦纶不耐日晒。

合成纤维化学性能比较见表 2-5。

表 2-5 合成纤维化学性能比较

项 目	涤 纶	锦 纶	腈 纶	丙 纶	维 纶	氨 纶
耐日光性	仅次于腈纶	比较好	最好	优良	良好	良好
耐酸性	对无机酸、有机酸都比较稳定	浓盐酸、浓硫酸、浓硝酸、甲酸、热醋酸可使其分解、溶解	对有机酸和无机酸都比较稳定	除氯磺酸、浓硝酸等氧化性酸外，对其它酸抵抗性良好	遇有机酸不溶解，10%盐酸、30%硫酸对其强度无影响	强酸对其无影响
耐碱性	对碱比较敏感，遇浓碱和强碱易发生水解	耐强碱，在50%烧碱、28%氨水中强度不下降	碱性稍强，能使纤维水解，色泽变黄、暗	—	在50%烧碱中强度几乎不下降	强碱对其无影响
耐氯漂性	良好，不影响其强度	良好	良好	抵抗性优良	良好	不耐氯漂，强度下降，泛黄
耐氧漂性	良好，不影响其强度	良好	良好	抵抗性优良	良好	较好
耐磨性	尚好	最好	比较好	优良	优良	强
耐霉蛀性	抗虫蛀，但受霉菌侵蚀	良好	良好	良好	良好	良好
染色性	用分散染料高温高压、高温热熔法染色	可用分散染料、酸性染料、活性染料、铬媒染料等染色	可用分散染料、碱性染料、阳离子染料等染色	不易染色，用纺前原液染色、纤维变性处理后染色	可用直接活性染料、硫化染料染色	可用媒染染料、酸性染料、分散染料、铬媒染料染色
耐还原剂性	强	强	强	差	强	强

✦ 五、纤维溶胀与缩水

纤维溶胀是纤维浸湿或在水中的体积增大（图 2-5）。没有水纤维不能溶胀，水温可以使溶胀加剧；纤维在溶胀时，直径增大的比例大于长度；纤维溶胀后使纤维织物变厚、变硬、变形，当干燥之后不能回复的部分称为缩水。纤维溶胀越甚，缩水率越高。疏水性纤维（如丙纶、涤纶）几乎不吸水，因而在水中没有溶胀现象发生，不存在缩水问题（表 2-6）。

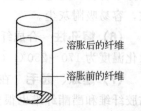

溶胀后的纤维
溶胀前的纤维

图 2-5 纤维吸湿溶胀示意图

表 2-6 几种纤维润湿后直径和长度的变化

纤 维	长度增加/%	直径增加/%
锦纶	2.7~6.9	1.9~2.6
棉纤维	1~2	20~23

续表

纤　　维	长度增加/%	直径增加/%
羊毛纤维	1～2	14.8～17
天然丝	1.3～1.6	16.3～18.7
黏胶纤维	2～5	25～35

纤维吸水溶胀，有的浸到有机溶剂中也会溶胀。一些可以被溶解的纤维，在溶解的过程中先溶胀，继而溶解。纤维的分子量越低、溶液浓度越高、温度越高，其溶胀、溶解的速度越快。

对于洗衣店而言，纤维溶胀利弊同存。弊是缩水，容易沾染色迹和污垢；利是有利于污垢的清除，有利于染色，提高上染率，有利于熨烫定型。

✥ 六、回潮率（吸湿性）所反映的纤维性能差异

将纤维放在大气中，纤维能从空气中吸收或向空气中释放水分。这种吸湿、放湿性能的综合表现为吸湿性，行业称为回潮率。回潮率分为标准回潮率和公定回潮率。天然纤维和再生纤维的回潮率高于合成纤维（表 2-7）。

表 2-7　常见纤维回潮率

纤维种类	公定回潮率/%	标准回潮率/%		
		中国	美国	日本
棉纤维	11.1	7～8	—	8.5
麻纤维	12	12～13	12	8.7
羊毛、兔毛	15	15～17	13.6	15.5
蚕丝	11	8～9	11	12
黏胶纤维	13	13～15	11	11
二醋酯纤维	—	6～7	—	—
三醋酯纤维	—	3～4	—	—
涤纶	0.4	0.4～0.5	0.4	0.4
锦纶	4.5	3.5～5	4.5	4.5
腈纶	2	1.2～2	1.5	2
维纶	5	4.5～5	—	5
丙纶	0	0	0	0
氯纶	0	—	—	0

注：此表资料来源于《纺织纤维的结构和性能》、《印染手册》（第二版）。

各种纤维的实际回潮率随温度、湿度的变化而变化，为便于比较，将其放在统一的标准大气压条件下，一定时间（通常为 24 小时）后，得到一个稳定的吸湿、放湿的值，这个回潮率称为标准回潮率。中国规定温度为（20±3）℃，相对湿度为（65±3）％。

在贸易和成本计算中，纺织材料并不处在标准状态，因此各个国家对纺织纤维的回潮率做了统一规定，这个回潮率称为公定回潮率。公定回潮率不是标准回潮率，但是接近于实际回潮率。各国对纺织材料回潮率的规定往往根据自己的实际情况而定，所以并不完全一致。回潮率高低可以反映纤维的以下性能。

（1）吸湿率越高，缩水率越高 在所有的纤维中，羊毛纤维与兔毛纤维吸湿率居各种纤维之首，其缩水率也同时居各种纤维之首；其次是黏胶纤维。合成纤维吸湿率很低，涤纶几乎不吸湿，丙纶和氯纶不吸湿，因而不存在缩水问题。

（2）羊毛纤维缩绒的特殊性 羊毛纤维既缩水，又毡缩，合称缩绒（详见第二章第二节六、毛纤维第20页）。

（3）吸湿性越大，上染率越高 纤维吸湿性越高，染料对其亲和力越高，因而染色上染率越高。反之，吸湿性越低，上染率越低。总体比较，合成纤维的上染率低于天然纤维与再生纤维。

（4）水洗褶皱情况不同 吸湿性高的纤维水洗易出褶皱；缩水率低的纤维服装多为合成纤维，称为"洗可穿"，免烫或稍加熨烫即可。

（5）吸湿性越低，产生静电越大 纤维吸湿性低是产生静电的重要原因之一，如合成纤维电阻大，易产生静电。纤维只有在干燥的情况下产生静电；在湿态情况下任何纤维都不会产生静电。

✤ 七、各种纤维的突出特点

了解和掌握各种纤维的突出优点和缺点，便于洗衣的实际操作，有利于避免失误。

（1）易出死褶、熨不平 机织布含有金属丝的纤维只要遇水，便可出现不可逆转的死褶；涤纶高温洗涤或高温复染，同样容易出现不可逆转的死褶。

（2）耐光性 在合成纤维中，腈纶的耐光性最好，居所有纤维之首；蚕丝在所有的纤维中耐光性最差。锦纶的耐光性差，仅次于蚕丝，锦纶虽然强度最高，但是阳光照射后强度明显下降，在合成纤维中丙纶和氯纶的耐光性最差。

（3）熨烫最容易出现亮痕 涤纶、毛料、涤/毛、毛/涤织物熨烫最容易出现亮痕。

（4）缩水严重 羊毛缩水率居所有纤维之首，代表性的织物是毛绒衫（兔毛缩水率高于羊毛，但不能单纺，只能与羊毛混纺）；其次是黏胶纤维（人造丝、人造棉）。

（5）耐酸性 在纤维素纤维、蛋白质纤维、合成纤维这三类纤维中，纤维素纤维耐酸性最差，尤其是对无机酸非常敏感；合成纤维耐酸性最好，丝毛的耐酸性也很好，但不如合成纤维。

（6）耐碱性 蛋白质纤维（如丝毛）耐碱性很差；纤维素纤维耐碱性很好，但总体比较，不如合成纤维。洗衣店正常用碱量，不会对合成纤维和纤维素纤维造成损伤。

（7）耐热性 麻纤维的耐热性最好，在所有纤维中居首，熨烫温度最高可达220℃，最差的是氯纶，不可熨烫。总体比较，纤维素纤维耐热性好于蛋白质纤维、合成纤维。

（8）强度 锦纶最高，其次是涤纶、麻纤维；黏胶纤维最低，尤其是湿强度比干强度下降50%。麻纤维的湿强度高于干强度20%～30%。

（9）耐磨性 锦纶的耐磨性为最优，居各纤维之首；其次是涤纶、维纶、丙纶、氯纶，腈纶的耐磨性最差。天然纤维中，羊毛的耐磨性最好。

纤维、皮革裘皮禁用、慎用化料见表 2-8。

表 2-8 纤维、皮革裘皮禁用、慎用化料

纤 维 名 称	禁 用 化 料	备 注
棉纤维	无机酸、浓有机酸、浓次氯酸钠、铜氨溶液	
麻纤维	无机酸、浓有机酸、浓次氯酸钠、铜氨溶液	抗次氯酸钠能力低于棉纤维
黏胶纤维	浓有机酸、无机酸、氯漂、铜氨溶液、浓碱	
铜铵纤维	次氯酸钠、双氧水、铜氨溶液	
醋酯纤维	丙酮、醋酸、烧碱、纯碱、香蕉水、二氯甲烷、醋酸乙酯、醋酸丁酯、乙醇	冰醋酸过酸不得超过 1%
丝纤维	次氯酸钠、碱性洗衣粉、双氧水、强酸、加酶洗衣粉及其它酶制剂、铜氨溶液	双氧水可用，但须谨慎，浓度要低，水温不可过高
毛纤维	次氯酸钠、碱性洗衣粉、双氧水、强酸、加酶洗衣粉及其它酶制剂、铜氨溶液	双氧水可用，但须谨慎，浓度要低，水温不可过高
涤纶		
锦纶	次氯酸钠、无机酸、双氧水、热浓碱和氨水、甲酸、热醋酸	如果使用双氧水，浓度不可超过 2%，须低温或冷水
腈纶	热浓碱	
丙纶	保险粉	
维纶	无机酸	
真皮	次氯酸钠、双氧水、大部分化学溶剂	擦洗可用洗涤用品乙醇-氨水混合液
裘皮	次氯酸钠、双氧水、大部分化学溶剂	可用保险粉漂白，慎用双氧水
人造革	化学溶剂，如四氯乙烯、汽油等	擦洗可用碱性洗涤剂

注：上述化料指洗衣店经常使用的，其它化料要慎用。

(10) 燃烧性 纤维素纤维、腈纶易燃；其它纤维可燃；氯纶难燃。

(11) 不耐酶制剂 蛋白质纤维不耐酶制剂，如丝毛。

(12) 不可湿烫 蚕丝、维纶不可湿烫。

(13) 干洗易产生静电 涤纶、腈纶、丙纶等合成纤维及羊毛干洗易产生静电。

(14) 耐氯漂性 蛋白质纤维耐氯漂性最差，如丝毛，丝毛织物绝对不可使用氯漂。

(15) 耐还原剂性 所有纤维都有很好的耐还原剂性，保险粉不会对任何纤维造成损伤。这是低亚硫酸钠（连二亚硫酸钠）称为保险粉的原因。

(16) 重量 丙纶是纤维中最轻的纤维。

(17) 上染率 黏胶纤维上染率最高，其次是棉纤维，再次是麻纤维、丝纤维、毛纤维；合成纤维染色性较差，用传统染色工艺很难上染，有的纤维需要采用染料和高温高压、热熔的染色工艺。上染性最差的是丙纶，其次是涤纶。

(18) 熔孔性 具有熔孔性的纤维是锦纶、涤纶等合成纤维。

(19) 防虫蛀与防霉性能 合成纤维不虫不蛀；纤维素纤维不易虫蛀，但容易发霉；蛋白质纤维易霉易蛀。

✤ 八、新型纤维

新型纤维基本都是化学纤维，包括再生纤维与合成纤维。所谓"新"主要体现在纤维的材料新、结构新、工艺新等，赋予同类纤维新的功能，如超细纤维、异形纤维、复合纤维、染色改性纤维、高收缩纤维、低熔点纤维、碳纤维、聚四氟乙烯纤维、导电纤维、光导纤维、保健性纤维、阻燃纤维、防辐射纤维、防紫外线纤维、水溶性纤维、变色纤维等。有的主要用于国防、航空、航天、海洋、战争、野外等领域，有的用于特定人群。新型纤维用于服装生产、形成批量生产的不多。洗衣店收洗的衣物中能够经常见到的部分新型纤维如下。

1. 莱赛尔纤维与天丝

莱赛尔纤维是根据英国一家公司生产的纤维商标名称音译而来，在我国注册名称为"天丝"。莱赛尔纤维于20世纪90年代中后期在欧美兴起，是以可再生的竹、木等捣碎后形成的浆粕为原料生产的再生纤维，具有天然纤维棉花所具有的舒适性、手感好、易染色等特点，光泽自然，手感滑润，干、湿强度高，缩水率很低，透湿性、透气性好，光滑凉爽，悬垂性好，耐穿耐用等，各项性能优于黏胶纤维，备受消费者青睐，产品需求量逐年上升，而且无毒、无污染，再生纤维中只有这种纤维可以称为绿色纤维。目前世界上只有少数国家掌握了这一新型纤维的生产技术，产品畅销。目前中国已掌握这一生产技术，并达到了世界先进水平，很快会投入批量生产。

2. 莫代尔纤维

莫代尔纤维，也称木代尔纤维、摩代尔纤维、代纳尔纤维。是由奥地利蓝精公司生产的新一代再生纤维素纤维，由榉木浆制成，湿强度高于普通黏胶纤维，属于高湿模量的黏胶纤维，但湿强度仍然低于棉纤维许多，仅为干强度的59％。莫代尔纤维纯纺松软、疲沓、易起绒，因此多与其它纤维混纺，用于女式制服和针织T恤。宜水洗，不宜干洗。

3. 竹纤维

竹纤维用竹料生产，由中国自主开发。可纯纺，但多用于混纺。竹纤维抗菌，透气，强度高，不缩水，弹性好。缺点是刚性大，成衣易起皱。水洗和干洗皆可。

4. 玉米纤维

玉米纤维，也称英吉尔纤维，简称PLA纤维。用玉米制成，属于再生纤维素纤维。其特点是强度高，尺寸稳定，弹性好，柔软，亲水性较好，抗紫外线性好于多数合成纤维。缺点是上染率低，染色牢度较差，耐碱性差，易高温水解。玉米纤维适于中性低温水或冷水洗涤，中温熨烫。

5. 大豆纤维

大豆纤维，也称天绒，从大豆渣中提取，是中国农民科学家李官奇的发明。大豆纤维具有类似羊毛纤维的化学性能，耐酸不耐碱，耐热性较差，尤其不耐湿热。适宜中性冷水或低温水洗涤，低温熨烫。

6. 蛹蛋白纤维

蛹蛋白纤维是用缫丝余下的蚕蛹制成的浆液和黏胶浆液共同抽丝所得纤维。集中了真丝与黏胶丝的优点，可机织，也可针织，织物光泽柔和，手感滑爽，吸湿透气，染色鲜艳，穿着舒适等。

蛹蛋白纤维与其它蛋白质纤维性能相同，耐酸不耐碱，不耐高温，适宜中性冷水或低温水洗涤，不宜长时间浸泡和拧绞，适宜中低温熨烫。

7. 牛奶纤维

牛奶纤维，俗称牛奶丝，属于再生蛋白质纤维。柔软润滑，如同蚕丝，强度高，弹性好，透气性好，吸湿性强，做成衣物穿着舒适。缺点是耐热性差，尤其怕湿热，抗皱性差，但自然恢复性能好。牛奶纤维适宜中性冷水或低温水洗涤，低温熨烫。

8. 甲壳素纤维

甲壳素纤维是用虾、蟹、昆虫的甲壳粉制成的纤维。具有抗菌、防霉、柔软、去臭、吸湿、透气等特点。多用于内衣、婴儿服饰。甲壳素纤维不耐酸，在酸液中易分解。只能中性水洗涤，适于中低温熨烫。

9. 金属纤维

金属纤维是用金属制成的纤维。金属有金、银、不锈钢等。用于纺织织物，有闪亮的外观，用于特种工作服，主要是防静电，兼具一定的防辐射功能。在纺织面料中，金属丝的占比不大，一般在5％左右。此类服装大多可以干洗，也可以水洗。最大的问题是熨不平；其次是有的金属丝折断后，露出扎手的小刺。

10. 超细纤维与海岛纤维

海岛纤维是超细纤维的别称。超细纤维是合成纤维中的高科技产品，它的纤度通常是普通纤维的1/10左右。有的还可以更加纤细。超细纤维具有防水透湿性均匀、强力高、吸湿性强、悬垂性好、手感柔软、滑润、光泽柔和、织物覆盖力强、服用舒适等优点。缺点是易折、抗皱性差、染色化料消耗大等。超细纤维主要用于高密度防水透气织物、人造皮革、仿麂皮、仿桃皮绒、仿丝绸等织物，也可以制成拒水、防水、防风的特种作业服（如泳衣）和高吸水、吸油性的清洁布等。

11. 异形纤维

在合成纤维纺织成形加工中，采用异形喷丝孔纺制的具有非圆形截面积的纤维或中空纤维称为异形截面纤维，简称异形纤维（图2-6）。市场上销售的涤纶、锦纶约有一半为异形纤维。与普通圆形纤维相比，异形纤维有许多特性。

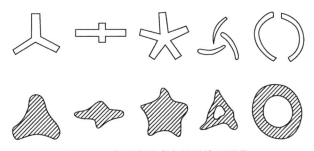

图 2-6 喷丝孔及喷出的纤维丝形状

改善了光泽感和手感。三角形截面的涤纶或锦纶与其它织物混纺有闪光效应；扁平、带状、哑铃形纤维有麻、羚羊毛、兔毛的手感和光泽；五叶形截面涤纶长丝有类似真丝的光泽，同时抗起球性、手感和覆盖性良好等。

刚性、弹性好，对水和蒸汽传递能力增强，干燥速度快，染色性提高。

改善了织物抗起球性、蓬松性和染色性。异形纤维属于新型纤维的一类，也属于改性纤维的一类。例如突出性能是保温效果好，多用于冬装、被褥等。

12. 复合纤维

将两种或两种以上的合成纤维原料以熔体或黏液的方式喷丝，在恰当的部位相遇后从同一喷丝孔喷出，使一根纤维含有两种或两种以上的聚合体，这种纤维称为复合纤维，或称复合纤维丝。

织物"呢"、"绒"、"毛"的区别是："呢"最初是指纯毛织物。由于人造纤维与合成纤维的出现以及纺织工业的发展，毛纤维的混纺织物以及其它纤维的仿毛织物出现。现在，纯毛织物和其它的仿毛织物都称为"呢"，因此，现在"呢"是毛型织物的通称。绒的概念比较混杂。起绒织物称为"绒"，如平绒、条绒、灯芯绒等；毛型织物也称"绒"，如呢绒。"毛"则指起绒织物中的长绒类的织物，原料有动物毛，也有人造毛，多用于秋冬季服装的衣领及袖口。

> **福奈特简介**：北京福奈特洗衣服务公司于 1997 年 7 月成立，加盟店有 700 多家，分布全国 31 个省市、200 多个城市，设有上海分部，是全国最大的洗衣加盟企业。截止到 2012 年 6 月，加盟店达 700 多家，设备、管理、对加盟店的指导和服务，在全国洗衣行业处于领先地位。

第三章
织物结构与面料

衣物所用材料种类繁多。不同的纤维，不同的纱线，不同的织物组织和织造方法，构成了织物的不同性能和对衣物不同的洗涤、熨烫要求。各种纺织织物基本分为四类，即机织、针织、无纺布、手工编织物，其中无纺布不能作为面料，只能作为服装辅料，相对而言很少出现洗衣事故和问题。

织物是纺织材料的通称，包括服装面料、辅料和制成品。这些织物有的是纯纺，有的是混纺或色织。洗衣店收洗的纺织衣物主要是机织物和针织物。这些织物经过涂层整理和树脂整理、染色、印花等进一步加工，使产品丰富多彩、功能各异。织物的颜色有的是织前着色，有的是织后着色，有些成品纺织服装组合或搭配了皮革裘皮等服装用料，使服装的洗涤要求复杂化。织物基本结构如图 3-1 所示。

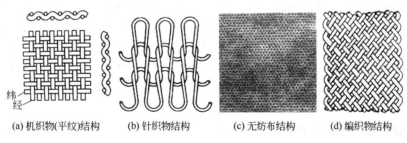

(a) 机织物(平纹)结构　　(b) 针织物结构　　(c) 无纺布结构　　(d) 编织物结构

图 3-1　织物基本结构

第一节
机织物

✛ 一、机织物的概念

按照学科的定义，"机织物是由相互垂直的一组经纱和一组纬纱在织机上按织物组织交织而成的织物。机织物的共同特点是经纱和纬纱的交织点呈垂直状态,具有可拆性。"

二、纱线结构与基本组织

(1) 简单纱线 单纱是由单股纤维束捻合而成的纱线。股纱,也称捻纱、股线,是由两根或两根以上单纱捻合而成的纱线。复合捻纱,也称复合捻线、复合多股线,是由两根或两根以上的股线捻合而成的纱线。

(2) 复杂纱线 复杂纱线有复杂的结构和独特的外形,如花式纱线、变形纱、包芯纱、包缠纱等,有数十种之多。

(3) 经纱和纬纱 面料上纵向(上下)的丝缕为纬纱;横向(左右)的丝缕为经纱。经纱受力大于纬纱。弹力氨纶包芯纱均为经纱。

(4) 长丝与纱线、复丝 用于纺织的纱线分为长丝与纱线两类。真丝织物除绢类外,使用的都是长丝;合成纤维的纤维织物基本上使用的都是长丝;再生纤维有长丝和短丝。长丝在使用中由数根纱线合为一股,称为复丝;纱线是由短丝加捻而成的。

(5) 组织点 经纱和纬纱上下交织的重合点称为组织点。

(6) 交织点 经纱和纬纱上下交替穿入形成交错的点称为交织点。

(7) 完全组织 组织点和交织点形成的一个单元称为完全组织,这是机织组织的基本单位。

三、三原组织及变化组织

织机类型分为有梭织机、无梭织机、两层织机、提花织机。织物按经纬交织方法不同,可分为平纹、斜纹、缎纹三类。机织物的织造方法有很多种。平纹、斜纹、缎纹是最基本的组织形式,因此称为原组织,也称三原组织。后来不断出现的机织新工艺都是在三元组织的基础上发展起来的,例如变化组织、复杂变化组织、蜂巢组织、绉组织等。有些纤维织物同时含有几种工艺,使机织纺织品的生产品种形成种类繁多、各具风格、商品名称千变万化的局面。

(1) 平纹组织 这是最简单的组织,由经纱和纬纱各一只上下交织而成,通常称为平织。该组织的一个循环由经纬纱各两根组成,并且有两个经交织点和两个纬交织点。平纹的交织点多于其它组织,特点是手感较硬,质地紧密坚牢,表面平坦,正反面相同,应用最广。平纹组织有细布、绸类等薄型织物 [图 3-2(a)]。

(2) 斜纹组织 斜纹组织是交织点连续而呈斜向的纹路。最少由三根经纬纱组成一个完全组织。斜纹组织密,较厚实,表面光泽度和柔软度比平纹组织好,但径向密度高,袖口等处易断裂。市场上有斜纹布、哔叽、卡其、华达呢等 [图 3-2(b)]。

(3) 缎纹组织 缎纹织物交织点不相连接,织物有一些单独、不相连接的交织点,至少由五根经纬纱以上才能构成一个完全组织。缎纹布面由于经纱或纬纱浮在表面,几乎被经纱或纬纱所覆盖,非常光滑,富有光泽,更加美观。它的缺点是光滑但不够柔软,布面不耐摩擦,容易刮丝,日久易起毛。有些缎纹组织浮在上面的经纱,多得几乎看不出纬纱,称为直贡;如果纬纱浮在上面多,经纱几乎都在下面,称为横贡 [图 3-2(c)]。

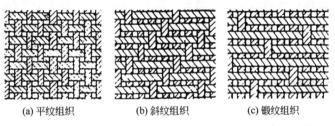

| (a) 平纹组织 | (b) 斜纹组织 | (c) 锻纹组织 |

图 3-2 三原组织

由于纺织工业技术的飞速发展和创新，织物组织十分复杂。但都是在三原组织基础上发展起来的，主要有变化组织、联合组织、重组织、双层及多层组织、起毛和起绒组织、纱罗组织、三维组织等，进一步划分有 30 余种。

第二节
针织物与编织物

我国是世界上发明针织技术最早的国家，距今已有 2000 多年的历史。1589 年英国发明世界上第一台手动式钩针针织机，从此针织生产由手工作业逐渐向机械化发展。

✣ 一、针织物组织及用途

用织针等成圈机使纱线形成线圈，并将线圈依次串套而成的织物称为针织物。线圈是针织物的基本单元，而经线和纬线的交织点是机织物的基本单元，这是针织和机织的基本区别。针织物组织根据线圈结构及相互间排列形式的不同，可分为基本组织、变化组织和花色组织。按织物成形法分类，针织品可分为经编和纬编。

针织物用途广泛，可制作内衣、紧身衣、运动服、外衣。可以先织成坯布，经裁剪、缝制加工成各种针织成品，也可直接织成各种成品或半成品，如袜子、手套、帽子、蕾丝（花边）、毛巾、浴巾等。针织物可用于家居生活用品和装饰用品，如床单、床罩、台布、窗帘、蚊帐、地毯、沙发套等。针织物在工业、农业、医疗、国防等领域也有广泛的应用。

✣ 二、缝编织物与簇绒织物

缝编机是在经编机的基础上发展起来的一种编织机。它的主要用途是生产无纺经编织物，利用纤维网、劣质纱线底布或两层纱线——经纱和纬纱，也可不用经纱只用纬纱，经缝编机通过少量的成圈纱紧固在一起形成缝编织物。缝编织物用途很广，用于外衣、衬衫、外套、裤子、童装、长毛绒、双面绒等；也可用于高强度的纺织物，如传送带衬布、包装材料、窗帘、挂毯、家具装饰布、椅布等。这种工艺可以充分利用劣质原料，一些不能用来纺纱的纤维或织机、针织机不能使用的纱线均可用于缝编生产。此外，生产工序简单，效率较高，因而得到一定的发展。

簇绒织物是利用缝纫机的原理缝制而成的一种织物。簇绒织物经簇绒、印花（匹染）、抓毛、滚球等工艺过程，可制成毛毯、地毯、服装、玩具、人造毛等产品。这些产品具有色泽鲜艳、毛茸丰厚、手感柔软、保暖性好、毛型感强等特点。这种新技术具有产量高、工序少、劳动强度低等优势。

✛ 三、针织物特点

针织物与机织物相比有如下特点。

(1) 成品性　针织物有的可直接制成最终产品或半成品，而机织物必须全部经过裁剪、缝制等加工才能够成为最终产品。

(2) 脱散性　如果在洗烫过程中不小心因勾剐摩擦造成某根纱线断裂，会造成线圈彼此分离，在纱线断裂处形成洞孔，脱散性线圈长的高于线圈短的。

(3) 卷边性　由于针织物的纱线是弯曲的，易造成织物卷边。一般来说，纱线越粗、弹性越好、线圈长度越短，卷边性越显著，但双面针织物基本不卷边。

(4) 延伸性　由于线圈能够改变形状和大小，针织物具有较大的延伸性，衣物容易变形，特别是缩水性较大的衣物，若机洗、脱水、晾晒方法不当，很容易造成衣物变形。变形的形态主要是变长变瘦，尤其是羊毛衫、腈纶衫、腈纶/羊毛衫最严重。

(5) 多孔与弹性　针织物多孔，弹性高，很容易拉伸变形和回复。

(6) 勾丝、起毛和起球　针织物遇到毛糙物体容易被勾出纱线，抽紧部分线圈，在织物表面形成丝环，称为勾丝；经过穿着和洗涤不断摩擦，织物的纱线头尾露出织物表面形成毛茸，称为起毛；毛茸相互纠缠在一起，揉成球粒，称为起球。形成勾丝、起毛和起球的主要因素是纤维性能，其次是摩擦。起球后显得非常脏污，正常洗涤不能洗净，只有用去球器剪除。

针织常用原料简要性能和用途见表 3-1。

表 3-1　针织常用原料简要性能和用途

原料类别	性能特点	适用产品
棉纱	柔软，透气性、吸湿性好	内衣、手套、袜子等
毛纱	蓬松柔软，富有弹性，保暖，吸湿性好	外衣（羊毛衫）、手套、袜子等
蚕丝	柔软，滑爽，光泽好，吸湿性好	内外衣等
黏胶丝	柔软，吸湿性好，湿强度差，缩水变形大	内衣、里衬等
锦纶丝	强力高，耐磨性好，吸湿性差	外衣、领口、袖口罗纹等
锦纶弹力丝	弹性特佳，耐磨性好，吸湿性差	外衣、头巾、袜子等
涤纶丝	坚牢耐用，挺括，吸湿性差	外衣、经编蚊帐等
涤纶低弹丝	柔软坚牢，弹性好，尺寸稳定，吸湿性差	外衣、内衣等
腈纶纱	质轻保暖，色泽鲜艳，耐磨性差	内外衣、手套等
腈纶膨体纱	柔软，蓬松性好，保暖性好	外衣（包括羊毛衫）、手套
丙纶混纺纱或丝	质轻牢固，保暖，吸湿性差，染色性差	内衣等
氯纶纱	静电显著，保暖，对关节炎有一定治疗作用，防燃性好，耐热性、吸湿性差	内衣等
维纶（混纺）纱	结实，吸湿，染色性好于其它合成纤维	内衣等
氨纶丝	弹性好	用作辅助材料

第三节
非织造布（无纺布）

✤ 一、非织造布（无纺布）的由来和定义

　　非织造布，简称非织布，又称无纺布、不织布。非织造布的概念来自美国。1942年美国生产出一种与纺织原理截然不同的型布，它不经纺纱织造而成，故称非织造布。我国国家标准的定义是：定向排列或随机排列的纤维，通过摩擦、抱合或黏合，或者这些方法的组合而互相组合制成的片状物、纤网或絮垫，不包括纸、机织物、针织物、簇绒织物以及湿法缩绒的毡制品。通俗来讲，无纺布就是没有纱线的薄型毡布。

✤ 二、非织造布（无纺布）的用途

　　无纺布的使用与洗衣店有关的产品是服装的衬布、垫肩、保暖絮片、童装、鞋内底革、人造鹿皮、合成革、地毯、床罩、床单、窗帘等。无纺布不能作服装的面料，只能作辅料。无纺布材料来源广，加工流程短，产量高、品种多、成本低，应用范围广。被誉为继机织、针织之后的第三领域。非织造布在服装上的用途主要有以下几个方面。

1. 热熔黏合衬

　　热熔黏合衬是指在基布上均匀地涂布热熔胶而成的衬布。它可在一定的加热加压条件下与面料相黏合，从而起到补强、保型等作用，简称黏合衬。无纺布黏合衬占服装用黏合衬的60%以上。热熔黏合剂有以下几种。

　　(1) 聚乙烯类　高密度聚乙烯的特点是黏合强度高、耐水洗性好、手感较硬、熔点略高（128~134℃），需用压烫机，不适合使用熨斗的小服装厂和加工点。低密度聚乙烯可用熨斗，但质量较低，压烫易渗料，耐水性差，不适宜作衬衣领衬。

　　(2) 聚酰胺类　有优良的黏合性，有极佳的耐干洗和耐水洗性能，但必须用压烫机黏合。

　　(3) 聚酯类　熔点低，耐干洗和耐水洗性能稍差，价格高，应用上受到一定限制。

　　(4) 乙烯-醋酸乙烯类　用量最大，约占60%以上。熔点低，熨斗可用。综合性能高于低密度聚乙烯，低于聚酰胺。

2. 保暖絮片

　　保暖絮片是指用于防寒服、滑雪衫、被褥、睡袋、枕芯等防寒保暖用品的衬垫材料。

　　(1) 喷胶棉　又称喷胶絮棉，对纤网喷树脂黏合剂，经烘干固化而成。常用材料为涤纶。

　　(2) 热熔絮棉　俗称定型棉，以涤纶、腈纶为主体材料。

　　(3) 喷胶棉复合处理　用喷胶棉与薄型无纺布或无纺帆布黏合衬复合，制成复合絮片。这类产品成本较高，一般用于高档服装和皮衣。

（4）金属镀膜薄绒复合絮片　俗称金属棉、宇航棉、太空棉。它由涤纶弹力绒絮片、无纺布、聚乙烯薄膜、铝钛合金反射层、表层絮料五层构成。在特别冷或特别热的情况下保温效果显著。

热熔黏合衬与保暖絮片都使用了合成树脂，因而干洗容易开胶。西服干洗出现起包现象根本原因源于热熔胶受到了破坏。

> **纺织与整理**：纺织工业分为两个部分，一是纺织品的制造，包括再生纤维和合成纤维的制造、各种纤维的纺纱和织布，是纺织品形成的过程；二是纺织品的整理，包括坯布的预处理、染色、印花和后整理，是纺织品的修饰和美化过程。洗衣行业可以说是对美化的纺织品质量的验证。

第四节
部分常见织物

面料的种类、品种数量繁多，仅塔夫绸就有 60 多个品种，春亚纺有近 200 个品种，牛津布有 100 多个品种，丝绸仅分类就有 10 种，具体品种及花色难以数清。因此，作为洗衣店的员工应该掌握常见、有代表性、对洗涤和熨烫有特殊要求、容易出现事故和问题的面料。

一、弹性纤维织物

在洗衣店收洗的衣物中有弹性的服装较多，最典型的是氨纶衣物。氨纶，全称聚氨基甲酸酯纤维，分为聚醚型和聚酯型两种。氨纶的弹性优于橡胶丝。氨纶不能单独织布，也不能直接用于纺织，必须包芯。通常有包芯纱、单层包覆纱、双层包芯纱、合捻纱等。由于纱线较粗，不适宜薄型织物，多用于厚型织物，纱线占比一般为 5%，常用于灯芯绒、运动服、休闲服、牛仔裤、T 恤、罗纹（袖口、领口、下摆）等。氨纶不耐干洗，不耐高温，不耐氯漂，错误地选择洗涤方式或错误地使用化学药剂，会使其变硬，弹力和强度降低，失去弹性，最终断裂，在衣物的表面形成许多断头，严重影响服装的外观，失去穿用价值（参见第二章第二节十三、氨纶第 27 页）。

弹性纤维不仅仅只有氨纶，其它纤维有弹性的被称为弹力丝。弹力丝就是变形长丝，可分为高弹和低弹两种，有涤纶弹力丝、锦纶弹力丝、丙纶弹力丝等。弹力丝直接用于纺织，多用于薄型织物。涤纶弹力丝多用于服装面料；锦纶弹力丝多用于袜子；丙纶弹力丝多用于家用织物和地毯。

二、混纺布与交织布

混纺布所用的纱线均由两种或两种以上的不同纤维混合捻成，就是每一根纱线都含有两种或两种以上纤维；交织布是纬纱、经纱分别由两种不同的纤维织造而成，如纬纱是一种纤维，经纱是另一种纤维。

混纺布染色后，纬纱与经纱的颜色相同，布料颜色均匀一致；交织布染色后，由于纬纱与经纱是两种不同的纤维，不同的纤维上色率是有区别的，因此纬纱与经纱的颜色通常是有区别的，视觉明显。交织布服装复染或改染，如果纬纱与经纱的上染率差异较大，纬纱与经纱就会显现明显色差。如果服装洗涤出现色花、褪色，补色修复存在一定难度。

✤ 三、色织布

色织布是经纬纱分别用色纱及白纱交织而成或者经纬纱全部用色纱织成的织物，即纱线在织布前染色。由于纺织走梭的原因，色织布均为条格布，颜色有两种或多种。棉纤维、麻纤维、丝纤维、毛纤维、人造纤维、合成纤维，都是色织布的原料的来源。色织布大部分是机织产品，针织色织布较少。色织布色牢度较好，干洗和水洗一般不掉色或掉色较轻。有许多家庭喜欢用色织布作为床单。

✤ 四、平布

平布是平纹织物，其经向与纬向紧密度相同，分为细平布、中平布、粗平布三种。细平布组织结构简单，质地坚固，布面平整光洁，均匀丰满，布身轻薄，手感柔韧。粗平布质地比较粗糙，优点是布身结实，坚牢耐穿。中平布介于细平布和粗平布之间。洗衣店收洗的细薄面料的服装织物结构均为平纹，羽绒服面料、衬衫、夏季裙装、各种服装的里衬等基本上都是平纹细布。塔夫绸，即真丝绸和各种纤维仿真丝绸都是平纹细布。

✤ 五、纱罗布

纱罗组织是纱组织和罗组织的总称。纱罗是色织物中很特殊的一类织物。经纱与纬纱通过摆动发生扭绞，在织物表面形成清晰、纤细的绞孔。纱罗布轻薄、透气，穿着凉爽舒适，悬垂性好。适合作为夏季女裙装、衬衫、贴身内衣及日本和服等衣料。纱罗布如图 3-3 所示。

(a) 全棉纱罗布　　　　　(b) 全棉全精梳纱罗布

图 3-3　纱罗布

✤ 六、提花

提花是织物组织的一大类别，提花面料的花型通过机器直接纺织出来，有机织（梭织），也有针织（经编提花和纬编提花）。提花面料的制造工艺复杂。不同的图案，相互交织沉浮，凹凸有致，多织出花、鸟、鱼、虫、飞禽走兽等美丽图案。提花品种繁多，薄的似蝉翼，厚的似帆布。提花面料用途十分广阔，不仅可制作休闲的裤装、运动装、套装等，而且又是床上用品、窗帘、沙发布用料。美观漂亮的真丝古香缎、织锦缎都是属于提花产品。提花的工艺方法源于中国原始腰机挑花，中国汉代时这种工艺方法已经用于斜织机和水平织机。早在古代通过丝绸之路，中国丝绸就以提花织造的方式名扬世界。现在生产提花布的设备和工艺有了很大改进，其中包括先进的电脑提花龙头大提花机。真丝提花棉袄如图 3-4 所示。

图 3-4　真丝提花棉袄

1. 提花织物按颜色分类

（1）单色提花　单色提花为提花染色面料，即先织好提花布后再进行染色，面料成品为单一颜色。色牢度由染料的性质和染色工艺决定。

（2）多色提花　多色提花为色织提花面料，先将纱染好色后再经提花织机织制而成，最后进行整理，所以色织提花面料有两种以上的颜色，织物色彩丰富，不显单调，花型立体感较强，档次更高。面料幅宽不限，纯棉面料有小幅缩水，不起球，色牢度较好。

2. 提花织物按织物组织分类

（1）平纹提花　平纹提花的特点是交织点多，质地坚牢、挺括，表面平整，高档绣花面料一般都是平纹面料。

（2）斜纹提花　斜纹提花的特点是比较厚实，组织立体感较强。

（3）贡缎提花　缎纹提花组织密度高，织物厚实，布面平滑细腻，富有光泽。贡缎提花采用两种或两种以上组织织造。生产成本高于斜纹提花。

3. 提花织物按花型分类

（1）小提花　也称简单大提花组织，是用一种经纱和一种纬纱，在平纹地上配置各种小花纹的织物。这类织物外观要求紧密、细洁，花纹不太突出。小花纹图案多为点子花或小型几何图案，织成的花纹较为简单。

（2）大提花　在提花机上织造的织物称为大提花。花纹都通过提花龙头来控制。经纱或纬纱配列在多重或多层之中的组织称为复杂大提花组织。如毛巾组织、绒毯组织、起绒组织、纱罗组织，单独构成或与其它组织相互配合而成大花纹组织，均属复杂大花纹组织。大提花图形有花卉、龙凤、动物、山水、人物等，在织物的全幅中有独花、二花、四花或更多的相同花纹。

提花纱支精细，对原料要求极高。所用的原料最初是用蚕丝，后来棉、人造丝、合成纤维丝等也应用于提花的生产。

提花、绣花、印花、色织布的区别是：面料呈现多种颜色、彩色花纹、图案的有四种织布，一是提花，二是绣花，三是印花，四是色织布。多色提花和绣花所用各种颜色的纱线均为染料染色和织前染色。多色提花是在机织时使用专门的生产设备提花机，用不同颜色的纱线直接织出花型图案，也就是花型图案是在织布过程中完成；绣花是在布织好后用机器或手工绣上去的；印花是在布织好后用颜料或染料印上去的；色织布是用不同颜色的纱线经纬交错编织而成，图案均为条格形式。

四种面料花型图案和颜色各具特色，因用料、工艺水平、花型图案的复杂程度不同，销售价格差异较大。从使用的角度来看，提花面料在穿用和洗涤过程中容易刮伤；多色提花、绣花、色织布的颜色都是纱线染料染色，而后机器纺织或手工编织，单色提花是先织后染。这几种织物的色牢度由染料性能和工艺决定；印花色牢度情况比较复杂。

✤ 七、哔叽、华达呢、卡其

1. 哔叽

哔叽是采用 2/2 斜纹组织织制的织物，正反两面斜纹线明显程度相似，经纱密度稍大于纬纱密度，斜纹角度右斜约 45°。织物单位面积质量为：薄哔叽 190～210 克/米²，中厚哔叽 240～290 克/米²，厚哔叽 310～390 克/米²。哔叽的质地较斜纹布紧密而厚实，织纹宽而不突出。根据所用线不同，分为纱哔叽、半线哔叽、全线哔叽，以纱哔叽为主。

哔叽的名称来源于英文词 serge，意思是"天然羊毛的颜色"。哔叽最初是用羊毛织成的面料，呢面光洁平整，纹路清晰，质地较厚而软，紧密适中，悬垂性好，以藏青色和黑色为多。随着纺织工业的发展，哔叽面料的纤维发生很大变化，哔叽常用的原料有纯棉、棉/黏、毛/涤、黏胶纤维等，适用于学生服、军服和男女套装面料。

2. 华达呢

华达呢是用精梳毛纱织制的具有一定防水性的紧密斜纹毛织物。这种生产工艺是由英国著名品牌勃贝雷（Burberry）有限公司发明和最早投入生产。华达呢又称轧别丁，是英文音译。

华达呢与哔叽相同之处是，都是 2/2 斜纹组织，织物表面呈现陡急的斜纹条，角度约 63°，属于右斜纹，单位面积质量 270～320 克/米²。质地轻薄的称为单面华达呢，单位面积质量 250～290 克/米²；质地厚重的用缎背组织，称为缎背华达呢，厚实细洁，单位面积质量 330～380 克/米²。华达呢呢面平整光洁，斜纹纹路清晰细致，手感挺括结实，色泽柔和，多为素色，也有闪色和夹花的。经纱密度是纬纱密度的 2 倍，经向强力较高，坚牢耐穿，但穿着后长期受摩擦的部位因纹路被压平容易形成极光。棉华达呢以棉纱线为原料，是仿效毛华达呢风格织制的，有经纬全线和线经纱纬两类。坯布须经丝光、染色等整理加工。此外，还有毛/棉和各种化纤纯纺、混纺华达呢，其风格特征随纤维的特性而异。

3. 卡其

卡其是一种斜纹组织面料。名称来源于乌尔都语 khaki，意为"泥土"。由于军用布最初用一种名为"卡其"的矿物染料染成类似泥土的保护色，后遂以此染料名称统称这类布料。

卡其是一种斜纹组织面料，分为两种：采用 3/1 斜纹组织称为单面卡其，正面斜纹线条粗而明显，反面斜纹线条不明显，斜纹方向为左斜，质地较紧密而厚实；采用 2/2 斜纹组织称为双面卡其，正反两面纹路相同，经纬密度大，结构紧密，正反面斜纹纹路都很明显，但不凸起，手感比较硬挺。卡其布多采用棉纤维，20 世纪 60 年代以来用化纤混纺纱织制的涤/棉卡其，更具有挺括、耐穿、免烫等优点。

哔叽、华达呢、卡其的比较如图 3-5 所示。

这三种面料均采用 2/2 斜纹组织，其区别主要在于织物的经纬向紧度及紧度比不同，紧度及紧度比大者为优，布身厚实、纹路细密、挺括、耐磨而不折裂。总体来说，双面卡其质地最好，坚实耐穿，华达呢次之，哔叽再次。但是有些紧度较大的双面卡其，由于坚硬而缺乏韧性，抗折磨性较差，外衣的袖口、领口等折缝处易于磨损折裂。由于坯布紧密，在染色过程中，染料不易渗入纱线内部，因此布面容易产生磨白现象。

(a) 哔叽西服面料

(b) 吸湿排汗华达呢

(c) 卡其

图 3-5　哔叽、华达呢、卡其的比较

✚ 八、丝织品与仿丝织品

丝原本是指蚕丝，包括桑蚕丝、柞蚕丝、蓖麻蚕丝、木薯蚕丝等天然丝。后来人们用棉纱织出了酷似丝绸的布——"府绸"，称为棉丝。随着科学技术的发展，又出现了其它仿丝。仿丝中包括黏胶纤维人造丝、铜铵人造丝、醋酯人造丝、锦纶长丝、涤纶长丝及其异形丝、变形丝等。真丝的品种繁多，有纱、绉、纺、缎、绸、绒、葛、绨、绫、锦、绢等品种。其中绢最薄，织锦缎面料最厚，工艺最为复杂。

绸类丝织品无论是蚕丝还是仿丝，都属于机织物，都是平纹织物。现在有许多织物是由蚕丝与仿丝混纺而成的。蚕丝与仿丝都称为丝，为了以示区别，人们将蚕丝称为真丝。真丝

图 3-6　人造丝乔其纱印花

与仿丝虽然都称为丝，但是性能各异，都没有改变它们自身纤维的原有属性，例如黏胶纤维的缩水率高于蚕丝，所以人造丝绸料的缩水率高于真丝绸料。再如真丝不耐碱、不耐氯漂；涤纶丝则与其相反。一般来说，真丝绸基本上都属于娇嫩衣物，黏胶丝（通常称为人造丝）则缩水率很高，在洗烫中要加以区别和关注。人造丝乔其纱印花如图 3-6 所示。

1. 府绸（仿丝绸）

府绸用料并非蚕丝。在古代山东历城、蓬莱等县在封建贵族和官吏的府上用棉织出的一种面料，外观很像丝绸，因织品出自府上，故而得名。府绸最早用料是棉花，现在已发展到多种纤维，并有混纺纤维。因此可以定义为：无论是什么纤维织成的面料，只要是酷似丝绸的都可以称之为府绸，也可以称为仿丝绸，它的含义与塔夫绸相似。府绸与真丝绸的纺织工艺相同，其特点是用长丝或细纱织成的高密度的平纹细布，布料轻薄，洁净平整，质地细致，织纹清晰，滑爽柔软，外观和手感很像丝绸。

2. 绸缎

在中国古代，绸与稠同义，是致密的意思，从它的偏旁部首组合来看，绸就是丝织物，均为平纹机织布，是薄而软的丝织品的专用名词。缎也是丝织品的专用名词，不过缎与绸不同，缎比较厚重，正面平滑而有光泽，如织锦缎、古香缎就是最典型的代表。绸与缎一薄一厚，相得益彰，概括了丝织品的全貌，充分反映了中华民族文化的丰富内涵。

绸缎原本是丝织品中的两个品种，织物组织一个是平纹，一个是缎纹；绸是很薄的丝织品，缎是最厚的丝织品。后来人们在使用中扩大了它的含义，明清以后绸缎泛指丝织品，经营丝织品买卖的商号一般都起名曰绸缎庄。因此，绸缎与丝绸的意思相同，泛指丝织品。

丝织品种类繁多，花色丰富多彩，工艺复杂，多为高档品。仅在缎类产品中就有很多

种，如素锦缎、花软缎、双色缎、织锦缎、古香缎、金玉缎、锦益缎、绉缎、九霞缎等。从原料上看，绸缎主要是桑蚕丝、柞蚕丝。现在以丝命名的产品不仅是蚕丝，还有其它纤维，包括混纺。例如人造丝（黏胶纤维）、涤纶丝等，物美价廉，深受人们的喜爱。但是它们与蚕丝的性能有很大的不同，在洗涤时一定要区别对待。绸缎（丝绸）如图 3-7 所示。

图 3-7 绸缎（丝绸）

3. 塔夫绸

塔夫绸是英文的音译，是以平纹组织织造的丝绸及仿丝绸一类织品的通称，既包括真丝绸，也包括仿丝绸。塔夫绸的特点是绸面细洁光滑、平挺美观、光泽好，织品紧密、手感硬挺，但褶皱后易产生永久性折痕。因此不宜折叠和重压。

塔夫绸按原料分，有真丝塔夫绸、双宫丝塔夫绸、丝棉交织塔夫绸、绢纬塔夫绸、人造丝塔夫绸、涤丝塔夫绸等。按颜色分，有素色塔夫绸、闪色塔夫绸、条格塔夫绸、提花塔夫绸等。素色塔夫绸，也就是单一颜色的塔夫绸，大多用于服装的衬里。用于服装衬里大多属于塔夫绸。

4. 电力纺

电力纺以平纹组织织制，最初为桑蚕丝以手工织机织成，后因采用厂丝和电动丝织机取代土丝和木机织制而得名。电力纺品种较多，按织物原料不同，有真丝电力纺、黏胶丝电力纺和真丝黏胶丝交织电力纺等。按织物单位面积质量不同，有重磅、中等、轻磅之分。电力纺质地紧密柔和，穿着滑爽舒适。重磅的主要用作夏令衬衫、裙子面料及儿童服装面料；中等的可用作服装里料；轻磅的可用作衬裙、头巾等，是一种高档面料。真丝电力纺印花如图 3-8 所示。

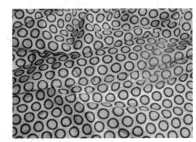

图 3-8 真丝电力纺印花

5. 美丽绸

美丽绸，又称美丽绫，是纯黏胶丝平经平纬丝织物。采用 3/1 斜纹或山形斜纹组织织制。织坯经练染。织物纹路细密清晰，手感平挺光滑，色泽鲜艳光亮。是一种高级的服装里子绸。美丽绸缩水率高。

6. 羽纱

羽纱为斜纹交织布，是人造丝（黏胶丝）为经、棉纱为纬交织而成的斜纹织物。一般染成素色，用于衣服衬里。羽纱缩水率高。

7. 醋酯长丝

醋酯纤维是纤维素纤维，性能优良。醋酯长丝是醋酯纤维的重要品种。醋酯长丝的非晶态微孔结构能将水分排于体外，手感柔软滑爽，质地轻，吸湿性、弹性好，不易起皱，悬垂性、尺寸稳定性好。用醋酯长丝织造的仿丝绸主要用于高档时装的里料。由于醋酯长丝性能优越，酷似真丝，染色鲜艳，染色牢度强，弹性好，不易起皱，具有良好的悬垂性、热塑性、尺寸稳定性，也常用于高档时装的面料，穿着舒适、凉爽、高档，且无静电。

8. 尼龙绸

尼龙绸是用尼龙长丝织造的仿丝绸，其特点是耐磨、光滑、密实、不霉不蛀。素色尼龙绸大多用于羽绒服的面料和服装的衬里。

图 3-9　涤塔夫（精致里子布）

9. 涤纶绸

涤纶绸，又称涤塔夫，是用涤纶长丝织造的仿丝绸。涤纶长丝是涤纶中的一个重要品种，所谓涤纶长丝，是长度为 1000 米以上的丝。用涤纶长丝织造的涤纶绸，其特点是结实耐用、光滑、耐磨、耐酸、耐碱、不怕虫蛀、弹性好、不褶不皱、免烫、水洗和干洗均不掉色。缺点是透气性差，摩擦易产生静电。涤纶绸由于褶裥性能好，不仅用于里料，也常用于夏装面料，如百褶裙等类衣物。涤塔夫（精致里子布）如图 3-9 所示。

✤ 九、呢绒

呢绒是毛织品的通称。呢绒最初原料是动物绒毛，主要有绵羊毛、山羊绒、兔毛、骆驼绒、牦牛绒等，其中主要是绵羊毛。随着化纤工业的迅速发展和技术发明的不断涌现，呢绒的原料发生了很大的变化，毛绒与化纤及其它纤维的混纺织品日益增多，因此有纯毛绒和混纺毛绒的区别。混纺呢绒兼顾了各种纤维的优点，同时降低了生产成本。根据生产工艺和织物的外部特征，呢绒主要有以下两种。

1. 粗纺呢绒

粗纺呢绒，俗称呢子、毛呢，较厚较密，经纬线较粗，质地丰厚，面料表面粗犷，手感厚实，富有弹性，无褶皱，粗纺呢绒表面附有绒毛。主要品种有大衣呢，如麦尔登、珍珠呢、隐形花格呢、海军呢、制服呢、法兰绒、粗花呢等。其中呈人字形或水浪形的拷花大衣呢为上乘品。粗纺呢绒如图 3-10 所示。

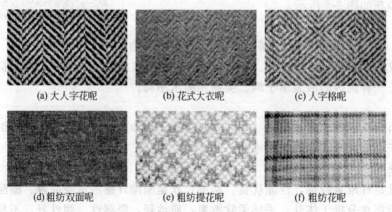

(a) 大人字花呢　　　(b) 花式大衣呢　　　(c) 人字格呢

(d) 粗纺双面呢　　　(e) 粗纺提花呢　　　(f) 粗纺花呢

图 3-10　粗纺呢绒

2. 精纺呢绒

精纺呢绒，俗称毛料，主要用来制作西服、中山装、礼服、女式大衣、春秋服装等。选用优质羊毛织造，织物表面细腻光洁，平整，质地均匀，面纹清晰，柔软而富有弹性，色泽鲜明，耐用。主要品种有华达呢、哔叽、花呢、斜纹呢、女衣呢、凡立丁、派力司、板司呢、海力蒙、啥味呢等。随着化纤的问世，精纺呢绒分为纯纺和混纺两类，混纺呢绒多是羊毛与涤纶、腈纶混纺。

呢绒还包括长毛绒，俗称人造毛或仿裘皮，一般用于人造毛大衣、大衣和棉服领、帽子、袖口等。

✛ 十、起绒织物

起绒织物是先将布织好后，采用不同的加工方式使面料起绒，大多为正面起绒，有的为背面起绒，如单面绒。起绒织物的原料有蚕丝、棉纤维、毛纤维、黏胶纤维、合成纤维、混纺等。起绒的加工方式有拉绒、割绒、磨绒、植绒，其中最多的是拉绒、割绒织物。

(1) 拉绒　通过拉绒机以拉绒法而得的绒布，单面绒是拉绒的主要产品。

(2) 割绒　就是将面料的部分纤维（经纱或纬纱）割断拉起，在面料的表面立起蓬松的纤维绒毛，经过整理后，面料的表面形成均匀的绒面。有经起绒，也有纬起绒；有机织面料，也有针织面料。这一类的品种很多，有平绒、灯芯绒、乔其纱立绒、真丝立绒、光明绒、漳缎等。割纱起绒面料不掉绒，结实耐用，性能、洗涤要求与起绒之前基本相同。起绒面料的缺点是背面耐磨性较差。

(3) 磨绒　采用棉、麻、合成纤维等原料制成坯布，经砂磨辊或砂带上的磨料对织物进行磨削加工，使织物有短密、细腻而均匀的绒毛，具有手感柔软、质地厚实、保暖等特点。根据坯布的类型，可作内衣、外衣、装饰用布，用途广泛。

磨绒纺织品大多适宜在 30℃ 以下温度水洗，如机洗应选择缓和机洗，中温熨烫。磨绒纺织品有的市场售价昂贵，全棉的意大利绒、澳毛绒等高档磨毛产品一件（套）价格为几千元，甚至上万元不等。

(4) 植绒　植绒方法有人造皮毛、针织植绒、静电植绒等。植绒与起绒、磨绒不同，植绒是依靠黏合剂将纱绒固着于底布上。厂家生产和市场销售的植绒纺织品中主要是静电植绒。植绒衣物不可干洗，不宜机洗或不可强力机洗。

1. 烂花绒

烂花绒，也称丝绒烂花，实际上是在拉绒、割绒起绒织物基础上的延续加工或再加工。烂花织物的坯布由两种纤维织制而成，其中一种纤维（棉纤维或黏胶纤维）能被某种化学药剂（酸剂）破坏，而另一种纤维（柞蚕丝、涤纶）则不受影响，形成底丝透明、绒面丰满、轮廓清晰、花型凹凸、立体感强、图案精美的独特风格。

烂花绒按原料分，有涤/棉烂花、丙/棉烂花、维/棉烂花、真丝烂花等；按纱线结构分，有包芯纱烂花、半包芯纱烂花（包芯纱与混纺纱交织）、混纺纱烂花；按染整加工分，有漂白烂花、印花烂花、素色烂花等。市面销售的烂花绒多为真丝烂花绒和涤丝烂花绒。真丝烂花绒多用于高档女性夏装，织物质地明朗透空，花型色泽鲜艳，富有立体感。涤丝烂花绒多用于高档窗帘，高雅耐用。涤丝烂花绒窗纱如图 3-11 所示，真丝烂花绒纱巾如图 3-12 所示。

图 3-11　涤丝烂花绒窗帘（局部）

图 3-12　真丝烂花绒纱巾（局部）

　　烂花所用的酸剂有三氯化铝、硫酸铝、重硫酸钠、硫酸等，硫酸最好。了解烂花工艺可以对棉纤维、黏胶纤维和蚕丝、涤纶等合成纤维的耐酸性能有进一步的认识。真丝烂花绒属于娇嫩贵重衣物，需要保护性干洗或小心手工水洗，涤丝烂花绒可以机器水洗，但需要满负荷缓和机洗。

✣ 案例 1　硫酸损毁纯棉衣物

　　据业内人士介绍，有一家洗衣店收洗的一件纯棉衣物沾染了汽车电瓶溶液（硫酸），外表看不出来，洗涤时出现破损导致赔付。顾客不管是有意还是无意将衣物沾染硫酸，说明了无机酸对纯棉的腐蚀性很大，无机酸（如硫酸、盐酸）对纯棉、黏胶等纤维素纤维的损伤是致命的。洗衣店要对此高度警惕。

　　烂花绒与静电植绒的比较和洗涤方法是：烂花绒的绒面牢度好于静电植绒，不像静电植绒存在黏胶老化和干洗黏胶溶化绒毛脱落问题，但相对来说真丝烂花绒比较娇嫩，只能手工水洗；涤丝烂花绒多用于窗帘，涤丝（涤纶）强度较高，适宜缓和机洗，如果使用时间长，洗涤次数多，牢度下降，绒面纤维也会逐渐脱落。

2. 平绒

　　平绒，又称丝光平绒，也有人称之为"大绒"，为割拉起绒面料中的一类，有经起绒和纬起绒两种。起绒之后有的染色，有的印花。平绒织物的特点是厚实、绒面平整、稠密、平齐、光泽充足、手感柔软、富有弹性、不易起皱等，适宜制作春秋中高档女装、马夹、外衣等。平绒服装在穿着时易脱绒，应避免强烈揉搓。熨烫时要垫布，不能过分压烫，以免烫倒绒毛，烫后要刷毛。

天鹅绒（漳绒）是平绒的一种，用料为桑蚕丝，为针织起绒织物。因起源于福建漳州，也称漳绒。绒毛或绒圈紧密耸立，色光文雅，坚牢耐磨，可用于制作服装、帽子和装饰物。

3. 灯芯绒

灯芯绒，又称条绒，俗称"趟绒"，是起绒织物中的一种，与平绒并列为割绒起绒的两大织物。灯芯绒由绒毛组织和地组织两部分构成，通过割绒、刷绒等加工处理后，织物表面呈现形似灯芯状且明显隆起的绒条，耐磨、厚实，较一般织物耐穿。灯芯绒在绒类面料中产量和销售占比较大，是常见的纺织品之一。灯芯绒衣物上沾有胶类等物质时，可用清水浸泡后，轻轻擦拭，切忌干搓，以防拔掉绒毛。灯芯绒如图 3-13 所示。

(a) 灯芯绒(布料)　　　　　　(b) 灯芯绒掉绒形态(裤子臀部)

图 3-13　灯芯绒

4. 静电植绒

静电植绒是植绒产品中的主要品种。所谓植绒就是用黏合剂使短纤维粘在布面上，使之垂直固定，具有天鹅绒、丝绒、羊绒等外观和手感。植绒有机械加工、静电植绒、手工植绒、高频法植绒等多种方法。其中连续式静电植绒在印花植绒和涂盖植绒中大量应用。因此服装面料中的植绒大多为静电植绒。植绒靠黏胶固着，因此植绒面料也称胶黏式起绒织物。

静电植绒是利用高压静电，并借助胶黏剂把彩色的短绒固着在底布上。底布有机织棉布、尼龙布、针织布、无纺布等。绒毛有黏胶纤维、涤纶、腈纶等。手感柔软、形态丰满、温暖舒适，深受一些消费者的欢迎。

静电植绒使用的黏胶一般是乳液或乳胶，都属于树脂材料，耐有机溶剂性较差。其中丙烯酸树脂乳液黏合剂质量较好，一般干湿擦牢度为 2000～4000 次，但仍然达不到要求。聚氨酯静电植绒胶黏剂，干湿擦牢度一般在 1 万次以上，质量有很大提高。由于绒毛是粘在底布上，即使黏胶质量好，由于黏胶和底布不是一个整体，其耐磨性也较差。随着长时间的老化和化学物品及气体的接触，黏胶性能会逐步改变和下降，导致绒毛脱落。静电植绒面料以及其它植绒织物不可干洗，不宜机洗，洗涤和穿用时尽量减少摩擦和避免沾染化学溶剂（见彩图 1）。

5. 仿麂皮绒

麂是鹿的一种，体小而濒危。麂皮服装柔软、细腻、松散、表面有丝绸感，价格昂贵，为高档皮革服装原料。仿麂皮绒织物就是用纺织纤维追求麂皮绒效果的面料。

仿麂皮绒有两类。第一类是纺织面料麂皮绒。纺织面料有机织麂皮绒、针织经编麂皮绒、纬编麂皮绒、提花麂皮绒。仿麂皮绒梭织物主要采用涤纶超细纤维等原料来仿制，按织物表面起绒原料的方向分为两类：经线起绒称为经向仿麂皮绒，简称经麂皮；纬线起绒称为纬向仿麂皮绒，简称纬麂皮。仿麂皮绒如图 3-14 所示。

按加工方法分类有三种。第一种是割拉起绒法仿麂皮面料，用金属针布（毛纺还有用刺果的），使织物的纬纱起毛，经后续整理，使织物表面完全被短、密、匀、齐的绒毛所覆盖，看不见织纹。第二种是磨绒，用砂磨辊将织物表面磨出一层短而密的绒毛。第三种是用底布涂上黏合剂，应用静电植绒的办法，将 1 毫米的人造棉或人造丝植于底布上，烘干后可得色泽鲜艳、绒毛细密、手感柔软的植绒产品。

图 3-14　仿麂皮绒

仿麂皮织物手感柔软，色泽柔和，透气性好，抗起球，可洗可烫。适宜制作夹克衫、外衣、童装、装饰布等。该产品后加工延伸面也很广，可进行烫金、印花、复合、冲孔、压皱、压花、绣花、磨毛等深加工处理。仿麂皮绒分为三个档次：人造高级麂皮、人造优质麂皮、人造普通麂皮。麂皮绒有许多性能并不亚于天然麂皮，甚至优于天然麂皮，没有天然缺陷，织物整体均匀一致，价格不到真皮的一半。

第二类是合成革仿麂皮绒，即以超细纤维和聚氨酯复合制成，经磨面后即为聚氨酯绒面革仿麂皮绒。

6. 单面绒

单面绒制作的服装是洗衣店收洗常见的普通衣物。单面绒是背面起绒织物，绒布经拉毛机将纱体的纤维拉出纱体外，均匀地覆盖在织物表面，使织物呈现出丰润的绒毛。单面绒的特点是厚实、保暖，人们通常所说的秋衣、秋裤就是单面绒。单面绒多为纯棉织物，也有腈纶织物，可制作内衣，也可制作外衣，北方冬季户外运动服有许多用单面绒制作。单面绒服装光面朝外，有染色，也有印花。单面绒服装适宜水洗。单面绒如图 3-15 所示。

(a) 纯棉单面绒染料染色面料拼合　　　　(b) 纯棉单面绒涂料印花

图 3-15　单面绒

✤ 十一、绉织物

"绉"织物不同于"皱"，面料的"皱"是问题和缺点，需要通过熨烫加以解决，而"绉"

是人们有意使面料产生的天然化绉纹。组织起绉的方法有四种：一是利用化学方法对织物进行后处理，如泡泡纱；二是利用不同捻向的强捻纱间隔排列，如双绉；三是织造时利用不同的经纱张力起绉；四是利用绉组织起绉，如乔其纱。常用的纤维有纯棉、棉/麻、涤纶等。

绉织物的洗烫方法是：绉织物有的属于娇嫩衣物，应正确选择洗涤、熨烫方式，有的绉织物应用了树脂，不可干洗，如果干洗将破坏原有的风格，熨烫时不可压烫，可用蒸汽喷烫。以往已发生过将泡泡纱烫平的事故案例。

1. 泡泡纱

泡泡纱属于绉织物的一种。泡泡纱的形成有物理和化学两种方法。化学方法则属于特种印花，其印花的原理与烂花工艺相似。棉织物可以"泡泡纱"，涤纶织物也可以"泡泡纱"。泡泡纱如图 3-16 所示。

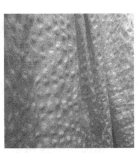

(a) 泡泡纱衬衫(局部)   (b) 泡泡纱窗帘(局部)

图 3-16 泡泡纱

物理方法是将两种不同收缩率的纤维交织，其中一种通过处理发生收缩，另一种不发生收缩或收缩较小，即可形成凹凸不平的泡泡。例如将高收缩的涤纶与普通涤纶间隔织造，通过热处理使高收缩涤纶发生收缩，使织物表面形成凹凸状的泡泡。用不同颜色的纱线织造的泡泡纱被称为色织泡泡纱。这种物理方法的泡泡较为持久。

化学方法是将织物上的部分纱线进行化学处理使之收缩，未收缩的纱线便随之形成凹凸不平的泡泡。如涤/棉间隔织造的织物，通过浸轧冷浓碱溶液或印碱的方法使棉纤维收缩，涤纶则形成凹凸不平的泡泡。此为碱缩泡泡纱，也称传统泡泡纱、印花泡泡纱。此类型泡泡纱的缺点是做成的服装越穿越大。与此相对的有树脂泡泡纱，即先在棉织物上印上防染树脂，浸轧碱液后膨胀起泡。

泡泡纱质地细薄，色牢度较好，穿着不贴身，有凉爽之感，适宜做妇女、儿童夏装。泡泡纱的织物形态有素色、印花、色织彩条。泡泡纱衬衫已经成为洗衣店经常收洗的衣物。

泡泡纱的熨烫有特殊要求（详见第十一章第三节三、泡泡纱错误烫平第 236 页）。

2. 乔其纱

乔其纱，又称乔其绉、雪纺。乔其纱的名称来自法国。乔其纱采用特殊工艺，使面料收缩起绉，形成绸面布满均匀、结构疏松的绉纹。根据所用的原料可分为真丝乔其纱、人造丝乔其纱、涤丝乔其纱和交织乔其纱等几种。乔其纱质地轻薄透明，手感柔爽，富有弹性，外观清淡雅洁，具有良好的透气性和悬垂性，穿着飘逸、舒适。乔其纱适于制作妇女连衣裙、高级晚礼服、头巾、宫灯工艺品等。

3. 双绉

双绉，又称双纡绉，属于薄型绉类丝织物，织物组织为平纹，采用特别工艺，整理后，使织物表面起绉，有微凹凸和波曲状的鳞形绉纹，光泽柔和，手感柔软，有弹性，透气性好，抗皱性良好，穿着舒适、凉爽，绸身比乔其纱重。雪纺仿真丝双绉如图 3-17 所示。主要用作夏季男女衬衫、衣裙等服装，深受欢迎，畅销不衰，占我国生产总量的 15％和出口总量的 10％。双绉有白色双绉、染色双绉、印花双绉，还有织花双绉，织物外观呈现彩色条格、空格或散点小花。还有人造丝（黏胶丝）双绉和交织双绉等。

图 3-17　雪纺仿真丝双绉

双绉的洗涤方法是：双绉缩水率较大，在 10％左右。洗涤时要注意避免用普通肥皂，而应用中性洗涤剂；不要大力揉搓，不要用毛刷刷；洗后一定要漂洗干净，否则易出现花档和斑痕；应轻挤水分，扯平晾干，不宜用熨斗压烫，以免轧煞绉纹。

4. 纯棉绉纱

纯棉绉纱质地轻薄，穿着舒适，手感柔软，吸湿透气，富有弹性，绉纹自然。一般用于夏季服装、裙料及装饰用布等。

5. 涤/棉树皮绉

涤/棉树皮绉一般用料为涤 65％、棉 35％。外观酷似树皮，造型自然，变化多端，布面丰满，匀整光洁，手感柔软。用于男女衬衣、妇女裙料、装饰用布。

6. 涤丝绉

涤丝绉，又称特纶绉，用纯涤纶丝织造，有真丝绸的外观，坚牢度好，抗皱性强，挺括，手感柔软滑爽，易洗快干，洗可穿（免烫）。缺点是吸湿性差。一般用作衬衫、妇女衣裙、装饰用布。

7. 麻/涤仿绉纱

麻/涤仿绉纱有仿顺纡绉、仿碧波绉、仿双绉等品种。麻/涤仿绉纱均为平纹织物，其特点是自然、富有弹性，手感挺爽，吸湿透气，穿着舒适，轻盈柔软。用于制作连衣裙、短裙，也可作装饰用布麻织物，容易起绉，且纹路较深，但绉保持性差。因此涤纶丝比例均高于麻，一般占比 60％。

✚ 十二、膨体纱与高收缩纤维面料

膨体纱是利用高分子物质的可塑性，将两种收缩性能不同的合成纤维毛条按比例混合，经热处理后，高收缩性的毛条迫使低收缩性的毛条卷曲，从而使其具有伸缩性和蓬松性，类似毛线的变形纱。常见的有丙纶、涤纶、腈纶，有长丝，也有短纤维，腈纶膨体纱产量最大，用于制作针织外衣、内衣、毛线、毛毯等。高收缩纤维的应用主要有以下三种形式：①高收缩纤维与低收缩纤维混纺，产生膨体纱；②高收缩纤维与其它普通纤维交织，产生涤纶、腈纶花式膨体泡绉效应；③将少量的高收缩纤维用于仿毛织物中，获得优良的仿毛风格。

图 3-18　膨体纱

（1）纯纺腈纶膨体纱　腈纶膨体纱中的高收缩腈纶占比一般为 40％～45％，采用平纹、斜纹及变化组织、经或纬起花组织、配色模纹、大提花组织。织物结构蓬松，质地轻，手感柔软，保暖性好，覆盖能力好，色泽鲜艳，穿着舒适，可作粗纺呢、大衣呢、窗帘、床罩等。膨体纱如图 3-18 所示。

（2）交织腈纶膨体纱 用普通短纤维纱线作经纱，用膨体纱线作纬纱。面料厚实、丰满，白色的异形丝闪闪发光，具有"黑白枪"或"银枪"的效果。织物可作粗纺面料，如背心、大衣、围巾等。

（3）涤纶丝泡绉织物 泡绉纱兼有泡泡纱和绉纱的形状。宜作春秋连衣裙、短裙及窗帘、床罩等装饰用布。

（4）涤收/涤普/黏胶混纺 用少量的高收缩涤纶、普通涤纶、黏胶纤维混纺，仿毛感逼真，宜作西服等仿毛面料。

✚ 十三、网络组织面料

网络织物均以平纹为地组织，每隔一定距离有曲折的经（或纬）浮长线浮在织物表面，形状如网络，故称网络组织。网络组织面料如图 3-19 所示。

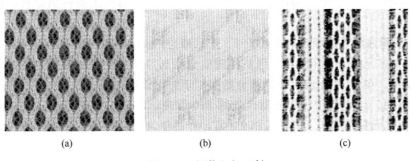

(a) (b) (c)

图 3-19 网络组织面料

✚ 十四、涂层面料

涂层面料分为表面涂层与内涂层两种。羽绒服（表面涂层）如图 3-20 所示。树脂涂层应用广泛，纺织服装面料的涂层是其中的一大类别。据媒体报道，有关组织统计国际纺织涂层产品已占到纺织品总产量的 25％ 以上，可见涂层在纺织品后整理中占有极其重要的位置。涂层面料就是将合成树脂涂于面料之上，以改善和增加服装的服用功能。有的服装面料因为有涂层改变了洗涤要求。涂层面料是洗衣店经常收洗的衣物，也是洗衣事故高发的衣物，也是赔付金额较大的衣物。

1. 涂层概念与涂层面料功能

涂层是用高分子材料（合成树脂）涂布于织物上的加工方式。国外有人称之为"用聚合物改性的纺织材料"。由于涂层的厚度不同，在印染行业涂层分为两种，增重低于

图 3-20 羽绒服（表面涂层）

20％的称为涂层整理，增重超过 20％ 的归入涂层织物或涂层面料。根据产品的不同用途而

赋予其特有的性能，如防水、防风、透气、透湿、保暖、防渗绒、防燃、防油、防污、防辐射等。服装面料的涂层有内涂层、外涂层两种。外涂层有的十分光亮，可以明显识别，内涂层是看不到的，不容易发现，导致赔付事故的主要是内涂层。

涂层面料属于纺织织物的再加工。涂层剂分为溶剂型和水乳型两种。涂层方法有直接涂层法（干法、湿法）、热熔涂层法、黏合涂层法、转移涂层法。直接涂层法是服装涂层采用的主要方法，具体有浸轧涂层法、浸沾涂层法、扩展涂层法、喷洒涂层法、熔体涂层法等。带有涂层的面料所用基布大多以合成纤维为主，其次是合成纤维与棉混纺面料，所用面料基本都是细布，如涤纶绸、锦纶绸或维纶细布，也有混纺面料，如涤/棉细布、维/棉细布等。洗衣店收洗的带有涂层的服装主要有羽绒服、防雨服、夹克服、双面服、棉服等。

2. 涂层的洗涤性能与树脂种类

干洗溶剂特别是四氯乙烯溶剂有溶解树脂的功能，因此涂层面料不可干洗。干洗后出现的问题是涂层与布料分离或起泡、褶皱、硬裂、溶解等。用于纺织服装的涂层树脂有许多种类，其中聚氨酯（PU）、聚丙烯酸酯（PA）是服装涂层应用的主要树脂材料，质量好于其它树脂材料。

（1）聚氨酯涂层　聚氨酯，简称PU。聚氨酯是由多异氰酸酯和聚醚多元醇或聚酯多元醇或/及小分子多元醇、多元胺或水等扩链剂或交联剂等原料制成的聚合物。聚氨酯由德国在1937年发明，在1950年前后，欧洲开始应用于纺织整理剂。中国20世纪90年代以后进入快速发展时期。2005年中国聚氨酯产量约300万吨，产值约600亿元，比2001年的122万吨、约200亿元分别增长了146%和200%，产量年均增长率高达25%，产值年均增长率在30%以上。

聚氨酯涂层的优点如下。

① 涂层柔软并有弹性。

② 涂层强度高，可用于很薄的涂层。

③ 涂层多孔，具有透湿和通气性能。

④ 耐磨，耐湿。耐干洗能力提高，干洗两三次可能涂层不被破坏，但干洗次数增加后，涂层便被逐渐破坏。

聚氨酯涂层的缺点如下。

① 目前生产成本较高。

② 耐气候性较差。

③ 耐热性和耐碱性差。

聚氨酯涂层剂种类很多，按组成分类有聚酯系聚氨酯、聚醚系聚氨酯、芳香族异氰酸酯系聚氨酯、脂肪族异氰酸酯系聚氨酯。每一种类涂层又分为溶剂型和水系型，虽然统称为PU，但其性能存在一定差异。其中水性不耐高温水洗和强力机洗，如果高温水洗或强力机洗，就会逐渐溶化，造成破损和脱落。聚丙烯酸酯树脂涂层及其它树脂涂层也与此相同。

（2）聚丙烯酸酯涂层　聚丙烯酸酯，简称PA。目前，聚丙烯酸酯涂层胶已从过去单纯的防水透湿型发展到多个品种，甚至还兼有几种性能的多功能产品，其中，阻燃涂层胶发展最快。

聚丙烯酸酯涂层的优点如下。

① 耐日光和气候性能好，光泽好，不易泛黄。

② 透明度和共容性好，有利于生产有色涂层。

③ 耐水洗性能好。

④ 黏着力强，不易剥落。

⑤ 成本较低。

聚丙烯酸酯涂层的优点如下。

① 弹性差，易褶皱。

② 表面光洁度差。

③ 生产过程中手感难以调节适当。

(3) 聚氯乙烯涂层 聚氯乙烯是近代最早用于涂层剂的高聚物。这种涂层面料的衣物经过干洗之后发硬发脆。如果涂层表面没有脆裂痕迹和起泡，可以通过人造革复软剂处理，予以修复。如果涂层已经出现了脆裂的痕迹或已经起泡，就无法修复了。

(4) 合成橡胶涂层 这种涂层防御效果非常好，主要用于雨伞、帐篷、箱包、手提袋。橡胶涂层不耐干洗，不能使用去渍剂，甚至汽油都可以使其部分溶解，唯一的办法是用水手工擦洗，可以使用洗涤剂。

以上四种是主要用于服装面料的涂层剂。此外，用于服装涂层的树脂还有聚硅氧烷、弹性体、天然橡胶、聚乙烯醇。这些树脂应用于服装涂层较少，其中聚乙烯醇涂层既不能干洗，也不能水洗，属于劣质产品。

3. 内涂层面料的识别方法

对于外涂层面料有的一眼就可以识别，手感也比较明显。而内涂层眼观不容易识别，必须采用手指搓捻的方法鉴别。鉴别涂层面料的方法是：将面料向内对折，用手指捏住折叠后的双层面料搓捻，带有涂层的面料很难捻动，感觉非常涩。没有涂层的面料则可以捻动，捻动数次后会感到摩擦力在逐渐缩小。有的涂层很薄手指可以捻动，但感觉是光滑的；如果没有涂层感觉不是光滑的，是两层面料的布纹在摩擦。只有多实践才会提高鉴别能力。

4. 涂层面料的洗涤和易发事故

近年来涂层面料日益增多，无论是羽绒服、棉服、休闲服还是运动服，无论是经济型的大众服装还是售价昂贵的名牌，都会采用涂层面料。由于涂层使用的是合成树脂材料，这种树脂材料不耐干洗溶剂，有的干洗一次就会出现问题，有的干洗几次之后出现问题，例如起泡、变形、溶解、抽缩等。涂层分为内涂层和外涂层两种。内涂层一般不容易发现，洗涤标识又很少标注，这类洗衣干洗事故频频发生，让洗衣店手足无措，经济损失惨重。外涂层有的不明显，如果去渍不当和在洗涤摩擦中容易脱落。由于外涂层吸湿、吸光性强，看上去好似油污，无论如何去渍或洗涤都毫无效果。

服装外涂层水洗方法不当同样会造成事故。如机洗不翻面，使用强力洗涤程序及洗涤时间过长，摩擦造成严重损伤。

涂层洗涤损伤示例如彩图 2 所示。

5. 涂层面料服装的烘干

涂层面料服装水洗后一般不可烘干。但在实际工作中有些涂层服装在特殊情况下需要烘干怎么办？如果烘干，温度不可超过 30℃，时间不宜过长，衣物必须翻面。

有机硅类涂层整理剂也是目前应用较多的一个种类。主要由具有活性基团的聚硅氧烷弹性体组成，在金属盐或有机酸盐的作用下可以进行交联反应。将聚硅氧烷系涂层剂和聚氨酯涂层剂按一定的比例混合后涂布于织物上，具有令人满意的防水、透湿效果。

各种树脂涂层整理剂，按使用上采用的介质分为溶剂类和水性类。溶剂型 PU 涂层称为干式涂层；水性称为湿式涂层。水性涂层剂主要用于服装。

6. 表面涂层脱落的修复

衣物面料涂层有内涂层和外涂层两种。外涂层也称表面涂层，因摩擦或沾染化学溶剂，造成涂层脱落。表面涂层局部脱落，有的看上去好像是油污，尤其是深色衣物，不容易让人马上意识到是表面涂层脱落，可是无论怎样去渍和洗涤都毫无变化和效果。

修复办法是：表面涂层的成分为合成树脂，润色恢复剂和皮革光亮剂的主要成分也是树脂。因此用润色恢复剂和皮革光亮剂喷涂修复表面涂层的脱落，是操作简便的有效方法。具体操作办法是：用润色恢复剂对涂层脱落处反复多次喷涂，浓度不要太高，每喷完一次都用电吹风吹干；达到理想程度后，再对涂层脱落处周边及整个衣物喷涂，这主要是遮盖修补的痕迹。修复表面涂层脱落不可急于求成，切忌浓度过高。如果浓度过高操作不当，会形成亮痕。对硬挺型、原来涂层较厚、较光亮的衣物，使用皮革光亮剂效果好于润色恢复剂（有关涂层、树脂参见第九章第 181～189 页）。

✦ 十五、复合（层合）面料

复合面料，也称复合纺织品，或称层合面料或层合织物，是两种以上纺织面料通过黏合剂，经热压设备加工黏结贴合而成的新型面料。复合面料有很多优点，其特点是厚实挺括、保暖防寒、防雨防风、防止渗绒。它的主要特点是保暖，同时简化了服装的加工过程，提高了生产效率。适合秋冬季服装面料及沙发布等，赢得许多消费者的欢迎。

复合面料的黏合有六种工艺，即热熔胶粉点涂层复合工艺、热熔胶浆点复合工艺、热熔胶撒粉复合工艺、热熔胶双点复合工艺、聚氨酯喷涂复合工艺、聚氨酯辊涂复合工艺。所用面料有机织布与机织布复合、机织面料与针织面料复合、针织面料与针织面料复合、机织面料与无纺布复合。面料经黏合后，手感滑爽、丰满，弹性和强度提高。

复合面料的黏合剂一般为聚氨酯热熔胶，属于合成树脂，耐水和耐碱性能比较好，但是容易被四氯乙烯溶解，使层合面料开胶。有的涂胶溶化后从面料浸出，形成除不掉的大片污渍；也有的涂胶变硬发脆，使衣物变形褶皱，丧失了美观。因此，复合面料水洗是安全的。复合面料比较厚实，大多用于棉服。棉服一般穿用时间比较长，属于重垢衣物，水洗效果好于干洗。除特殊者外，棉服即便不是层合面料也应该水洗。

✦ 十六、复合化织物

复合化织物是指不同的纤维、不同的纱线、不同的组织、不同的结构、不同的加工技术进行某种组合，从而开发出多种多样、别致新颖的产品。既可改善原来品种的性能，又开拓新的应用领域。例如仿毛、仿丝、仿麻面料，都属于复合化织物。

　　织物内复合最常见的方法是采用各种纯纺、混纺纱、不同色泽、不同性能的纱、长丝和短纤维并捻、排列、交织，通过重组织、双层组织或黏结的方法可以构成多层结构的织物。由黏结方法所构成的双层织物可由不同质地或不同加工方法的材料黏合成一个整体。目前，又向两层以上的多层结构发展，如有一种保暖织物，由面层、保温层和里层三者构成。由此说复合面料（层合面料）、涂层面料都属于复合化织物。

第四章
皮革与裘皮

皮革裘皮服装是洗衣店收洗的重点衣物之一，其盈利水平居于首位。虽然数量少，但收费高。从事故的数量来看不多，但事故赔偿的金额较大，如果技术欠缺不能有效预防，赔付金额的比例不亚于普通衣物，不能不引起洗衣店的重视。如果能避免事故，或者把事故降低到最低程度，可以大大提高洗衣店的营业收入和盈利水平。

第一节
皮革的来源和加工

皮革包括真皮与仿皮。真皮就是动物皮，在没有加工为成品之前称为皮，在加工成可以制作服装的原料之后称为革，习惯称为皮革。所谓仿皮主要是人造革，包括 PVC 革与 PU 革（合成革）。其次是纺织纤维织物采用磨绒等工艺加工的仿皮制品。

✤ 一、真皮的来源和真皮的组织结构

真皮包括猪皮、黄牛皮、水牛皮、绵羊皮、山羊皮、马皮、鹿皮等，有些动物皮越来越少，如麂（鹿科）皮、鳄鱼皮等，这些动物濒临灭绝，列入各国保护范围，洗衣店很少见到。洗衣店经常收洗的是牛皮、羊皮、猪皮、鹿皮。动物皮的组织结构主要是由表皮层、真皮层（粒面乳头层、真皮网状层）、皮下层三个部分构成的（图 4-1）。

1. 表皮

表皮层就是长毛、固毛的皮层。表皮层不易透水，对化工原料有一定的抵抗能力，所以加工时的溶液大部分是由肉面也就是由皮下层渗透到皮板内层。表皮一般分为五层，由外向内分别为角质层、透明层、粒状层、棘状层、基底层。

2. 真皮

真皮就是动物皮经过加工之后，去除表皮、皮下肉和脂肪，留下的皮层。真皮属于蛋白质纤维，具体由胶原纤维、弹性纤维、网状纤维构成。胶原纤维由胶原构成，胶原是氨基酸

的聚合物，是真皮的主要纤维。占生皮纤维全部重量的 $95\%\sim98\%$。弹性纤维比较少，仅为真皮重量的 $0.1\%\sim1\%$。网状纤维由一种很稳定的蛋白质——网硬朊构成。网状纤维贯穿着全部真皮，在与表皮交界的地方排成非常稠密的网子，并在胶原纤维束周围构成疏松网套。网状纤维耐热水、酸、碱、胰酶的能力较强。

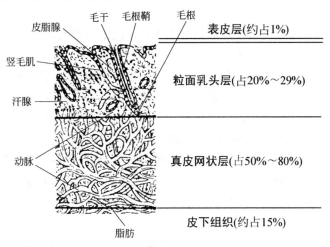

图 4-1　绵羊皮组织结构

各种动物尽管真皮的构造不同，但通常分为两层：与表皮连接的上层称为乳头层；与皮下组织连接的下层称为网状层。

（1）乳头层与粒面　乳头层的表面与表皮下层相互嵌入，状似乳头，故称乳头层。又因它含有汗腺、皮脂腺、神经、竖毛肌等，能调节动物的体温，所以又称恒温层。各种生皮的真皮乳头层厚度对全皮厚度的占比不同，绵羊皮占 $50\%\sim70\%$，而山羊皮占 $40\%\sim65\%$。乳头层就是成品革的外露层，所谓的粒面就是由这一层的表面展现出来的。人造革没有粒面。

（2）网状层　网状层的胶原纤维比乳头层更粗大、更紧密，弹性纤维和细胞成分不多。一般不含汗腺和皮脂腺，这是真皮最紧密、最结实的一层。成品革的强度就是由这一皮层所决定。

3. 皮下层

皮下层，也称皮下组织。皮下层是一层松软的结缔组织，也就是肉和油脂，加工后要全部除掉。

✛ 二、常见皮革的分类

1. 皮革按用途分类

（1）**鞋用革**　外底革、软底革、正面革、绒面革、多脂面革、苯胺革、夹里革。

（2）**服装革**　服装革、手套革。

（3）**箱包革**　箱革、描花革、皮包革。

（4）**其它革**　装具革、球革、工业用革等。

2. 皮革按来源分类和特点

（1）**猪皮革**　缺点是毛孔粗大，外观不如牛皮美观。优点是透气性、吸湿性好，纤维束粗壮，交织紧密，坚牢性和耐磨性好。经过加工，猪皮的外观已经可以和牛皮相媲美。

(2) 牛皮革

① 黄牛皮。比水牛皮好。母牛比公牛的牛皮细；青壮牛比老年牛的牛皮细。黄牛皮的基本特征是：表皮薄，毛不稠密，毛根不深，皮脂腺和汗腺不发达，脂肪少，是皮革制品的优等原料。

犊牛皮，即未换过胎毛或未吃过草的小牛皮，皮的组织紧密，里面极为细致，全身各部位厚度均匀，是制造纹皮革的上等原料。

小牛皮，即刚吃草的小牛皮，与犊牛皮接近，是鞋面革最好的原料之一。

公牛皮，即中、成年的公牛皮，是皮鞋底、裤带的上乘原料皮。

阉牛皮，即经阉割的公牛皮，厚度均匀，里面细致，纤维组织紧密，可以制造鞋面革。

母牛皮，未产子的母牛皮，与阉牛皮相似，皮质较好，产过子的母牛皮，腹部组织空松，厚薄不均匀，经挑选可以制造上等的鞋面革、箱包革、票夹革、裤带等。

② 水牛皮。水牛皮总体质量不如黄牛皮。皮面粗糙，有明显的乳头状凸起和褶皱，皮板质地枯瘦，纤维束粗大，交织不紧密。优点是抗张强度较高，常制作箱包革面、皮鞋内膛底、机械轮带等。

③ 牦牛皮。牦牛皮与黄牛皮相近，比黄牛皮柔软，皮面粒纹细致，但强度稍低，易松壳。牦牛皮是制作皮鞋的优良原材料。

(3) 羊皮革　羊皮分为山羊皮和绵羊皮，一般是针毛多、绒毛少、不适合制作裘皮的用来制革。

① 山羊皮。山羊皮的纤维组织比较坚实，柔软，弹性足，皮面粒纹清晰细致，可染各种颜色，光泽鲜艳，是制革优质原料皮，也是制作高档皮鞋、皮革服装、皮手套的上等原料。

② 绵羊皮。绵羊皮与山羊皮相似，皮革特别柔软，纤维束较细，延伸性大，手感像丝绒，强度小，粒面精致光滑，皮纹清晰美观。皮革只能做皮革服装、皮手套，不可做鞋面革。

(4) 马皮革　马皮包括骡皮、驴皮。马皮的特点是前半身皮较薄，结构松软，纤维束极细，制作皮革粒面细致半滑，可与牛皮相媲美，可用于制作鞋面革、球类革和手套等。后半身纤维紧密坚硬，可做一些马鞍具、轮带等。驴皮、骡皮近似于马皮。

(5) 特殊皮革　特殊皮革在洗衣店收洗的衣物中极为少见，如鳄鱼皮、鱼皮、蛇皮、牛蛙皮、鸵鸟皮、牛胃内膜革等。

3. 皮革按加工层次分类

皮革常常剖层使用，有的剖为两层，有的剖为三层。

一层皮革也称头层革，多用于正面革，如苯胺革、修面革、印花革、特殊效应革等。

二层皮革，当剖皮三层时也称内层革。

靠近肉面的一层，称为肉面剖层革。肉面剖层革耐磨性较差，一般需要涂饰和贴膜使用，可用于绒面革、鞋里、鞋垫、劳保手套等。

牛二层皮革是牛皮的第二层皮料，在表面涂上一层 PU 树脂，所以也称贴膜牛皮。其价格较便宜，利用率高。其随工艺的变化也制成各种档次的品种，质量高的可以制作高档皮革，价格与档次都不亚于头层真皮。能生产二层革及三层革的有牛皮、猪皮、马皮。

4. 皮革按表面形态分类

皮革可分为正面革、绒面革。正面革包括全粒面革、半粒面革、纳巴革、修面革等。绒面革分为正绒面革、反绒面革。

5. 服装皮革的分类

服装皮革是洗衣店接触最多的皮革，主要原料是绵羊皮、山羊皮、小牛皮、猪皮、牛二层皮。有正面、绒面和皮毛一体。服装皮革一般为铬鞣和铬结合鞣。要求粒面滑润细致，手感丰满，柔软一致。透气性和透水性良好。绒面革肉面绒毛细致。

服装皮革的种类很多，如正面革、苯胺革、修面革、绒面革、皮毛一体革、反毛面革、特殊效应革、印花革等。

✚ 三、皮革的缺陷和质量标准

皮革的缺陷有的是在动物生长期形成，有的是在加工过程中造成。主要有以下几种。

(1) 三霜 包括油霜、盐霜、酶霜，这三种霜对皮革外观和内在质量都有影响。油霜和盐霜污染皮革表面，并使革面变得粗糙。酶霜不易去除，严重者使皮革脆裂甚至霉烂。

(2) 卷曲变形 皮革具有收缩卷曲特性。皮革制品受湿热至一定程度时，蛋白质结构发生彻底改变，分子链蜷缩成稳定的弯链结构，表现形式为收缩卷曲变形，这种收缩卷曲不可逆转，主要原因是干洗、烘干、熨烫温度控制不当所造成。

(3) 虻眼和虻底 虻眼是牛虻的幼虫钻透牛脊背部所形成的孔眼。虻底，又称虻点，是虻眼愈合后在皮革上留下的显著不平的小坑痕迹。

(4) 虱疗 被虱刺咬过使表皮层和乳头层发炎溃烂形成小孔以及愈合后留下的疮痂。

(5) 痘疤 动物出痘后，粒面上所留的痘疤斑点。

(6) 角花 被动物角碰擦受伤留下的痕迹。

(7) 伤残 如鞭伤、鞭花伤和加工中剥伤、孔洞、烫伤、浸水伤、浸灰伤等。

(8) 松面与管皱 皮革粒面层松弛或严重松弛。

(9) 粒面发暗无光 原料皮在保存或浸水、浸灰、酶处理过程中造成，粒面无光泽或粗糙。

(10) 裂面 皮革由于弯曲、拉抻、折叠等原因粒面出现裂纹。

此外，还有染色不均匀、砂眼、生心、两层、僵硬、不起绒、绒粗、掉浆、裂浆、露底等。这些都影响了皮革质量。

优质皮革的特征是：优质皮革革面平滑，皮纹细致，手摸革面没有高低不平的感觉；有弹性，手指压革面没有粗大的皱纹；手指轻擦革面没有颜色脱落的现象；颜色柔和均匀；若是绒面革，绒毛紧密细致，没有粗长的绒毛，手摸柔韧、丰满，绒毛颜色均匀、鲜艳，无霉斑、油斑、污点。

✚ 四、皮的概念和皮的转变

皮革从原皮到成品需要经过几十道加工程序。主要分为三个阶段，即准备阶段、鞣制阶段、整饰阶段。其中鞣制阶段是使动物皮的性质发生变化，由皮变成革的关键阶段。

(1) 生皮　也称鲜皮、原皮。生皮是未经过化学处理的动物皮，包括湿态和干燥两种。湿生皮在气候温暖时，会很快腐烂、掉毛、发臭。干生皮虽不腐烂，但变得又硬又脆，弯曲时容易折断，如果回湿，会重新腐烂。

(2) 熟皮　生皮经过鞣制加工后变成皮革。"革"就是可以使用的皮。经过鞣制的皮不腐烂，干燥后回湿也不腐烂；干燥后不会变成又硬又脆的材料，保持绕曲性和可用性。熟皮还不能用于服装的制作，还需要经过整饰。

(3) 皮革　动物皮真皮部分经过鞣制、上色、整饰等全部加工程序完成之后，性能和外观发生了彻底的变化，成为可用之材。此时已不是皮而是"革"，这是"革"的原意，也是真皮的真正含义。人造革问世后，"革"的含义发生了变化，皮革既包括动物皮革，也包括人造皮革。

(4) 真皮　除掉表皮层和皮下层，留下的就是真皮。靠近真皮中心部分的胶原纤维比较粗壮而坚韧，它们编织角度的大小能够反映成革的性质。胶原纤维角度大或编织紧密的皮革坚硬。真皮是生皮最坚牢的部分。这里所说的真皮与我们平时说的真皮概念有所区别，在日常生活中我们说的"真皮"是指用动物皮制作的服装，以示动物皮革和人造皮革的区别。

第二节
皮革加工和生皮鞣制

✦ 一、制革的工艺流程

皮革按照性能和加工方法分为重革与轻革两大类。

(1) 重革　重革质地厚重，大多采用植物鞣制，一般不染色，要求具有一定的坚实性、丰满性和良好的成形性，销售时按重量（吨、千克）计算价格。重革大多为工业用革。主要是作为鞋底革、裤带、内底革、轮带革、装具革、垫圈革等。

(2) 轻革　轻革大多采用矿物鞣制，轻革质地轻、厚度小，要求具有良好的手感、柔软丰满、良好的弹性和一定的延伸性，产品成形后需要上色和整饰，销售时按面积计算价格。是为服装面料、里料、皮鞋面、手套等产品提供原料。

皮革加工需要经过几十道工序，需要使用一百多种化工材料。皮革加工的主要工序分为三个阶段。重革与轻革的制革工艺流程不完全相同，相同的是准备工段；不同的是，鞣制工段差别较大，重革没有整饰工段，轻革有整饰工段，而且程序较多。如果将鞣制、整饰合并为一个工段，轻革增加了染色、拉软、涂饰。

以轻革为例，制革工艺流程如下。

(1) 准备工段　生皮→浸水→去肉→脱脂→脱毛→浸碱膨胀→脱灰→软化→浸酸。主要目的是去除生皮中的制革无用物（如毛、表皮、脂肪、皮下组织等）、松散胶原纤维。

(2) 鞣制工段　鞣制→剖层→削匀→复柔。这是整个皮革加工过程的关键，是生皮变成革的质变过程，经过鞣制，生皮的性质已经发生了变化。

（3）整饰工段 中和→染色加油→填充→干燥→整理→涂饰→成品皮革。此时的皮革具备了需要的颜色和风格，可以用来加工服装和其它物品。

生皮鞣制最早采用的是植物鞣法，将植物鞣料也就是将植物的叶、茎、干、根、皮等经浸提、浓缩、干燥制成鞣剂，其主要的鞣制成分是单宁，即鞣酸。随着技术的发展，人们又采用矿物鞣剂与合成鞣剂，鞣剂的种类越来越多。由于单一鞣剂都有缺点和不足，为了弥补各自的不足，于是复合鞣剂应运而生。现在毛皮生产中使用的鞣剂基本上都是复合鞣剂。最常用的鞣剂基本成分为铬盐、铝盐、甲醛等。

✛ 二、铬鞣

铬鞣毛皮的特点是：粒纹清晰，耐水、耐温性能好，水洗脱鞣相对较轻，皮革的收缩温度高于其它鞣制，具有较好的抗张强度，化学稳定性好。缺点是：皮板较厚，出皮率低；毛和皮板带有颜色。

鞣液的温度，一般初鞣时为 $25 \sim 30^{\circ}\mathrm{C}$，以后逐步提高，根据皮的品种不同，鞣制末期，温度可升高到 $40^{\circ}\mathrm{C}$。

前苏联的英·下普豪斯所著的《制革技术基础》介绍，皮革的铬鞣温度最高为 $60^{\circ}\mathrm{C}$。

孙静编著的《制革生产技术问答》介绍，铬鞣一般初鞣时可将温度控制在 $22 \sim 30^{\circ}\mathrm{C}$，后期热鞣时可升温至 $40^{\circ}\mathrm{C}$ 左右。对于经过铬预鞣的裸皮，后期鞣制温度可升至 $60^{\circ}\mathrm{C}$。

✛ 三、铝鞣

铝鞣毛皮洁白柔软、延伸性好（皮张面积增大）。铝盐价格便宜，容易购买，操作简单，因此被广泛应用。但是铝盐与真皮结合不牢，稳定性差，用水洗涤，大部分铝盐被洗出，褪鞣重于其它鞣制方法，耐湿热性差；贮存易吸潮发霉、虫蛀。因此鞣制时常常加入铬盐或甲醛。

✛ 四、甲醛鞣

甲醛，其水溶液的商品名称为福尔马林。甲醛鞣制的溶液浓度一般为 40%。用甲醛鞣制的毛皮颜色纯白，耐汗、耐水，收缩温度较高。甲醛鞣制过程中的温度一般为 $30 \sim 35^{\circ}\mathrm{C}$，大多在 $35 \sim 40^{\circ}\mathrm{C}$，有的是 $40 \sim 45^{\circ}\mathrm{C}$，最高 $60^{\circ}\mathrm{C}$，最低 $20^{\circ}\mathrm{C}$。此后的处理也始终在低温中进行。

✛ 五、结合鞣

各种鞣制方法都有一定的缺点，后来人们将几种鞣制方法结合起来使用，收到良好的效果。现在生产优质的皮革，大多采用结合鞣的办法。通常使用的结合鞣有铬植结合鞣、铝植或铬铝结合鞣、醛结合鞣（铬锆、甲醛锆、锆植等）、硫黄与铬植结合鞣等。

第三节
油脂与加脂剂

一、皮革褪鞣

动物皮剥下之后潮湿可以腐烂，干了之后变硬能够折断，不能制作服装和使用，通过各种化学材料处理之后，性能发生了变化，这一加工过程称为鞣制。皮衣与裘皮在穿用、洗涤的过程中去油变硬，严重者折裂，称为褪鞣，也称脱脂。皮革与裘皮水洗褪鞣重于干洗。因此在皮革与裘皮清洗护理时必须补充油脂，在洗衣行业称为加脂。干洗加脂是在洗涤过程中完成，只要将加脂剂加入干洗机内即可；水洗需要在洗涤并晾干之后手工加脂，不仅麻烦，而且很难均匀，因此水洗手工加脂效果不如干洗加脂。

二、油脂与加脂的作用

什么是油脂？油在常温下是液态；脂原指动物的脂肪，也是油，在常温下是固态或乳膏态，加热后转为液态。二者合称为油脂。二者都是高级脂肪酸甘油酯，油是不饱和高级脂肪酸甘油酯，脂是饱和高级脂肪酸甘油酯，都属于有机物。现在人们通常所说的油脂，既包括植物油脂、动物油脂，也包括矿物油脂与人工合成油脂。

动物原皮中的脂肪主要分布于皮下组织、毛囊及毛囊周围、真皮中的游离脂肪细胞以及皮脂腺中。皮革加工的过程是先去油，而后又加油，即先脱脂而后又加脂。脱脂的目的是去除脂肪，使生皮向皮革转化。但是皮板脱脂后变硬无法使用，必须加脂。加脂的作用是使鞣制后的皮革变得柔软、丰满、耐折、富有弹性，从而富有良好的服用性能。加脂效果取决于加脂剂的成分配比和加脂方法。加脂是皮革加工过程中十分重要的环节。

油脂不能直接使用。俗话说"油水不溶"。如果在皮革上直接涂上油脂，肯定涂不均匀，于是加入了表面活性剂等乳化成分和其它助剂等多种成分，使油水融合为一体，变成乳白色的液体，使油脂均匀地进入皮革的纤维之间。除了满足皮板的基本要求外，同时尽可能兼具其它功能，如低雾、耐光、填充、复柔、丝光、防水、阻燃、加香、防霉、发泡等。

三、加脂剂的成分构成

皮革加脂剂的基本材料是各种油脂。主要包括：动物油脂——牛脂、羊脂、猪脂、马脂、鱼油等；植物油脂——蓖麻油、菜油、豆油、棕榈油等；矿物油与石蜡；合成油脂。其次是各种助剂，其中最主要的是表面活性剂，使油脂乳化、分散、均匀渗入皮革纤维之间。

加脂剂的种类和品种很多，具有优点和缺点。为了优势互补并增加其它功能，如耐光、耐洗、阻燃、助染、防霉等，添加某些特殊材料。因此，现在市场上很少见到单一成分的加脂剂，几乎都是由动物油、植物油、矿物油改性后，与各种组分按一定比例复配而成。

第四节
皮革的化学性能与耐热性能

✦ 一、皮革的化学性能

动物毛属于天然纤维，皮板也是天然纤维。对于化料的适应性，在某些方面与其它天然蛋白质纤维相同或相似，与纤维素纤维、合成纤维有很大的区别。

(1) 耐酸强于耐碱　在加工过程中始终是在弱酸状态下进行，pH 值最高时为 9，属于弱碱性。高浓度碱液会对皮革造成损伤。

(2) 皮革耐还原剂能力较强，不耐氧化剂尤其是含氯氧化剂　在皮革整理过程中有的皮也需要漂白，但是用的不是氧化剂，也不是高温。如重革采用的是亚硫酸化荆树皮栲胶溶液，将重革吊在溶液中漂白，栲胶溶液温度为 41℃，含有 0.3% 的二氧化硫，pH 值为 3.4。虽然在皮毛加工使用了漂白粉（次氯酸钙），只是用作防腐剂杀菌用，用量很低；双氧水（含氧氧化剂）只用于毛的漂白和染色。氧化剂对皮革有很大的破坏力。

(3) 皮革服装水洗容易褪鞣　所谓褪鞣，就是脱脂，皮板变硬变脆，使皮革恢复到生皮状态。皮衣在穿用、遇水、干燥、干洗、水洗和高温环境下都可使皮板褪鞣，其中水洗皮板褪鞣脱脂严重，而铝鞣鞣制的皮革水洗褪鞣最为明显。

(4) 耐热性不强　虽然皮革厚实，隔热、防寒性能好于其它纤维，但这并不表明皮板可以承受高温而不受破坏、不发生变化。皮毛、皮板都不耐高温，在湿态下 40℃ 是皮板、皮毛发生抽缩变化的临界点，超过 60℃ 皮毛的毡化显著提高，皮板抽缩变形开始发生显著变化，超过 90℃ 皮板进入彻底损毁阶段，损毁程度由时间决定，通俗一点说就是皮板被煮熟了。煮熟的皮革不仅严重抽缩变形，而且彻底丧失了使用功能。

✦ 二、皮革的收缩温度与耐热温度

皮革在水中加热时，会产生不可逆转的变形和收缩，产生收缩现象时的温度，称为收缩温度。皮革受热收缩是物理性能降低的表现。制革行业测定收缩温度的目的是为了了解皮革的鞣制情况。

一般哺乳类动物皮的收缩温度范围在 58～67℃ 之间。在浸灰（碱）过程中，分子结构中某些氢键和盐键受到削弱和部分受到破坏；同时膨胀后胶原结构基体间的距离增大，皮的强度减弱，导致收缩温度降低；经过鞣制后收缩温度再次提高。各种鞣剂决定了各种收缩温度的差异，例如，经过碱式硫酸铬鞣制，比生皮收缩温度提高 3～35℃；甲醛鞣制提高 15～20℃；各种植物鞣制提高 2～24℃；各种合成鞣制提高 0～22℃。

铬鞣的收缩温度最高。铬鞣一般是在浸酸液中进行，初期采用常温和低 pH 值，后期采用热碱升高 pH 值和升高温度，使已渗透在皮内的鞣剂分子与胶原蛋白的极性基团（氨基酸）发生交联反应，使分子加大，达到提高收缩温度及鞣制效果。

以上是专业书籍资料关于皮革耐热温度的介绍。有人说皮革的收缩温度就是耐热温度。按此推算，铬鞣皮革的耐热温度最高为70～102℃，也就是说达到这个温度，皮革开始变形和收缩。也有人说铬鞣皮革的收缩温度最高可达120℃。上述关于皮革的收缩温度的说法值得商榷，或者说概念是模糊的。

我联想到一个问题，合成纤维都是从石油加工出来的纺织纤维，生产过程中离开高温，纤维不可能生产出来。以涤纶为例，软化点温度最高可达240℃，可是在实际洗衣时，水温超过60℃就会出现死褶，中温偏上熨烫就会容易出现亮痕。根据纤维性能其抽缩变化的规律是：纤维吸湿性越高，浸水后纤维溶胀越重；纤维溶胀越重，抽缩变形越重。皮革属于蛋白质纤维，其吸湿性和纤维溶胀远高于合成纤维，那么皮革的洗涤和熨烫安全温度和最高温度应该是多少呢？不要说120℃，就是100℃，也是不可想象的。我曾经实验性地复染一件外套，衣领是真皮，我知道皮领不可下水，一直拎着，在最后时刻发现衣领边缘染色不够，便忍不住将衣领浸入染液中，只有数秒钟的时间，拎起来一看，真皮衣领已经严重抽缩变形。我无法断定衣领真皮是否铬鞣，即便是真正的铬鞣皮革恐怕也在劫难逃。当时染液是煮沸，温度应是100℃。

有关专家在研究皮革的耐热温度时发现了胶原纤维的超收缩现象。当胶原与水共同加热至63～64℃时，皮革收缩至其原长度的1/3。皮革的这种超收缩现象在鞣制和洗涤过程中均可出现，而且是不可逆转的变化。由此可见，关于铬鞣皮革的耐热温度最高为70～102℃，甚至可达120℃的说法，要给予正确的理解：绝对不是在水中的耐热温度。

结论：真皮耐干热高于耐湿热，浸水纤维溶胀是真皮不耐湿热的根本原因。如果说皮革在干燥的空气中耐热温度可达70～102℃，甚至120℃，则无疑是正确的。如果在水中或处于湿态，30℃以下是安全的；40℃是皮革纤维发生抽缩变化的临界点；60℃是发生明显变化或严重抽缩变形的临界点；如果超过90℃则会造成致命损伤。因此，真皮需低温洗涤和低温垫干布熨烫，不可使用蒸汽。皮革在加工过程中为了提高出材率和平整，免不了拉抻，洗涤褪鞣便出现自然回缩，以铝鞣皮革最为突出。

第五节
皮革的着色

鞣制出来的皮革必须经过整饰和上色之后才能出售，作为加工皮衣和其它用品的原料。通过整饰，除去多余的鞣剂和杂质，中和酸性，调整厚度，除去多余的水分，完成染色、涂饰和印花，使皮革最终变成可以加工成服装和其它用品的原料。

✚ 一、皮革的着色方法

皮革的着色与纺织纤维有许多区别。皮革着色的方式有三种情况：一是染料染色；二是涂料（颜料）涂饰；三是印花（包括压花）。皮革的着色贯穿于皮革加工的全过程，例如有些皮革的底色，在鞣制阶段就已将染料加入鞣液中，与鞣制同时进行，为后期正式染色和涂饰打好色泽基础。皮革的着色方式主要有以下几种。

(1) 转鼓染色 将染料溶解或分散于水中，在转鼓内进行染色。转鼓染色也称浸染法。

(2) 刷色 先揩水或喷水把皮革表面润湿，调好染料溶液，用绒布擦或刷子刷。

(3) 喷涂 有两种方式：一是机器喷；二是手工喷。染料喷染的主要缺点是色牢度差，容易裂浆和掉色，喷染的染料有限，主要是阴离子染料。喷染常见问题有渗透率不均匀、云状物斑点、飞溅、色斑、不均匀。

(4) 淋涂 将色浆自上淋下，形成一条条浆液，皮革在淋浆条下通过，使其上色成膜。淋涂有机器淋涂和手工淋涂两种方法。机器淋涂又称帘幕涂饰。淋涂适于漆革（厚涂饰的皮革）。

(5) 印花 印花分为两种方式：一是压花，包括无色压花和有色压花，压花又称压纹，立体感很强；二是印花，如同纺织品印花。

(6) 转移涂饰 先在纸或其它类似载体上制成一种透明或带色的聚氨酯薄膜，再将薄膜预先涂以黏合剂，用热压的方法转移到皮革表面。

(7) 揩涂 又称揩浆、抹浆。将革平铺在案板上，用外包纱布的棉团或软泡沫塑料，蘸上浆液均匀地涂抹革面。该法主要用于黑色铬鞣正面革的底光涂饰和绵羊服装革、手套革的涂饰。揩涂为手工操作。

(8) 辊涂法 又称辊印涂饰。这是一种比较新的涂饰方法，在专门的辊涂机上进行。坯革由传送带输送，通过两辊之间涂料由进料斗均匀地涂覆在辊上，经辊印获得皮革的涂饰面。这种方法节约颜料和涂料并避免涂雾，有益于操作者的身体健康。

(9) 扎染 将皮革捆扎后进行染色，使皮革表面形成特殊花纹的过程。皮革扎染与中国古老的棉布扎染原理相同。

其中转鼓染色和喷涂是皮革着色的主要方法。喷涂的成本最低而利用率最高，在皮革加工中是皮革着色的主要方法，也可以用于染色不足的补充和色调的校正。刷色也是皮衣护理的主要着色方法。

✦ 二、皮革染料染色

皮革染色所用的染料主要有直接染料、酸性染料和酸性媒介染料、碱性染料、中性染料、活性染料、醇溶染料等。其中主要是用酸性染料和直接染料，都用酸固定。皮革染色所用染料和染色工艺，与纺织纤维染色相比有较大差别。皮革染色所用染料基本上都是直接染色，色牢度很差，国外进口的皮衣原料或成品服装，染料染色的色牢度更差，因为国外皮革服装的色牢度标准低于中国，更多地要求纯天然和对人体无害。

皮革染色均属于低温染色，植物鞣革的染色温度通常在35℃左右，在此温度下酸性染料即能充分地溶解。铬鞣皮革收缩温度高于其它鞣制方法，但是染色时一般采取40℃。pH值为3.5~5，高时在8左右，只是在后期较短时间内升温至最高60℃左右。

为了提高色牢度和遮盖皮革表面的一些缺陷，染料染色之后再用涂料进行一定的涂饰，喷涂一层光亮剂。涂饰的涂料中含有树脂，也就是光亮剂，一方面起着固色作用，另一方面起着光亮作用。经过涂饰之后提高了染料染色的色牢度。光亮剂分为有色与无色两种。苯胺革是皮料中的上等原料，伤残少，为了凸显粒面，苯胺革（也称全粒面革）只用染料染色而不用涂料涂饰，半苯胺革只涂饰少量的涂料或光亮剂。因此苯胺革水洗掉色非常严重。如果用苯胺革做纺织服装的滚边、镶条，水洗会造成严重洇色，干洗也会造成洇色，只是轻于水洗；而用涂料涂饰的皮革水洗不掉色或掉色较轻；如果完全是涂料涂饰的皮革，水洗即使掉色，也不会对纺织面料造成洇色、沾染，只是颜料脱落。

✚ 三、皮革涂饰

涂饰剂是用颜料配成的色料，是皮革加工和皮革护理的重要材料。涂饰剂就是在皮革加工中，通过刷、揩、淋、喷等方式，将配制好的色浆覆盖在皮革表面，形成一层漂亮的保护性薄膜。涂饰剂主要由成膜剂、着色剂、溶剂、助剂等成分组成。皮革涂饰剂按涂饰材料分类，分为乳酪素涂饰剂、硝化纤维涂饰剂、树脂或聚合物涂饰剂、漆革涂饰剂等。按技术分类，分为揩涂涂饰剂、刷涂涂饰剂、喷射涂饰剂、帘幕涂饰剂、静电涂饰剂、辊印涂饰剂等。按涂饰效果分类，分为半苯胺涂饰剂、不透明涂饰剂、易保养涂饰剂、古彩涂饰剂、美术涂饰剂、多色调涂饰剂等。

1. 皮革涂饰的目的和作用

涂料与染料有很大不同，染料没有遮盖力，而涂料遮盖力很强。原料皮多少都有一些伤残，在防腐、贮存和加工不当时造成某些缺陷，如轻微划伤、刺伤、粒面粗糙、色花，缺乏光泽，颜色不鲜艳。涂饰的目的就是遮盖皮面缺陷，使革面美观、光滑、有光泽、颜色鲜艳且均匀一致，具有更高的商业价值，同时提高皮革的耐热、耐寒、耐擦、耐洗等使用性能。通过采用不同的涂饰方法和各种涂饰剂，增加皮革的花色品种，如皱纹革、压花革、抛光变色革、水晶革、油光革、石磨效应革、仿磨砂效应革、仿古效应革、裂纹效应革、梦幻效应革、珠光效应革等。

2. 皮革涂饰的程序

皮革加工中的涂饰不是一次完成的，往往是多次完成的，基本可以分为底层涂饰、中层涂饰、面层涂饰或顶层涂饰。

底层涂饰是整个涂层的基础，主要作用是黏合着色剂在皮革表面成膜以及封面或封底。黏合力要高，要有较强的遮盖力。底层涂饰剂浓度较大，含固量在10%～20%之间，底涂层厚度占整个涂层厚度的65%～70%。

中层涂饰的作用是使涂层颜色均匀一致，弥补或改善底色的不足，确定成革的最后色泽。一般中层涂饰剂浓度较低，含固量约为10%或更低，涂层厚度约为整个涂层厚度的20%～25%。

面层涂饰的作用是保护涂饰层，赋予革面良好的光泽和手感。面层涂饰剂浓度更低，含固量仅为2%～5%，厚度也更薄。在皮革加工过程中并非都进行底、中、面三层涂饰，粒面质量好一两层即可。有的皮革如绒面革、劳保手套革、底革等不需要涂饰。

3. 涂饰剂的主要成分和作用

皮革涂饰剂主要有以下成分。

（1）成膜物质 成膜物质是涂饰剂的主要成分，能够在皮革表面形成均匀透明的薄膜。这种薄膜不仅自身可以与皮革牢固黏着，而且可以将涂饰剂中着色剂等其它成分一起黏结于皮革表面。成膜物质为天然或合成的高分子化合物。现在用于成膜物质的材料很多，合成材料占主导地位。成膜材料主要有聚氨酯树脂、丙烯酸树脂、聚氯乙烯树脂、聚丁二烯树脂、聚酰胺、硝化纤维素、乳酪素、有机硅树脂、阳离子成膜剂等。这些材料有的用水稀释，有的用化学溶剂稀释。这些材料在不同阶段使用或者在同一次使用时，往往是兼具多种功能和多种用途。以聚氨酯为例，不仅是黏合剂，也是填充剂、光亮剂。

（2）着色剂 皮革涂饰剂中有的既有颜料，又有染料，其中以颜料为主。颜料包括无机颜料和有机颜料。主要有偶氮、双偶氮、调色剂、沉淀色素等。无机颜料的特点是遮盖性、耐光性和耐热性好，溶剂不溶解性好，价格低，有氧化铁、氧化钛、铬化物、硫化镉、炭黑等。有机颜料的遮盖性、耐光性和耐热性差；颜色鲜艳，适用范围广。

（3）光亮剂 光亮剂是皮革加工和皮衣护理不可缺少的材料。它的使用有两种办法：一是混合于涂饰剂中；二是作为一种单独的材料使用。它的主要功能是黏合、固着、光亮。作为单独的材料使用它是透明无色的，有水性和油性两种。

（4）增塑剂 增塑剂的主要作用是增加涂饰膜的塑性，使薄膜柔软而有延伸性，改善涂饰膜的脆性和硬性。分为外部增塑与内部增塑。内部增塑优于外部增塑，例如硝化纤维用丙烯酸酯改性以防止薄膜老化脆裂，就是内部增塑。

（5）防腐剂 使用蛋白质一类物质为基料时，必须加入防腐剂防止腐败，最常用的防腐剂是苯酚。

（6）固定剂 使用蛋白质的涂饰剂或光亮剂时，因为能溶于水，耐水性差，必须用固定剂固定。涂料的缺点是耐摩擦色牢度较低，涂料中的树脂可被溶剂溶解，导致颜料脱落。不管是染料染色褪色还是涂料脱落，也不管是穿用造成还是洗涤造成，没有人认为是洗衣事故（皮革印花除外），因此上色成为皮衣护理的一项正常工作。至于护理上色的效果如何，顾客还是有自己的标准和要求。

✦ 四、皮革染色与颜料涂饰色牢度比较

皮革着色均为低温，染料染色所用染料均为普通染料，耐水洗色牢度很差，水洗掉色严重，干洗也掉色，只是轻于水洗。

皮革在鞣制过程中已将染料加入鞣液之中，有的虽然是涂料涂饰，但底色中也包含少量染料。经过涂料涂饰后，皮革表面已形成保护膜，水洗基本不掉色。但是涂料涂饰耐摩擦色牢度较差。

皮革印花基本使用涂料，由于耐摩擦色牢度较差，不耐干洗溶剂，在穿用和洗涤过程中摩擦以及干洗过程中极易造成花纹脱落。因此皮革印花不可干洗。

第六节
皮革的护理整饰

皮革清洗伴随皮革服装的问世历史悠久，过去清洗使用的是水和洗涤剂，现代皮革清洗以化学有机溶剂为主。皮革清洗与纺织服装洗涤有很大区别。

✦ 一、皮革清洗方式

皮革的清洗方式有三种：一是干洗，包括四氯乙烯干洗和石油干洗；二是手工擦洗，

包括溶剂擦洗和水及洗涤用品擦洗，溶剂擦洗实质是手工干洗；三是手工刷洗（用水和洗涤用品）。

1. 干洗

皮革服装适合干洗，即化学有机溶剂清洗。皮革服装干洗的优势有三点。第一，在干洗过程中加入加脂剂可以防止褪鞣，皮板变硬。皮革服装无论是干洗、水洗，还是穿用，特别是雨淋，都会产生褪鞣现象，即脱脂，其结果是皮板变硬裂损。因此无论是哪一种清洗方式，都必须加脂，但是机器水洗无法加脂，加脂剂会随着洗涤剂水溶液排掉；手工加脂很难没有遗漏和均匀；只有干洗加入加脂剂，才会做到全面和均匀。第二，干洗具有消毒灭菌作用，杀死寄生虫和虫卵，防止虫蛀。第三，干洗不易变形、抽缩。有的皮革服装虽然被称为"水洗皮"，但水洗同样会褪鞣。

(1) 干洗温度 皮革的干洗适合温度是 17～20℃，有的要低于这个温度，如水洗皮为 10℃，最高不超过 30℃。

(2) 烘干温度 烘干温度可以高出洗涤温度 15～20℃，最高不超过 55℃为宜。

2. 手工擦洗

有些皮衣不能机洗，只能手工擦洗。手洗擦洗一是使用四氯乙烯或其它化学溶剂，二是使用水和洗涤剂，具体要根据皮衣的着色用料和污垢情况来确定。以珠光革和印花革为例，只能使用水和洗涤剂擦洗，如果使用化学溶剂擦洗，珠光和印花颜色图案就会因黏合剂的溶解脱落而受到严重破坏，而且无法补救，事故由此而产生。

擦洗需要准备一条干毛巾，一边擦拭，一边擦干，避免水浸透皮板，就是最大限度地防止皮板褪鞣脱脂，避免皮板发硬现象的发生。

清洗皮衣有专门的清洁剂，在一时缺少的情况下，可自行配制，配比为氨水：酒精：水＝1：10：5。

3. 手工刷洗

手工刷洗使用的是水和洗涤用品，是水洗的一种方式。这是对一些特殊皮衣的洗涤方法，包括一些皮衣里衬的清洗。与纺织纤维衣物不同的是用水不宜过多，尽量不使皮板湿透，刷洗与擦洗结合，刷完之后用干毛巾将浮水擦干。手工刷洗之后一般需要手工加脂。

✦ 二、皮衣干洗操作

1. 干洗前的准备工作和注意事项

要对蛋白质污垢以及干洗不易清除的污垢进行去渍处理，包括对里子布要清洗。清洗里子布不可淋水过多，注意防止浸湿皮板；注意防止掉色。服装附件包括纽扣、饰品等，该拆卸的拆卸，该包裹的包裹，防止干洗损坏和丢失。

2. 常规皮衣干洗

① 机洗皮衣装载量，应是机器负荷量的 70%，如 15 千克的干洗机洗涤重量应是 10～11 千克。

② 干洗温度控制在 17～20℃，最高不超过 30℃，烘干温度 45～55℃。

③ 干洗一定在后半程加入加脂剂。

④ 皮衣烘干，温度降到 18～20℃可开机取衣。

3. 浅色皮衣干洗

(1) 单浴法 即一次洗涤。衣物 10 千克，打入干洗剂 100 升，皂液 300～400 毫升，用标准洗法洗 4～8 分钟；再加入加脂剂 300～400 毫升，用轻柔洗法洗 3～6 分钟；再把转速调快，洗 2 分钟；甩干 60～90 秒，把干洗剂打入蒸馏箱；烘干，温度 45～55℃，直到烘干为止，降温至 18～20℃ 可取衣。

(2) 双浴法 皮衣 10 千克，打入干洗剂 60 升，皂液 300～400 毫升，用标准洗法洗 4～8 分钟，甩干 60 秒，将干洗剂打入蒸馏箱；再打入干洗剂 50～60 升，转速放慢，加入加脂剂 300～400 毫升，轻柔洗法洗 3～6 分钟；再把转速提高洗 2 分钟；甩干 60～90 秒，将干洗剂打入蒸馏箱，开始烘干；烘干温度 45～55℃，直到干透，降温至 18～20℃ 可取衣。

4. 中色皮衣干洗

(1) 单浴法 皮衣 10 千克，打入干洗剂 60～80 升，皂液 300～400 毫升，用标准洗法洗 4～8 分钟；再加入加脂剂 300～400 毫升，用轻柔洗法洗 3～6 分钟；再把转速调快，洗 2 分钟；甩干 60～90 秒，把干洗剂打入蒸馏箱；烘干，温度 45～55℃，直到烘干为止，降温至 18～20℃ 可取衣。

(2) 双浴法 皮衣 10 千克，打入干洗剂 50～60 升，皂液 300～400 毫升，用标准洗法洗 4～6 分钟，甩干 60 秒，将干洗剂打入蒸馏箱；再打入干洗剂 60～80 升，转速放慢，加入加脂剂 300～400 毫升，轻柔洗法洗 4～6 分钟；再把转速提高洗 2 分钟；甩干 60～90 秒，将干洗剂打入蒸馏箱，开始烘干；烘干温度 45～55℃，直到干透，降温至 18～20℃ 可取衣。

5. 深色皮衣干洗

单浴法。皮衣 10 千克，打入干洗剂 80 升，皂液 200～250 毫升，快洗 4 分钟；转速放慢，加入加脂剂 300 毫升，轻柔洗法洗 2 分钟；再把转速调快，洗 2 分钟；甩干 90 秒，把干洗剂打入蒸馏箱；烘干，温度 45～55℃，直到烘干为止，降温至 18～20℃ 可取衣。

6. 黑色皮衣干洗

单浴法。皮衣 10 千克，打入干洗剂 50～70 升，皂液 100～200 毫升，快洗 2 分钟；转速放慢，加入加脂剂 300 毫升，轻柔洗法洗 2 分钟；再把转速调快，洗 1 分钟；甩干 90 秒，把干洗剂打入蒸馏箱；烘干温度 45～55℃，直到烘干为止，降温至 18～20℃ 可取衣。

7. 高档苯胺革干洗

双浴法。皮衣 10 千克，打入干洗剂 60～80 升，温度控制在 17℃ 左右为宜，皂液 300～400 毫升，快洗 2 分钟；转速放慢洗 2～4 分钟；再把转速调快洗 2 分钟；甩干 30 秒，将干洗剂打入蒸馏箱；再打入干洗剂 60～80 升，转速放慢，加入加脂剂 400 毫升（浅色皮衣应少加），轻柔洗法洗 4～6 分钟；再把转速提高洗 2 分钟；甩干 60 秒，将干洗剂打入蒸馏箱，开始烘干；烘干温度 45～55℃，直到干透，降温至 18～20℃ 可取衣。

8. 泡洗

如果发现皮衣出胶，要进行泡洗。将干洗剂打入滚筒漫过衣物，加入加脂剂 200 毫升左右，浸泡 1～3 小时，然后将干洗剂打入洗皮箱或蒸馏箱，甩干 60 秒，烘干为止，降温至 18～20℃ 可取衣。

9. 毛革一体皮衣干洗

洗前脏处用皂液 5∶1 的稀释液喷涂，喷匀，不可过多淋水；存放 3～5 分钟干洗。用单浴法较短时间洗涤。如果肉面有涂料印花要格外注意，干洗会使涂料和花纹脱落，有印花的不可干洗，需要干洗要向顾客事先说明。

单浴法。3～5件羊剪绒皮衣，打入干洗剂60～80升，洗涤温度17℃，加入皂液200～300毫升，轻柔洗法洗2～3分钟；加入加脂剂250～300毫升，轻柔洗法洗2～3分钟；甩干60～90秒；烘干温度45～50℃，烘干后降温至20℃左右可开机取衣。

三、皮革的熨烫与温度

真皮服装可以熨烫，但必须垫干布低温熨烫；服装要铺平，压力给足，熨斗不宜来回反复推拉；不可用蒸汽。

四、颜色调配与上色

皮衣清洗完成之后，需要护理整饰。主要有缝补、黏合、补漏、喷涂补色。其中使用最多的是喷涂补色，包括重新上色、改色。皮衣护理技术大多体现在补色整饰这个环节。第一，要掌握各种色料、化料性能、用途和工具的使用，正确选择染料水或涂饰剂；第二，要掌握拼色（颜色调配）技术；第三，要掌握具体的操作程序和方法。

补色涂饰须注意的几个问题如下。

（1）要调好颜色，涂饰要按照操作程序进行，不可急躁、急于求成。

（2）对于颜色把握不准的要由浅入深。

（3）配色先打小样，在不显眼的局部试涂。

（4）对比较生疏的衣物先琢磨好方案，不要急于动手。

（5）颜色调配参见第五章第一节四、光色与颜色调配第100页。

（6）观察涂饰色泽效果，应光线充足，并在干燥后观察确认。

五、涂饰方法

（1）揩涂　主要用于黑色铬鞣黄牛光面革涂饰、铬鞣绵羊服装革涂饰等。以绵羊服装革为例：用揩涂浆揩涂时，1份揩光浆加2份水，或配成需要的浓度。蘸揩光浆可用棉球或泡沫塑料，外包纱布或棉布，把揩光浆薄而均匀地揩在革面上。为了揩涂均匀，一般需要往返揩两次。太薄渗入革内太多，皮革发硬；太厚容易揩花，亮度太高（极光），并容易产生裂浆。

> **裂浆**：裂浆是皮革涂饰的一种缺陷。检查的方法是一手按住皮革，另一手拉抻革面，并用食指从革里向上顶，若涂层裂开即为裂浆。产生原因主要是涂饰剂配方中脆性材料（如酪素）用量过多或涂层过厚。

（2）刷涂　将革平放在台板上，根据看皮刷皮的原则，尽可能一次上浆，皮大多蘸，皮小少蘸，浆液刷在革面上时，动作要快，最好一下子全面刷到。边角部位褶皱多，毛孔粗，吸浆力强，要多刷。第一遍刷至约 90%的浆液渗入革内为止。然后换第二只板刷，刷第二次。第二只板刷主要是收干，动作也要快，并注意有无不均匀或污物黏附现象。第二遍基本上要达到刷干为止。不论是第一次还是第二次，都宜采用螺旋形的刷法，这样浆液容易渗入毛孔内，避免流丝、露底和渍印等现象。

(3) 手工喷涂 枪头与革的距离为 1.5～2 尺❶；喷浆枪头要细；每次喷浆量不能太多，也不能太少；如皮革吃浆力强，可以多喷，皮革不吃浆要少喷，不要喷花或起点子；打底要多喷，中层要少喷；磨面革吸浆力强要多喷，光面革要少喷；喷浆的地方光线要好，可以及时发现问题。喷涂时也采取螺旋形方法。

✤ 六、补色色料的选择

皮衣补色所用色料，一是染料水；二是颜料，一般称为涂饰剂。染料具有迁移性，渗透力很强，性能与颜料有很大不同。涂料中配有合成树脂黏合剂以及光亮剂（既是合成树脂，也是黏合剂），因而涂层较厚、光亮、手感发硬，其优点是遮盖力强，能盖住皮革的一些缺陷，具有防水性，可防止污垢沾染，渗透力较强。染料水则与此相反，没有树脂，透气，手感柔软。一般的正面革（光面革）补色用的都是颜料（涂料、涂饰剂）；苯胺革则需用染料水，半苯胺革需用少量的颜料涂饰剂。如果苯胺革使用颜料涂饰剂就会改变其风格。

✤ 七、皮革变硬的复柔处理

皮革裘皮服装皮板变硬的主要原因，一是在穿用过程中雨雪淋湿造成；二是水洗造成。复柔处理方法是加脂。其方法如下。

(1) 手工加脂 首先将加脂剂稀释成 10%～15%的浓度，将皮衣平铺在案板上，用软毛板刷蘸加脂剂、稀释剂涂刷皮板。苯胺革涂刷皮革表面；其它光面革涂刷皮板背面，需将服装拆开。用软毛刷在皮板的背面反复、均匀地涂刷复柔剂或加脂剂。皮板接缝的地方要多涂刷一些，静置 30 分钟左右，用手轻轻揉搓，观察皮板是否有回软的变化，如果有变化用塑料布封闭，使其均匀、慢慢地渗透和分散。一天之后打开再次涂刷，趁湿态柔软的机会对收缩、变形、褶皱进行拉抻校正、平整，达到要求以后挂在阴凉处晾干。

如果皮革作为服装的附件水洗之后，服装不可拆开，先干洗，尽量使皮件的涂料涂层脱落，然后用棉签蘸加脂剂擦拭，如果能够渗透溶解，再用软毛板刷蘸柔软剂或稀释的加脂剂反复多涂刷，其余操作与上述相同。

(2) 干洗加脂 皮衣正常干洗即使皮板没有变硬也需要加脂，因为干洗机中有一定的水分，会造成皮板一定程度的褪鞣脱脂。如果干洗前皮板已经发硬，加脂量适当增大；如果皮板发硬程度较重，可以先手工加脂，然后干洗。

---

❶ 1 尺=10 寸=0.3333 米。

✦ 八、皮衣霉斑"三霜"的处理

(1) 油霜 多为白色粉状油脂渗出物,是由于动物本身所含有的高熔点硬脂酸类物质未能去除,或者在加工过程中加入过量的硬脂酸酯类物质,在皮革低温存放时表现出来。

(2) 盐霜 在皮革加工过程中使用或生成的可溶性盐类物质,干燥前未能洗净残留在皮革内,半成品或成品在干燥存放时析出灰白色霜状物。

(3) 酶霜 也称霉斑,是由于含有油脂的皮革及制品在不通风、潮湿、温度高的情况下,感染霉菌孢子而导致霉菌生长,皮革表面上呈蓝绿色或灰白色、黄橙色霜状物,也有的呈现绒状物。

这三种酶霜对皮革外观和内在质量都有影响。油霜和盐霜污染皮革表面,并使革面变得粗糙。酶霜不易去除,严重者使皮革脆裂甚至霉烂。如果出现酶霜要尽量去除。

"三霜"的去除方法如下。

① 油霜。油霜为白色粉状物容易去除,用酒精或汽油轻轻擦拭清除,然后用矿物油涂于革面,可避免油霜再现。

② 盐霜。可用酒精、汽油或清水轻擦革面,不要湿透,重复几次可以减轻或消除。

③ 酶霜。先用潮布擦净,再用棉球蘸酒精(可在酒精中加几滴氨水)轻轻擦拭,将霉斑清除,皮板干燥后再进行护理保养,并在阴凉通风处晾干。

✦ 九、残损缺陷的修补

皮革服装和裘皮服装的护理包括纽扣等附件的缝合、皮衣破口的黏合、破损的修补等,一般是免于收费的,当然有的皮衣送洗主要是破口黏合,这自然要单独收费。

第七节
常见皮衣服装的清洗护理

服装革是制作皮革服装用革的总称,皮革服装包括皮衣、皮裤、皮裙。服装革大多是先染色后涂饰,既使用染料,也使用颜料。

✦ 一、光面革皮衣的剥皮改色处理

光面革,即正面革,有涂料涂层或压膜。光面革改色需要先去除原色,将原来的涂饰层通过化学药剂去掉,称为剥皮,然后喷涂所需要的颜色。改色如不剥皮,加脂剂无法进入皮革内部,不会使其柔软;喷刷的颜色很难均匀平滑。改色后色泽、柔软度和手感必须达到要求。

皮衣改色的原则是浅色改深色,不能深色改浅色。剥皮只能剥掉树脂涂层和大部分颜色，去除全部颜色需要动用氧化剂、还原剂、烧碱等化学药剂及高温，但根据皮革的性质这些是不允许的，即使动用也很难去除全部颜色。改色后残留的深色很少，喷补的浅色也很难盖住。

改色所用化学药剂是可以溶解涂饰剂的稀释剂，多为有机溶剂，如二甲苯、四氯乙烯、溶剂汽油等。

操作程序如下：

① 首先将皮衣清洗干净，包括衬里。

② 用溶剂将原来的颜色涂料层擦掉。

③ 手工加脂，使其复软、整形；完成这些需要 1～2 天。

④ 封底。对渗透性、吸水性强的皮衣封底，一般来说是第一层涂料喷刷。

⑤ 喷涂颜色及光亮剂。

要注意皮衣的接缝、边角、袋口、死角等部位，无论是封底还是颜色喷刷都不要遗漏。

✛ 二、修面革

修面革，又称修饰粒面革、修正面革、修饰面革，国外称纳巴革，来源于法文，也有的译为纳帕革。纳巴革为正面革，属于优质的苯胺革。

有些皮子等级较低，存在程度不等的伤残，或者粒面粗糙，如猪皮的坯革，制作衣物能够显露出来，失去美观。因此在加工时用磨面机磨去粒面表面全部或部分（但不能磨及网状层），除去动物皮的本来表面，用丙烯酸或聚氨酯等树脂与颜料配制的涂饰剂，做成人造粒面，在皮子的表面覆上人造涂膜，压出仿真皮粒纹或其它花纹。这样的皮革称为修面革，又称颜料革。

修面革与粒面革最大的区别是，皮革的表面是人造薄膜，在这一点上与人造革相同，但薄膜的厚度低于人造革。修面革透水性、透气性差，薄膜的坚牢度低，耐曲折性和耐老化性降低。其优点是防水性好，易于清洁与保养。修面革主要用于皮衣、鞋类、包类等。

为了提高修面革的等级和增加花色品种及增加美观，多采用印花技术，在皮革的表面印出美丽的花纹或搓纹，这种修面革被称为印花革，也称压花革或搓纹革。

✛ 三、苯胺革

苯胺革，也称粒面革、全粒面革，是皮料中的上等品。真皮与表皮结合的层面，即真皮的顶层面，经过除去毛、绒毛及表皮，可看出清晰的凹凸不平的天然形态，这种天然形态也称天然花纹。不同的动物、不同年龄的动物，其表皮的形态不同。皮革行业将真皮的顶层面称为粒面，也称粒面层。真皮皮衣粒面层显露在表面的都称为粒面。

苯胺革是正面革中的一个品种，也称光面革。苯胺革由于皮质好，没有伤残或有很少伤残。为凸显皮革表面的天然粒纹，突出革的特点，苯胺革着色采用染料染色，没有涂饰层，不用颜料和光亮剂，因而掉色十分严重。苯胺革透气性良好，加工要求高。由于苯胺革没有防护涂膜，污垢易渗入皮革内部，易脏，遇水即黑，干后脱色、色花或发硬，不可水洗或用水擦洗，通常采用机器干洗或溶剂擦洗。苯胺革进口比例较大，价格昂贵。由于国外皮革染色的色牢度标准低于中国，追求天然环保，对人体健康有益，因而掉色程度超过中国生产的苯胺革，洗涤护理难度大，需加倍注意。

苯胺革因最早使用苯胺染料而得名，并延续至今。使用很少涂料和光亮剂作为表面膜层的称为半苯胺革。猪皮、牛皮、羊皮都可以做苯胺革。苯胺革原本是牛正面革一个品种的名称，是全粒面革或轻度磨面的苯胺鞋面革，它具有苯胺革的全部特点。后来苯胺革的含义逐渐发生了变化。

✤ 四、松面革的涂饰

松面革，即皮革表面松弛。皮革的松面是一种缺陷，是指皮革表面层松弛或粒面层与网状层有轻度分离的现象。其特征是粒面上出现粗线状凸起皱纹，放平后不能立即消失；或者在1厘米范围内出现6条或6条以下粗纹者称为松面。造成原因除原料皮质量差之外，主要是加工不当、皮纤维松散或消解过度所致。

松面革不宜按正常方法涂饰，要用树脂填充后再涂饰。填充树脂有聚丙烯酸酯乳液、聚氨酯树脂、丙烯酸树脂。

（1）聚丙烯酸酯乳液 应加入渗透剂使之容易渗透，填充的革较软。

（2）聚氨酯树脂 溶剂型聚氨酯树脂容易渗透，填充性强，成革丰满，身骨较坚韧。

（3）丙烯酸树脂 能达到粒面紧密、克服松面的目的，然后按正常方法涂饰。

✤ 五、印花革

印花革，也称皮革印花。分为绒面印花与光面印花（图4-2）；平面印花和凹凸花纹压花；颜色压花和无色压花；印刷式和喷染式，如裘皮仿豹皮花纹、仿梅花鹿皮花纹和仿虎皮花纹等。印刷式印花革所用的浆料多为涂料，所用的色料是颜料，依靠树脂黏合剂固色。涂料印花不耐卞洗溶剂和化学溶剂，耐摩擦色牢度差，在穿用和干洗过程中容易导致图案和花纹的破坏，失去原有的美观（图4-2）。其它单一颜色皮革服装出现褪色，可以喷涂补色，这是皮衣护理过程中正常的一道程序，但是碰到了印花皮革，情况则发生了完全变化。印花皮革无论是穿用摩擦还是干洗摩擦导致的图案和花纹脱落（图4-3），洗衣店都无法修复。采用喷涂补色的方法必然遮盖原有的图案和花纹，使风格彻底改变。如果不与顾客事先讲好，擅自喷涂补色改变风格，顾客不认可无疑需要赔偿。因此在收衣时必须向顾客

图4-2 光面皮革印花

交代清楚，征求顾客同意后签字，才能干洗和喷涂。近年来印花革有增多的趋势，应当引起洗衣店的关注。皮革印花基本是涂料印花，几乎不用染料印花，如果是染料印花，遇水就会掉色造成色迹沾染。

印花皮革清洗剂配制参考：洗洁精、平平加、水，比例为1∶1∶500。

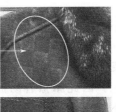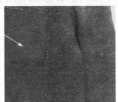

(a) 皮毛一体·毛面印花 　　　(b) 印花图案已磨掉

图 4-3　涂料印花摩擦脱落情况

✦ 六、珠光革

　　珠光革的涂层表面含有珠光粉，凸显五彩斑斓的珠光宝气，珠光分为水晶珠光和变色珠光。珠光革不能干洗，干洗会使珠光消失，因此珠光革适宜用水和洗涤剂擦洗或刷洗。如果选择干洗或用化学溶剂擦洗，必须有珠光涂饰材料以备喷补之用，否则将失去珠光革原有的风格。如果顾客同意改变风格，则自然可以干洗。珠光喷补操作如下。

　　(1) 珠光处理　采用调好的溶剂型系列色膏 1 份，溶剂型光油 6～7 份喷涂底色，干燥后再进行珠光处理。

　　(2) 水晶珠光革　采用调好后的珠光粉 1 份，配以皮衣高光固定剂（溶剂型光油）5～6 份，喷涂，干燥后再轻喷一次皮衣高光固定剂，干燥。

　　(3) 变色珠光革　采用调好后的珠光粉 1 份，配以高光固定剂（溶剂型光油）5～6 份，喷涂，干燥。

　　喷涂手感剂。

✦ 七、PU 贴膜革

　　PU 贴膜革使用的皮革是二层皮，即牛皮、猪皮、马皮的第二层皮。PU 贴膜革是美化二层皮的一种方法。在二层皮上面采用移膜工艺，覆上一层 PU 树脂等材料，制作出和头层皮相似的皮革，用来制作鞋面、服装、箱包、皮带、手套等。PU 贴膜革服装也称水洗皮。过去只是白色革，现在已发展到各种颜色及印花。有的还应用了国产珠光粉、荧光粉，进一步扩大了品种增加的渠道。PU 贴膜革的膜层为合成树脂，耐有机溶剂性较差，尤其是应用了印花、珠光粉、荧光粉的 PU 贴膜革不可干洗，干洗会使贴膜脱落或损坏，脱落之后一般无法修复。适合于手工用水和洗涤剂擦洗，擦洗时要尽量减少摩擦，以免印花、珠光粉、荧光粉脱落。

✦ 八、静电植绒革

静电植绒皮革服装市面较少，其加工的原理和方法与纺织纤维面料的静电植绒相同。由于是胶黏剂固着绒毛，因此摩擦容易脱落，同时不耐干洗溶剂和其它化学溶剂，保洁时不可干洗，擦洗时不可使用化学溶剂。水洗前要先擦拭看绒面是否变色，而后进行清洗护理。

✦ 九、绒面革

绒面革，又称起绒革、磨砂革、磨砂皮、翻毛皮，类似的还有油磨砂革。国外有的称为司惠革，是通过起绒机借助金刚砂布或砂纸的摩擦作用磨去粒面或将粒面起绒，并经过染色整饰成为良好的天鹅绒一般的皮革。利用皮革正面打磨成绒面的称为正绒；利用皮革反面打磨成的称为反绒；利用二层皮打磨制成的称为二层绒面革。猪皮、牛皮、羊皮、麂皮都可以制作绒面革，麂皮是绒面革的上等原料。绒面革主要用于服装、鞋面、手套等。

绒面革没有成膜的化料涂饰，透气性和柔软度好，但防水、防尘较差，易脏，不易清洁护理和保养。干洗不当容易脱色、脱脂、硬化，水洗或遇水后容易变色，大多是驼色变成深褐色或棕色，一旦变色很难处理恢复原色。水洗不当容易变形、起皱、色花。收洗这样的皮衣需向顾客交代清楚，否则容易演变成事故。清洗前必须在不显眼的局部试验后再进行操作。

绒面革有干洗溶剂清洗和水洗溶剂清洗两种方法。干洗溶剂的配制：四氯乙烯、加脂剂（油性），比例 40:1。常用量：四氯乙烯 6～8 克，加脂剂 150～200 克。水洗溶剂的配制：洗洁精、加脂剂（水性）、酒精、水，比例为 1:1:1:10。常用量：洗洁精 150 克，加脂剂 150 克，酒精 150 克，软水 1500 克。

✦ 十、皮包皮具的清洁保养

皮包皮具的清洁护理保养为手工擦拭，在某些方面与皮衣相同。采用溶剂擦拭，或者水溶剂擦拭，或者二者合用。由于许多皮包皮具的皮面使用了合成树脂，如果使用有机溶剂会发生溶解，使皮面失去光泽、发硬，所以最好使用专用的皮革清洁剂清洁，不仅可以去污、除菌，还能使皮面变得更加明亮。污垢难以清除时，可以用橡皮轻轻擦拭，再涂抹皮革保养油。接缝处的污垢可以用牙刷清除。清洁皮包里面时，可以把布料翻出来，用牙刷将边缝里的脏物刷净，然后用软布（眼镜布最佳）蘸着稀释中性清洁剂擦拭布料。

白色皮包发黄可用漂白剂（含氧氧化剂，如双氧水）处理，有资料介绍可用稀释的 84 消毒液（次氯酸钠）处理，非特殊情况不可，因染料染色对次氯酸钠十分敏感，尤其是纯棉织物的染料染色或染料印花基本上都不耐氯漂，稍有不慎，就会造成咬色，形成二次事故。皮包上的油渍可用洗洁精或溶剂汽油处理；圆珠笔迹可用酒精（不稀释）处理。

磨砂皮（翻毛皮）手套和皮鞋的清洗护理有的难度很大（参见第四章第七节九、绒面革第 84 页）。

⊹▶ 案例1

　　顾客将一双驼色翻毛皮靴送洗，有巴掌大的面积因为沾水已经变成深棕色，由于处理不掉未与顾客打招呼，索性将皮靴全部改变为深棕色。其实街面上有很多人穿的这种翻毛皮靴就是深棕色，但是顾客不认可，最终赔付900元。

⊹ 十一、反转革（皮毛一体）

　　翻转革毛被作为衣里，肉面作为衣面。衣面有的染色，有的不染色。染料染色不具有遮盖力，上眼一看就是皮板，这种皮板不是光面，易脏，尤其是皮衣的肘部、袖口、兜口、领口等处很容易沾染污垢，修复起来十分困难。与绒面革相同的是遇水极易变色，几乎不能恢复。反转革一般为羊剪绒（图4-4），有的反转革为假羊剪绒。假羊剪绒反转革是皮革和人造毛黏合而成的。假羊剪绒如果干洗，黏胶会溶解导致人造毛脱落；如果水洗可能变色。因此假羊剪绒皮革清洗难度很大，收洗时需要向顾客说明，权衡利弊决定清洗方式。

图4-4　皮毛一体·羊皮

　　羊剪绒：所谓羊剪绒就是剪了一刀后剩余的细毛绵羊皮毛。细毛绵羊周身羊毛质量相同、均匀，适于做剪绒。而山羊皮毛被稀疏而粗，有绒毛也有针毛，山羊拔针毛后的绒皮制品，远不及剪绒制品价值高。羊剪绒毛皮制作的汽车坐垫档次高于山羊皮。

⊹ 十二、镶皮服装（皮革与纺织纤维面料组合服装）

　　镶皮服装是指用不同的纺织面料和不同的皮革面料搭配组合制成的各种款式的服装。它的多样性、实用性、装饰性，比单一的纺织面料和单一的皮革面料优异，深受一些消费者的欢迎，镶皮服装与纺织纤维服装真皮滚边、镶条性质相同，只是装饰附件和面积大小不同，皮革面积很大，因此镶皮服装也可以称为皮革与纺织纤维面料组合服装。皮革可以是真皮，也可以是人造革。

镶皮服装要根据面料情况决定洗涤方式，如果是真皮应注意两个方面：一是掉色沾染问题；二是水洗皮革褪鞣变硬问题。如果皮革是染料染色，不仅会洇色，而且会串色和搭色。如果是人造革要注意干洗造成的损伤。

第八节
人造革

第一次世界大战结束不久，人类发明了可溶性硝化纤维的人造革，到了 20 世纪 50 年代又发明了聚氯乙烯人造革，广泛用于车辆坐垫、沙发装饰、包装、服装、鞋帽等。进入 60 年代又发明了聚氨酯合成革。它与聚氯乙烯人造革相比，外观和手感更接近天然皮革，但在性能和质量上与真皮相比依然差距较大。1963 年，美国杜邦公司研制成功一种新产品——聚氨酯无纺布合成革，性能和外观质量有明显改进。1965 年，日本在引进德国专利的基础上研制成功"可乐丽娜"合成革，促使制革工业迅速发展，亚洲一些国家紧随其后，在很短时间内成为世界的制革中心。虽然 2006 年总产量被中国超越，但高端产品稳居世界第一，例如基布为"超细纤维"的合成革为世界独有，各项性能优越。普通产品已放弃同中国的竞争。

✦ 一、人造革的分类

人造革是用合成树脂和基布加工成的类似织物，可以用于服装和装饰的产品。按涂膜树脂分为聚氯乙烯（PVC）人造革、聚氨酯（PU）合成革两大类；按生产工艺分为人造革与合成革两大类。按中国的分类习惯，人们习惯将这些所有产品以及再生革均称为人造革。为了以示区别，在一些皮革市场商家称聚氯乙烯人造革为"人造革"或简称"革"，称聚氨酯合成革为"PU"，称动物皮革为"真皮"。人造革的分类世界各国并不相同，在人造革制造技术最发达的日本分为仿皮革、人造革、合成革三类。

1. 聚氯乙烯人造革

聚氯乙烯（PVC）人造革是用聚氯乙烯树脂、增塑剂和其它配料组成的混合物，涂覆或黏合在基布上，经塑化、压花等工艺过程而制成。基布有各种类型的棉布，如市布、染色市布、各种帆布、针织布、再生布等，也有少量的无纺布，其中以棉纤维居多。塑料膜分为发泡和不发泡两种。PVC 人造革基本属于厚型面料。人造革属于初级产品，不久以后将成为历史。

人造革品种很多，除聚氯乙烯（PVC）人造革外，还有聚烯烃人造革、PVC-PU 复合人造革、聚酰胺人造革等，性能、用途与聚氯乙烯（PVC）人造革不同。

2. 聚氨酯合成革

合成革包括超细纤维聚氨酯合成革与普通聚氨酯（PU）合成革两类。超细纤维聚氨酯合成革，是指以海岛纤维（超细纤维）制成的非织造布（无纺布）为基布，经过染色整理等工艺制成的具有类似天然皮革结构的高档合成革。超细纤维聚氨酯合成革仿皮效果更佳，某些性能超过真皮，例如革面没有残缺，售价很高，有的甚至超过真皮。

普通聚氨酯（PU）合成革是指用涤纶、锦纶等普通合成纤维制成的非织造布，经聚氨酯树脂浸渍或涂层、凝固、造面或印花等工艺制成的具有仿天然真皮结构的合成革。

聚氨酯合成革分为干法与湿法两种制造方法，各项性能优于聚氯乙烯人造革，对氧和臭氧有较高的稳定性。质地轻软，耐磨，透气透湿性、保暖性、手感不受冷暖变化的影响，外观和内在性能均较接近于真皮，其中聚氨酯绒面革经磨面后即为聚氨酯绒面革，外观上与其它聚氨酯合成革不同，更适合制作服装面料、服装辅料、鞋帽。

聚氨酯合成革的基本组织结构与聚氯乙烯人造革相同，都是由塑料膜层与基布构成的。合成革加工工艺比人造革复杂，膜层有单层、双层、三层，有的基布夹在中间，看不到基布，只能从断头处看到。聚氨酯（PU）合成革耐化学溶剂性能好于聚氯乙烯（PVC）人造革，但干洗次数多同样会变硬、变脆。

3. 再生革

再生革的原料是真皮余料，来自皮革厂、皮鞋厂、皮件厂的废料和皮革屑等，将这些原料分类、回软、水磨、粉碎之后，除去杂质，添加乳胶液等化料，通过铜网、压机脱水成形、烘干等工艺，制成再生革坯片，再经过整压上色、上光，成为再生革成品。再生革的主要用途是代替天然皮革制作皮鞋托底。好的再生革可与天然革相媲美。但原料来源有限，产量较少。

✦ 二、人造革的化学性能及着色

1. 人造革的化学性能

人造革的成分属于合成树脂，与纺织服装的树脂涂层、涂料印花中的树脂黏胶性质相同。洗涤和熨烫需要注意的主要问题如下。

（1）耐溶剂性能差。四氯乙烯、溶剂汽油等可使人造革变性，导致硬裂脆损。

（2）耐高温性能差，清洗时不可高温，不可熨烫。

（3）耐氧化剂、还原剂能力很强，次氯酸钠、双氧水、保险粉对人造革几乎没有影响。耐酸碱性较强。

再生革由于应用了树脂，性质与人造革基本相同。

2. 合成革的着色

人造革颜色使用的是颜料染色，并加在树脂糊料之中，基布不染色，因此人造革基布的颜色基本是布原貌；合成革则不同，基布染色。由于染料染色色牢度有的好，有的较差，因此合成革服装与服装附件在洗涤中有的掉色，有的不掉色。由于基布一般是在面料的里侧，因而较少掉色造成面料表面的颜色污染。

3. 人造革、合成革四氯乙烯、四氯化碳浸泡试验

人造革、合成革四氯乙烯、四氯化碳浸泡试验过程如下。

这四块人造革、合成革分成两份分别浸泡于四氯乙烯、四氯化碳溶液中，环境温度34℃，溶剂温度23～24℃，浸泡46小时，晾干后检查，两种溶剂的作用结果基本相同。其中图4-5（a）、（c）基本没有变化；图4-5（d）变化较大，明显变硬；图4-5（b）有部分红色脱落，溶液呈淡红色。

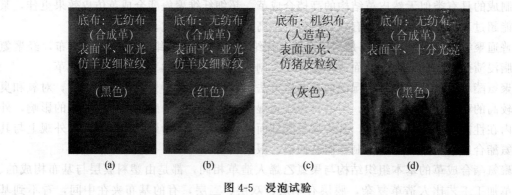

图 4-5 浸泡试验

结论：PVC、PU 均不耐化学溶剂，但合成树脂成分不同，耐干洗溶剂性能存在差异。

案例 2

黑色毛绒衫衣襟开口处有 1 厘米宽的 PU 革作为滚边，用黏合剂固定，第一次干洗，没有变化；第二次干洗，黏合剂开胶，PU 革发生一定变化，但是变化不大，经过整理顾客取走衣物；第三次干洗，黏合剂彻底开胶，PU 革变形伸长，出现纠纷和赔偿。

三、人造革在服装上的使用和洗涤

人造革，也称仿皮，在服装上的使用与真皮相同，一是作为面料制作服装；二是作为附件，常用于滚边、镶条、贴补。服装档次相对较低。

人造革，包括 PVC 革与 PU 革及用真皮余料、废料制成的再生革不可干洗，不可熨烫，不可用蒸汽，干洗、高温、蒸汽可使人造革变性、老化、变硬。人造革作为纺织服装的局部附件、装饰，可以手工水洗和机洗；作为人造革服装，适合的洗涤方式是手工擦洗。人造革可以使用洗涤用品。PU 革虽然耐碱性相对较差，但正常使用洗涤用品，水洗无碍。

四、人造革与真皮的区别及鉴别

1. 人造革与真皮的区别

人造革与真皮的区别主要表现在以下六个方面。

（1）材料成分不同 真皮的成分为蛋白质纤维，具体有胶原纤维、弹性纤维、网状纤维。人造革的成分为化学树脂，即 PVC、PU 和基布（纺织纤维）。合成树脂决定了人造革的各项性能。

（2）构造与外观形态的不同 真皮为一体结构。人造革由树脂和基布两部分构成，树脂在正面，基布在反面，有的基布在中间，也有极个别的 PU 革没有基布。动物在生长过程中不可避免地存在伤残和缺陷，因此真皮的表面由毛孔、伤残等构成天然花纹，这种天然花纹称为粒面。而人造革表面均匀，虽然有的刻意仿造粒面，但难以与天然粒面相比。

(3) 化学性能的不同

① 耐化学药剂性能不同。真皮耐四氯乙烯、汽油等化学溶剂能力强，可以干洗，也可以用汽油等化学溶剂手工擦洗；人造革与真皮相反，耐四氯乙烯、碳氢溶剂、汽油性能较差，可被其溶解，导致变性发硬、脆裂。

② 真皮吸湿溶胀，可褪鞣脱脂发硬，向生皮转化；人造革遇水不吸湿，没有变化，因此适宜水洗。

③ 耐氧化剂能力不同。氧化剂可破坏、损伤真皮；人造革相对比较稳定。

④ 耐热性不同。真皮耐干热性高于人造革；真皮在气温0℃以下时变化很小，人造革则变硬，越冷越硬。

(4) 色牢度不同　染料染色的真皮水洗时掉色严重，干洗稍轻，真皮涂料涂饰或涂料印花，耐摩擦色牢度很差，并且不耐有机溶剂，干洗会造成涂层破坏，导致部分颜料脱落；真皮即使采用涂料涂饰，但在鞣制过程中一般加入染料打底，当涂饰层脱落后水洗也会出现轻微掉色。人造革水洗一般不存在掉色问题和色迹沾染问题。

(5) 透气性区别　真皮透气；人造革不透气，只有PU革部分品种具有一定的透气性，但是难以与真皮相比。

(6) 强度不同　人造革易老化，不耐用，强度不高，日久有裂纹；真皮强度高，耐用，无裂纹。

2. 人造革与真皮的鉴别

根据真皮与人造革以上的区别，鉴别方法如下。

一看断面结构，是否有基布，有基布者为人造革。二看表面，真皮有毛孔，人造革光滑，PVC革无毛孔，PU革有的有针孔，有的无针孔。三看滴水试验是否吸水，真皮吸水（涂料涂饰真皮吸水性低于染料染色真皮许多），人造革不吸水。四看燃烧结果，真皮燃烧有肉皮味，灰烬一捏即碎，人造革有焦臭味，结成疙瘩。五看是否掉色，用棉签蘸水擦拭，真皮染料染色掉色明显，涂料着色也可有轻微掉色，人造革不掉色。

第九节
裘皮

✦ 一、裘皮及其用途

从动物身上剥下来的毛皮还不具有使用性。动物的皮板与前面讲到的皮衣皮板是一样的，会发霉、腐烂、变臭，晾干的皮板发硬，易折断。经过加工处理，变得柔软、洁净美观、不腐烂、不变质，具有服用性能，此时的毛皮称为裘皮。裘皮主要用于：长、中、短大衣和外套的面料，棉服及马甲衬里，帽子、围脖、服装附件（如衣领、袖口），汽车坐垫等。

毛皮、裘皮、皮草都是指动物的毛皮。鞣制前与鞣制后都称为毛皮，裘皮是做成服装的动物毛皮。皮草一词传说源于中国旧上海，当时一些俄罗斯的犹太人在上海开店做毛皮生意。由于冬短夏长，聪明的犹太人冬季卖毛皮，夏天卖草席，渐渐地将店名改成了"皮草店"、"皮草行"。新中国成立后，一些皮草店搬到了香港，皮草一词继续沿用，"皮草"便逐渐成为经营皮革裘皮生意的店家商号名称。皮草具有很浓的商业化色彩。

✦ 二、皮板与毛被

皮毛分为皮板和毛被两大部分。皮毛在未加工之前，皮板与皮革的生皮相同，由表皮层、真皮层、皮下层构成。皮革的生皮加工成革后留下真皮层，而皮毛加工后则留下真皮层和表皮层，如果表皮层也去掉，那么毛被就不存在了，其鞣制的方法与皮革大致相同。

毛被就是动物的毛层，由针毛和绒毛构成。针毛较粗、较硬、较长，许多毛尖呈白色；绒毛短、密、柔软，呈丝状。

触毛是动物的感觉器官，通常位于眼上、颊上，唇部上下，俗称须子，长而硬，裘皮不保留触毛，基本与裘皮无关。

绒毛的整体称为短绒，稠密度越大，防寒性能越好。如细毛绵羊皮是贵重的保暖用料。家兔毛虽然稠密，但容易被压缩，所以降低了保暖性能。

裘皮按皮毛的长短和质量以及皮板的厚度分为以下三类。

(1) 细毛 绒毛细密柔软，是高档品。如海龙（海獭）、紫貂、水獭、黄鼬等的皮毛。

(2) 长毛 主要是指细毛中的长毛。整张毛皮面积大的为高档品。如狐狸、水貂等的皮毛。

(3) 粗毛 毛粗、毛长。主要有貉、山羊、狗、狼、豹等的皮毛。

✦ 三、裘皮种类和质量

皮毛的来源有两个：一是人工饲养；二是野生。由于人类的捕杀和适宜生存环境的减少，野生动物的皮毛越来越少，有的已经绝迹；有的受各国野生动物保护条例的限制，不准进入市场作为消费品加工，所以市场上能够见到的野生动物裘皮越来越少。

现在洗衣店收洗衣物能够见到的皮毛主要有绵羊皮、绵羊羔皮、山羊皮、兔皮（多为獭兔皮）、狗皮、狐狸皮、貉皮、貂皮、黄鼠狼皮等。

皮毛质量由毛被的疏密度、颜色和色调、长度、光泽、弹性、柔软度、擀毡性，皮板的面积、厚度、紧密度、毛和皮板结合的强度等因素决定。

(1) 毛被的疏密度 单位面积内毛的数量越多越好。例如 1 厘米² 的面积内，狐狸毛可达到 10000 根，黄鼠狼毛达到 12000 根，兔毛超过 15000 根。但狐狸毛看起来比兔毛密，是因为狐狸毛比较粗。

(2) 毛的弹性 毛的弹性越大质量越好。兔毛价值低，主要原因就是弹性差、易倒伏

和毡缩 。

（3）毛的光泽 表面平滑、光泽明亮者为优。

（4）毛的柔软度 不同的皮毛、不同的用途要求不同。毛长的柔软度要求低一些，毛短的要求高一些。柔软的毛被用手抚摸、穿戴时会感到舒服。

（5）毛的均匀度 有的动物毛周身一致，有的不同部位差别较大。例如新疆细毛羊周身绒毛细密而均匀。

（6）毛的擀毡性 所谓"擀毡"，是指当针毛很少时，绒毛彼此间纠缠在一起，毛皮变得像棉絮一样。毛的擀毡是个缺点，不易擀毡者为优。

（7）毛的时令性 动物毛都有一定的生长期，定期换毛，有的一年换三次，有的一年换一次，有的换毛时间很长，如水陆两栖动物时间更长。一般来说，以冬季皮毛为佳。但也不尽然，绵羊就以伏秋为上等。因为绵羊伏秋前剪去陈毛，伏末生出新绒毛，这一时期草肥充足，生长条件好，底绒清爽，皮板发育充足，毛皮峰尖细腻柔软，绒毛密足无比，绒毛齐整，成年者全身生出珍贵的白针。从年龄上看，一般以动物青壮年期的皮毛为佳。

（8）皮毛的颜色和色调 动物皮毛的颜色以基色兼有杂色者为多，有许多带有花纹。纯一色的几乎没有，如纯白、纯黑、纯蓝等。凡是纯一色的都是后来加工染色所致。

（9）皮板的面积 皮板的面积大者为优。

（10）皮板的厚度 一般皮板厚的毛皮强度高。重量大，御寒效果好。

（11）毛与皮板结合的强度 强度高者为佳，俗话说不爱掉毛。

（12）皮毛和皮板无伤痕或伤痕较少者为优 现在我国北方常见的质量好、档次高的裘皮当属紫貂（图4-6）。在裘皮中质量、档次最高的当属海獭（图4-7）。海獭，别名海龙、海虎。体长2.3~2.6米，产于阿拉斯加、堪察加、千岛群岛一带的沿岸及黑龙江下游、乌苏里江地区。皮毛峰尖细腻柔软，绒毛密足无比，绒毛齐整，成年者全身浮生珍贵的白针。

图4-6 紫貂

图4-7 海獭

✛ 四、仿皮毛

仿皮毛通称人造毛，是外观类似动物皮毛的长绒型织物，采用的是化学纤维，有腈纶、改性腈纶、氯纶等，其中腈纶毛感最强，颜色鲜艳，牢度好。人造皮毛常用来制造大衣、服装衬里、帽子、衣领、袖口、地毯、玩具、装饰品等。人造皮毛轻柔、美观，可制成仿兽毛美观花纹，水洗、干洗皆可。人造皮毛传统观点保暖性不及真皮毛，现代研究否定了这种观点。

人造皮毛的织造方法有针织、机织和簇绒毛皮等。针织纬编法发展最快，应用最广。针织时，梳理机构把毛条分散成单纤维状，织针抓取纤维后套入底纱编织成圈，由于绒毛在线圈中呈 V 形，绒毛牢固度较好。

人造皮毛无拼料，有底布，均匀无接缝，天然皮毛整张皮板有接缝痕迹；人造皮毛毛被均匀整齐、色泽均匀，天然皮毛毛被有较长且硬的针毛和柔软的绒毛，各种毛的长度不等，不同部位色差、长度、密度、手感均有区别。

人造毛多在湿热条件下弹性下降幅度很大。曾经有过案例，腈纶毛毯干洗时温度偏高造成卷毛，原来毛茸茸的外观和手感彻底消失而无法修复，造成赔付。因此人造毛不可高温洗涤。

✦ 五、裘皮是否有纯白色的，染色裘皮毛被是否掉色

裘皮皮毛没有纯白色的，也没有其它纯一颜色。如果皮毛是纯白色或纯一色，必定是加工染色而成，如果干洗，后染的颜色会发生不同程度的脱落，很难恢复原貌，而且会掉色污染面料。曾有一件白色裘皮干洗之后变成灰白色，最终赔付 9000 元。现在许多獭兔裘皮（衣领最多）有许多白色毛尖，这是加工时喷染形成，是对最贵重的海龙裘皮的仿制，这种白尖无法与天然的海龙裘皮毛尖相比，随着穿用和洗涤会逐渐掉色发灰。

裘皮水洗、干洗掉色沾染、变色情况如彩图 3、彩图 4 所示。

✦ 六、裘皮拼料

中国有句成语叫"集腋成裘"，意思是说狐狸腋下的皮虽然很少，但是把很多块聚集起来，就能缝成一件又轻又暖的皮袍。还有一句古言："粹白之裘，盖非一狐之皮也"。从古至今裘皮衣物没有一件是由一张整皮做成，都是一块一块用线缝接拼料制作，皮与皮之间很容易开线，因此在收衣、洗涤、整饰时要注意这个问题。对于拼料之间的开线重新缝合，是裘皮服装清洗护理的项目之一。

✦ 七、裘皮干洗

裘皮服装、裘皮坐垫、裘皮围巾应当干洗，并在干洗时加入加脂剂。干洗不仅是清除污垢，也是灭菌、杀虫、杀卵的过程，干洗后的裘皮发霉、虫蛀的概率大大降低，至少一年内不会发生虫蛀；裘皮水洗褪鞣严重，并容易发霉；干洗毛被舒展，不会出现擀毡现象。

干洗要点如下。

① 里衬重垢要提前手工刷洗，晾干后方可干洗；里衬没刷洗干净，干洗前可涂刷皂液或枧油，皂液比例为 5∶1，不可涂刷过多、过湿，晾九成干以后入机干洗。

② 将纽扣及饰品等拆卸或用白棉布包裹扎好。

③ 机洗皮衣的重量应是机器负荷量的 70%，如 15 千克的干洗机洗，重量应是 10～11 千克。

④ 在漂洗开始后加入加脂剂。

⑤ 干洗温度控制在 17～20℃，烘干温度 35～45℃。

单浴法：洗 10 千克衣物，打入干洗剂 100 升，洗涤温度 17～20℃，加入皂液 200～300 毫升，标准洗 2 分钟；加入加脂剂 100～200 毫升，轻柔洗 3～4 分钟；将干洗剂打入蒸馏箱；甩干 90～120 秒；烘干 40～50 分钟，烘干后降温至 20℃ 以下可开机取衣。

✦ 八、裘皮皮板发硬的处理

皮革裘皮服装本应干洗，如果裘皮错误地进行了水洗，造成褪鞣严重，或雨雪淋湿穿用时间较长使皮板发硬，与皮革服装相同需要复柔处理。复柔的办法依旧是加脂，加脂的方法有两种：一是手工加脂；二是机器干洗加脂。

手工加脂操作程序是：首先将加脂剂稀释成 10%～15% 的浓度，将服装拆开，放到案板上铺平，用软毛刷在皮板的背面反复均匀地涂刷复柔剂或加脂剂，因为正面是毛被无法涂刷。皮板接缝的地方要多涂刷一些，静置 30 分钟左右观察，并用手轻轻揉搓，看皮板是否有回软的变化，如果有变化用塑料布包裹封闭，使油脂慢慢均匀地渗透和分散。停一天之后打开，再次涂刷，趁湿态柔软的机会对收缩、变形、褶皱进行拉抻校正、平整，达到要求以后挂在阴凉处晾干。处理过程中不要急于求成，不可用力过大过快，以防出现二次事故。完成之后再进行一次加脂干洗，提高复柔效果。

如果皮衣裘皮在特殊情况下必须水洗，先量好衣物的尺寸，水洗后进行复柔处理。具体操作程序是：将里衬拆开，再将衣物平铺在案板上，用透明皂把衣面和里衬污垢洗净，用干净的白毛巾里外擦干，之后用软毛板刷对裘皮的皮板或皮革的正反面，均匀地涂刷皮革柔软剂或稀释的加脂剂（也可放到皮革柔软剂或稀释的加脂剂溶液中浸泡），静置一段时间，待溶液浸入皮板后，用电吹风将皮板吹成半干，检查衣物如果出现抽缩，轻轻拉抻复位，马上进行垫布熨烫保型，挂晾阴干。如果裘皮皮板发硬很严重，干洗时要加大加脂剂的用量。

✦ 九、白色裘皮服装的干洗

干洗白色裘皮服装与干洗白色纺织服装一样，容易发灰，类似于"二次污染"。这涉及以下两个方面的问题。

① 四氯乙烯干洗效果好，还是石油干洗效果好？答案是肯定的，当然是四氯乙烯干洗效果好。原因一是四氯乙烯去污能力强；二是石油干洗溶剂是过滤循环使用，四氯乙烯是蒸馏净化循环使用，二者相比，四氯乙烯溶剂的纯净程度高于石油溶剂，洗涤效果孰优孰差自然明了。

② 四氯乙烯干洗需要非自动程序操作。四氯乙烯干洗也不是全部使用蒸馏的溶剂，一般情况下洗涤时使用过滤的溶剂，漂洗时使用蒸馏的纯净溶剂，这是干洗机出厂之前所设定的自动控制程序，也是降低干洗成本的措施，对于深色衣物的洗涤没有影响。因此，干洗白色、浅色裘皮服装需要手动操作，应该全部使用蒸馏的纯净溶剂，而且在干洗之前应用蒸馏的纯净溶剂冲洗滚筒，同时洗涤时不可使用圆盘过滤器和脱色过滤器，洗涤时间不宜过长。

✦ 十、裘皮毛被泛黄的漂白

洗衣店收洗的裘皮主要是裘皮服装和汽车皮毛坐垫。如果使用时间较长出现泛黄，需要去黄增白处理，方法如下。

1. 第一种方法

（1）化料 双氧水，配比浓度为 2%～3%。如市售双氧水含量为 30%，双氧水与水的比例为 1：（10～15）；不可使用金属容器，否则金属会使双氧水迅速失效。

（2）操作 用小板刷蘸漂白液对毛被的泛黄处轻轻刷洗，待毛被变白后再用温水浸过的湿毛巾，拧干后，把残留在毛被上的混合液擦干净。

2. 第二种方法

（1）化料 双氧水，配水比例为 1：10。

（2）操作 将皮衣套在人像机上，用喷枪将漂白液均匀喷到毛被上，重点部位要充分湿润，等待 5 分钟左右或时间稍长一点，发现泛黄处转白，用柔软衣刷或板刷，自上而下轻柔刷洗，最后用清水喷枪将毛被冲洗干净，置于通风处阴干。晾干后将毛被按顺向梳理。

3. 第三种方法

（1）化料 氨水、双氧水。氨水、双氧水、水的比例为 0.2：5：95；水温在 40℃左右。

（2）操作 将裘皮服装套在人像机上，用喷枪喷洒溶液于毛被之上，静置 3～5 分钟，将浸过溶液的湿毛巾拧干擦拭毛被，反复进行 2～3 遍，然后用洁净拧干的白色湿毛巾擦洗干净，再用洁净的白色干毛巾将毛被擦干，最后用电吹风将毛被表面吹干，这也是对毛被的梳理。完成之后挂晾阴干。

毛垫可平铺在案板上操作，如无人像机裘皮服装也可平铺在案板上操作。具体可参照上述操作办法。

4. 第四种方法

（1）化料 漂毛粉（60%保险粉、40%焦磷酸钠）；配比浓度为 0.5%～1%；水温在 40℃左右。

（2）操作 参照第三种方法。

5. 第五种方法

（1）化料 保险粉，配比浓度为 3%～5%；水温在 90℃以上（可先用温水，效果不佳再改用热水）。

（2）操作 用洁净的白毛巾蘸溶液擦拭。或参照第三种方法。

6. 第六种方法

（1）喷洒荧光增白剂 最好选用毛用荧光增白剂。溶剂配制方法是：荧光增白剂在 0.1%左右；纯蓝钢笔水几滴；醋酸几滴。水温在 45℃左右，水量够用喷涂即可。

（2）操作 均匀喷涂或刷涂一遍，晾干之后观察效果，如果稍逊再少喷一点，最后用电吹风梳理毛被。

以上方法除提到应注意的问题外，还需要注意如下几点。

① 使用人像机要防止搭色。皮衣多为黑色、深棕色，补色时使用人像机必然有颜色喷

到上面，因此漂白使用人像机一定要采取措施避免色迹沾染。

②掌握好药剂浓度和水分，不可出现沥水，不能让漂白液浸湿皮板，防止皮板褪鞣发硬。

③不可急于求成；操作时需要戴乳胶手套，不要将漂白液弄到皮肤和眼睛上造成灼伤，万一弄上了，尽快用冷清水洗净。

✤ 十一、裘皮酶霜的处理

芒硝（含有结晶水的硫酸钠的俗称）与水按1∶1比例，用碳酸氢钠调节，pH值为7.5～8，再在每千克芒硝溶液中加5毫升甲醛水（含甲醛40％）。按每千克皮毛需洗涤液3千克的量，在浴温35℃下将皮毛直接浸入并恒温泡30小时，上下翻动数次，捞出沥干，静置8～10小时，用清水洗几遍。再用40℃的洗衣粉溶液（浓度1％）清洗，用清水冲净沥干后再放入0.1％的硫酸中和液中中和约3小时，然后用25％的白油水溶液涂在表面，晾干梳理、拍松，即可将霉斑或脏污去掉。

✤ 十二、裘皮毛被是否可以用熨烫蒸汽梳理

湿热温度超过90℃对裘皮皮板会造成严重损伤。熨斗蒸汽温度正常为120℃以上，最高近180℃，因此，裘皮不可用蒸汽梳理。用蒸汽梳理裘皮毛被发生的事故不乏其例。事物不是绝对的，有时裘皮毛被太乱，用其它办法很难达到整理效果，只能用蒸汽整理。用蒸汽整理皮毛要求非常严格，具体办法是：蒸汽熨斗距离皮毛5～6厘米（两指多宽），给汽之后熨斗迅速一带而过，来回几次即可，切忌近距、慢速迟缓。如果是皮板较薄的裘皮，熨斗的距离要再大一些，在3指宽左右。大距离与熨斗快速行进的目的是为了避免蒸汽渗透到皮板使其烫伤、烫毁。

第五章
颜色——染色与印花

服装的三大要素是面料、颜色、款式。颜色作为三大要素之一，足见它的重要地位。洗涤衣物保证颜色的原有面貌是对洗衣店的基本要求。但是每一件衣物都达到要求并非易事，因为各种衣物的色牢度是不同的。色牢度是关系到洗衣安全的重要因素。在洗衣店发生的常见洗衣事故中，颜色事故占事故总量的70%以上。研究病衣的救治和修复，研究各种化学药剂的性能和使用方法，主要是针对颜色事故。因此，学习和了解染色和印花常识，了解各种有色织物的色牢度十分重要，对于衣物的正确洗涤和病衣修复，对于学习和掌握复染技术，都具有实用的价值和意义。

纺织纤维衣物颜色的着色方式主要有两种：一是染色；二是印花。洗衣店收洗的有色衣物除个别外，基本都是染色和印花。决定色牢度的主要因素是所用色料和着色工艺。色料分为两类：染料、颜料（印染行业称为涂料）。染料与颜料性能有很大区别，是决定衣物色牢度的主要因素。染料与颜料的用途和使用方法如下。

① 染色分为染料染色、涂料染色。

② 印花分为染料印花、涂料印花。

③ 特种印花包括：不同色系的染料混用印花——共同印花，涂料与染料混用印花——共同印花；特殊印花——烂花（印酸）、防染和拔染印花（先印防染剂后染色）；数字喷墨印花（主要是涂料喷色）；蜡染和扎染（特殊工艺染料染色）。

④ 染色与印花结合，指先用染料染色后再用染料印花或涂料印花。

第一节
颜色与色牢度

✢ 一、光与颜色

没有光，就没有颜色。光包括日光、月光和灯光等。任何物体包括固体、液体、气体，它们的颜色都是通过光的照射而显现，是因视觉而产生。记得我小时候晚上穿着蓝色衣服上街，走在太阳灯下面，突然发现自己的蓝色衣服变成了紫色，大吃一惊，到了家里在白炽灯下再看，衣服还是蓝色的。衣服颜色的变化说明了光与颜色的关系和颜色产生的原理，具体来说有以下三点。

第一，没有光就没有颜色，颜色是光的反映。

第二，不同的光源照射同一物体，或者相同的光源照射不同的物体，显现的颜色不同。

第三，颜色是光、被照射物体、人的视觉三者互为作用的结果。没有视觉就没有颜色。

各种染料就是根据上述原理生产出来的。我们首先了解日光。日光是白色光，但通过三棱镜折射后，分成红、橙、黄、绿、青、蓝、紫七种光线，这就是光谱。除了七色之外，还有肉眼看不见的红外线和紫外线。我们看到的颜色不是光谱的色，而是光谱的补色。例如黄色染料呈现黄色，是因为染料较多地吸收了蓝光、紫光而反射黄光的缘故。同样，红色染料是因为染料较多地吸收绿光而反射红光。红、蓝、绿称为三原色或基本色。根据色光的原理对颜色进行调配称为拼色。要想正确观察和判别衣物颜色是否与原样符合，或者达到要求和理想效果，必须在光线柔和与强度适中的光源下进行。研究光色离不开色谱，色谱是个很复杂的概念，所谓色谱齐全或色谱不全，可以简单地理解为某一色系的颜色齐全或颜色不全。例如直接染料和丙烯颜料各种颜色都有，这就是色谱齐全；而从动物身上提取的胭脂红，只有红色一种而别无它色，这就是色谱不全。

事实上洗衣店每一天都在与光和颜色打交道，有色盲的人不能正确地辨别颜色，不适合从事洗衣工作。了解光与颜色的知识和常识十分重要，例如观察衣物的颜色，要在衣物干燥和冷却状态下进行，衣物处于湿态其颜色比干时浓而艳，因为湿布吸收的光多于干布，或者说吸收光的能力不同；在热与冷的不同条件下，布面颜色有时会产生很大的差别，这是因为吸收光的波长发生了变化。再如同一件衣服，在阳光和白炽灯下的颜色是有差别的；即便是同一种物体和衣物，在光线充足和光线暗弱的环境下，或者在不同颜色光源的照射下，所呈现的颜色也有较大的区别。辨别颜色最好的是常规光源，常规光源就是日光。一般来说，阳光充足的白天北窗的光线最好。为了使员工准确辨别颜色，洗衣店要光线充足或灯光明亮。

印染行业经常使用"色光"一词，这是检查布料染色时，对颜色不正所用的一词。所谓"色光"是指基本色中掺杂、渗透或含有其它的杂色，使人看上去很不顺眼，为此有人称之为"贼光"。

✦ 二、颜色的分类和特征

衣物的颜色与自然界的千千万万种颜色，一般分为非彩色和彩色两大类。非彩色也称消色，它是只有明度而没有色相和彩度的一种颜色。包括从白到黑以及无数介于白与黑之间的灰色。非彩色以外的各种颜色，都称为彩色。人们通过研究发现，自然界中所有的颜色都可以用明度、色相、饱和度三个属性来描述。

（1）明度 是表示物体表面色的明亮程度。在非彩色中最明亮的颜色是白色，最暗的颜色是黑色，其间分布着不同的灰色。各种不同的彩色也有明度高低之分。如同样是红色、深红色，其明度低于浅红色。

（2）色相 又称色调，表示颜色的分类，是彩色彼此之间相互区别的特征。如红、橙、黄、绿、蓝等。分辨色相取决于三点：第一，照明体光源的光谱组合；第二，物体对光的吸收和反射；第三，不同的观察者。色盲分不清色相。

(3) 饱和度 又称纯度，表示色彩本身的强弱。在某一种色相的颜色中，消色的成分越少，该颜色的彩度越高，完全不含消色的成分彩度最高；掺入白色、黑色或其它相反的颜色，则彩度降低。

在洗衣工作中经常碰到两个问题，一是衣物晾晒时看起来很干净，晾干后却发现有明显的油污；二是晾晒之前颜色正常，晾干之后发现褪色。这是因为衣物在湿态下吸收光多，晾干之后光的吸收量发生了变化，改变了明度，而油污处的吸光量没有变化，明度没有变化，于是油污处便凸显出来。因此服装上的油污要在未浸水之前检查和处理，浸水之后难以分辨。再如对色花和褪色的衣物进行补色，每喷涂一次都要用电吹风吹干并观察效果，在湿态状况下观察颜色均匀一致，认为大功告成那就错了，补色效果是否理想干燥之后才能发现。所以需要用电吹风吹干。如果第二天干燥后检查色泽不均匀需要进行二次补色，不仅增添了麻烦，还可能增加难度。复染衣物观察色泽效果也是如此。

✦ 三、色牢度

色牢度就是衣物颜色的坚牢度，是衣物在各种情况和条件下颜色的变化情况，是检验衣物质量标准的主要条件之一。

每一种纤维织物都适用不同的染料染色，或者说每一种染料适用一种或几种纤维织物。不同的染料染色，其色牢度是不同的，有时差异很大；相同的纤维用相同的染料染色，如果方法和工艺不同，色牢度也不相同。印染织物由于用途不同，对颜色的牢度要求也不相同。例如窗帘受到光照时间最多，对耐晒色牢度要求高，其它色牢度稍差；作为 T 恤，除要求有较高的耐晒色牢度外，还要求有较高的耐皂洗色牢度和耐汗渍色牢度。衣物的色牢度对洗衣店来说十分重要，是决定洗涤方式、洗涤方法、洗衣安全的重要因素，是去渍选用化学药剂时需要特别关注的问题。

不同的国家色牢度有不同的标准。以皮衣色牢度为例，欧洲国家重视天然染料，强调人体健康，耐水洗色牢度标准低于中国，因此从欧洲进口的染料染色皮衣和皮料，洗涤掉色非常严重。色牢度包括的内容很多，主要有以下几个方面。

(1) 耐水洗色牢度 耐水洗色牢度，也称耐皂洗色牢度，是指有色织物在规定条件下经过水洗的颜色坚牢程度。对洗衣店而言，耐水洗色牢度是最重要的，有许多颜色事故是因为衣物的耐水洗色牢度不高或操作不当而引发，而且占比最高。

(2) 耐干洗溶剂色牢度 耐干洗溶剂色牢度是指经四氯乙烯溶剂干洗和石油溶剂干洗后的颜色坚牢程度。耐干洗色牢度往往与耐水洗色牢度相反。洗衣实践证明，染料染色、染料印花的衣物干洗不掉色或掉色较轻；涂料印花和涂料染色则与此相反，干洗可使固定颜料的树脂黏胶受到破坏而使颜料脱落。

(3) 耐摩擦色牢度 耐摩擦色牢度是指有色织物摩擦后的颜色坚牢程度，包括干摩擦与湿摩擦两种。一般来说，湿摩擦重于干摩擦。

(4) 耐热色牢度 耐热色牢度包括耐干热色牢度、耐湿热色牢度。耐热色牢度主要是指衣物颜色耐高温水洗、干洗、烘干的坚牢程度。耐升华色牢度就是指温度持续升高的耐热色牢度。

（5）耐熨烫和耐蒸汽色牢度　耐熨烫色牢度与耐蒸汽色牢度属于耐热色牢度的范畴。耐熨烫色牢度主要是指衣物纤维在熨烫时颜色的坚牢程度。耐蒸汽色牢度是指衣物纤维在蒸汽高温状态下颜色的坚牢程度。熨烫时的温度高于纤维染色时的温度。熨烫时的高温对部分颜色有很大的影响。例如棉纤维用直接染料复染蓝色，熨烫时就会发生棕色的变化，温度降下来之后又恢复蓝色。这是属于热敏性染料。

（6）耐酸碱色牢度　耐酸碱色牢度是指在一定条件下使用不同酸碱度的洗涤用品或化学药剂衣物纤维颜色的坚牢程度。一般来说，大多数颜色耐碱色牢度低于耐酸色牢度。碱既去污也去色，酸对于有些染料染色不但不去色，反而有固色作用。

（7）耐氧化剂、还原剂色牢度　氧化剂分为含氯与含氧两类。氧化剂与还原剂都是洗衣店处理颜色问题和事故经常使用的化学药剂。比较而言，氯漂剂对大多数的染料染色和天然色素的破坏是剧烈的，一般不可用于有色衣物；氧漂剂对颜色破坏较小，可以用于有色衣物。还原剂可以使部分染料染色的衣物变色或消色。从色料对比看，在一般情况下，氧化剂、还原剂对涂料不起作用，对涤纶分散染料染色不起作用。

（8）耐汗渍色牢度　耐汗渍色牢度是指有色织物沾浸汗液后的颜色坚牢程度。人的汗液成分复杂，主要是盐。有的人汗液呈酸性，有的人呈碱性。衣物长时间紧贴皮肤与汗渍接触，对某些染料染色影响很大，会发生变色或褪色。

（9）耐晒（光）色牢度　耐晒色牢度是指纺织品的颜色耐受日光或模拟日光照射的坚牢程度。影响耐晒色牢度的因素很多，颜料耐晒色牢度十分优良，远远高于染料染色。不同色系的染料耐晒色牢度也差异较大。

（10）耐气候色牢度　耐气候色牢度是指衣物纤维的颜色耐气候和模拟气候条件的坚牢程度。

色牢度均采用 5 级制，1 级为最差，5 级为最好；只有耐晒色牢度和耐气候色牢度为 8 级制，1 级为最差，8 级为最好。

沾色色牢度是上述色牢度的次生问题。沾色是指有色衣物经水洗（包括刷洗、搓洗）后有一部分染料落入水溶液后，或衣物处于湿态，使服装未染色的部分或其它衣物所沾染，称为沾色。沾色包括串色、搭色、洇色等，洗衣行业一般称之为色迹沾染或色迹污染。沾色的色牢度称为沾色色牢度，沾色必须去除，沾色色牢度越高，去除难度越大。

✛ 四、光色与颜色调配

颜色是光与人的视觉互为作用的产物，但在实际应用中，光色与染料、颜料的颜色是有区别的。例如，红、橙、黄、绿、青、蓝、紫七种光色混合后得到的是白光，而这七种颜色的染料或颜料混合后，得到的却是混沌的黑色。因此，光色与染料、颜料的颜色在性质上是完全不同的。一个是光，一个是有机物。这是颜色调配（拼色）实际操作时涉及的理论问题，应有明确的认识。在洗衣店需要颜色调配的，一是皮衣涂饰；二是对褪色、色花衣物的补色；三是复染。

1. 三原色与二次色、三次色

三原色为红、黄、蓝，也称一次色，各种颜色都是用三原色调配而成。例如红黄混合产生橙色；红蓝混合还会产生紫色；蓝黄混合产生绿色。红、黄、蓝混合产生黑色（表 5-1）。

表 5-1　利用三原色拼色

所配色调	颜色配比
橙色	黄 6 份，红 4 份
绿色	蓝 8 份，黄 3 份
紫色	蓝 8 份，红 5 份
橘黄色	黄 8 份，红 2 份
猩红色	黄 2 份，红 8 份
蓝绿色	黄 3 份，蓝 7 份
蓝红色	蓝 7 份，红 3 份
红蓝色	蓝 3 份，红 7 份
柠檬色	黄 7 份，蓝 3 份
棕色	黄 4 份，红 4 份，蓝 2 份
海蓝色	黄 2 份，红 4 份，蓝 4 份
橄榄绿色	黄 4 份，红 2 份，蓝 4 份
黑色	黄 3 份，红 3 份，蓝 3 份

两种颜色混合产生的颜色称为二次色。用三种一次色或用一种二次色、一种一次色混合而成的称为三次色。三次色的特点是都带有灰光的色泽，如棕色、橄榄绿色（墨绿色）、紫酱色等。二次色与三次色由于拼色比例不同，呈现出来的色泽也就不同，布料市场有句行话称为"千种蓝、万种黑"，所说就是这个道理。

2. 颜色调配方法

(1) 就近出发　例如要求色泽为绿色，就选择绿色，不应用蓝、黄拼色；要求黑色，就选择黑色，不应用红、蓝、黑拼色。

(2) 就近补充　例如要求色泽为红黑色，应用紫补充红，不应直接用红补充。

(3) 一补两全　例如要求色泽为军绿色，应从绿出发用暗黄，不应用艳黄、嫩黄与灰补充。

(4) 一补一全　例如要求色泽为红蓝色，应从蓝出发用紫补充，不应用紫与艳红重复补充。

(5) 多方供给　例如要求色泽为军绿色，应用暗绿、暗黄拼色，不应用艳绿与暗黄或暗绿与艳黄拼色。

上述拼色方法有许多属于"跳步法"。

(6) 微量用量与微量调节　微量用量是指拼色时不宜用量大，应由小到大；微量调节是指补充余色时用量要少。

3. 用料一般原则——同系调配

拼色使用的染料应为同一种类的染料，因为不同种类的染料使用的纤维不同，色牢度不同，如果混合拼色，很难达到理想的效果。色花、褪色衣物的补色和复染也应注意这个问题。但事物不是绝对的，在印花生产中已有不同染料甚至染料与颜料混用拼色的情况，于是产生了共同印花。不过在特殊情况下需要不同染料拼色，要选择染料性能相近者为宜。

4. 注意事项

① 拼色要选择光线充足的工作场地。

② 调色用具要干净，避免污染。

③ 拼色要认真观察效果，尤其是补色，补色要在不影响外观的地方进行试验，达到理想效果再进行操作。

④补色的拼色要注意衣物本色，例如衣物原来为黑色，褪色后变成偏棕色，直接使用黑色，补色后仍然会呈现棕色，因此要拼色为绿黑色。颜色调配不准会越补越厚，适得其反，如果是颜料补色，即便色泽问题解决了，面料也会手感发硬，同样是失败。

⑤ 观察补色效果一定要在干燥之后进行观察，在湿态情况下观察颜色是不准的，湿态颜色与干燥后颜色，由于光的吸收量不同，造成光的明度不同，因此颜色会发生一定的变化。为了使喷涂颜料迅速干燥，需要用电吹风吹干。

第二节
染料与颜料

人类应用染料和颜料历史悠久，早在 4000 多年以前人类就用草木的汁液和矿物颜料染色。1857 年，英国人发明了第一种合成染料苯胺紫，并实现了工业化，此后合成染料迅猛发展。据《染料索引》记载，全世界合成染料已达 7000 多种（包括有机颜料），经常生产的有 2000 多种。到 20 世纪末，合成染料的发明和生产历史只有 140 多年。

✤ 一、染料与颜料的分类和性质

染料与颜料统称为色料。染料与颜料是两个不同的概念，在我国的一些文献中经常将染料与颜料混为一谈，有时把染料与颜料统称为染料，有时又把染料与颜料统称为颜料。

(1) 染料 染料一般是可溶性的，可溶于水或有机溶剂。染料分为天然染料和人工合成染料两类。从某些植物的根、茎、叶及果实提取的靛蓝、茜素等，称为植物性染料；从动物的躯体提取的胭脂红等，称为动物性染料；活性染料、分散染料、直接染料、还原染料等则为人工合成染料。天然染料由于色谱有限，也就是各种颜色不全，应用不便，基本为人工合成染料所取代。也有一些不溶性的染料，如蒽醌类还原染料、不溶性偶氮染料，称为颜料性染料。

(2) 颜料 颜料是不溶性的，既不溶于水，也不溶于一般的有机溶剂，并且与溶剂或不着色的物质不发生化学反应，是颗粒性或粉末状有色物质。颜料对被着色的物质没有亲和力，在使用过程中需要加入黏合剂，靠黏合剂固着，如涂料、油墨、涂料印花、涂料染色等。颜料分为有机颜料和无机颜料两类。无机颜料是以天然矿物或无机化合物制成的颜料，具有耐高温、遮盖力强、价格低廉的优点，但也有着色力低、色泽不够鲜艳的缺点，如泥土、锌白、铁红、铁黑等。以有色的有机化合物为原料制造的颜料称为有机颜料，具有色泽鲜艳、着色率高的特点，常用的品种有不溶性偶氮颜料、色淀（酸性染料、直接染料、碱性染料等）、酞菁颜料、硫靛类和蒽醌类还原染料、其它颜料（如茜素类色淀颜料）等。蒽醌类还原染料用作颜料，属于高档颜料。

（3）染料与颜料的相互转化　染料与颜料有时无严格界限，在一定条件下有的染料可以转为颜料，如蒽醌类的还原染料就是不溶性的染料，染色时需要在溶液中加入还原剂，如果不加还原剂则为颜料。再如不溶性偶氮染料染色时需要加入一些化学药剂，否则视为颜料。再如在可溶性染料中加入化学沉淀剂，使可溶性染料生成沉淀，沉积在某些无色底物（氢氧化铝、锌钡白、硫酸钡、黏土）上成为颜料，这类颜料被称为色淀。色淀并非全部可以作为颜料使用，有的色淀颜色暗淡，各项性能均低，并不能作为颜料使用。

总而言之，染料的种类远远超过颜料。

✤ 二、染料与颜料的区别及对洗涤去渍的影响

染料与颜料虽然同为色料，但性能、着色方式、用途、使用效果却有很大区别，颜料种类虽少，但色谱齐全。由于颜料与染料性能的不同，服装衣物着色的坚牢度有许多差别，对洗涤影响很大，也是研究洗衣事故防治的重点之一。将染料与颜料进行比较，对于洗涤方式的选择、去渍、剥色、漂白、复染具有很强的实用意义。

在进行染料与颜料比较之前，应该首先明确颜料与涂料的关系。什么是涂料？比较权威的《涂料工艺》一书是这样定义的："涂料是一种材料，这种材料可以用不同的施工工艺涂覆在物件表面，形成黏附牢固、具有一定强度、连续的固态薄膜。这样形成的膜通称涂膜，又称漆膜或涂层。"涂料是由许多成分构成的一种材料，这些成分包括成膜物质、颜料、稀释剂、助剂等，其中最主要的是由树脂构成的成膜物质，即树脂黏合剂。颜料只有与黏合剂组成涂料，才能进行印花或染色。因此在印染行业涂料就是颜料。染料与颜料进行比较，实质是染料染色与涂料染色、染料印花与涂料印花进行比较。

（1）外观形态不同　染料染色、染料印花与涂料印花相比，外观形态差异较大。染料染色、染料印花面料的正反面颜色相同；涂料由于没有迁移性，所以涂料印花面料的正反面的颜色有很大的区别，正面为印花颜色和图案，反面基本呈现面料的原貌（图5-1）。

(a) 纯棉衬衫涂料印花，
正、反面颜色差别很大

(b) 纯棉针织上衣染料印花，
正、反面颜色一致

图 5-1　涂料印花与染料印花的区别

（2）着色性能、着色方式与使用范围不同　染料溶于水，可以直接染色。但是每一种染料只适用于部分纤维织物，或者说一种纤维织物只可用一种或几种染料染色；各种染料的染色方法也不尽相同。颜料由于不溶于水，对纤维没有亲和力，不能直接染色，必须靠树脂黏合剂固着；但是颜料适用于所有纤维织物。

　　(3) 染料的迁移与颜料的扩散性质不同　染料溶于水，有的虽然水溶性较差，但通过化学药剂的作用可以迅速溶解于水；颜料属于颗粒性物质，不溶于水，但有的可以溶于某些溶剂之中。染料具有迁移性，颜料没有迁移性；染料与颜料都具有扩散性，二者在着色于纤维时极为相似，然而性质却有着根本的不同。迁移是染料渗入纤维内部；扩散只能渗入织物内部。这是染料掉色后可以造成沾色，即二次染色，而颜料掉色后只是脱落不能形成沾色，不会出现"三色"的根本原因（图 5-2）。

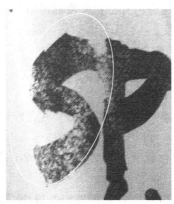

图 5-2　涂料印花（虽然掉色但没有"三色"污染）

　　(4) 对化学药剂的反应不同　染料染色大多不耐氯漂；保险粉可使许多染料染色的织物颜色消失或变色；碱可以使一些染料染色织物加重掉色；酸也可使个别染料染色织物变色。但是，这些化学药剂对涂料不起作用。对干洗溶剂的反应却恰恰相反：涂料耐干洗溶剂性能较差，干洗一次或数次之后，会使树脂膜层受损造成颜料脱落褪色或变色；干洗溶剂对织物的染料染色基本没有影响。染料染色的服装干洗有的时候也会发生一定程度的掉色，主要是因为干洗溶剂中含有一定的水分。

　　(5) 手感和柔软度不同　染料染色和染料印花的织物面料柔软，而涂料印花和涂料染色的织物手感发硬，有的十分明显，如压膜印花，不仅涂层厚，手感明显，而且一眼就能识别，表面光亮，呈现一层清晰可见的塑料薄膜犹如贴在上面。

　　(6) 耐摩擦色牢度不同　染料染色虽然有的耐摩擦色牢度较差，但总体比较耐摩擦色牢度好于涂料印花和涂料染色。

　　(7) 耐水洗色牢度不同　染料染色耐水洗色牢度差别较大，有的水洗不掉色，有的掉色严重；涂料印花、涂料染色水洗不掉色，有时色花或褪色是因为摩擦脱落所致。

　　(8) 耐晒色牢度不同　涂料耐晒性很强，高于所有染料染色。染料染色耐晒性差别很大，有的染料染色衣物在阳光下晾晒会造成褪色，尤其是湿态在阳光下晾晒会严重褪色。

　　(9) 耐热与热敏性质不同　染料染色一般不惧高温，虽然有的染料具有热敏性，在熨烫时变色，但冷却之后还会恢复原色。涂料耐热性相对较差，原因是树脂黏合剂不耐高温。

　　(10) 其它方面的不同　染料染色生产过程污染严重；涂料印花可称为清洁环保，生产工艺流程短，成本低，用水量很少，逐步受到很多国家的重视和提倡。

　　涂料印花由于经济、环保的优势，是世界印染技术发展的方向。国家在"十一五"规划纲要中明确提出要大力推广和改进。可以预见，在未来洗衣店收洗的衣物中，涂料印花和涂料染色会越来越多。

第三节
染料染色

染料染色有散纤维染色、纱线染色、织物染色、成衣染色四种方式。染料是有色的有机化合物，但并非所有的有色有机化合物都可以用作染料。涂料必须对所染纤维具有亲和力，并具有一定的染色牢度。

一、染料染色原理和过程

染色是染料从染液中转移到纤维上，并在纤维上形成均匀、坚牢、鲜艳色泽的过程。纺织纤维的染色过程基本可以分为三个阶段。

（1）吸附 染料在染液中被吸附到纤维表面的阶段。这是染色过程的重要阶段，所需时间不多。

（2）扩散 染料由纤维表面扩散到纤维内部的阶段。这是浓度平衡的过程，需要时间最多。

（3）固着 染料固着于纤维内部的阶段。这是复杂的阶段。不同染料、不同纤维，固着机理不同。

这三个阶段没有严格的界限，尤其是吸附和扩散阶段往往是交替进行的。染料固着可分为两种类型。

① 纯粹化学性质的固着。这是染料与纤维之间相互起化学作用，将染料固着于纤维之上。例如活性染料染各种纤维时，纤维与染料会产生化学的结合，因而色牢度较高。

② 物理化学性质的固着。这是纤维分子与染料分子之间形成引力而结合，使染料固着于纤维之上。例如染棉纤维的直接染料、硫化染料、冰染染料等都属于这种固着方式。

二、染色方法

染料染色方法主要分为以下三种。

（1）浸染 浸染是将被染织物浸入染液中，经一定时间使染料上染并固着在纤维上的染色方法。它适用于散纤维、纱线、针织物及部分不能承受较大张力或不能轧染的机织物的染色。

（2）轧染 轧染是将平幅织物在溶液中经短暂的浸渍后，随即用轧辊轧压，将溶液挤入织物的组织空隙中，同时轧去织物上多余的溶液，使染料均匀地分布在织物上，再经过汽蒸或焙烘等后处理，使染料上染并固着在纤维上的过程。

（3）喷染 喷染主要用于毛绒类染色。如裘皮、地毯、毛毯等。

染色固色工艺有常温常压汽蒸、高温高压、高温载体、热熔。汽蒸温度一般在 103～130℃之间；焙烘一般在 130～150℃之间；高温高压一般在 125～130℃之间；热熔一般在 180～215℃之间。

✦ 三、各种染料及染色

染料分为天然染料与合成染料两大类。天然染料包括从植物、动物和矿物中提取的色素，除少数外，它们对纤维没有亲和力或直接性，必须与媒染剂一起才能固着于纤维上。天然染料由于色谱不全，色牢度差，只有少量用于纺织印染，合成染料占据主导地位。合成染料主要有以下几种。

1. 直接染料

直接染料溶于水，能在中性或弱碱性水溶液中经煮沸直接染色，因此而得名。直接染料色谱齐全，各种颜色都有，生产工艺简单，使用方便，价格便宜。市场上有零售袋装。直接染料主要用于染棉纱和棉织品，也用于染麻、黏胶、维纶、真丝等纤维，还可用于皮革染色。直接染料化学结构差异很大，各项色牢度较差，水洗易掉色，高温水洗加重掉色，随洗涤次数增多色泽不断变浅，不耐氯漂。直接染料中只有能与金属络合的染料色牢度较高，如直接耐晒蓝 FBGL，各项色牢度，其中包括耐水洗色牢度十分优良。

2. 硫化还原染料与硫化染料

硫化染料，也称海昌染料。是以芳烃的胺类或酚类化合物为原料，用硫黄或多硫化钠进行硫化而制成的，因分子键结构中含有硫键，故称硫化染料。硫化染料具有还原性质，因此也称硫化还原染料。硫化染料与还原染料相似，不能直接溶于水，在硫化钠溶液中被还原成隐色体而溶解，隐色体对纤维有亲和力，上染后经过氧化，在纤维上重新生成不溶性的染料而固着。

硫化染料适用于棉、麻、黏胶、维纶等纤维的染色。硫化染料色谱不全，缺少红色、紫色，色泽暗，主要染深色、黑色。硫化染料耐晒色牢度比较好，耐水洗，耐摩擦色牢度不高，耐氯漂能力差。硫化染料制造工艺比较简单，成本低。

硫化还原染料需在保险粉碱性溶液中染色。硫化染料染色的织物在贮存过程中容易脆损，强力下降，甚至完全失去使用价值，尤其以硫化黑为重，因为织物中有残留硫，遇热会生成硫酸，使棉纤维酸解而降低强度。因此染后要加强水洗或进行防脆处理。

3. 活性染料

活性染料的分子中含有可以与纤维发生化学反应的活性基团，称为活性染料。它的应用对象较广，广泛用于棉、麻、黏胶纤维；也用于羊毛、羊绒、蚕丝、锦纶、涤/棉等纤维的印染。是当前发展最快的染料。活性染料有低温、中温、高温三种类型，色泽鲜艳，色谱齐全，由于活性染料品种较多，不同类型的活性染料各不相同，但大部分色牢度较好，是洗衣店复染选用的最佳染料。活性染料不耐氯漂，价格低于还原染料。

4. 还原染料

还原染料分为不溶性还原染料和可溶性还原染料。不溶性还原染料的分子结构中不含有水溶性基团，不能直接溶于水，但分子结构中含有两个以上的羰基，染色时在强还原剂和碱性的条件下，使染料还原成可溶性的隐色体钠盐，它对纤维有亲和力，能上染纤维。隐色体上染纤维后再经氧化变成不溶性的染料而固着于纤维之上。可溶性还原染料是将不溶性还原染料先还原制成可溶性的隐色体钠盐，实质是相同的。印染企业主要是使用不溶性还原染料。

还原染料按化学结构分为蒽醌类、靛类、其它醌类三种。蒽醌类还原染料各项色牢度很好；靛类还原染料差于蒽醌类还原染料，耐水洗色牢度不高，有些牛仔裤就是用靛类还原染料染色，属于掉色严重的衣物之一。

还原染料主要用于棉、麻、黏胶纤维的染色和印花，还常用于维纶、维/棉混纺织物的染色，也可以和分散染料套染涤/棉混纺织物。还原染料价格高，染色复杂，较难控制。许多染色被活性染料取代，产量呈逐渐下降的趋势。不溶性还原染料经过加工处理后，可以作为高级颜料使用。还原染料耐氯漂能力因品种、颜色不同差别较大。

5. 分散染料

分散染料是疏水性较强的非离子染料，不溶或微溶于水，染色时依靠分散剂的作用，以微小颗粒状均匀地分散于染液中，故而称为分散染料。

分散染料最早用于醋酯纤维的染色，现在主要用于涤纶染色。涤纶分散染料染色，需采用高温高压、热熔染色固色方法，色泽艳丽，各项色牢度十分优良，具有很强的耐氯漂、还原剂的能力。

6. 酸性染料、酸性媒染染料、酸性含媒染染料

（1）酸性染料　酸性染料需要在酸性染浴中染色，所以称为酸性染料。酸性染料按化学结构分为偶氮类、蒽醌类、三芳甲烷类；按应用性分为强酸性、弱酸性、中性三种。

强酸性染料可以染羊毛、皮革，也称酸性匀染染料。其主要缺点是染纱手感不好，羊毛有损伤。

弱酸性染料分子结构复杂，染色牢度高于强酸性染料。可染羊毛、蚕丝、锦纶。

羊毛用强酸性染料、弱酸性染料、中性染料染色均可，多以染毛线为主；蚕丝多用弱酸性染料染色；锦纶常用弱酸性染料染色。为提高酸性染料的染色牢度，采用固色剂固色。

（2）酸性媒染染料　又称酸性媒介染料，是能与某些金属原子生成稳定络合物的酸性染料。可溶于水，能在强酸性染液中上染蛋白质纤维，其本身不能与纤维牢固结合，而在纤维上和金属媒介剂（重铬酸盐等）作用生成络合物，具有很高的耐湿处理色牢度和耐光色牢度，是羊毛的重要染料。

（3）酸性含媒染染料　又称酸性金属络合染料，是染料分子中已经含有金属络合结构的酸性染料。

7. 阳离子染料

阳离子染料溶解于水，染色时，因以阳离子的形式与被染纤维相结合而得名。阳离子染料主要用于腈纶，以及改性涤纶、锦纶、丙纶的染色，色彩鲜艳，色牢度较好。阳离子染料是为腈纶而研制的染料，由碱性染料发展而来。碱性染料虽然色彩艳丽，但耐晒色牢度、耐水洗色牢度都很差，已经很少使用。现在老品种仍称碱性染料，新品种称为阳离子染料。

8. 不溶性偶氮染料（冰染染料）

不溶性偶氮染料商业名称为冰染染料，国外称为纳夫妥染料。因为在染色时需要用冰，所以称为冰染染料，不溶性偶氮染料需要经过化学药剂处理才能溶解于水使织物上染，主要用于棉、麻等纤维织物和纱线的染色。其特点是色泽浓艳，色谱齐全，耐晒色牢度、耐皂洗色牢度良好，大多能耐氯漂，但一般不耐氧漂，耐摩擦色牢度较差，尤其是耐湿摩擦色牢度低。不溶性偶氮染料由于含甲醛多，在染色过程毒性较大，因此印染行业已经很少用于染色。

不溶性偶氮染料不经过化学药剂处理可作为颜料直接使用，是涂料印花经常使用的颜料，广泛用于印花的防染、拔染地色。

9. 中性染料

中性染料是中性络合染料的简称。中性染料通常在弱酸性或中性染浴中进行染色，其水

溶性较低，在酸性染浴中对羊毛、蚕丝、锦纶、维纶有较高的上色率。对棉和黏胶纤维不上染或无染着力，所以可以利用两种纤维上色性能的差别，用于混纺织物的染色。这类染料虽然色谱不全，色泽也不够鲜艳，但维纶染色一般还比较浓艳。

10. 酞菁蓝、苯胺黑染料

酞菁蓝主要用于丝光后的棉布染色，经过高温焙烘、酸洗发色，可以得到坚牢艳丽的酞菁蓝色。酞菁蓝色各项色牢度优越，耐晒色牢度为 8 级。

苯胺黑习称阿尼林黑，也称精元，是最早生产的合成染料。色泽乌黑，色牢度良好，成本低廉，染料染色的真皮最初用苯胺黑染色，所以染料染色的真皮称为苯胺革。由于苯胺有毒已被禁用，皮革染色改用其它染料，但染料染色的真皮仍然称为苯胺革。

✚ 四、染料染色与染料印花

染料印花是局部染色，与染料染色的共同点是：所用化学助剂的化学与物理属性相同，染料染着与固色原理相同，对色牢度的要求相同。染料印花与染料染色的共同点主要有以下几点。

① 染料印花色浆浓度高，需加入黏稠性糊料和较多助剂；染料染色色浆浓度低，不需要加入黏稠性糊料。

② 染料染色特别是浸染染色时间较长，染料能充分扩散渗透到纤维内部；染料印花着色时间短，糊料烘干成膜后影响染料向纤维内部扩散，必须依靠汽蒸、焙烘等手段提高染料扩散速率，促使染料染着。

③ 染料染色很少用两种不同染料拼色；染料印花则不受此限制，甚至有时不用染料，采用其它化学药剂拔染、防染或防印。

由于上述原因，有色服装衣物不管是染料染色还是染料印花，如果染料相同，其色牢度基本相同，洗涤要求基本相同，对可能出现的沾色防范措施相同。所不同的是如果出现沾色，染料染色没有洇色（什么是沾色，详见第十三章第四节一、沾色，第 271 页）。

✚ 五、涂料染色

涂料染色是将不溶于水的颜料借助黏合剂的作用，使颜料固着于织物之上。涂料染色不受纤维类别的限制，常用于棉布、人造棉布和各类混纺布的染色。涂料色谱齐全，耐晒色牢度优良，特别适合浅色布的生产，染色后不必水洗，工艺流程短，节约用水，能耗较低。染色方法和工艺有两种：一是浸染；二是轧染。

浸染的一般流程如下：

前处理→水洗→染色→水洗→烘干（染色温度 60～80℃，60～80 分钟）

轧染的一般流程如下：

浸轧染液→烘干→焙烘（焙烘温度 150～160℃，1.5 分钟，或 180℃，20 秒）

涂料染色是近年来一种新的染色方法，技术上不够成熟，还不能代替染料染色，仅为染料染色的补充。由于涂料染色的色光比较容易控制，主要用于修正染料染色的色光偏差，效果事半功倍，修正色光偏差所补余色均为浅色；其次是用于印花布底色的染色，少量直接用于染色布的生产。直接用于织物的涂料染色几乎全部采用轧染，只有成衣采用浸染。

涂料染色与涂料印花或"以印代染"不同的是，染液均匀浸入或挤入织物组织内部，织物正反面颜色相同；涂料印花和"以印代染"通过一定的压力，将涂料敷于织物的表面，织物的正反面颜色不同，反面基本保留布色原貌。涂料染色的色牢度主要取决于黏合剂，由于工艺等因素的制约，涂料染色的色牢度不如涂料印花，不仅耐干洗色牢度差，有的耐水洗色牢度也差。有一家印染厂曾经用涂料染色生产军需产品，结果水洗后由浅蓝色变成米黄色，干洗也变色，用户全部退货。

在洗衣行业，曾发生过"以印代染"服装干洗变色的案例，涂料染色也可干洗变色，干洗变色有以下原因。

① 涂料由颜料与黏合剂构成，颜料是颗粒物，本身不着色，不能上染纤维，是靠黏合剂固着，而黏合剂耐干洗性能较差，特别是使用了质量低的黏合剂，受到了干洗，甚至水洗破坏后，颜料的固着自然受到破坏而脱落。衣物的颜色一般都由二次色、三次色构成，这样一来原来的二次色、三次色就会变成一次色、二次色，于是衣物的颜色便生了了改变。

② 衣物的颜料之所以没有完全脱落，是因为颜料作为颗粒物，本身具有一定的吸附能力，如同铁锈黏附到衣物上一样，有的吸附能力强，有的吸附能力弱，弱的脱落，强的未脱落或脱落较少，导致多次色变成少次色，形成变色。

③ 有的个别颜料虽然不溶于水，但可以溶于某些溶剂之中。能够溶于干洗溶剂中的颜料极为少见。

涂料染色技术尽管不够成熟，但越来越受到世界许多国家的重视，因为它具有环保、生产流程短、成本低、节约能源的优势。

✤ 六、印染织物上的染料鉴别

洗衣店在去渍、剥色、复染时如果知道衣物上染色所用染料，就能基本判断出衣物颜色在洗涤中是否掉色或掉色的轻重，便于正确选择洗涤方式和采取相应的防范措施，避免或减少操作失误。事实上鉴别服装上的颜色是何种染料或颜料，对于洗衣店的员工是一件十分困难的事情，也需要很高的技术要求和丰富的实践经验。印染厂与洗衣店识别衣物上染色所用染料的方法和目的不同。印染厂一般是根据用户的要求按布样安排生产，因此必须对布样的颜色进行检测鉴定和定量分析，采用的鉴别方法主要是化验，准确率很高。洗衣店与印染厂不同，鉴别衣物颜色所用染料目的是判断色牢度，以便在洗涤中对色牢度较差的衣物采取相应的防范措施。印染厂的检测方法不适合洗衣店。洗衣店的员工判断衣物颜色色牢度难度虽然很大，但也可以找到一定的规律，如果掌握了纤维、染料的性能，对许多有色衣物的色牢度基本可以做出正确的判断。适于洗衣店的染料鉴别方法主要有以下几种。

1. 纤维适用染料（包括颜料）法

每一种染料都适用一定的纤维，或者说每一种纤维都适用一定的染料。如果掌握了每种纤维常用的染料，同时对每种染料的性能和色牢度比较熟悉，那么基本可以对有色衣物的色牢度做出正确的判断（表5-2、表5-3）。

表 5-2 各种纤维织物常用主要染料

纤维名称	染料
棉	直接、活性、不溶性偶氮、不溶性还原、可溶性还原、硫化
麻	直接、活性、不溶性偶氮、不溶性还原、可溶性还原、硫化
黏胶	直接、活性、不溶性偶氮、不溶性还原、可溶性还原、硫化
醋酯	分散
丝	酸性、酸性媒染、酸性含媒染，其次直接、活性
毛	酸性、酸性媒染，其次直接、活性
涤纶	分散，其次不溶性还原
锦纶	酸性、酸性媒染、酸性含媒染，其次直接、活性、分散
腈纶	阳离子
维纶	硫化，其次直接、活性

表 5-3 各种染料与涂料染色、印花色牢度比较

染料名称	耐水洗色牢度/级	耐摩擦色牢度/级	备注
直接	2～4	3～4	总体色牢度很差，不耐氯漂，只有能与金属络合的染料色牢度较高，如直接耐晒蓝 FBGL，各项色牢度，其中包括耐水洗色牢度十分优良
硫化	3～4	3～4	主要黑色、深色，色牢度总体好于直接染料
活性	4～5	4～5	大部分耐水洗色牢度为 4 级或 5 级，不耐氯漂，耐保险粉，不耐保险粉＋碱
还原	3～5	3～5	还原染料分为蒽醌、靛类两种。蒽醌各项色牢度优良，靛类很差，牛仔裤用靛蓝类染色，水洗机洗掉色严重，摩擦掉色也很严重，极易色花、色绺
分散	4～5	4～5	主要用于涤纶、涤/棉染色，耐氯漂，各项色牢度可以居各种染料之首
不溶性偶氮	3～5	3～5	经过化学药剂处理，溶于水为染料；不经化学药剂处理，不溶于水，可用于涂料印花，为颜料
中性	2～4	3～4	不耐氯漂
阳离子	4～5	4～5	
涂料印花、涂料染色	4～5	3～4	耐氯漂

注：1. 根据现代纺织工程《印染手册》概括归纳整理，反映大体情况，供参考。
2. 耐水洗（皂洗）色牢度、耐摩擦色牢度是关系到服装水洗安全最重要的两项指标，因此列表比较。
3. 耐水洗（皂洗）色牢度、耐摩擦色牢度均为 5 级制，1 级为最差，5 级为最好。

2. 化学药剂作用法

每一种染料染色、印花，包括涂料，对各种化学药剂都有一定的反应，有的相同，有的不同；有的剧烈，有的和缓，有的十分稳定。这些不同的反应，有的洗衣店员工已经掌握，只是掌握的多少不同和准确的程度不同罢了，只要用心学习和研究就会逐步掌握或重点掌握。化学药剂作用法，实质是各种染料耐化学药剂的性能变换角度表述，是选择洗涤用品和

剥色、去渍时选择化学药剂的重要参考（表 5-4）。

表 5-4 有色衣物使用的常见染料（包括颜料）对常用化学药剂的反应

染料	颜色变化反应			
	保险粉	冰醋酸	双氧水	次氯酸钠
颜料	不变	不变	不变	不变
不溶性偶氮	变色或消色	不变	不变，略有褪色	变色或消色
还原（蒽醌类）	变色，遇空气恢复原色	不变	不变，略有褪色	不变
硫化	变色，遇空气恢复原色	不变	不变，略有褪色	变色或消色
酸性	—	不变，固色	不变，略有褪色	变色或消色
中性	变色	不变，固色	不变，略有褪色	变色或消色
直接	变色或消色，遇空气不能恢复原色	不变，固色	不变，略有褪色	变色或消色
活性	不变，略有褪色	不变	不变，略有褪色	变色或消色
分散	不变	不变	不变	不变

注：此表有色衣物使用的常见染料（包括颜料）对常用化学药剂的反应，所用药剂浓度 1%～3%，次氯酸钠浓度 1%～2%，也就是洗衣店一般常用的浓度。

(1) 保险粉-烧碱 取色布试样 0.5 克放入 10% 的烧碱溶液中煮沸 2 分钟，加入 4～5 毫克的水和 15～35 毫克的保险粉，再煮沸 1 分钟后观察结果，可出现以下四种情况。

① 色布试样颜色发生变化或变成无色，但遇空气能恢复原色，此种情况色布染料为还原染料、可溶性还原染料、蒽醌型活性染料、硫化还原染料、缩聚染料。将色布试样或有色衣物浸入 0.5%～1.5% 浓度的保险粉溶液中 5～10 分钟（不添加碱），如果不变色、不褪色，或褪色较轻，可以断定此色布试样不是上述还原染料。

② 色布试样颜色变为棕色，遇到空气变黑，为苯胺黑染料。进一步试验：另取色布试样用浓硫酸加热处理数秒钟后，倒入少量冷水中，色布试样颜色变成暗绿色，可确认是苯胺染料（苯胺染料已基本停用）。

③ 色布试样颜色消失或变色，遇空气不能恢复原色，此种情况色布染料为不溶性偶氮染料（冰染染料）、活性染料（非蒽醌型）、直接染料。

④ 色布试样颜色不发生变化或轻微发生变化，一般为分散染料、矿物染料（颜料）。

(2) 次氯酸钠 将色布浸入浓度为 1%～3% 的次氯酸钠溶液中 5～10 分钟，色布试样颜色不发生变化的是分散染料、涂料（颜料）。大部分染料不耐次氯酸钠，遇到次氯酸钠或者变色，或者消色，或者褪色，但次氯酸钠并不能使其全部变白。

(3) 冰醋酸 将色布浸入浓度为 30% 的冰醋酸沸煮 5 分钟，布样颜色部分被剥落，可能是分散染料。进一步确认：取出布样，待溶液冷却后加入乙醚或甲苯，摇动，乙醚层或甲苯层沾色的是分散染料。布样放入二甲基甲酰胺试剂中，经 40～50℃ 处理 10 分钟左右，能剥落颜色的是分散染料。

(4) 氨水沸煮法 将有色棉布放入 1% 的氨水煮沸 1 分钟，并放入少量食盐；再放入白棉布，若白棉布染色与有色棉布颜色相同，并不落色，原有色棉布染色为直接染料。

> **变色染料与颜料**：变色染料与颜料包括热变色、光变色、吸收红外线变色、湿变色、感压变色、溶剂变色等。能够使其变色是在染料和颜料中添加了某些化学成分，用于纺织印染的不多，基本都是可逆性的，如荧光染料、热敏染料、吸收红外线变色染料（用于侦察伪装服装）等。有的衣物熨烫变色，冷却之后又恢复原色（可逆性），不一定是生产厂家有意使用了变色染料或颜料，只能说是服装的染料具有热敏性质。

第四节
印花

印花就是印色，即采用印刷或类似印刷的方法，通过浆料使染料或颜料转移到织物之上，形成各种颜色的花纹和图案。直接体现织品多颜色和花色图案是印花的基本特征，为此，采用喷色、刷色、化学腐蚀剂拔白等形成的多颜色和花色图案的方法和工艺，虽然不是印色，但都归入印花的范畴。如地毯图案的喷色、仿虎豹花纹的裘皮喷色、用腐蚀剂咬色形成拔白的图案等。

✛ 一、印花基本常识

纺织品印花方法很多，印花设备的类型也很多。其中最具商业重要性的印花方法有两种：筛网印花和滚筒印花。滚筒印花机由苏格兰人詹姆士·贝尔发明。1963 年，荷兰 Stork RD 型圆网印花机问世后，印花技术有了长足发展，既有滚筒印花机效率高的特点，又有平网印花机能印制大花型、色泽浓艳的优点，是印花技术的重大突破和发展。近年来，越来越多的筛网印花借助数码技术，配备了先进的控制仪器，大大提高了筛网的定位精度，使新的筛网印花机能够印制以往只有滚筒印花机才能印制的精细花型，逐渐取代了传统的滚筒印花。

（1）印花方法　印花方法按使用设备主要分为型版印花、平网印花、圆网印花、滚筒印花、转移印花、数字喷墨印花等。按工艺分为直接印花、拔染印花、防染印花、特种印花等，特种印花有几十种之多，特种印花绝大多数属于直接印花。

（2）套印　印花套印色数有一色、二色、四色、六色、八色；有一面印花和两面印花。在完成前面的印色之后，必须有很好的色牢度，保证不出现串色、搭色、洇色的情况。因此套印色数多的印花，多采用色牢度较好的染料和与之相适应的固色方法，同时每印完一层印色，需要立即进行烘燥。

在洗衣实践中细心观察，可以发现这一规律：套印色数多的耐水洗色牢度好于一色、二色印花，一般水洗不掉色。首先出现串色、洇色、搭色多为一色印花；其次是二色印花，而且多为纯棉衣物深色印花。构成这种情况的因素很多，其中原因之一是一色、二色印花工艺简单；纯棉上染率高，可以使用廉价的直接染料。了解了印花工艺、使用的色料以及固色方法之后，能够感觉到色牢度高低的奥秘。

(3) 拼色 印花既用染料，也用颜料。染料染色在拼色时要求用同类色系的染料，例如用直接染料红、黄、蓝配成黑色，如果缺少蓝色不可使用还原染料、酸性染料或其它染料调配颜色；印花则无此限制，在一定的条件下只要能达到效果，任何不同色系的染料都可以用来拼色。不仅如此，印花还可以染料与颜料混用。印花可以先染色后印花，还可以使用化学腐蚀剂，如烂花酸剂，达到所需要的印花效果。印花要求面料平整光滑（喷涂除外），而染色则不同，面料表面可以凹凸不平。

(4) 糊料与色浆 不管是涂料印花，还是染料印花，都必须将色料调成糊状浆料。这是印花最基本的常识，也是与染料染色的重要区别之一。糊料有淀粉、植物性胶类、矿物性浆料、化学浆料。色浆的配制比较复杂，有些印花产品的种类，主要是通过调制不同成分的色浆实现的。色浆的主要成分有染料或颜料、黏合剂、增稠剂（乳化糊料或合成糊料）、交联剂、催化剂、乳化剂、柔软剂、稀释剂、抗泳移剂、黏着促进剂、阻泡剂等。交联剂也称固色剂或架桥剂，主要性能是提高黏合剂的成膜固色等性能。

(5) 蒸化与焙烘 蒸化就是高温汽蒸，是使用蒸汽来处理染料印花的过程，蒸化的目的是使印花织物完成纤维和色浆的吸湿和升温，从而促进染料的还原和溶解，并向纤维中转移和固着。蒸化温度一般为102～103℃。焙烘是印染行业的专用术语，焙烘是涂料印花固色阶段采用的工艺，通俗地说就是高温烘干。不过焙烘与烘干有很大的不同，烘干最高温度是100℃，焙烘最低温度为102℃，最高温度为195℃。食品加工业的烘焙也是一种烘干，与焙烘不同的是，烘焙最高温度达220～230℃。

二、染料印花

染料印花称为湿法印花，常用的染料有活性染料、可溶性还原染料、不溶性偶氮染料、稳定不溶性偶氮染料、分散染料、阳离子染料、酸性染料、直接染料等。

染料印花的一般流程如下：

印花→烘干→汽蒸→焙烘→水洗→皂洗→水洗→烘干

烘干温度在100℃以下；汽蒸温度102～103℃，时间5分钟左右；焙烘（热熔）温度190～195℃，时间90秒。染料印花种类多，工艺流程差异较大。有的没有汽蒸这道程序，有的增加其它程序。但是高温固化都没有缺少。

染料印花的色牢度情况比较复杂，水洗有的掉色，有的不掉色。染料印花色牢度有个规律，颜色多、套印的层次多、图案比较复杂的色牢度好，一般水洗不掉色。重要的原因是如果色牢度不好，在印花过程中就可能出现串色、洇色或搭色情况，这样一来印花厂家就无法完成这个产品的生产。反倒是颜色少、图案简单的，特别是一两种颜色条式图案，染料印花掉色严重，很容易出现洇色和色迹沾染。不排除这类衣物用廉价的染料、简单的工艺或缺少进一步固色措施，也可以完成产品的生产。

在印花工艺中有共同印花。所谓共同印花是指为了拼色的需要，将不同色系的染料混合印花，或者染料与颜料混合印花，这在染料染色中一般是不可以的。

三、染料染色与染料印花比较

染料染色是整体着色，染料印花是局部着色，如果二者使用同一种染料，所用化学助剂的物理与化学属性是相似的，染料染着和固色原理也是相似的，同样需要色牢度，这是染色与印花的共同点。两者的不同之处如下。

① 印花需要糊料将染液调成黏稠状，染料浓度较高，需要加入较多的助溶剂，而染色与之相反。

② 印花烘干成膜后必须经过后处理的汽蒸、焙烘提高染料扩散速率及固色，染色（特别是浸染）不经过这些后处理。

③ 染色很少用两种不同类型染料拼色，印花则可突破此限制，甚至可以使用酸剂腐蚀等各种工艺，于是有了共同印花、同浆印花、拔染印花、防染印花、防印印花等。

④ 印花要求布料平整，染色则无此要求。

了解染料染色与染料印花的共同点与区别，有助于掌握各种纤维的性能和色牢度特点。

四、涂料印花与黏合剂

涂料印花称为干法印花。颜料不着色，靠黏合剂固着，因此黏合剂的质量高低决定了涂料印花的色牢度。在高分子化合物兴起以前，即合成树脂问世以前，早先的黏合剂原料来自天然，以植物性胶类、蛋白质高聚物等作为黏合剂，不耐干洗，不耐水洗，不耐摩擦，手感不良，各项坚牢度均差，因而限制了涂料印花生产的发展。合成树脂黏合剂具有高度的黏合力，各项性能有了质的飞跃。合成树脂黏合剂的应用，使涂料印花迅速发展，迄今为止只有几十年的历史。据《新型染整技术》介绍，目前全球有一半以上纺织品采用涂料印花。涂料印花的发展历史可以说是黏合剂的发展历史。

用于涂料印花的树脂黏合剂分为三类：一是高温外交联丙烯酸酯黏合剂；二是高温自交联丙烯酸酯黏合剂；三是低温黏合剂。

涂料印花工艺的一般流程如下：

印花 → 烘干 → 蒸化 → 焙烘 → 后处理

烘干温度最高 100℃；焙烘温度一般为 102～103℃，时间 5～6 分钟；或 140～150℃，时间 1.5～2 分钟。

低温黏合剂涂料的印花流程如下：

印花 → 烘干 → 整理

有的涂料如白涂料的印花流程如下：

印花 → 烘干 → 蒸化（102～104℃，5～6 分钟）或焙烘（140～150℃）

涂料印花的共同之处是都经过高温固色。

涂料单独用于印花，均为直接印花。与染料印花相比，涂料印花的优点是适用于所有纤维织物，具有拒水性，得色较深，印花轮廓清晰，遮盖性强，浸水不掉色，耐晒色牢度优良，工艺简单，耗水低，污染少；缺点是成品手感硬，不耐干洗，不耐摩擦。涂料除直接印花外，还用于与其它染料混合使用进行共同印花。

五、中国古代印花与现代印花

中国的印花历史源远流长，至今已有数千年的历史。扎染、蜡染、镂空印花、蓝布印花，是中国古代传统的印花工艺，在有些国家和地区也历史悠久，对今天的印花技术有很大的影响。中国有些少数民族地区至今仍保留着传统的印花工艺，所用染料采自矿物和植物，有的植物还是中药材。蜡染、扎染印花需要手工生产技术，具有不可重复性，因而不能形成规模生产。蜡染、扎染饰品不仅是服装和生活用品，也是工艺品，有的艺人专门从事这类艺术品的制作，有的具有很高的艺术价值。当今印染行业的仿蜡染印花、拔染印花、转移印花、防染印花、防印印花，就是从古代的印花工艺发展而来，将古代印花原理和技术应用于现代生产之中，许多印花产品保留了传统风格。

现代印花与古代印花无论是设备、技术工艺、色料还是其它材料等与古代印花相比已发生了巨大变化，区别的主要标志是古代印花为手工生产，现代印花为大机器生产，产品的色牢度、多样性、复杂性、美观性等，非古代印花可比。古代三大印花产品如下。

1. 扎染

扎染（图 5-3），古称扎缬，是用纱、线、绳等工具，对织物进行扎、缝、缚、缀、夹等形式组合后进行染色，其目的是对织物扎结部分起到防止染色的目的，织物被扎得越紧、越牢，防染效果越好。它既可以染成带有规则纹样的普通扎染织物，又可以染出表现复杂的图案。而未被扎结部分均匀染色，当染色完成之后拆除扎结部分，展开布料呈现在眼前的是深浅不同、错落有致、层次丰富、图案精美的花布。由于手工扎法无重现性，所以世上不可能有完全相同的扎染饰品，这就是扎染的独特魅力。由此可见扎染不是一般的纺织印染品，而是独具风格的生活用品和艺术品。中国西南地区至今保留着扎染和蜡染艺术的少数民族，主要有白族、彝族、苗族、傣族、景颇族等。云南大理市喜洲镇周城村被誉为白族扎染之乡。

(a) 玫瑰色　　　　　　　　(b) 靛蓝色　　　　　　　　(c) 靛蓝色(局部)

图 5-3　扎染

2. 蜡染

图 5-4　蜡染着色前蜡绘

蜡染，古称蜡缬，其原理与扎染相同，是先用蜡（黄蜡，即蜂蜡）在织物面料上画好图案（图 5-4），然后染色。蜡液浸入织物后，有防染作用，染液不能浸入，织物没有蜡液的部位上染，有蜡液的部位不上染。之后经过热煮除蜡，形成白色花纹。蜡液凝聚收缩，形成许多冰状裂纹，展现独特效果，这是蜡染中的一种风格。在中国西南地区的苗族、布依族、瑶族、仡佬族等少数民族中至今仍很流行。目前中国的蜡染来源，大体可以分为三部分：一是西南少数民族地区民间艺人和农村妇女，自绘自用的蜡染制品，属于民间工艺品；二是工厂、作坊，面向市场生产的蜡染产品，属于工艺美术品；三是以艺术家为中心制作的纯观赏性的艺术品，也就是"蜡染画"。这三部分蜡染同时并存，互相影响，各具特色。

蜡染和扎染可用在真丝、全棉、化纤、皮革、麻、毛等纤维面料上，尺寸不限，客户可授意制作。扎染与蜡染的主要区别是防染材料不同，一个是用线扎防染，一个是蜡液防染。为了满足市场的需求，有的印染厂运用现代技术生产出仿蜡染印花产品，深受国内外一些用户的欢迎。

3. 蓝印花布

蓝印花布（图5-5），也称"土布"，是我国很早就流传的一种蓝白花布，先用石灰浆在织物上印花，然后用靛蓝（靛青）染色而成。靛蓝，是一种具有3000多年历史的植物性还原染料。战国时期荀况的千古名句"青，出于蓝而胜于蓝"就源于当时的染蓝技术。这里的"青"是指黑色，"蓝"则指制取靛蓝的蓝草，意为黑色来自蓝草，但颜色深于蓝草。蓝印花布采用镂空板防染印花，防染材料就是石灰浆。蓝印花布一般可分为蓝地白花和白地蓝花两种形式。"土布"由于自身的缺陷和生产效率低下，鸦片战争以后西方资本主义列强入侵，技术先进的"洋布"逐步取代了中国传统落后的手工业生产的"土布"。

 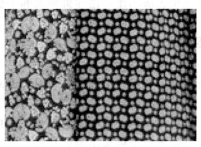

(a) 织土布　　　　　　　　(b) 蓝印花布（靛蓝）

图5-5　蓝印花布

蓝印花布图案古朴自然、吉祥如意，富有民族风格。受到国内和国外一些消费者的欢迎。现在生产的蓝印花布面料，应用了现代生产技术，继承了古朴自然的民族风格，由原来的单面印花发展成双面印花，由单色发展成多色，由小布发展到宽幅布，用料由纯棉发展到精棉坯布和棉/麻混纺布，花色品种也日益增多。尤其是蓝印花布时装，成为都市里一道亮丽的风景线。

✚ 六、蜡染、扎染、蓝印花布与现代印花的区别

现代印花通过黏稠的色浆着色，并经过高温汽蒸与焙烘固色。传统的蜡染、扎染、蓝印花布虽然称为印花，实质是传统、特殊方式的染料染色，所用染料多为传统的靛蓝染料，耐水洗色牢度较差，极易掉色造成色迹沾染。虽然洗衣店收洗不多，但不可忽视。

蜡染、扎染、蓝印花布由于是靛蓝染料染色，并且是低温浸染，耐水洗色牢度和耐摩擦色牢度极差，因此此类织物不可机器水洗，机洗必须加入冰醋酸等固色剂，不宜用硬毛刷刷洗，洗涤过程中不可用力搓洗，尽量减少摩擦。

✚ 七、固色方法不同对色牢度的影响

掌握织物的色牢度，提高洗衣事故预防的主动性，需要了解烘干、焙烘、热熔、高温高压

染色法、载体染色法、汽蒸、蒸化等名词概念，这不仅仅是概念问题，而是染色与印花过程中所采取的工艺，不同的着色方法需要采取不同的工艺，相同的色料有的可以采取不同的工艺，这些都是影响色牢度的重要因素。了解这些情况对于分析事故原因和制定防范措施很有帮助。

(1) 烘干　洗衣店的衣物烘干温度为 30～60℃，印染厂染色过程中的烘干温度高于洗衣店的烘干温度，最高为 100℃。超过 100℃为烘焙或焙烘、热熔。

(2) 焙烘　焙烘是印染行业的专用名词。温度多在 150～160℃ 之间，最高温度为 195℃。染色、印花、树脂整理离不开需要焙烘，根据需要选择焙烘温度，焙烘温度高，焙烘时间短一些，焙烘温度低，焙烘时间长一些。焙烘与烘烤不同。烘烤人们熟悉的是面包加工，也称焙烤，是舶来名词，最低温度是 100℃，最高温度在 220℃左右。

(3) 热熔　热熔是染色的固色方法，可以简单地理解为超高温烘干，主要是指涤纶分散染料染色的固色方法，最高温度为 215℃。

热熔染色法的工艺流程如下：

浸轧染液→烘干（80～100℃）→热熔固色（180～215℃，1～2 分钟）

与高温高压染色法相比，色泽鲜艳度和手感稍差，染料利用率较低，但生产效率高，适合大批量生产。

(4) 高温高压染色法　高温高压染色也是染色的固色方法，是指纤维织物在高温高压的染液中进行染色，温度一般为 125～130℃，超过 130℃上染率不再有明显提高，温度过高，容易使纤维强度和弹性下降，色光差，因此以最高不超过 145℃为限。高温高压染色得色深，染色均匀，手感好，染料利用率高。高温高压染色与热熔染色主要用于吸湿性低、不容易上染的纤维织物染色，染料主要是分散染料，织物的耐水洗色牢度和其它色牢度都十分优良，涤纶及涤纶混纺染色采用的就是这两种染色方法。

(5) 载体染色法　载体染色法由于生产过程中毒性较大，已基本停用。

(6) 汽蒸　汽蒸是指染料染色之后进行汽蒸固色。汽蒸温度一般为 101～103℃，时间较长，在 1 小时左右。

(7) 蒸化　蒸化是指染料印花之后进行汽蒸固色。

为什么染色中可以使用高温，而洗涤、熨烫不可使用高温？详见第十一章第一节十、纤维织物印染厂染色高温，洗涤不可高温第 229 页。

第五节
印花方式与常见印花织物

由于计算机的应用，使印花设备技术性能得到重大改进和提升。印花方式有几十种之多，应用最多的印花方式是直接印花。了解印花方式和印花织物，可以进一步了解各种纤维织物的性能，掌握各种印花衣物的色牢度和洗涤要求，从而正确选择洗涤方式和方法，避免洗衣问题和洗衣事故。

✤ 一、直接印花

直接印花是涂料印花和染料印花使用最多的生产工艺。所谓直接印花就是将印花色浆直接印到织物上。直接印花有三种形式。

（1）白地印花 将各种花纹图案直接印在白色布料上面称为白地印花，没有印色的部位仍为白色。

（2）满地印花 在白色布料上大面积先印好颜色，而后在空白地方续印，这种先印好大面积的布料称为满地。

（3）色地罩印 在先用染料染色的色布上印花，这种先染后印的方法称为色地罩印，习称叠印。色布称为色地，由于叠色缘故，一般都采用同类色或浅色为地色，印花颜色深于地色，续印一般由浅入深，否则叠色处花色萎暗。

直接印花既采用染料，也采用颜料（涂料）；染料直接印花只是染料印花方法中的一种，而涂料则全部是直接印花。

✦ 二、共同印花与同浆印花

共同印花与同浆印花属于不同色系的染料、染料与颜料混用的印花方式，并且均采用直接印花的方式，因此也称综合直接印花。

1. 共同印花

用不同类别的染料及颜料，分别印制在同一织物上的工艺，这种工艺称为共同印花。共同印花主要有以下两种。

（1）活性染料与其它染料的共同印花 其它染料有不溶性偶氮染料、稳定性不溶性偶氮染料、可溶性还原染料、暂溶性缩聚染料、涂料（颜料）等。

（2）不溶性偶氮染料与其它染料的共同印花 其它染料有颜料、酞菁染料、爱尔新染料、可溶性还原染料、缩聚染料等。

2. 同浆印花

同浆印花是针对着色性能不同纤维的混纺或交织织物，将不同类别的两种色料组合在一起调制浆料进行的印花。

常用的同浆印花有不溶性偶氮染料与颜料的同浆印花、不溶性偶氮染料与可溶性还原染料的同浆印花、暂溶性染料与不溶性偶氮染料同浆印花、可溶性还原染料与活性染料同浆印花、酞菁染料与中性染料同浆印花、暂溶性染料与涂料同浆印花等。

共同印花与同浆印花的共同特点是：取长补短，克服单一色料色谱不全的缺点。工艺流程根据选用不同的色料而定，互不影响。产品外观没有明显区别。如果浆料中有涂料，耐水洗色牢度有所提高，因为涂料中有黏合剂会在织物表面形成一定的树脂薄膜，阻碍染料的脱落。

✦ 三、防染印花

防染印花是印染结合、先印后染的一种工艺。其方法是在织物上预先印上花纹，印制花纹的色浆含有某种能够防止染料上染的防染剂，染完之后，花纹处由于不上染，呈现的是白色或与地色不同的其它颜色。这种印花工艺称为防染印花。有时候也可以先轧染烘干后，趁地色尚未完全发色前，如还原染料未显色时，就印上防染剂，用以抑制或破坏被染部位染料的发色，同样可达到防染的目的。防染印花常用的染料有不溶性偶氮染料、苯胺黑、酞菁蓝等。

✚ 四、防印印花

防印工艺是从防染工艺基础上发展起来的。如果只在印花机上完成防染或拔染及其"染地"的整个加工,这种方法称为防印印花,也称防浆印花。其工艺是先在面料上印上防印浆,而后在其上罩印地色浆。防印浆的地方罩印地色染料,由于防染或拔染而不能发色或固色,最后经洗涤去除。防印印花可分为湿法防印和干法防印。湿法防印是防印浆与地色浆一次完成,不适宜印制线条类的精细花纹;干法防印一般分两次完成,先印防印浆,烘干后再印地色浆。

防印印花所用的色料及工艺主要是:涂料防印活性染料;涂料防印不溶性偶氮染料;不溶性偶氮染料之间的相互防印;不溶性偶氮染料防印活性染料;还原染料防印可溶性活性染料;还原染料防印活性染料;还原染料之间的相互防印;活性染料之间的相互防印。

✚ 五、胶浆印花与水浆印花

胶浆印花与水浆印花均属于涂料印花,所不同的是黏合剂的性能不同。水浆印花的黏合剂属于水分散型,一般只适合在浅色面料上印深颜色,而对于比水浆深的面料,水浆印上去没有什么效果。这时就需要胶浆了。水浆印花比胶浆印花柔软,覆盖性较差,水洗有的容易脱落;胶浆覆盖性非常好,深色面料上能够印任何浅色,而且有一定的光泽感和立体感。人们通常所说的涂料印花主要指胶浆印花。

✚ 六、拔染印花

拔染印花是在色布上用能破坏布料部分颜色的化学药剂,使局部变成白色,形成色地白花,这种工艺称为拔白;如果在消色的同时再染上另一种颜色,形成色地彩花的工艺,称为色拔。色拔工艺过程十分复杂(彩图5)。

✚ 案例 1

一件镶有 PU 革附件的纯棉蓝色上衣,布料花色采用的工艺是拔白技术,即先染蓝色,后用腐蚀剂咬色形成白色花点。由于腐蚀剂浓度过高,对棉纤维损伤很大,穿用不足 3 个月,衣袖、腋下等多处被咬掉颜色的部位破漏。腐蚀剂应为含氯氧化剂,从中可以了解到氯漂对纯蓝色作用强烈,可以使其变白,实践和试验已验证了这一特点。

✚ 七、烂花印花

详见第三章第四节 十、起绒织物,第 53 页。

✦ 八、蜡防印花

蜡防印花布有真蜡防印花布和仿蜡防印花布。真蜡防印花布就是人们通常所说的传统的蜡染，即先用蜡在织物面料上画好图案，然后染色。有蜡液的部位不上染。然后经过热煮除蜡，形成白色花纹。蜡液凝聚收缩，形成许多冰状裂纹，展现独特效果，这是蜡染中的一种风格。由于蜡染生产周期长，成本高，不可重复，于是效率很高的机械化仿蜡染生产被广泛应用。其工艺称为仿蜡防印花。真蜡防用蜡防染，仿蜡防用防染剂防染。仿蜡防印花畅销西非地区，深受当地消费者喜爱。该产品已进入日本、新加坡等经济发达国家的服装市场。仿蜡防印花布的色牢度远远好于真蜡防印花布，颜色越多越复杂，耐水洗色牢度相对越高。

✦ 九、珠光印花

用荧光颜料或染料，以合成树脂为载体，获得一定荧光效果的印花称为珠光印花或荧光印花（彩图6）。这种纤维织物珠光印花与珠光革性质相同，不耐干洗。

✦ 十、发泡印花

印浆中加入发泡物质和热塑性树脂，在高温焙烘中，由于发泡剂膨胀而形成具有贴花和植绒效果的立体花型，呈浮雕效果，并借助树脂黏合剂将涂料固着。可用于纯棉、棉/涤、纯涤，耐一般洗涤和摩擦。此类衣物不可干洗（彩图7）。

✦ 十一、喷浆印花

喷浆印花，也称喷色印花，是把染料喷射在织物的指定位置上，形成花型图案。喷射印花选用的浆料有染料、涂料。因此，喷射印花大多属于涂料印花。喷射印花不能印制精细图案，图案轮廓模糊，几乎都用于簇绒织物，如地毯、毛毯等类织物的印花。

✦ 十二、电脑喷墨印花

电脑喷墨印花（图5-6），也称数码喷射印花，是一种全新的印花方式，综合了多种现代最新技术。电脑喷墨改印为喷，它使用的色料色浆和产品外观效果与印花相同，它兴起于20世纪70年代，形成于90年代，20世纪初以后在全球迅速推广，是印花行业一次重大革命。电脑喷墨印花既是一种印花方式，也是一种印花技术设备。由于设备占地面积小，在办公室和家庭就可以印花，电脑喷墨印花摒弃了传统印花需要制版的复杂程序，提高了印花的精度。不仅可以直接在织物上喷印，而且可以在制成的服装上印花，这是其它印花不可相比的特点，具有小批量、多品种、多花色、单件快速的极大优势，能迅速从一种花样改换另一种花样，在快速多变的市场上颇具竞争优势。解决了传统印花占地面积大、污染严重等问题，用途广泛，可能成为纺织织物印花的主要设备之一。具有广阔的发展前景。

图 5-6　电脑喷墨印花

电脑喷墨印花也存在不足，主要是不适应大批量生产；印花墨水贵，成本高；不能印制精细图案，图案轮廓模糊。控制软件和色墨开发是电脑喷墨印花的关键问题。目前，电脑喷墨印花大量用于美术社，使用最多的是商业广告牌匾，其次是小批量或单件服装。用于服装的主要是 T 恤、外衣的图标和装饰、领带、地毯、围巾等。

电脑喷墨印花的原理是将通过数字化技术处理的图像输入计算机，经电脑印花分色系统（CAD）编辑后，再由印染专用软件（RIP）控制喷墨印花系统，将专用墨水直接喷印到各种织物上，形成设计要求的印花织物。

电脑喷墨印花有三大要素，即软件、喷墨印花机和墨水。电脑喷墨印花墨水原料有两种：一种是染料；另一种是涂料。

(1) 染料　目前使用的染料主要有活性染料、酸性染料等。由于是低温喷墨，因此，受纤维着色性能的限制，主要用于着色性能好的纺织织物，这一点与其它印花相同。

(2) 涂料　适用于所有的纤维，具有通用性。喷墨印花用涂料墨水的配制要求很高。需要将涂料研磨成粒径在 50～200nm 范围内的微小颗粒并要对涂料进行改性，或在墨水中添加黏合剂固色。但是电脑喷墨喷嘴承受的黏度有限，不能使用其它涂料印花使用的黏合剂。

为了解决这个问题，一是在涂料墨水中不加黏合剂，在后续工序中添加；二是研发多功能分散剂，降低黏度，使之具有优良的喷射性。电脑涂料喷墨印花，要经过 3 分钟、150℃的焙烘，总体来看色牢度较好。其中，耐晒色牢度最高，达到 5～6 级，最差是耐湿摩擦色牢度，仅为 3 级。电脑染料喷墨和电脑涂料喷墨，在色牢度方面与其它印花大致相同。

✚ 十三、金银粉印花

金银粉印花属于涂料印花的一种，大多用于服装的图标及局部的装饰性图案和标志（彩图 8）。金银粉印花采用的工艺是网印，由于设备简单、体积小，不用高温焙烘，一般由小型企业或商业街的美术社承印。

现在所使用的金粉是铜与锌合金的细粉，由 60%～80%的铜和 20%～40%的锌组成。金粉与一般的颜料不同，颗粒是平滑的鳞片状，硬度较大，不溶于水，而溶于无机酸中。金粉的表面似镜片，遮盖力极高，光线透不过，紫外线和红外线也透不过。银粉是铝的细粉，颗粒为平滑的鳞片状，可溶于酸或碱，遮盖力极强，与金粉相同。

金银粉本身不上染，是靠黏合剂固着，因此金银粉印花耐摩擦色牢度极差，无论是穿用还是洗涤，都容易摩擦脱落。当金银粉全部脱落后，留下的是黏合剂的痕迹。即便是黏合剂的质量很好，也照样容易脱落，因为金银粉都浮于表面。由于黏合剂耐干洗溶剂性能较差，所以金银粉涂料印花不可干洗，只能小心手工水洗。金银粉脱落造成赔付的事故已有先例，在收洗衣物时一定要对顾客说明。金银粉脱落后的补色修复，只能喷涂不能涂刷，涂刷会留下板刷痕迹，失去均匀自然的美感。理想的效果是去除原来的金银粉印花图案后，重新印制。

十四、压膜印花

压膜印花是涂料印花中的一种，是近年来流行的一种个性化装饰，多在成品服装上用于局部装饰，或印制类似商标、队徽、标牌的图案，花纹清晰、色彩艳丽，增强了服装的美感。因此，现在洗衣店收洗衣物经常可以见到。压膜印花与其它涂料印花不同，它是 PVC 压延膜经凹版印刷机印制的，外观上好像是一层厚厚的塑料膜贴在上面，用手触摸感觉明显，它的材质与人造革 PVC 的性质相同，主要成分是聚氯乙烯，不耐干洗溶剂，有的颜料图案浮在表面，耐摩擦色牢度极差，不仅第一次干洗就会损伤颜色导致脱落，水洗也容易摩擦掉色无法修复。收洗到这样的衣物一定要格外注意，小心水洗（彩图 9、彩图 10）。

十五、转移印花

转移印花改变了印染厂惯用的滚筒、筛网印花法，先将染料或涂料印在纸片上，形成花纹图案，然后将转印纸覆于被印纤维织物上，将纸上的染料花纹转移到织物上，称为转移印花。具体有两种工艺：一是热转移法，利用热使染料或涂料从转印纸升华（升温）转移到纺织品上；二是湿转移法，利用一定的温度、压力和溶剂的作用，使染料或颜料从转印纸上剥离而转移到纺织品上。转移印花是 20 世纪 50 年代兴起的印花方法。它特别适于印制小批量的品种，印花后不需要处理，清洁环保。但转印纸耗量大、成本高。

十六、印花、提花、绣花、色织布的区别

印花、提花、绣花、色织布外观形态都是多颜色织品，但是它们之间的色牢度和耐用性都有不同特点，洗涤要求不完全相同，有的差异较大。

（1）印花 印花采用印色、喷色、刷色、化学腐蚀剂拔白等各种方法，通过浆料使染料或颜料转移到织物之上，形成各种颜色的花纹图案。

（2）提花 提花织物花型和色彩是使用不同颜色的纱线通过提花机直接织出来，因此提花面料的花色图案是在织布过程中完成。

（3）绣花 绣花是在布上面用不同颜色的绣花线，采用针刺的方法绣成，与印花相同的是属于二次加工，而提花是一次加工而成。绣花有手工、机器加工。高档品绣花基本为真丝。

（4）色织布 色织布是用染好颜色的纱线织成的布匹，如果是机织布只能是条格布，是经纱和纬纱交错而成，没有花型图案。

印花的色牢度情况比较复杂；提花与绣花的色牢度取决于纱线染色的色牢度，提花与绣花耐磨性差，摩擦容易剐丝和划伤，在洗涤中基本属于娇嫩衣物；色织布色牢度较好，正常水洗基本不掉色。

✤ 十七、对人体有害的染料及衣物掉色是否纯天然无害

1. 常见的有毒染色染料及辅料

(1) 苯胺染料 苯胺的毒害主要是产生高铁血红蛋白,对中枢神经系统及血液系统产生损害。苯胺中毒的症状是:轻度的产生头痛、头晕、乏力、食欲不振和口唇青紫现象;中度的恶心、呕吐、耳鸣、手指麻木;重度的皮肤黏膜严重青紫、意识消失或昏迷、瞳孔收缩或放大。慢性中毒的头痛、头晕、耳鸣、记忆力下降,化验可见溶血性贫血或低血色素的贫血现象。预防措施是加强通风,调配苯胺染液时密闭排毒,不能泄漏。真皮染色最初使用苯胺染料,这是苯胺革名称的由来。现在苯胺最先列入禁用,真皮已改用其它染料染色,苯胺革只是染料染色真皮的代名词。

(2) 硫化染料 硫化染料染色时常有硫化氢气体伴随,当空气中硫化氢浓度为 1.4 毫克/米^{3}以上时,即能闻到臭味;高达 11 毫克/米^{3}时,由于嗅神经麻痹,臭味反而闻不到;硫化氢浓度在 14 毫克/米^{3}以上时,可引起化学性角膜、结膜炎;浓度在 900 毫克/米^{3}以上时,可引起窒息死亡;当浓度达到 3000 毫克/米^{3}时,只吸入一口即可猝死。上述情况只有在染色时可能出现,对于染完色的织物,硫化氢气体已经排放完毕,没有上述情况。使用硫化染料复染气体浓度一般不会达到很高程度,要注意气味及变化。

(3) 苯、甲苯 苯、甲苯在洗衣店是作为皮衣护理稀释剂使用。工业用甲苯一般含有 2%～15%的苯,甲苯毒性小于苯。甲苯属于低毒性类,甲苯急性中毒,轻者表现为眩晕、无力、步态蹒跚,兴奋或酩酊状态;重者恶心、呕吐;有时可出现癔症样抽搐、呈木僵状态;长期吸入低浓度甲苯蒸气会慢性中毒,全身软弱、头昏、恶心、食欲不振等。在《生态纺织品标准 100》中,织物上只允许存在微量甲苯。

(4) 甲醛 甲醛是部分染化药剂中的成分。甲醛是醛类中有特殊致毒作用的一类。它能使人产生结膜炎、支气管炎、皮肤过敏发炎等症状。如果作用时间过长可引起嗜睡、丧失食欲、肠胃炎、肝炎、手指或脚趾发痛等。2004 年,国际癌症研究机构将甲醛列为第一类致癌物质。如果用中性洗涤剂 2 克/升,在 70℃处理 10 分钟,遗留在织物上的游离甲醛可以大部分除掉。将织物浸泡在 25～40℃水中 1 小时,也可以将遗留甲醛释出。含有甲醛的染料主要是不溶性偶氮染料(冰染染料),不溶性偶氮染料作为染料已经禁用,主要用于涂料印花。

(5) 芳胺 也称芳香胺。芳胺是许多染料中含有的一种致癌物质,苯胺、联苯胺、二甲基偶氮苯等苯类染化药剂中就含有芳胺。世界各国已明令禁止生产。偶氮染料是染料中一个大的家族,世界市场大部分合成染料(60%左右)是以偶氮化学为基础制成的。按应用分类有直接染料、酸性染料、分散染料、活性染料、阳离子染料等,按结构分类有偶氮染料、硝基染料、硫化染料、蒽醌染料等。目前使用的偶氮染料有 3000 多种,其中有的含有芳胺,一些国家已经禁止生产。

除了上述染料比较典型外,其它染料有的品种及化学成分也列入了禁用范围。活性染料在我国使用较为广泛,也是目前适合洗衣店复染的主要染料。德国是世界上对染料控制最严的国家,在德国颁布的禁用染料中没有活性染料。活性染料中有的个别品种也含有少量致癌的芳胺成分,但目前还没有被列入禁用范围。

2. 衣物掉色是否纯天然染料对人体无害

《生态纺织品标准100》是世界环保纺织协会于1992年制定并颁布的国际上最权威、影响力最广泛的生态纺织品法规。它是用于检测纺织品和成衣制品在影响人体健康方面的标准，如果纺织品经过测试，符合了标准中规定的条件，生产厂可获得授权在产品上悬挂"信心纺织品，通过有害物质检验"的 Oeko-Tex Standard 100 注册商标。真正的生态纺织品不仅要符合《生态纺织品标准100》的要求，对人体安全无害，而且要检验这种纺织品的生产过程，目前能符合生态纺织学的真正生态纺织品还很困难。

有人说衣物掉色是纯天然染料对人体无害，这种说法缺乏科学根据。食品生产所用天然色素无毒，但可用于纤维织物的较少，因为纤维织物染色要求各种色牢度，食品色素有许多达不到这种要求。可用于纤维织物染色的天然染料并非全都无毒，只是毒性小一些。即便天然染料无毒，在染色生产过程中，也必须使用染色助剂，这些助剂具有不同程度的毒性。可用于纤维织物染色的纯天然染料很少，其中最负盛名、历史悠久的是靛蓝染料，染色时也离不开染色助剂。有些经销服装的商家为了推销产品，极力宣传衣物掉色是纯天然染料对人体无害，如同卖生了虫子的玉米，硬说这是不施农药的纯绿色食品一样。

染料及其助剂的毒性，主要是在染色、护理过程中对人体健康损害较大，对于市场销售的成品服装情况则发生了很大的变化。虽然有的还有残留物长期接触皮肤可能致癌，但是与染色时产生的毒性已不可相比。

第六节
衣物掉色污染的因素和规律

颜色事故分为两类：一是色迹型，色迹型事故就是人们平时所说的颜色沾染，其类型是串色、搭色、洇色；二是色花型，色花型事故是指颜色脱落后衣物本身的形态，包括整体色花、局部色花、色绺、整体褪色、局部褪色等。脱落的颜色有的沾染其它衣物，有的不沾染其它衣物，如涂料印花。颜色事故不仅常见，数量多，而且救治和修复的技术难度大，修复效果要求高。洗衣店救治技术高不高，很大程度上由这方面体现，洗衣店大多数化学药剂都是为处理这方面的事故所配备。

造成颜色事故的主要原因有：纤维的原因，染料的原因，不同颜色的衣物混洗，浸泡不当或时间过长，预处理停放时间过长，洗涤剂使用不当，水温过高，机洗不翻面，错误使用化学药剂，去渍方法不当，刷洗过重、选用硬毛刷、没遵守"三平一均"，晾晒方法不当等。衣物掉色色迹污染有什么规律呢？现集中概括如下。

✚ 一、纤维的吸湿性不同，掉色、沾色程度不同

纤维吸湿性越大，上染率越高，掉色的可能性越大，但沾色后去除容易；吸湿性越小，上染率越低，掉色的可能性越小，在洗涤中不容易沾色，然而一旦沾色又极难去除。例如纤维素纤维吸湿性较大，上染率高，可以使用许多染料染色，这些染料耐水洗色牢度有的很好，有的色牢度很差。色牢度差的染料成本低，工艺简单，应用普遍。合成纤维吸湿性低，

上染率也低，染色时适用的染料不多，特别是涤纶纤维因为不上染，刚问世时只能生产白色的确良，后来分散染料采用高温高压、热熔工艺，才使其上染。

世界上一切事物都存在两重性，往往有一弊，就有一利。涤纶吸湿性小，不容易染色，但染色之后不易掉色，无论是耐水洗色牢度还是其它色牢度都很好，即便与其它掉色的衣物混洗，也不容易沾色污染，形成二次染色；但是一旦沾染其它色迹，去除的难度极大。再如丙纶吸湿性为零，染色难度大于涤纶，除了改性丙纶可以染色，普通丙纶则需要在生产纤维的过程中直接加入染料，丙纶纤维生产出来就带有颜色，这种有色纤维不仅干洗、水洗不会掉色，氧化剂、还原剂等化学药剂也不能对其产生作用。经过多次氯漂、保险粉浸泡试验，涤纶纤维织物，无论是染料染色还是染料印花都毫无变化。

二、涂料与染料性质不同，掉色和污染规律不同

衣物如果是涂料印花、涂料染色，在洗涤中由于摩擦能够形成色花、色绺。但是，颜色只是脱落，不会对其它衣物或其它部位造成色迹沾染；如果是染料染色和染料印花织物，在洗涤中，不仅可能掉色，也可能摩擦脱落形成色花、色绺，而且浸水掉色和摩擦脱落的颜色都会对其它衣物或其它部位造成色迹沾染，形成串色、搭色、泗色（彩图3、彩图13）。

三、不同染料，色牢度不同

各种染料都适用于一定的纤维，不同的染料色牢度差别很大。以纯棉纤维织物为例，如果使用了蒽醌型还原染料，耐水洗色牢度十分优良，水洗不掉色；优于活性染料，活性染料也基本水洗不掉色或掉色较轻；直接染料、酸性染料耐水洗色牢度较差。染料染色色牢度与染色工艺和后处理有很大关系，如果染料染着不良、浮色多、染后水洗及皂煮不充分，均会导致耐水洗色牢度下降。总体比较，水溶性差或不溶性的染料，耐水洗色牢度均较高（表5-2、表5-3）。

四、硬挺织物容易洗花

所谓洗花，是指色花、色绺，以及整体褪色、局部褪色，统称色花。色花多为水洗。造成色花的原因：一是染料的原因，部分染料耐摩擦色牢度不高，尤其是耐湿摩擦色牢度很差，从颜色来看多为深色，如黑色、蓝色、棕色等；二是织物的原因，硬挺衣物摩擦力大，尤其是棱角折叠处不仅可以直接磨掉染料，而且可以直接磨破衣物。从款式来看多为秋冬外套，如牛仔服、棉服、休闲服、中山装类等。机洗造成色花的主要原因是机洗不翻面。机洗不翻面，即使是薄软浅色衣物，也同样可以造成色花（彩图11、彩图12）。

五、掉色沾染，深色重于浅色

染料染色的衣物因掉色造成"三色"的多为深色或艳色，如黑色、蓝色、深蓝色、红

色、紫色、深棕色等，同样是掉色沾染，深色严重，浅色较轻，深色明显，浅色不明显。因此对深色、艳色要加倍注意（彩图 3、彩图 13）。

✦ 六、染料染色真皮掉色最重

　　染料染色的真皮，无论是作为皮衣，还是服装面料的拼料组合，或是服装的附件（如滚边、镶条），水洗掉色及沾色十分严重，由于干洗溶液中含有一定的水分，干洗也掉色沾色，只是程度轻于水洗。苯胺革因最早使用苯胺染料而得名，均为优质皮革，十分柔软，后来苯胺革成为染料染色真皮的代名词，因为染料染色皮革十分柔软，如果采用涂料树脂固色（使用颜料涂饰剂），皮革将变得发硬，不能称为苯胺革。因此只要洗涤标识标注为苯胺革肯定是染料染色。由于皮革的性质决定，苯胺革只能用适应低温染色的染料，色牢度很低。如果滚边、镶条为人造革，干洗会发硬，严重者硬裂（彩图 14）。

　　在洗衣工作中经常碰到这样的情况，真皮作为服装的附件，有的掉色十分严重，干洗也掉色，有的相反，水洗不掉色，这是什么原因？原因就是用染料着色的真皮掉色严重，用颜料着色的不掉色，即便掉色也只是颜色脱落褪色，不会污染造成洇色。

✦ 七、化学药剂对染料、涂料作用的结果不同

1. 耐氧化剂、还原剂、酸碱——涂料好于染料

　　氯漂、氧漂虽同为强氧化剂，但对染料染色作用的效果差异很大。氯漂作用强烈，对大部分染料染色可以造成掉色、咬色、变色、消色；氧漂则作用很差，例如纯棉白色衣物沾染了色迹，用双氧水很难清除。还原剂保险粉可使还原染料染色变色或消失，但遇到空气自动恢复原色；对其它染料染色可能变色、消色，如果遇碱可以恢复原色，或恢复一定程度，或不能恢复。碱可以使耐水洗色牢度差的掉色，但不变色，也很难消色。酸与前面的化料作用相反，对耐水洗色牢度差的染料染色，特别是直接染料、酸性染料、中性染料等染色有固色功能。上述化学药剂对涂料印花和涂料染色、涤纶分散染料染色不起作用。

2. 耐化学溶剂——涂料不如染料

　　染料溶于水，不溶于有机溶剂，因此干洗不掉色。掉色比较严重的衣物干洗也掉色，其原因是干洗溶剂中含有少量的水分，但掉色轻于水洗。涂料染色与涂料印花与此相反，因为颜料着色靠树脂黏合剂固着，树脂黏合剂不耐干洗溶剂。现在用于涂料印花的合成树脂黏合剂虽然质量有了极大提高，但耐干洗色牢度依然不如染料。有的干洗就会出现事故，如压膜印花、皮革印花、金银粉印花、发泡印花、珠光印花等。

　　咬色是局部掉色，是去渍不当经常出现的问题，而且处理难度很大。任何洗涤用品和去渍化料使用不当都可以咬色，但一般只能对染料染色的织物咬色，对涂料印花和涂料染色不能咬色（彩图 15）。

✦ 八、色迹沾染，简单印花重于复杂印花

　　为了便于说明问题，将只有一两种颜色的染料印花称为简单印花，将五颜六色复杂花型

图案的染料印花称为复杂印花。按照人们的习惯思维，复杂印花掉色造成色迹沾染的概率应该高于简单印花，但事实上恰恰相反。容易掉色造成串色、搭色、洇色的是简单印花。这是什么原因呢？复杂印花需套印四五遍，最多的八遍，如果色牢度不高，在生产过程中就会发生色迹污染，很难完成产品的生产。而简单印花在生产过程中套印遍数少，即使色牢度不高，也可以完成产品的生产。不排除简单印花选用色牢度差、廉价的染料。因此碰到简单印花的衣物要格外注意，有的掉色很严重，应当先用湿棉签擦拭并检查是否掉色及掉色程度，洗涤时必须加入冰醋酸固色，做好预防（彩图 16）。

第六章
服装与结构

■■■

专业洗衣店与宾馆、大医院的洗衣车间不同。宾馆、大医院的洗衣车间以洗涤布草为主，洗衣店收洗的衣物比较庞杂，服装、服饰用品、床上用品、家庭装饰用品、汽车用品、地毯、沙发和座椅等都在收洗范围之内，还可以开展复染、缝纫、日化品零售等服务项目。收洗的面料纤维、款式、颜色复杂，洗涤的每一件衣物都视同新购，不存在折旧更新，洗坏或出现问题面临的是赔付与补偿。

第一节
服装功能与分类

服装从广义上讲，不仅包括身上穿的，还包括头、脖子和手上戴的、脚上穿的、手上拎的（兜包）；从狭义上讲，是指身上穿的外衣和内衣。服装最早称为"衣裳"，中国古代称为"上衣下裳"。

✦ 一、服装的功能

服装的基本功能是满足生理需求、遮体遮羞、防暑防寒。随着社会文明的发展，人们对服装的要求不断提高，但服装的基本功能并没有改变。服装除了基本功能外，还具有重要的装饰性，这是反映一个国家和民族政治、经济、科学、文化、教育水平和社会风尚的重要标志。当社会经济发展和人们的生活水平达到一定社会水平的时候，服装的装饰性便凸显出来，上升到重要的地位。"时装"一词的出现就是对这种变化的最好诠释。不仅如此，服装还是一个人地位、身份的象征，通过服装来追求心理上的舒适性。品牌效应是专业洗衣店收洗衣物的一大特点，相同衣料、相同款式、相同颜色的服装，使用价值相同，但价值却不同，有的相差几倍，甚至十几倍。为什么有的人非买名牌，舍贱买贵，除了质量的原因外，是追求心理上的舒适性。服装功能的这一发展趋势，在客观上推动了洗衣行业的发展，因此洗衣店的经营必须紧跟社会的发展潮流。

✦ 二、收洗衣物分类与服务项目

服装衣物品种繁多，根据需要分类方法各不相同。洗衣店收洗的衣物一般按照洗涤方式、款式、颜色、大小和服务项目进行分类。

(1) 服装 服装是洗衣店收洗衣物的主体，洗衣额约占 90% 上。按面料分类，如毛呢、棉布、丝绸、化纤、皮革裘皮；按穿着对象分类，如女式、男式、儿童、职业装、军装等；按款式分类，如西服、牛仔服、中山装、夹克、衬衫、学生服、棉袄、大衣、风衣、羽绒服、裙装等。

(2) 家居用品 包括床上用品、室内装饰用品、地毯等。

(3) 汽车用品 主要是各种坐垫、坐垫套等。虽然款式不多，但数量不少，是一个新兴的业务来源。

(4) 鞋类、箱包 鞋类、箱包的清洗与护理等。

(5) 其它服务项目 复染、织补、病衣修复、缝纫、改衣、上门清洗沙发等。

第二节

服装用料

服装用料可以分为面料与辅料两大部分。按照洗衣行业的工作习惯和洗涤时的关注点，服装用料分为面料、里料、衬料、填料、紧扣材料与饰品、附件五个部分。

✦ 一、服装面料

面料是服装的主体，基本分为纺织纤维、皮革裘皮两大类。随着科学技术的发展，服装面料新品种不断问世，一些特殊面料、不同洗涤要求的面料组合，虽然改善了使用功能，提高了装饰性，但是给洗涤增加了麻烦，对洗衣安全不断提出新课题。需要洗衣店和员工特别关注。

服装面料的种类如下所示。

服装面料
- 纺织纤维
  - 纤维素纤维
    - 天然纤维：棉纤维、麻纤维等
    - 人造纤维素纤维(也称再生、化学纤维)：黏胶纤维、醋酯纤维等
  - 蛋白质纤维
    - 天然纤维：丝纤维、毛纤维等
    - 人造(也称再生、化学纤维)蛋白质纤维：大豆纤维、花生纤维、玉米纤维等
  - 合成纤维(化学纤维)：涤纶、锦纶、维纶、腈纶、丙纶、氨纶、氯纶等
- 皮革裘皮
  - 皮革
    - 真皮：牛皮、羊皮、猪皮、鹿皮、马皮等
    - 人造革：PVC革(聚氯乙烯革)、PU革(聚氨酯革，也称合成革)
    - 再生革：用真皮余料粉碎再加工而成
  - 裘皮
    - 动物皮毛：貂皮、羊皮、兔皮、貉皮、狐皮
    - 仿动物皮毛(仿裘皮)

服装面料不仅是服装的主体，也是洗衣技术和事故防治的主体。在去渍、洗涤、熨烫过程中，对服装面料的关注，概括起来有三个方面：一是纤维性能；二是衣物的颜色和色牢度；三是面料与服装辅料、附件、饰品的洗涤要求是否一致。

二、服装里料

服装里料，俗称夹里布、里子布。里料一方面能够遮盖面料内层的缝头和衣衬，另一方面可使服装保持平整、易于穿脱。对秋冬季服装，使用衬里能够增加服装的保暖性和穿着舒适性。按照国家检测要求，服装里料的主要测试指标为缩水率与色牢度，要求布面光滑，穿脱滑爽方便，轻薄耐用，颜色应与面料相协调，色牢度好，颜色一般不深于面料。里料分为死里、半里、全夹里三种形式，其中全夹里是指整个服装全部配里方式，一般冬季较高档服装大部分采用全夹里。里料大多为绸类织物，光滑薄软。真丝绸一般用于高档服装，仿丝绸常见的有涤纶绸、尼龙绸、人造丝绸等。具体分为以下五类。

(1) 天然纤维素纤维里料 主要是棉纤维，棉里料的优点是吸湿性和透气性好，不易产生静电，穿着舒适。缺点是不够滑爽，缩水率高。

(2) 再生纤维素纤维里料 黏胶纤维、铜铵纤维、醋酯纤维（醋酸纤维）。黏胶纤维织品主要有羽纱、美丽绸，手感柔软滑爽，有光泽，吸湿性强，但湿强度较低，缩水率高，保型性差。铜铵里子绸服用性好于黏胶纤维，但湿强度低，缩水率高，既不耐氯漂，也不耐氧漂，醋酯纤维织品常见的是新羽缎，服用性好，一般用于高档服装。

(3) 蛋白质纤维里料 主要是蚕丝。真丝里料滑爽柔软，吸湿性、透气性优良，但不坚牢，容易褶皱，缩水率较高。真丝里料最常见的是电力纺。

(4) 合成纤维里料 主要是涤纶绸和尼龙绸。它们的共同优点是强度高，耐用，耐磨性好，不褶皱，不缩水。共同缺点是透气性差，容易产生静电。尼龙绸吸湿性好于涤纶绸，但不挺括，耐热性较差。

(5) 混纺和交织里料 在实际生产中混纺、交织的里料较多，使不同的纤维性能互相融合，扬长避短。

服装里料在洗涤中容易出现的洗衣事故和洗衣问题，主要是：第一，掉色污染面料；第二，缩水、抽缩变形，从而拉动整个服装变形。最严重的是人造丝里子绸，如羽纱、美丽绸等，其次是府绸、真丝绸；醋酯纤维虽然也是人造丝，但它的吸湿性接近于合成纤维的维纶与锦纶，基本不缩水；合成纤维里料除透气性和吸湿性较差外，其它性能均好于天然与再生纤维，不存在缩水、抽缩问题。

三、服装衬料

衬料，又称衬布，是介于服装面料与里料之间的材料，它是服装的骨骼。衬料使服装造型丰满，穿着舒适，挺括美观。

衬料按服饰品种分为九类：外衣用衬、衬衫用衬、皮革裘皮服装用衬、丝绸服装用衬、针织服装用衬、裙裤用衬、领带用衬、鞋帽用衬、其它服饰用衬。按加工工艺分为传统衬布与黏合衬布两大类。传统衬布有棉衬、麻衬、毛衬、无纺布衬、树脂衬。黏合衬，也可称为涂胶衬布，改变了传统衬布的加工方法。

（1）棉衬、麻衬 分为加浆料和不加浆料两种。加浆料为提高其挺括能力。麻纤维刚性好、挺实，所以麻衬好于棉衬。棉衬、麻衬主要用于西装、大衣、制服等服装的前身、门襟等处。由于棉衬、麻衬厚重、易缩水、易起皱，使用者已经很少。

（2）毛衬 以粗毛、鬃毛为主，棉纱为辅织成的布料。弹性好，保型性强，属于高档衬布，主要用于外衣、制服，并以毛料服装为主。一般常用于前身、胸部、肩部、驳头等部位。

（3）无纺布衬 无纺布衬种类繁多，其优点是重量轻、切口不脱散、弹性好、不缩水、保暖透气、价格低廉。缺点是硬挺性差、抗拉强度低、不耐搓洗。

（4）树脂衬 树脂衬是在纯棉布、棉混纺布上涂布或浸轧合成树脂浆料而成。树脂衬具有很强的耐水洗性能和保温性能，分为硬挺型、软挺型、软薄型三种。主要用于衬衫、外衣、大衣、风衣、西裤等服装的前身、衣领、门襟、袖口、裤腰等部位。随着黏合衬的发展，树脂衬逐步被黏合衬所取代。

（5）黏合衬 黏合衬是在基布上面经过热熔处理涂上一层聚酯、聚酰胺、聚氯乙烯等不同类型的高分子化合物等类的热熔胶，使用时用熨斗高温压烫而成，或者用专门的加工设备。

黏合衬的出现与应用改变了传统的衬布缝线的加工方式，使得衬料加工变得简化、省时、省事、快捷，提高了效率，同时服装挺括性、保型性都有较大改观，提高了服装的外观质量和内在品质。

黏合衬的种类很多，功能也不尽相同。在洗涤中有时会出现鼓包起泡现象，这是衬布脱离面料所致。这是脱胶造成的。脱胶的原因一是黏合剂不耐干洗或温度过高；二是洗涤过程中机械力过大；三是加工质量问题。

✚ 四、填料

填料主要功能是保暖，具体分为以下三类。

（1）絮料 絮料包括棉花、动物绒毛、丝绵、羽绒、化纤棉。含有絮料的衣物有羽绒服、棉服、被褥、坐垫、靠垫等。在洗涤中最容易出现的问题是毡结和滚包，一般不宜洗涤，使用时要有外罩，脏了洗外罩。有的棉被小孩尿湿不得不水洗。水洗时装机应满贯荷机洗，避免洗涤过程中的机械力摔打。丝绵被不仅滚包，而且水洗抽缩严重，只能采取干洗，干洗前要采取相应的缝线固定措施，应选择缓和洗涤程序。

（2）天然毛皮 天然毛皮主要有羊皮、狗皮、貂皮等，一般用于棉服，位于面料与夹里布之间，保暖性能良好。上档次的缝制复杂，价格昂贵。在一般情况下，这类衣物适宜干洗。

（3）絮片 常见的絮片有毛毡絮片、纤维絮片、海绵絮片等。

在洗涤中填料出现问题较多的是汽车坐垫和棉被滚包及絮片破损。

✚ 五、紧扣材料与饰品、附件

紧扣材料包括纽扣、拉链、裤钩、绳带。绳带中有松紧带、罗纹带、缎带、针织彩条带、黏扣带、编织绳、松紧绳等。饰品包括各种珠钻、亮片、标牌、装饰性附件，如滚边、镶条等。紧扣材料、饰品、装饰性附件是洗衣事故和洗衣问题的高发区和防范重点。洗涤时应当拆卸、手洗、包裹、装袋或采取其它保护性措施。

1. 纽扣

纽扣是服装上的珍珠。纽扣的功能是紧扣，也是服装的重要装饰品。曾有一位顾客的服装纽扣用黄金制作（也可能是镀金），价格昂贵，洗涤之前顾客特别交代进行了拆卸。从洗衣实践和经验来看，一些特殊纽扣的重要性超过了珠钻、亮片类等饰品。

纽扣种类繁多，最为复杂，有的纽扣在洗涤中很容易出现损坏和丢失。一旦损坏或丢失，一些带有商标图案的纽扣（图 6-1）和其它特殊纽扣市场上根本买不到，一不小心，就会因为一个小小的纽扣造成赔付和补偿。

纽扣发生的问题主要有丢失、损坏、磨损、铁质按扣锈迹污染、树脂纽扣干洗溶解、变形或失去光泽等。

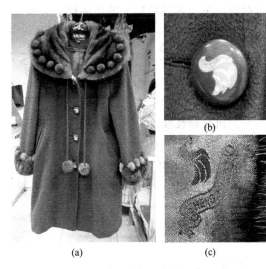

图 6-1 带有商标图案的纽扣

➕ 案例 1

曾有一件男士休闲服为铜质纽扣表面喷涂黑色油漆，收洗时已有部分纽扣因穿用摩擦出现轻度脱落，经过洗涤摩擦有的漆膜脱落比较明显，顾客取衣时不认可。为此只有从装修市场购买一瓶黑色喷漆，把纽扣修复如新。

---

2. 拉链

拉链从材料上分为金属拉链和树脂拉链；按使用功能分为开尾形、闭尾形、隐形三种。开尾形拉链用于上衣；闭尾形拉链用于衣兜、口袋、皮包；隐形拉链用于裙装、裤子等，不露拉链，只露拉链头。特殊拉链头如图 6-2 所示。

拉链容易出现的问题是滑道损伤，拉合失灵，需要更换；在洗涤中容易出现的事故和问题是拉链头脱落损坏、划伤面料。拉链头虽小，但造成大的赔付并不鲜见，因此，在机洗之

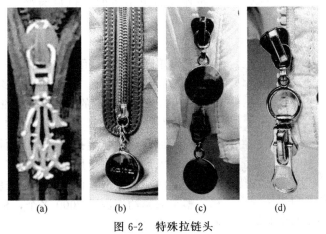

(a)　　　(b)　　　(c)　　　(d)

图 6-2 特殊拉链头

前对拉链头，尤其是较大的金属拉链头或不光滑的拉链头要用白布进行包裹。

案例2　小小拉链头，引发大赔付

衣物情况：灰色男用双面服。

洗涤方式：水洗机洗。

问题和处理结果：拉链头（不大）未包裹机洗，造成前襟下方拉链头部位有一处小米粒大小的表面涂层摩擦脱落。视力好，在光线充足情况下，仔细查看可以发现（顾客为27岁左右女性）。顾客一方面要求赔付或补偿，另一方面执意坚持索要衣物（说明可以正常穿用，不妨碍美观），自报购价2000元。事实上穿在身上很难看出毛病。最终处理结果赔付1000元，衣物归顾客。

---

3. 绳带

绳带类的紧扣材料有松紧带、罗纹带、缎带、针织彩条带、编织绳、松紧绳等。凡是具有弹力的绳带都可以划为松紧带的范畴，种类繁多。

用在服装上面外露的松紧带为扁平条状，其部位主要是袖口、领口、下摆、腰部、裤腰、束腰等处。使用的服装多为夹克、羽绒服、女裙、童装、内衣、运动服、婚纱礼服、毛衣、袜口等，具有很强的装饰性。织造方法有机织、针织、编织；织造组织多种多样；颜色有与面料同色的，也有与面料颜色明显反差的。松紧带织造使用的纤维以化纤居多。松紧带的弹性材料有氨纶、橡胶、锦纶弹力丝等。

易出现的问题有：在洗涤中松紧带出现的问题多是松弛、掉色，尤其是袖口松弛，如果是干洗出现的松弛，是弹性物质（如氨纶）不耐干洗溶剂变性的缘故，干洗之后弹力必然下降，洗涤次数越多，下降幅度越大，难免出现纠纷。

4. 滚边镶条

滚边镶条是流行服装的一大特色，在送洗的衣物中占有相当比例，滚边镶条大多为购买的成品，使用的材料分为两类：一是纺织纤维；二是皮革（包括真皮与人造革）。为获得装饰效果，有的滚边镶条与面料颜色反差较大。浅色面料用黑色、深蓝色、大红色、紫色作为滚边镶条，如果深色色牢度不好，极易造成洇色。用苯胺革作为滚边镶条的掉色最为严重。人造革（PU革、PVC革）如果干洗可造成硬裂。

5. 珠钻、亮片饰品

珠钻镶嵌在服装上有两种方式：一是用黏胶黏合在面料上；二是用缝线固定。亮片和亮珠多用缝线串接，制作材料多为合成树脂，有的服装配饰数量很多。这些树脂珠钻、亮片不耐干洗溶剂，这给洗涤增加了难题（图6-3）。

筒裙面料为网状透孔织物，上面镶满了黑色圆形树脂亮片，大的直径有1厘米，小的有0.5厘米，用缝线穿过中间的小孔镶嵌在面料之上，查验局部数量进行推算，整个筒裙约镶嵌了2000多个，稍有不慎缝线折断，便掉下一串亮片。

(a) 兜口串珠已经断裂　(b) 亮片筒裙缝线折断

图6-3　损毁的珠钻、亮片饰品

6. 标牌

服装上的标牌有标志性标牌，如警察、法院、海关工装。这类标志均为统一制作，所用材料基本是纺织纤维，色牢度较高，在洗涤上一般没有特殊要求，有的在洗涤前可以拆卸下来。用料有纺织纤维织物、金属、树脂、天然木材、贝壳等。标牌分为两种，即商标标志和装饰性标志，这一类比较复杂，充分体现个性化。材质有纺织纤维、皮革、金属。需要重点注意的有两项：一是掉色污染问题，特别是用苯胺革制作的标牌掉色严重，要格外注意；二是有棱角的金属标牌，机洗必然造成对面料的损伤。

7. 蕾丝

蕾丝，俗称花边，均为针织物，花样繁多，基本用于儿童服装和女性服装。

8. 其它辅料和附件

其它辅料包括线料、其它装饰物，如绒球、贴标等。线料有棉线、丝线、涤纶线、锦纶线、混纺线、绣花线、金银线。部分合成纤维线料复染是不着色的。

（1）领帽　棉大衣、毛呢大衣配帽最容易出现的事故和问题如下。

① 可拆卸的领帽洗涤时一般需要拆卸，由于帽子没有订上洗衣标签，很容易错付、漏付。

② 领帽如果是动物裘皮，如果错误水洗，可导致褪鞣板结硬裂。

③ 裘皮领帽容易擀毡（图6-4），如果错误蒸汽喷烫，可直接损伤皮板。

图6-4　领帽裘皮已经擀毡

（2）罗纹　罗纹（图6-5）是针织织物的一种组织结构，其特点是织物具有很好的伸张力，即弹力。毛绒衫的组织结构是罗纹组织的代表。除了毛绒衫本身之外，其它服装的罗纹织物主要用于秋冬季服装的衣领、袖口、下摆等处。罗纹在洗涤中常见的问题是松弛。

图6-5　罗纹

（3）腰带　腰带（图6-6）分为两类：一是固定式；二是可拆卸式。用料有的是纺织纤维织物，有的是皮革。在洗衣付衣过程中出现问题最多的是可拆卸式皮带漏付，因此均需订上洗衣标签。

图6-6　大衣腰带

六、部分服装部位名称图解

服装部位名称比较复杂，有的来自国外，人们比较生疏，难懂难记。为方便收衣、洗烫参考和方便学习交流，根据大众化、洗衣重点关注的原则，将主要部位名称图解。服装部位的名称如图 6-7～图 6-10 所示。

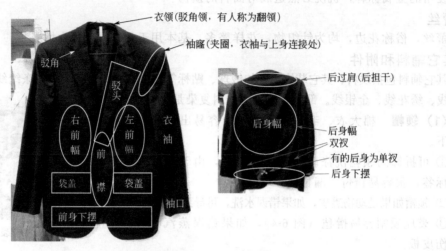

图 6-7　西服主要部位名称

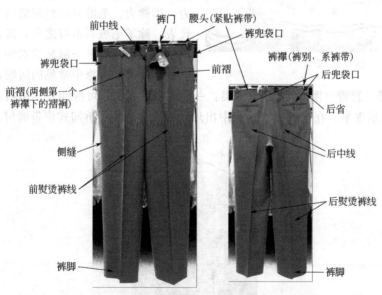

图 6-8　男西裤主要部位名称

（西服前褶与裤线为一条直线；后中线与后裤线为一条直线；
休闲裤、牛仔裤无裤线，要裤线为特殊要求）

图 6-9　夹克主要部位名称

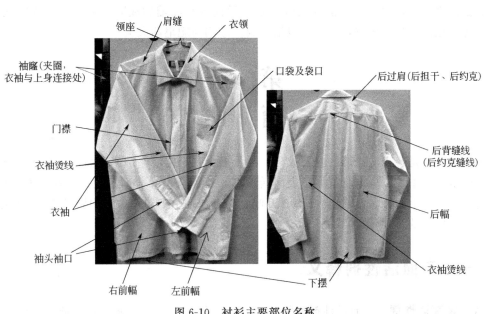

图 6-10　衬衫主要部位名称

第七章
洗涤剂

什么是洗涤剂？洗涤剂就是我们平时所说的直接用于洗涤衣物，改变水的表面活性，克服张力，提高去污效果的各种洗涤用品，包括固体（如肥皂、香皂）、固体颗粒（如洗衣粉）、液体（如肥皂液、中性洗涤剂）一类的化学物质。按照国际技术标准，洗涤剂的定义是：以去污为目的，由必需的活性成分（表面活性剂）和辅助成分（助剂）构成的化学制品，称为洗涤剂。严格来讲，洗涤剂包括合成洗涤剂与肥皂两大类。

第一节
表面活性剂

表面活性剂是各种洗涤剂的主要成分，含量多少是决定洗涤剂质量高低档次和洗涤效果的主要因素。其中，肥皂本身就属于表面活性剂。目前全世界表面活性剂的品种有6000多种，商品牌号有上万种，年产量为1500万吨，年增长率在3%左右。中国从1990年的290种，增加至现在的2000多种。

✛ 一、表面活性剂释义

（1）表面活性剂　表面活性剂通常是指在水中加入少量，便能显著降低表面张力的物质。例如洗衣粉的主要成分是表面活性剂，洗衣时加入洗衣粉便能降低水的表面张力，即提高去污力。表面活性剂有很多种类，例如常见的肥皂、太古油、平平加等。表面活性剂的效能按其基本性质，主要分为润湿、乳化、分散、增溶等。其派生性能，可分为柔软、匀染、缓染、抗静电等。

（2）表面张力　当水或其它液体滴落的时候，有形成球形的倾向，因为水或液体的表面有一种"力"，造成液体表面有收缩的趋势。这种"力"称为表面张力。从洗涤的角度而言，表面张力是衣物洗涤去除污垢的阻力，表面张力越大，去污的阻力越大。表面活性剂的作用就是克服这种"张力"，使污垢脱离纤维溶于水中，达到清除的目的。

(3) 表面活性剂胶束 形成胶束是表面活性剂在化学反应中的一种特殊现象。当洗涤剂溶液浓度达到一定值后，表面张力不再继续明显降低，而是维持基本稳定，如果增加浓度其表面张力变化并不大，此时表面活性剂的离子或分子从分散状缔合成稳定的胶束，从而引起溶液的高频电导、渗透压、电导率等各种性能发生突变，这是表面活性剂产生增溶、乳化、洗涤、分散功能的根本原因。

形成胶束的最低浓度被称为临界胶束浓度。温度的高低影响表面活性剂的溶解度，从而与胶束的形成有密不可分的关系。离子型表面活性剂在温度较低时溶解度一般较小，当达到某一温度时溶解度突然增大，溶解度的增大是因为胶束的形成所引起。因此离子型表面活性剂大多温度越高，溶解度越大，去污效力越强。例如活性物质是阴离子表面活性剂烷基苯磺酸钠的洗衣粉，水温越高，去污能力越强。非离子表面活性剂则不同，它存在浊点，超过浊点温度，溶解度则下降。中性洗涤剂所含活性物质主要是非离子表面活性剂，因此洗涤温度不能超过浊点温度（浊点及浊点温度详见第七章第二节三、洗衣粉种类第143页）。

✦ 二、表面活性剂的功能

(1) 增溶 表面活性剂在水溶液中形成胶束后，能使不溶或微溶于水的有机物（污垢）显著增大溶解度。表面活性剂的这种作用称为增溶。胶束越多，难溶物或不溶物溶解得越多，增溶量越大。

(2) 润湿 衣物上的许多污垢干燥后固定在衣物上或进入织物内部不易脱落，如泥土、淀粉、灰尘等。当浸水润湿之后，纤维溶胀，污垢膨胀，在水溶剂及表面活性剂的作用下，污垢直接溶解或加速溶解，比较容易脱离织物进入水中。

(3) 乳化 什么是乳化和乳化剂？油水不溶，人所共知。把豆油和水同时放进一只杯里，用力振荡后，两种互不相溶的液体会变成浑浊液体；但停放一段时间又会重新分开，上层是油，下层是水。如果加入少量的洗涤剂，再用力振荡，杯中油水变成乳状液体，停放时间再长，油水也不分层，我们将油水互溶称为乳化，能使油水互溶的化学药剂称为乳化剂。洗衣粉中的表面活性剂就是乳化剂，在洗涤衣物时，只有使油污与水溶液互溶才能将油污洗掉。

(4) 分散 分散就是使固体颗粒污垢均匀地分散、悬浮于水中，或者脱离衣物沉入水中。这种作用称为分散。加入表面活性剂的水溶液在洗涤中产生的气泡起到的是悬浮作用，气泡虽然与去污没有直接关系，但可以把洗掉的脏物浮出水面，从而对去污可以起到辅助作用。

(5) 其它功能 表面活性剂的其它作用主要是柔软、抗静电、杀菌等。因此，洗衣店使用的抗静电剂、织物柔软剂、柔顺剂都是表面活性剂，只是所选用的表面活性剂与洗衣粉中的阴离子表面活性剂不同，多为两性和阳离子表面活性剂。

✦ 三、表面活性剂种类和用途

表面活性剂主要分为四种类型：阴离子表面活性剂、非离子表面活性剂、阳离子表面活性剂和两性表面活性剂。表面活性剂按用量和品种，使用最多的是阴离子表面活性剂，其次是非离子表面活性剂，两性表面活性剂很少使用。

(1) 阴离子表面活性剂 也称阴荷活性剂，其品种有高级脂肪酸碱金属盐类、烷基硫酸酯盐类（月桂醇硫酸钠、月桂醇聚氧乙烯醚硫酸钠）、烷基磺酸钠类（烷基苯磺酸钠）、烷基磷酸酯盐等。烷基苯磺酸钠性能比较全面，是合成洗涤剂中产量最大、应用最广的一种表面活性剂，市场上的洗衣粉绝大部分都是以烷基苯磺酸钠为主要活性物质制成的。但它有一个特点是泡沫多。为了有利于机洗漂洗干净，在中泡和低泡洗衣粉中，加入了少量的非离子表面活性剂。非离子表面活性剂具有降低气泡和协同提高洗涤效能。

(2) 非离子表面活性剂 品种主要有多元醇型、烷基醇酰胺型、聚氧乙烯型［烷基酚聚氧乙烯醚、脂肪醇聚氧乙烯醚（又称平平加）］等。

非离子表面活性剂去污性能优越，但是生产成本和售价很高，产量较低，在普通的洗衣粉中没有或较少添加这种成分，但是在中性洗涤剂中却是主要成分，占有很大比例，有的含量高达45％。因此中性洗涤剂的售价远远高于其它洗涤剂。平平加就是一种性能优良的非离子表面活性剂，是印染行业经常使用的化料，也可以经常用于洗衣和剥色等。

(3) 阳离子表面活性剂 由于在纤维上的吸附力大，洗涤力小，且价格昂贵，不适合用于洗涤剂。在洗涤剂中加入阳离子表面活性剂，主要是为了使清洗剂杀菌消毒或起柔软作用。

(4) 两性表面活性剂 一般可作为洗涤基剂，但不能作为主剂。在洗涤剂中主要利用它兼有阴离子表面活性剂和阳离子表面活性剂的洗涤性质，对织物起柔软作用，用它可以改善洗后手感。

✦ 四、表面活性剂的复配

市场上销售和洗衣店使用的各种洗涤剂所含表面活性剂并非一种而是多种，即复配。复配的目的是产生加和作用和增效作用，也可以称为协同效应，起到 $1+1>2$ 的效果。例如非离子表面活性剂与离子表面活性剂复配，可以产生加和效应，减少表面活性剂的用量，以降低成本；再如阴离子表面活性剂与两性表面活性剂或阳离子表面活性剂复配，在改善去污能力的同时，提高了织物抗静电和柔软功能。

✦ 五、乳化剂与去渍剂

前面已经讲到什么是乳化和乳化剂。事实上每一种表面活性剂及含有表面活性剂的洗涤用品都具有乳化的功能，在某种意义上都是乳化剂，只是乳化的功能大小而已。洗衣粉用量最多的阴离子表面活性剂烷基苯磺酸钠就是一种性能优良的乳化剂。去除油性污垢有三种办法：一是溶解，是有机溶剂作用的结果；二是皂化，是碱作用的结果，肥皂就是烧碱对动物性油脂的皂化，而成为洗涤用品；三是乳化，是表面活性剂的作用使油水融合。在实际工作中溶解和乳化有时容易混淆。例如修理汽车时手上沾满了机油，用汽油可以洗掉，这是溶解；用洗衣粉也可以洗掉，这是乳化；用碱洗除，这是皂化。对于衣物油性污垢的洗除，总体比较而言，对于油性污垢溶解的效果好于乳化和皂化，因此，洗衣店对于油性污垢较重的衣物首选干洗。

　　洗衣店的去渍剂和洗涤用品一般很少以乳化剂命名，以乳化剂命名的化工材料在印染行业应用很多。例如乳化剂 EL，学名蓖麻油聚氧乙烯醚，化学组成为蓖麻油环氧乙烷缩合物，是一种非离子表面活性剂，是非电离油/水相乳化剂。乳化剂 EL 为淡黄色黏稠液体，低温时凝固成膏状物，加温后恢复原状，性能不变。乳化剂 EL 易溶于水，可溶于油脂、矿物油、脂肪酸及多数有机溶剂中，适用于各种植物油、油脂、蜡、油酸、矿物油等的乳化，也可用于合成树脂的乳化。乳化剂 EL 的 1％水溶液 pH 值为 6～8，耐酸、耐硬水、耐无机盐，低温时耐碱，但遇强碱就会引起水解。因此，中性洗涤剂由于含有高比例的非离子表面活性剂，不能直接添加碱类化料。如果洗衣店的洗涤化料或去渍剂以乳化剂命名，则表明了其对油性污垢具有乳化的突出性能，活化物质为非离子表面活性剂，并非神秘（表 7-1、表 7-2）。

表 7-1　水性乳化剂配方举例

成　分	含量/％	作　用
AEO-9	10～18	洗涤去污
TX-10	15～25	
AES（70％）	2～5	
异丙醇	6～12	溶剂
酒精	2～4	
消泡剂	1～2	消泡
香精	0.3	
CBS-X	0.05	
水	至 100	

表 7-2　溶剂型乳化剂配方举例

成　分	含量/％	作　用
TX-10	12～16	洗涤去污
AEO-9	2～8	
AEO-7	2～10	
TX-4	6～14	
异丙醇	30～50	溶剂、去油
无味煤油	30～50	

第二节
洗衣粉与洗衣皂

　　洗衣粉适宜机洗，是洗衣店用量最大的合成洗涤剂。各种洗衣粉的成分含量、性能特点、主要用途有所区别。一些液体洗衣粉（洗涤剂）、各种洗衣皂在使用上也都有不同之处，洗衣店应该有选择地购置和使用。

一、洗衣粉成分

(1) 表面活性剂 洗衣粉中的表面活性剂主要是阴离子表面活性剂烷基苯磺酸钠。烷基苯磺酸钠性能优良，这是洗衣粉中起主要作用的成分。按国家的规定活性成分的含量不得低于13％，达到30％以上为高档洗衣粉，20％以下为低档品。阴离子表面活性剂烷基苯磺酸钠的特点是去污效能随温度的提高而提高，这一性能与中性洗涤剂所含的表面活性剂主要成分——非离子表面活性剂有很大的不同。

(2) 助洗剂和缓冲成分 是用量最大的成分，其成分含量一般为15％～40％。主要有碱、三聚磷酸钠、4A沸石、食盐、硫酸钠（元明粉，也称芒硝）、硅酸钠、膨润土、螯合剂、抗再沉积剂等。这些材料加入后，可使洗涤的性能得到明显改善，提高去污、分散、乳化、增溶、软化硬水等功能。因此这些材料可以称为洗净强化剂或去污增强剂。

(3) 辅助成分 这类成分主要是对产品的形象和人的感官起作用，如使洗衣粉颗粒均匀、颜色洁白、无结块、香气宜人等。

(4) 增效成分 这是体现洗衣粉特殊功效的成分。主要有：酶制剂，如蛋白酶、脂肪酶、淀粉酶，漂白剂，荧光增白剂等。各种洗衣粉对增效成分的选用和成分比例各不相同。每个生产厂家的洗衣粉奥秘往往是在这些增效成分上。洗衣店常用的加酶洗衣粉、彩漂粉、彩漂洗衣粉就是在洗衣粉基本成分的基础上，加入生物酶制剂和含氧氧化剂，彩漂粉与彩漂洗衣粉不同的是含氧氧化剂高于彩漂洗衣粉，主要是供给洗衣店使用。

二、洗衣粉标准

洗衣粉去污力的大小取决于洗衣粉的内在质量，表面活性剂含量的高低是去污力大小的主要决定因素，其次取决于三聚磷酸钠、4A沸石等洗净强化剂或去污增强剂含量的高低。根据国家标准，30型表示其表面活性剂含量是30％，属于高档洗衣粉；20型表示其表面活性剂含量是20％，属于低档洗衣粉，并在包装上标示。也有一种说法，三聚磷酸钠、4A沸石等洗净强化剂或去污增强剂含量越高，洗衣粉的去污力越大，因此二者含量60％以上的洗衣粉属于高档，45％属于中档，30％属于低档。

三、洗衣粉种类

市场上销售的各种洗衣粉种类繁多，配方各异，名称五花八门，仅《洗涤剂实用生产技术500问》中介绍的就有30余种，配方120多例，其中包括一些国外配方。洗衣粉有多种分类方法，其中低泡型洗衣粉，易于漂洗干净，适合机洗。洗衣粉按性能特点和用途主要有如下种类。

(1) 无磷洗衣粉 无磷洗衣粉不是哪一种洗衣粉，而是指洗衣粉中不含磷的成分。有磷洗衣粉是以磷酸盐作为助洗成分。磷酸盐类的化学品包括三聚磷酸钠、磷酸钠、六偏磷酸钠等。磷酸盐具有软化硬水、提高洗涤效果的作用，是成本最低的洗涤助剂。但是使用含磷洗衣粉的残液流进池塘、湖泊、河流等地方，会造成里面的水草之类的水生藻类快速生长，水质浑浊、缺氧，鱼类动物和浮游生物死亡，导致水体环境的破坏，生态失衡，因此世界上许多国家提倡和立法禁止使用含磷洗衣粉，提倡生产和使用无磷洗衣粉。4A 沸石是取代磷酸钠的主要材料，作为洗涤助剂。

也有学者认为，有磷洗衣粉的洗涤效果好于无磷洗衣粉，而且无磷洗衣粉也同样会产生对环境的不良影响。瑞士、意大利、美国、日本等发达国家从 30 年前就开始禁磷，但收效甚微。现在欧洲有的国家已从禁磷转向磷回收。

(2) 通用洗衣粉　通用洗衣粉即普通洗衣粉，所含活性物质均为阴离子表面活性剂烷基苯磺酸钠，是基本型洗衣粉，是最常见、销量最大、家庭和洗衣店使用最多的洗衣粉，多为泡沫型，其 1% 的浓度 pH 值多在 10 左右，适合洗涤中等程度污垢的衣物，用量一般为每 5 千克衣物使用洗衣粉 35 克左右（1.75%），适宜高温洗涤，除了丝毛等蛋白质类纤维和易掉色的衣物不宜使用外，其它衣物一般都可使用。随着人们观念的改变和适应机洗，许多洗衣粉添加了消泡剂。

(3) 强力洗衣粉　强力洗衣粉，或称重垢洗衣粉，也称工业洗衣粉，一般具有较高的碱性。强力洗衣粉 pH 值在 11 以上。据有关资料介绍，有的强力洗衣粉烧碱含量高达 54%，纯碱含量高达 40%～60%，洗涤液的酸碱度 pH 值达 14。

强力洗衣粉对动植物油脂有很强的乳化作用，去污力强，有特殊润湿和浸透能力，适合洗涤纯棉白色衣物和各种重污衣物，有的也含有酶制剂，一般主要用于布草的洗涤。它不适合手工水洗，要求较高的温度，不能洗涤丝毛等蛋白质纤维织物和深色、易掉色织物。工业洗衣粉市场销售很少，多为洗衣工厂或洗衣店从生产厂家或专门的购货渠道进货。

选用强力洗衣粉不仅效力高，而且可以降低成本，节约开支。洗衣店面对消费者个人，衣物纤维和颜色十分复杂，品牌服装居多，洗涤时要正确选择。

(4) 加酶洗衣粉　加酶洗衣粉的外观形态为蓝色颗粒，基本成分与其它洗衣粉大同小异，所不同的是添加了多种生物制剂，有碱性蛋白酶、脂肪酶、淀粉酶、纤维素酶，其中主要是碱性蛋白酶，对去除蛋白质污垢有显著作用。洗衣粉中各种酶制剂的总含量大多为 0.5%～1%。酶是微生物，是有生命力的，能够在短时间内大量繁殖，对蛋白质污垢进行迅速分解，并对人体没有毒副作用，不污染环境，受到人们的普遍欢迎。

蛋白酶，别名解朊酶，能使蛋白质（朊）水解成肽和氨基酸。蛋白酶对去除诸如奶渍、汗渍、血渍及肉汁等蛋白质污垢十分有效，酶的效率极高，其分解能力几乎为 100%。蛋白酶还能与表面活性剂起协同效应，使表面活性剂的溶解、分散、乳化功能得到增强。加酶洗衣粉的 pH 值一般高于普通洗衣粉。碱性蛋白酶水温超过 50℃ 特别是超过 60℃ 以上酶生物将被逐渐杀死失效；低于 40℃ 呈下降趋势；低于 15℃ 酶生物的活力迅速下降失去作用。使用加酶洗衣粉，最好把要洗的衣物先在水中浸泡 0.5～1 小时，水温 40～50℃ 效果最佳。

酶的作用是分解和破坏蛋白质，丝毛纤维属于蛋白质，蛋白酶可以对其分解和破坏，造成纤维损伤，因此加酶洗衣粉不能洗涤丝毛等类蛋白质纤维衣物。加酶洗衣粉有效保存期较短，不宜超过半年，超过一年，酶的活力会下降很多，甚至失效。

(5) 彩漂洗衣粉　彩漂洗衣粉基本配方与普通洗衣粉大致相同，所不同的是彩漂洗衣粉要加入一定量的含氧氧化剂，即含氧漂白剂。彩漂洗衣粉在去除衣物上的污垢的同时，一般不破坏衣物原来的颜色，使本来的色彩更加鲜艳。还能去除茶锈、汗渍、血渍、黄斑、咖啡渍等难洗的污垢。使白色衣物更加洁白，洗后衣物纤维不发硬，手感好。

含氧氧化剂主要是过碳酸钠和过硼酸钠。双氧水为液体，不适于作为彩漂洗衣粉的漂白剂。过硼酸钠污染环境，因此彩漂洗衣粉主要以过碳酸钠为主，过碳酸钠对天然色素型污垢，如咖啡、葡萄酒、酱油、水果汁、巧克力等有较强的去污力，强于过硼酸钠约5%。含氧氧化剂在彩漂洗衣粉中一般占比不等，低的在1%左右，大多为8%～25%，最高含量为68%［日本68漂白洗涤剂（配方引自日本公开特许公报90—173098）］。彩漂粉与普通洗衣粉相比，去污增白效果提高10%～21%。洗衣店需要使用彩漂洗衣粉，如果购置不到，可以添加彩漂粉或者直接添加少量的含氧氧化剂，如双氧水、过碳酸钠等。

（6）增白洗衣粉　增白洗衣粉除了含有氧漂，主要是指添加了各种不同的化学荧光增白剂和光学增白剂，通常称为荧光粉。荧光粉并没有洗涤去污功能，而是吸附于织物表面，改变了织物吸光和反光效果，使人的视觉发生了变化，从而达到增白的目的。彩漂洗衣粉pH值一般在11左右，适宜机洗，适宜较高的温度。增白剂的使用对人体和环境是安全的，在欧盟、美国、日本等发达国家已经广泛用于高档衣物洗涤剂中。荧光粉也有单独使用，在洗衣时添加。荧光粉应在衣物漂白之后使用，衣物未经漂白使用，使用效果不佳。

（7）漂白洗衣粉与漂渍洗衣粉　漂白洗衣粉与漂渍洗衣粉市场上销售不多，漂白剂成分为氧化剂，有的是含氯氧化剂，洗衣店对此要引起注意。含氯氧化剂与含氧氧化剂不同的是，对有色衣物容易造成咬色或变色，洗衣店不宜购置使用。也有的漂白洗衣粉既含有含氯氧化剂，也含有含氧氧化剂，尽管市场上销售很少，但洗衣店购买时要注意这个问题。

（8）中性洗涤剂与丝毛净　目前，市场上没有中性洗衣粉，只有中性洗涤剂，主要用于丝、毛、特殊纤维和娇嫩衣物的洗涤。中性洗涤剂是在标准浓度使用时pH值显示为中性。这里的中性与化学上的中性（pH值为7）不同。它是指在水温25℃标准使用浓度时，显示的酸碱度（pH值）在7左右。配方见表7-3和表7-4。中性洗涤剂的特点如下。

① 酸碱度呈中性。在配方中没有烧碱、纯碱等碱性原料。

② 表面活性剂的含量远远高于其它洗衣粉。表面活性剂的含量达到和超过30%的洗衣粉为高档，中性洗涤剂中表面活性剂的含量一般超过50%以上，最高达67%，最低也超过40%；各种洗衣粉非离子表面活性剂的含量较少，中性洗涤剂的非离子表面活性剂含量很高，这是与其它洗衣粉的重要区别。非离子表面活性剂的生产成本和售价大大高于阴离子表面活性剂。因而中性洗涤剂的售价大大高于洗衣粉（见表7-5）。

表7-3　中性洗涤剂配方　　　　　单位：%

成　分	配方1	配方2	配方3	配方4
脂肪醇聚氧乙烯醚	32.4	33	45	32
烷基苯磺酸钠	16.2	11	22	16.2
脂肪醇聚氧乙烯醚硫酸钠	11	11	20	11
油酸	0.5	0.7	2	1
乙醇	2.8	3	3	4.7
氯化钾	1.5	1.7	—	—
柠檬酸	0.1	0.7	—	0.1
氢氧化钾	—	—	—	1.3
水	余量	余量	余量	余量
增白剂、色料、香料	适量	适量	适量	适量

表 7-4　含有柔软剂成分的中性洗涤剂（丝毛净）配方　　　　　单位：％

成　　分	配方 1	配方 2	配方 3
脂肪醇聚氧乙烯醚	23	50	25
柔软剂	5	26	13
乙醇	15	7	10～18
其它及水	57	17	余量

注：脂肪醇聚氧乙烯醚，又称烷基苯聚氧乙烯醚、平平加，为非离子表面活性剂。

表 7-5　福奈特中性洗涤剂、毛织物柔软剂及立白超洁清新洗衣粉零售价

品　　名	包装/价格	单价/（元/升）	备　　注
中性洗涤剂	4000 毫升/129 元	32.25	不含运费，快运发货
毛织物柔软剂	1 升/25 元	25.00	不含运费，快运发货
立白超洁清新洗衣粉	4.2 千克/30 元	7.13	含运费，送货上门

注：1. 购货时间为 2011 年春季。
2. 据媒体报道，在洗衣粉高端市场中有立白洗衣粉一席，因此其售价较高，与其相比，中性洗涤剂价格是立白洗衣粉的 4.52 倍，毛织物柔软剂是立白洗衣粉的 3.5 倍。

> **浊点及浊点温度：** 非离子表面活性剂是中性洗涤剂的主要成分。非离子表面活性剂在水溶液中的溶解度，适宜一定的温度，高于一定的温度，都会使溶解度下降，失去去污作用。在正常情况下水溶液透明，最佳温度一般为 40～45℃，当温度继续升高，超过 50℃以上，水溶液由透明转变成浑浊，这种现象被称为"浊点"，此时的温度被称为"浊点"温度。当水溶液出现浊点温度时，溶解度逐步下降，随着温度继续升高直至活性剂不溶于水，标示着去污终止。

③ 普通洗衣粉所含表面活性剂为阴离子型，水温高效力强，与中性洗涤剂所含非离子表面活性剂有很大区别。中性洗涤剂洗涤温度与稀释温度不可过高，因为非离子表面活性剂在热水中的去污力下降，如果超过浊点温度便逐步降低直至失去去污作用。

④ 中性洗涤剂具有去渍剥色功能。中性洗涤剂非离子表面活性剂含量很高，而非离子表面活性剂就是一种优良的去渍剥色剂（如平平加）。

⑤ 中性洗涤剂最佳洗涤温度是 40～50℃。

（9）加香洗衣粉　加香洗衣粉与无磷洗衣粉一样，并不是洗衣粉的某一品种，而是洗衣粉中添加了化学香精成分，散发某种香气。洗衣店与家庭不同，面对顾客众多，有的顾客对某种香味不适应或有过敏反应，因此选择的香味必须适合所有的顾客，否则应选择没有香味的洗衣粉。

（10）天然皂粉　天然皂粉是近年来问世的洗衣粉中的新品种。由于天然皂粉的成分优越，去污能力优良，可以视为洗衣粉中的精品或高档品。天然皂粉与其它洗衣粉主要有两种区别：一是天然皂粉中的表面活性剂 90％源自天然植物；其它洗衣粉的表面活性剂烷基苯磺酸钠源自石油；二是天然皂粉兼具洗衣粉和肥皂的优点，在低温和硬水中仍能表现出优良的性能。肥皂的去污力强于洗衣粉，却不适应硬水；洗衣粉却可以适宜硬水。天然皂粉恰是融入了肥皂的成分，并添加了钙镁分散剂软化硬水的成分，集洗衣粉和肥皂的优点于一身。天然皂粉如果缩小与其它洗衣粉的价差，市场份额将迅速扩大。

（11）浓缩洗衣粉　所谓浓缩洗衣粉是相对于普通洗衣粉而言，其主要特点是：第一，致密度大，为实心颗粒，体积小，用量少，省时、省力、效率高，其用量是一般洗衣粉的 1/4～3/4；第二，表面活性剂的含量高，而且是多元复配；第三，非离子表面活性剂含量高，一般在 8％以上，去污能力大大提高；第四，低泡沫、易漂洗，非常适宜机洗；第五，浓缩洗衣粉一般碱性较高，不适宜洗涤丝毛等蛋白质纤维衣物。不同国家浓缩洗衣粉的概念和标准不同，日本是以活化物质的含量超过 40％称为浓缩洗衣粉。

✤ 四、洗衣粉的碱性与碱剂成分

洗衣粉均为碱性，其中工业洗衣粉与重垢洗衣粉碱性最高，pH 值一般在 11.2 以上；普通洗衣粉碱性较低，pH 值一般在 10 左右；加酶洗衣粉碱性高于普通洗衣粉。洗衣粉虽然均呈碱性，有的碱性很高，但并不是一定在配方中直接添加碱剂。有的直接添加碱剂如烧碱、纯碱，有的加入了碱性很高的无机盐，这些无机盐是洗衣粉的主要助剂，而且含量很高，有的高达 40％～50％；在洗衣粉的组分中，其它助剂有的碱性也很高，例如双氧水在溶液中的含量为 3％，pH 值可达 12 左右。如果其它洗涤剂含有这些成分，也会呈较高的碱性。碱去污，同时也去色，碱性越高，去污效果越好，同时去色越重，这是所有洗涤剂的共同特点（碱性去色特点详见第八章第九节四、碱性去色特点第 179 页）。

✤ 五、对洗衣粉的错误认识和使用洗衣粉注意事项

（1）要根据衣物纤维和颜色选择合适的洗衣粉　例如洗涤丝毛类的蛋白质纤维的衣物只能用中性洗衣粉或中性洗涤剂，不能用高碱性洗衣粉、漂渍洗衣粉和加酶洗衣粉。酶与碱可以对丝毛类纤维都造成损伤，漂渍洗衣粉含有含氯氧化剂，会使染料染色的衣物褪色、变色或掉色。

（2）洗衣粉用量要适当，并非用量越多衣物洗得越净　洗衣粉在使用时应当加足，洗涤特别脏的衣服时适当多加一些也是可以的，但并不是加得越多越好，当洗衣粉的水溶液达到饱和浓度，表面活性达到最大值时，去污力不随着洗衣粉的增加而提高，反而会产生不利因素。实践证明，洗衣粉的浓度在 0.2％～0.5％就足够用了。日本测定的洗衣粉标准浓度是 0.133％，中国是 0.2％。洗衣粉过量不仅浪费，而且不易使残液漂洗干净。

（3）洗衣粉先加入水中，后投放衣物　最好将洗衣粉用 50℃左右的温水化开后投放到水中。切忌将洗衣粉投放到衣物上，这样可能造成衣物的局部漂洗不净残留洗衣粉或咬色。有一家洗衣店衣物洗后局部褪色，经放大镜查验发现白色是洗衣粉没有漂洗干净，主要原因是洗衣时先向洗衣机内投放衣物，然后将未经稀释的洗衣粉倒在洗衣机内的衣物上。

（4）衣物浸泡要适当　衣物在含有洗衣粉的水中浸泡 15～20 分钟效果最佳，但有些衣物不能久泡。易发生串色、掉色、泅色的衣物不宜浸泡，对很脏的衣物宁可增加一次洗涤。

（5）要正确选择洗涤温度　洗涤温度十分重要，过高或过低都不好。就污垢而言，大

多数污垢高温洗涤有利于洗除，有的污垢高温洗涤反而变性固化难以去除，如蛋白质污垢，特别是血渍。就洗涤剂而言，有的温度高效果好，如以阴离子表面活性剂为主要成分的洗衣粉，温度越高，去污效果越好；有的洗衣粉温度高去污力反而下降，如中性洗涤剂和加酶洗衣粉水温超过 50℃，就会降低去污力，达到一定温度就会完全失效。

（6）不可洗涤中途添加洗衣粉　洗涤中途添加洗衣粉是错误的做法。经过一段时间的洗涤，大部分的污垢已被溶解到水溶液中，当水溶液达到饱和时中途添加的洗衣粉只能是浪费。因此对于很脏的衣物可以二次洗涤，不要中途添加，只有这样才能真正提高洗净度。

（7）泡沫越多去污力越强　泡沫的多少并不决定去污力的大小。技术专家通过试验证实，洗涤去污的奥秘并不是泡沫的作用，而是洗涤剂本身特殊结构造成了它在水中降低了水的表面张力，因此表现出良好的润湿、分散、乳化、增溶性质，从而产生了洗涤去污效力。发泡只是洗涤去污过程中的一种现象，它与去污的关系并不大。例如有一种称为"皂苷"的化学物质，它根本不发泡，然而却有良好的洗涤去污效果；相反，松香皂可以发泡，但没有什么去污力。实践证明，泡沫多衣物不易漂洗干净，因此不适合机洗使用。我国生产的洗衣粉，过去基本是高泡型，烷基苯磺酸钠表面活性剂易发泡，为了降低发泡，适应洗衣机洗衣的发展趋势，加入了一定的肥皂和称为"聚醚"的非离子表面活性剂，虽然占比不大，但降低发泡效果明显，并能产生"协同"效应，提高洗衣粉的去污力。

（8）用洗衣粉洗涤时间并非越长洗净度越高　用洗衣粉洗涤衣物 10 分钟左右即可，最长不用超过 15 分钟，洗涤达到一定限度，水溶液已经达到饱和程度，污垢不会继续脱落，干净的衣物和干净的部位反而会吸附污垢，达到衣物沾染污垢的平衡，这种现象被称为"二次污染"（详见第十二章第四节七、容垢度与二次污染第 260 页）。

（9）洗衣粉可以和肥皂一起使用　有资料宣传，洗衣粉与肥皂在一起使用会相互抵消洗涤效果，这是没有根据的。洗衣粉与肥皂不仅可以混用，而且可以提高二者的去污能力。洗衣粉与肥皂在水中溶解后都表现出碱性，不同的是洗衣粉高于肥皂。洗衣粉的主要成分阴离子表面活性剂烷基苯磺酸钠易起泡沫，而肥皂能够抑制泡沫，它们在一起使用时泡沫会明显降低。肥皂对硬水非常敏感，其重要成分脂肪酸钠会与硬水中的钙镁离子结合形成沉淀物，重新黏附到衣物上，形成钙镁皂斑，出现洗涤瑕疵。而洗衣粉中所含的软化剂具有络合钙镁离子、软化硬水功效，有效地避免钙镁离子结合成沉淀物成为新的污垢再次沾染衣物，从而使肥皂的去污力得到提高。

（10）洗衣粉不能与柔软剂一起使用　需要使用柔软剂要将洗衣粉漂洗干净，之后再使用柔软剂。

（11）注意洗衣粉的保质期　洗衣粉也有保质期。普通洗衣粉在规定贮存的条件下，保质期在两年左右。加酶洗衣粉超过一年，酶的活力会下降许多甚至消失，最好不超过半年，存放时要防潮、防晒、防热。

✤ 六、肥皂与洗衣皂

肥皂广义上是指油脂、蜡、松香或脂肪酸与碱剂皂化或中和所得产品，包括各种肥皂、香皂和其它用皂，包括硬块皂和液体皂。洗衣店使用的硬块皂（如一般肥皂和透明皂）属于洗衣皂。洗衣皂呈碱性，但碱性低于洗衣粉，白色衣物用洗衣皂洗涤久了也会泛黄。肥皂去污力好，泡沫适中，使用方便，缺点是不耐硬水，在硬水中洗涤会产生皂垢，洗涤液会出现浑浊，去污力下降，洗涤液不怕水温高，水温会提高溶解度，最佳水温在 50℃ 左右。肥皂与洗衣粉共同使用不仅会提高去污力，而且会减少泡沫。肥皂是指至少含有 8 个碳原子的脂肪酸或混合脂肪酸的碱性盐类（无机或有机）的总称，本身就属于表面活性剂的一种。

（1）透明皂 透明皂，皂体透明或半透明，晶莹如蜡，早先属于"贵族"用品，现在市面上销售的普通洗衣皂基本上被透明皂所取代。透明皂属于弱碱性洗涤用品，透明皂的 pH 值一般在 9 左右，可当成香皂使用。透明皂生产工艺精细复杂，技术难度大，要求严格，可以视为肥皂的升级产品。透明皂售价高，不如普通肥皂耐用。透明皂保质期一般为三年，增白皂则时间缩短。

（2）增白洗衣皂 增白洗衣皂添加了各种新型表面活性剂及含氧氧化剂等漂白剂成分，具有耐硬水、去污力强、不损衣物、省时、省力、气味芳香等优点，适于各种织物，洗后衣物增白且艳丽，特别是对内衣、领口、袖口等油性污垢较重的部位去污效果明显。

还有的增白洗衣皂添加了荧光增白剂。各种荧光增白剂化学结构和性能不同，但原理相同，都是在日光照射下能吸收日光中的紫外线而发出蓝紫色光，蓝紫色光与织物上的黄光混合变成白光，从而在人的视觉上明显变白。这种增白是光学补色，不能代替化学漂白。有的荧光增白剂单独使用，有的增白洗衣粉也含有这种成分。因此，不经漂白的衣物直接使用荧光增白剂，增白效果不会理想。

增白洗衣皂一般属于改性肥皂，即复合皂，添加了软水成分，克服了普通肥皂在低温下溶解度差和不耐硬水的本质缺陷，兼具了洗衣粉与肥皂的优点，洗后不会在衣物上沉积皂钙污垢，手感好，不僵硬，不泛黄。增白洗衣皂的咬色能力强于其它肥皂。

（3）液体皂 液体皂分为两类：一类以合成表面活性剂为主要成分；另一类以肥皂为主要成分。饭店和宾馆使用的液体皂要求脱脂性较差，因而碱性较低，去污力适中。工业用液体皂一般为纯皂，许多以合成表面活性剂为主要成分。在印染行业使用的液体皂，主要作为染色前洗涤棉纱、原毛、生丝和坯布及染色后织物的洗涤；在纺织行业主要作为缩绒助剂；在金属行业主要作为切削油乳化剂；在洗衣行业主要作为干洗助剂、中性洗涤剂及水洗助剂。液体皂作为液体洗涤剂，与洗衣粉相比，省去了干燥等工艺和生产过程，据有关资料介绍，液体洗涤剂将逐步推广。

第三节
其它洗涤剂

按常规，洗涤剂是指用于水洗去污的化学制品。但是洗衣店与家庭洗衣不同，洗衣店配备的洗涤剂种类较多，其中干洗溶剂及助剂也可以划为洗涤剂的范畴。

✚ 一、衣领净

衣领净在衣物洗涤之前使用，主要喷洒或涂抹在衣领、袖口等处，属于高效去污剂，实际上也是去渍剂的一种。衣领净有两个品种：一是通用衣领净；二是加酶衣领净，均为液体产品。目前使用的衣领净多为加酶衣领净，主要是针对蛋白质污垢，而衣领、袖口污垢较重，主要是蛋白质污垢。

1. 衣领净的分类

(1) 通用衣领净 普通衣领净以非离子表面活性剂为主，配入少量去污力强的阴离子表面活性剂、具有溶解脂肪能力的乙二醇醚类的化料以及物相调理剂等。配方中活性剂含量较高，所以成本高，售价贵。通用衣领净适于所有纤维织物，使用时要搓洗，然后将衣物投入洗衣机内洗涤。保质期半年至一年。通用衣领净配制常用化料有非离子表面活性剂、阴离子表面活性剂以及其它助剂。通用衣领净配方见表7-6。

表 7-6　通用衣领净配方

编　号	成　分	含量/%	作　用
配方1	氢氧化钾	1～3	去污、生成油酸皂
	三乙醇胺	1～3	去污、生成油酸皂
	TX-10	15～20	去污
	TX-4	5～10	去污
	LAS 100	0～0.5	去污
	乙醇胺	4～7	碱性
	乙二醇单丁醚	7～10	溶解油脂类
	油酸	6～8	生成油酸皂
	余水	至100	填充
配方2	丙酮	33	
	氨水	33	
	酒精（95%）	33	
	香精、水	1（也可不含香精）	

(2) 加酶衣领净 加酶衣领净与通用衣领净不同，主要含碱性蛋白酶、酶稳定剂、辅酶等，利用碱性蛋白酶的活性可以破坏分泌物中的蛋白质，使蛋白质污垢迅速被除去。加酶衣领净的主要成分有表面活性剂、碱性蛋白酶、酶稳定剂、酶活化剂、物相调理剂、pH值调节剂、杀菌剂以及其它助剂。加酶衣领净配方见表7-7。

表 7-7　加酶衣领净配方

组　分	含量/%
蛋白酶	5.5
乙醇	10～15
甲苯磺酸钠	4～6
氯化钙	0.1～1
表面活性剂	10～25
1,2-丙二醇	5～10
三乙醇胺	3～5
香精、水	余量

加酶衣领净的使用方法概括为三个字：干、等、温。

① 干。将衣领净直接涂抹或喷涂在干燥衣物上，如果涂抹或喷涂在潮湿衣物上会降低去污能力。

② 等。衣领净涂抹或喷涂后停留5～10分钟，让蛋白酶充分繁殖，可以提高分解效果。

③ 温。洗涤时要将衣领净直接放到含有洗涤剂的40℃左右的水中，不要放到冷水中，以保证其效力。酶制剂在40～50℃的水中活力最强。

2. 衣领净使用注意事项

① 不管是通用衣领净，还是加酶衣领净，去渍能力都很强。任何去渍剂既去污，同时也去色，衣领净使用不当或过量使用会造成咬色。因此，衣领净勾兑浓度和用量要适当，容易掉色的衣物要慎用。

② 酶制剂对蛋白质纤维有破坏作用，因此，丝毛衣物不可使用或慎重使用加酶衣领净。市场上销售的衣领净一般为稀释好的，不用勾兑可直接涂抹或喷涂。

洗衣店使用的衣领净属于高浓度，使用前要进行稀释。洗白色衣服时水与衣领净的比例为1：5；有色衣物为1：10。不管进货渠道来自哪里，购买时和使用前一定要看产品说明书，按规定稀释后使用。

✚ 二、洗洁精

洗洁精的主要成分是表面活性剂（烷基磺酸钠、脂肪醇醚硫酸钠）、泡沫剂、增溶剂、香精、水、色素、防腐剂等。烷基磺酸钠和脂肪醇醚硫酸钠都是阴离子表面活性剂，是石化产品，用以去除油渍。洗洁精分为液体和粉状颗粒两种，环保安全，pH值呈中性，分解油脂快速，有除菌作用，常用来刷洗餐厨用具。将洗洁精作为一种服装去渍剂也是一个比较好的选择。有一种说法是洗衣店不宜使用洗洁精去渍，事实上凡是可以去污的化料都可以用于去渍，问题的关键是如何正确使用。有的洗衣店经营十年一直大量使用立白洗洁精，实践证明效果较好。此外，用洗洁精擦洗皮衣、皮包等皮具也是一个比较好的选择。

✚ 三、织物柔软剂

天然纤维表面都有一层脂质保护层，棉花有棉蜡，羊毛有羊毛脂，用手触摸有柔软丰满的感觉，洗涤剂中的碱质和表面活性剂等使衣物洗涤后这层保护层被破坏，在纤维上形成了盐膜，这种盐膜不能洗除而附着于织物上面，织物失去洗涤前的柔软性，给人以坚硬的感觉，特别是机洗羊毛织物这种倾向更为明显。如果洗涤剂中加入某种化合物，防止盐在纤维表面沉积形成盐膜，便可保持织物的柔软性。这种化合物就是织物柔软剂。

织物柔软剂，又称织物调理剂、整理剂，具有使织物柔软、抗静电、蓬松、手感滑爽的功能。柔软剂的种类很多，用于柔软剂的主要是阳离子表面活性剂。阳离子表面活性剂有许多品种，不同的品种适用不同的纤维。用于天然纤维（如棉、毛）的柔软剂，阳离子表面活性剂作为柔软剂主要是二酰胺乙基甲基羟乙基季铵盐、咪唑啉季铵盐、三乙醇胺季铵盐。织物柔软剂配方见表7-8。

表 7-8　织物柔软剂配方

配方 1			配方 2		
成分	含量/%	作用	成分	含量/%	作用
DSD-MAC	6.7	柔软	DSD-MAC	8	柔软
H_3PO_4（调节 pH 值）	5	酸性成分	1613	0.5	
			JFC	1	渗透
$MgCl_2$（10%水溶液）	0～0.05	抗凝结	PEG-400	2	助软剂
			异丙醇	2	溶剂
香料	0.1		$MgCl_2$（10%水溶液）	0.3	抗凝结
染料	10				
余水	至 100		余水	至 100	

柔软剂使用注意事项如下。

① 不能与碱性原料混合使用。大部分的柔软剂是酸性，适宜在呈弱酸性的水溶液中操作，不能与碱性原料混合在一起使用，否则会抵消柔软剂的作用。

② 不可与洗衣粉混用。洗衣粉中的表面活性剂为阴离子表面活性剂，由于柔软剂的加入，阴离子表面活性剂的去污力与柔软剂的效果均会降低。这是因为阴离子表面活性剂的活性成分和阳离子型的织物柔软剂发生结合，使其活性降低；同时洗衣粉中还含有碱性成分。正确方法是：洗涤结束漂洗之后再使用织物柔软剂。

③ 温度控制。大多数柔软剂的性能与丝毛净的性能相同或相近，使用时一般温度控制在 40℃左右。

④ 一般柔软片或粉都要用 10～15 倍的水溶解，即将 1 千克的柔软片用 10～15 千克的热水化开成水溶液，再根据衣物的柔软程度进行下料。

第八章
化学药剂与去渍剂

洗衣店使用的各种洗涤用品、去渍用的各种化学制剂、复染用的各种染料和化学材料广义上都称为化学药剂或洗涤化料。狭义上化学药剂通常是指原料型化学药剂，如氧化剂、还原剂、酸、碱、盐、有机溶剂等。什么是去渍剂？广义上凡是可以去除各种污垢、渍迹的各种化学用品都是去渍剂，狭义上通常是指专门为洗衣店去渍配制的各种复配型化学药剂，多为套装。原料型化学药剂与去渍剂各具优势，复配型化学药剂去渍使用方便，适用的范围较大；原料型化学药剂在漂白、剥色、固色、处理特殊污垢等方面有独特优势，去渍剂无法取代。

在原料型化学药剂中，最重要、使用频率最高的是次氯酸钠、双氧水、保险粉和冰醋酸。这四种化料可以称为洗衣店的四大化料。这四种化料掌握好、运用好，可以防止许多颜色类事故发生。

第一节
次氯酸钠

✚ 一、氧化和氧化剂

氧（O_2）或新生氧（O）和别的物质所起的化学反应称为氧化。例如，木材燃烧就是木材中的碳与空气中的氧直接化合成为二氧化碳。凡是能供给氧的物质都称为氧化剂。例如，氧气是氧化剂。次氯酸钠、双氧水、过硼酸钠等都能供给氧作为印染上的应用，也都是氧化剂。空气和水也是氧化剂。空气中自然氧气占 21%，在自然大气压及普通压力下，每升水可溶解氧气 6mL。在日常生活中铁生锈、食物腐烂、纤维强度下降等都是空气和水（包括水汽）中的氧对其氧化的结果。洗衣店使用的氧化剂分为两类：一是含氯氧化剂；二是含氧氧化剂。

✚ 二、含氯氧化剂

含氯氧化剂为强氧化剂，包括次氯酸钠、次氯酸钙、无水次氯酸钙、二氯异氰尿酸钠、甲苯氯磺酰胺钠、亚氯酸钠。含氯氧化剂在洗衣行业主要用于漂白，简称"氯漂"，洗衣行业使用的漂白剂，次氯酸钠漂液是其中之一。

(1) 次氯酸钙 又称漂白粉、漂粉、含氯石灰等。为固体白色粉末，强度大于次氯酸钠，有效氯含量在 30％左右。属于含氯氧化剂中的粗制产品。使用后容易产生钙斑。在纺织印染行业已经很少使用。

(2) 亚硫酸钠 是一种优良的漂白剂，漂白效果好，漂白后手感柔软，对纤维损伤小，尤其是涤/棉混纺织物白度更佳，但成本高，在操作过程中容易释放氯气，危害人体健康，不适合洗衣店使用。

(3) 无水次氯酸钙 又称漂粉精、漂白精、高纯度漂粉等。形态为白色或灰白色粉末，性质稳定，无吸湿性，可以保存很长时间，有效氯含量比次氯酸钙高出 1 倍以上。

(4) 二氯异氰尿酸钠 又称优氯净、优乐净等。主要用于广谱消毒液、灭菌剂和杀藻除臭剂。对人体无不良影响。在洗衣行业一般较少单独使用。

(5) 甲苯氯磺酰胺钠 又称 N-氯化对甲基苯磺酰胺钠，俗称氯胺 T、氯亚明 T、氯胺、妥拉明（音译）等。形态为白色结晶粉末。在洗衣行业也一般较少单独使用。

次氯酸钠是氯漂剂首选。上述含氯氧化剂，都具有漂白功能。次氯酸钠是洗衣店最佳选择用品。次氯酸钠与漂白粉及其它含氯氧化剂相比有很多优点：第一，次氯酸钠无有害粉末，对工作人员的健康是安全的，正常使用不释放氯气或释放很少；第二，次氯酸钠属于钠盐，易溶解于水，有利于漂洗，配制漂液便利，工作场地比较清洁；第三，次氯酸钠漂液清洁，无渣滓，能充分利用；第四，次氯酸钠渗透力好，所以漂白效果好；第五，漂后手感好。亚氯酸钠漂白合成纤维效果最佳，但毒性较大，对设备要求高。洗衣店不宜使用。

✚ 三、次氯酸钠的性能与用途

次氯酸钠，又称漂液、漂白水、漂水等，在洗衣店简称氯漂。是棉、麻等纤维素纤维重要的漂白剂；还可用于消毒。次氯酸钠的分子式 NaClO，分子量 74.454，其产品形态有白色粉末和液体两种。白色粉末状的固体次氯酸钠性质非常不稳定，极易分解。因此，市售商品的次氯酸钠的形态主要为淡黄绿色的液体，其中除了含有 10％～15％的有效氯外，还含有一定量的食盐、烧碱和少量的氯酸钠。次氯酸钠有强烈氯气味道，有效氯含量，一级品不低于 13％，二级品不低于 10％。

次氯酸钠漂白功能很强，但是使用不当很容易引发事故，其案例很多。次氯酸钠造成最多的洗衣事故是咬色和损伤纤维。因此一定要专人使用，专人保管，使用后清除干净。为预防事故的发生，有些洗衣店对次氯酸钠不购、不存、不用，这既是防范事故的一种方法，又是洗衣技术不全面的表现，对专业洗衣店来说无疑是一种缺陷和遗憾。

1. 次氯酸钠适用的纤维

次氯酸钠主要用于纤维素纤维的漂白，其中主要用于棉纤维，麻、黏胶纤维对氯漂的抵抗能力较强，但低于棉纤维；铜铵纤维虽然属于纤维素纤维，但是对氯漂的抵抗能力很差。氯漂对蛋白质纤维有致命损伤，因此蛋白质纤维绝对不可使用次氯酸钠漂白。在合成纤维中，锦纶不可氯漂；涤纶、腈纶、丙纶、维纶、氯纶对氯漂的抵抗能力很强，洗衣店使用次氯酸钠的最高浓度不会对涤纶、腈纶、丙纶、维纶、氯纶等造成损伤。洗衣店使用次氯酸钠的浓度一般为 0.5%～1.5%，较高时为 3%。棉纤维虽然有较好的抗氯漂能力，但是浓度过高，或温度过高，或浸泡时间过长，都会严重损伤纤维素，使其变"糟"，彻底损毁。

2. 次氯酸钠适用的颜色

次氯酸钠破坏色素的能力极强，在一般情况下只能用于白色衣物的漂白，不可用次氯酸钠对有色衣物进行去渍剥色。在洗衣店及家庭所发生的"咬色"事故，主要是使用次氯酸钠及 84 消毒液不当造成的。次氯酸钠虽然破坏色素的能力极强，但是对有些颜色并不起作用，按照洗衣店所使用的最高浓度（3%～5%）和最高温度（60℃），涤纶分散染料染色、涂料印花、涂料染色不会出现变色或消色。但没有把握不可轻易使用，例如涤/棉混纺织物不仅使用了分散染料，而且还有其它染料，若使用次氯酸钠，分散染料没有变化，但其它染料会发生变化，这样一来涤/棉混纺织物便不可使用次氯酸钠。

3. 次氯酸钠漂白机理和特性

次氯酸钠属于强氧化剂，属于弱酸盐。次氯酸钠溶解于水之后，生成次氯酸；次氯酸再分解生成氯化氢和新生氧。新生氧氧化能力很强，漂白的作用就是新生氧将色素破坏而漂白。

次氯酸钠水溶液有时呈中性，有时呈酸性，有时呈碱性。呈碱性时稳定，呈中性和 pH 值为 2～4 时，漂白速率快，效力很高，但对纤维的破坏极大；同时，pH 值为 2～4 时，有氯气逸出，恶化工作环境，有害人体健康。次氯酸钠水溶液的 pH 值是不断变化的，pH 值不同，其氧化速率也随之变化。正常 pH 值应控制在 10～11，此时漂白速率适中，对纤维损伤较小。酸性次氯酸钠漂白过程中 pH 值会下降一些，以不低于 9 为宜。因此在使用次氯酸钠漂白时，切记不可加酸，不能使漂液呈现酸性。有的洗衣店在网上介绍，为了提高漂白效果可加入一定的酸剂，这种做法十分有害。

次氯酸钠漂白在有催化剂存在或在阳光的照射下或提高水温，会加速氧化作用，效力显著提高，同时对纤维的损伤比较剧烈。在漂液浓度不变的情况下，温度每提高 10℃，漂白速率提高约 2.3 倍，同时纤维素被氧化的速率提高更快，每提高 10℃，纤维素被氧化的速率提高约 2.7 倍。因此使用次氯酸钠漂液温度通常维持在 20～30℃，最高时控制在 55～60℃。漂白时间 20～30 分钟，浓度一般控制在 0.5～1.5 克/升或 1～3 克/升，3 克/升以上，白度不能显著提高，但纤维强度会明显下降。根据印染行业研究人员测定，次氯酸钠在水温 60℃左右漂白所得白度最高。

> **速率**：速率一般是指物体运动的速度。速度有大小也有方向，化学反应中的速率没有方向只有大小，浓度、温度是影响速率的重要因素。

✦ 四、次氯酸钠漂白去色的特点和局限性

在所有的洗涤化料中，次氯酸钠对颜色的破坏力居首位。但是次氯酸钠并不能剥除所有

的颜色将其彻底变白；用次氯酸钠漂白所得白度并非十分理想；氯漂之后需要脱氯，否则不仅损伤纤维织物，而且还会泛黄。次氯酸钠在一般漂白条件下对颜色的作用有以下几种情况。

（1）对大部分染料染色和天然色素起作用，绝大多数的染料对次氯酸钠反应敏感。直接染料、活性染料、硫化染料、酸性染料等染色织物不可使用次氯酸钠。

（2）对次氯酸钠反应敏感的染料染色，不同颜色反应的程度不同。不耐氯漂的染料染色最为敏感的当属蓝色，耐氯漂能力最强的是红色。如果衣物的颜色是纯蓝色，次氯酸钠可以将其彻底剥除使其变白，然而在洗衣店收洗的衣物中很少有纯蓝色，一般都是调配成的复合色。由于这一特点，黑色沾染氯漂后，呈现的都是棕色、浅棕色、红棕色、红色、紫色等。

（3）次氯酸钠对涤纶分散染料染色不起作用。

（4）次氯酸钠对涂料印花、涂料染色不起作用，因为涂料（颜料）与染料性质完全不同。

（5）对人造革不起作用。人造革主要由颜料和树脂薄膜构成，次氯酸钠对颜料和树脂不发生作用。

次氯酸钠破坏色素的作用是复杂的，对染料染色的作用结果有的是彻底剥除颜色，有的是褪色，有的是变色。在实际工作中很难断定衣物的颜色是哪一种染料，因此，对有色衣物使用次氯酸钠要极为慎重，在一般情况下不可使用。

在印染行业对印染产品有一项指标，就是耐氯漂色牢度。耐氯漂色牢度高对于洗衣是件好事，但是对于复染和改染而言，想用次氯酸钠除去衣物原有的颜色使其变白，增加了难度。

✦ 五、次氯酸钠的作用，使颜色发生的变化

通过洗衣实践和试验证明，次氯酸钠对颜色的作用是比较复杂的，并不是所有的有色衣物沾染了次氯酸钠以后都发生颜色变化。已掌握的具体情况如下。

（1）不变色　一是涤纶分散染料染色；二是涂料印花及涂料染色（彩图 17、彩图 18）。

（2）变色　除涤纶分散染料染色、涂料印花及涂料染色氯漂不变色之外，其它染料染色氯漂或沾染次氯酸钠几乎都变色，但变色的程度不同；变色后遇空气（氧）不能自动恢复原色；变色的方式不同，有的是改变颜色，有的是消色，次氯酸钠可以将不耐氯漂的纯蓝色彻底变白（彩图 19、彩图 20、彩图 21）。

✦ 案例 1　次氯酸钠漂白，浸泡时间过长，纯棉白裙变"糟"损毁

夏季的一天，顾客送洗一件平纹纯棉细布白色连体裙，并要求漂白，去除汗黄渍。洗涤标识标注：水洗，水温不可超过 40℃；常规干洗；不可氯漂。

水洗师傅先用保险粉，热水温度 80℃以上，拎洗方式，时间 5 分钟左右，汗黄渍未除。店长和去渍师傅让用次氯酸钠漂白，未作具体交代。水洗师傅用自来水（水温 22℃

左右）、浓度 5%～10% 的次氯酸钠进行浸泡。浸泡后恰逢店里开会，便遗忘继续浸泡至第二天中午。漂洗之后检查，白裙已经变"糟"，已有几处开口，用手轻轻一撕便可裂开，纯棉白裙已经报废。

教训和启示如下。

（1）洗涤标识有误，注明不可氯漂，实际白色纯棉织物可以氯漂；水温可以超过 40℃，也可以高温，在此次氯漂之前已经过保险粉高温处理得以验证。

（2）这件纯棉白色连体裙去除汗黄渍的正确方法应是双氧水高温浸泡，双氧水漂除汗黄渍不仅效果好，而且安全性高。如果氯漂，适宜的水温是 20～30℃，浓度不超过 1.5%，要不时翻动查看，时间 10～20 分钟；如果长时间浸泡，需要冷水或低温，浓度不可超过 0.1%～0.2%，不可长泡不管。

案例 2　顾客在家氯漂不当，衣物"变糟"，水洗后破漏

2007 年，一位顾客送洗一件针织纯棉白色 T 恤，胸前发黄要求处理。水洗师傅正常搓洗，不料胸前幅破损，仔细检查发现面料已经变"糟"。由于收衣时外表正常，没有发现，只能主动赔付。

过了不久，这位顾客又送来同样一件针织纯棉白色 T 恤，同样发黄，同样要求处理。因为有过上次教训，而且时间不长，前台收衣后对水洗师傅进行了交代，水洗师傅双手拎起 T 恤对着灯光查看，发现有处理的痕迹，于是退洗。经过与顾客交流得知，顾客家里备有 84 消毒液，自己在家进行了漂白，并存放了一段时间后变黄。顾客不知道氯漂不当会损伤衣物，也不知道氯漂漂洗不净，残留的游离氯会使衣物泛黄，更不知道氯漂后需要脱氯及过酸。

✚ 六、次氯酸钠的使用方法

1. 白色纯棉衣物色迹整体漂除法

（1）**热漂法**　浓度 1%～1.5%；水温 50～60℃；次氯酸钠放入水中加以搅动，使衣物与水结合。再投放衣物浸泡。处理时间 5～10 分钟；漂洗、脱水、脱氯、漂洗、脱水、晾干。

（2）**温漂法**　浓度 1%～2%；水温 30℃ 以下。时间 10～20 分钟；漂洗、脱氯、漂洗、脱水、晾干。

（3）**冷漂法**　浓度 0.1%～0.2%；浸泡时间一般不超过 12 小时。

2. 白色纯棉衣物色迹局部处理法

衣物局部沾染色迹可用棉签、油画笔（不可用毛笔）蘸次氯酸钠溶液点浸，静置 5～6 分钟，色迹消失后，漂洗干净脱水晾干。溶液浓度 2% 左右，可用刻度杯配制溶液，配量够用即可。

对染料印花衣物的白色部位使用次氯酸钠极易迁移浸洇咬色，因此不宜使用，特殊情况

必须使用时要极其慎重。

✦ 七、脱氯与中和

1. 脱氯的原因

衣物氯漂之后，应充分清洗，去除残留的游离氯。残留的游离氯在透风时吸收空气中的二氧化碳，生成纯碱和次氯酸。碱性物质含有铁离子，每升水铁含量超过 $0.3 \sim 0.5$ 毫克，就会使衣物发黄，碱性越高，铁离子含量越高。铁离子不仅可使衣物泛黄极难处理，而且损伤纤维，仅仅依靠漂洗并不能完全清除碱质及铁离子，因此必须脱氯方可清除。脱氯有许多方法，适合洗衣店的脱氯方法有硫代硫酸钠脱氯、双氧水脱氯和过酸。

2. 硫代硫酸钠脱氯

硫代硫酸钠属于弱还原剂。硫代硫酸钠脱氯是洗衣店脱氯首选。硫代硫酸钠，俗称大苏打，又称海波。无色、无臭，有清凉而带苦的味道。相对密度为 1.69。硫代硫酸钠是无色透明的单斜晶体，易溶于水，在空气中超过 $33℃$ 即起风化，在空气中也可潮解。

具体操作方法是：大苏打 $1 \sim 2$ 克/升；水温 $30 \sim 40℃$；$3 \sim 5$ 克/件；水量约为衣物的 10 倍，使衣物没入水中；浸泡 $3 \sim 5$ 分钟；用清水漂洗两次；过酸，加入冰醋酸或草酸少许；脱水晾干。

> 《印染手册》："一般织物漂白酸洗后，可以不再用大苏打脱氯。黏/维、棉/维混纺布由于维纶吸氯后不易洗去，因此漂白后宜用大苏打脱氯，以防织物带氯烘干时造成泛黄现象。"

硫代硫酸钠脱氯并非十全十美。硫代硫酸钠含有硫的成分，脱氯后如果漂洗不净，残留的硫化物也可使衣物泛黄，损伤衣物。

3. 氧漂脱氯——双漂

双氧水本身是性能优良的漂白剂，并具有脱氯功能，能有效清除氯漂之后残留的碱质及铁离子。用双氧水脱氯实质是双漂工艺。氯漂后，用硫代硫酸钠脱氯，而后氧漂，再酸洗，效果最佳。有人要问，都是漂白剂为何不直接使用双氧水而先用次氯酸钠？因为有的白色衣物沾染了染料色迹，双氧水效果差甚至无效，只有次氯酸钠一用即除。

4. 酸洗中和

酸洗并非直接脱氯。次氯酸钠漂白后残留的游离氯最终生成纯碱和次氯酸，由于碱的存在而导致面料泛黄，并损伤纤维。酸洗的作用是酸碱中和，使次氯酸钠变成易溶于水的盐从而洗除，与碱性洗涤剂洗后过酸中和的原理相同。印染厂染布的生产过程中就有酸洗这道程序。采用酸洗不仅能起到去碱防黄作用，还可以提高织物的白度。需要提醒注意的是，必须在漂洗干净之后进行过酸。

✦ 八、次氯酸钠及 84 消毒液、漂水的漂白、消毒方法

市面上销售的 84 消毒液，是次氯酸钠的复配产品，主要成分是次氯酸钠，有效氯含量

在 5.5% 左右，有效氯含量是次氯酸钠的 42%～55%，主要功能是对衣物的漂白。因为有杀菌作用，有的厂家起名为消毒液，这样有利于产品的销售。在超市里也有标为漂水的洗涤漂白用品，性质与 84 消毒液相同。

84 消毒液及漂水与次氯酸钠性能、使用方法相同，只是有效氯含量较低。洗衣店不宜购置 84 消毒液，因为售价高于次氯酸钠。84 消毒液、漂水如果作为消毒液，正确的使用方法是：将衣物放入兑有 0.3%～0.5% 的 84 消毒液的清水中浸泡 5～10 分钟，之后漂洗干净再正常洗涤。

九、使用次氯酸钠及 84 消毒液、漂水注意事项

（1）次氯酸钠溶液有腐蚀性，能伤害皮肤，操作时应戴劳动保护用品。使用次氯酸钠时，次氯酸钠水溶液绝对不可呈中性或酸性，更不可人为加入酸剂。

（2）氯漂不能使用铁器，带有金属饰物的衣物禁用。漂液不能含铁质，铁和其它重金属化合物对次氯酸钠有催化作用，促其加速分解，使纤维受到严重损伤，因此使用次氯酸钠最好使用塑料器皿。次氯酸钠容易分解，贮存期一般为 15 天。延长贮存时间会逐渐降低有效氯含量。为了延长贮存时间，次氯酸钠的 pH 值一般为 12。

（3）应避免日光直接照射，以免引起次氯酸钠溶液迅速分解和纤维脆损。

（4）漂液不能溅到其它衣物上，操作完成之后要处理干净。否则会对其它衣物造成咬色。

（5）操作时观察：5 分钟左右发生变化为正常；变化迅速说明过量、漂液或温度过高。

第二节
双氧水

一、含氧氧化剂与双氧水

氧化剂分为含氯氧化剂和含氧氧化剂两种。含氧氧化剂也称含氧化合物、释氧型氧化剂、氧漂等。含氧氧化剂除双氧水外还有过氧化钠、过碳酸钠、过硼酸钠、硅酸钠、亚硝酸钠等。含氧氧化剂的漂白原理与含氯氧化剂的漂白原理基本相同。过碳酸钠有固体双氧水之称，彩漂粉中添加的含氧氧化剂主要是过碳酸钠。

双氧水，学名过氧化氢，也称二氧化氢。分子式 H_2O_2，分子量 34.02。纯净的高浓度的过氧化氢（100%）是油状无色、无臭液体，相对密度 1.458，熔点 -2℃。市场上销售的都是它的 30% 或 3% 的水溶液，无色透明。皮肤接触双氧水会起水泡。在普通压力下受热分解成水和氧气。溶液中含有少量的酸，使其稳定。因此双氧水呈弱酸性。双氧水易溶于水，水溶液略带微酸及辣味。

二、双氧水的特点与用途

1. 双氧水适用的纤维面料与特点

洗衣店使用的含氧氧化剂主要是双氧水，这是一种性能优良的含氧氧化剂、漂白剂、消

毒剂和脱氯剂，双氧水漂白后不会泛黄，漂白白度较高，失重少，对纤维的破坏较小，相对安全，不会像次氯酸钠那样，稍有不慎就会对衣物纤维造成毁灭性的损伤，是洗衣店必备的漂白用品。

双氧水的最大特点是水温越高发挥的效力越强，通常双氧水对织物的漂白是在 70～80℃或 90～100℃的条件下进行，因此双氧水高温漂白时，织物纤维必须能够承受高温而不受到破坏。双氧水漂白宜在 pH 值为 10～11 的碱液中进行，此时所得白度最高。

双氧水对于天然色素的去除强于对染料染色的去除；高温去除汗黄渍的效果也非常理想；双氧水对染料染色破坏很小，甚至没有破坏，因此可以对有色衣物沾染色迹剥色，这是与次氯酸钠的重要区别。

双氧水漂白适用的纤维织物比较广泛。可用于棉、麻、丝、毛各类天然纤维及织品的漂白，在合成纤维方面，除了锦纶不宜使用外，其余合成纤维及织品都可采用双氧水漂白。但是对于丝、毛、醋酯纤维的漂白，浓度要低，温度不可过高，时间、操作方法要正确掌握，否则可造成损伤。在双氧水漂白的同时，为提高去污效果，可适当加入洗衣粉。用洗衣粉正常洗涤衣物加入双氧水，可以有效提高洗涤效果。增白洗衣粉有的就是添加了氧漂成分。

2. 漂白

（1）纯棉白色衣物漂白 纯棉纯白衣物的漂白可以使用80℃以上的水温，这样可以充分发挥双氧水的效力，特别是有顽渍污垢的衣物。如果是一般性漂白，可采用 60～70℃的热水，浓度5％左右，搅匀，将衣物放入溶液中浸泡，不时翻动，时间 15～20 分钟，漂净、脱水、晾干。

（2）蚕丝漂白 每升水加入浓度30％的双氧水 5～8 克，最好再加入硅酸钠水溶液（水玻璃）2 克，使其稳定反应，水温 50～60℃，最高不超过 70℃。将织物放入水中浸泡，最长时间 2 小时左右，不时翻动观察，漂洗干净，脱水晒干。

（3）羊毛织物漂白 在一般情况下，羊毛纤维不可使用双氧水高温漂白，双氧水高温对羊毛有破坏作用，高温可使羊毛加剧缩绒。在必须用双氧水漂白的情况下，要谨慎操作。双氧水水溶液的浓度为 2％～3％，水温 30℃左右，水量以能够充分浸泡织物为准，再滴入几滴氨水或水玻璃搅匀。然后将洗净的毛织物放入水溶液中浸泡 1 小时左右，不时观察，未达到效果，可适当延长浸泡时间。漂洗干净，脱水晒干。

（4）羊毛精纺织物双漂（双氧水漂白＋漂毛粉）

① 双氧水漂白，10 毫升/升。水温 30℃时加入双氧水，20 分钟升温至 50℃，保温漂白 150 分钟，漂毕降温清洗。

② 还原漂白织物需在运转中，室温（20℃左右）下加入漂毛粉与增白剂，45 分钟升温至 80℃，保温 90 分钟，漂毕降温清洗。

> 注：此为印染厂配方，坯布漂白与服装漂白有所不同，服装漂白必须考虑缩绒问题，所以应适当降低浓度和温度及时间。

（5）裘皮毛被泛黄漂白 详见第四章第九节十、裘皮毛被泛黄的漂白第 94 页。

（6）黏胶等再生纤维衣物漂白 每升水加入浓度30％的双氧水 5～8 克，水温60℃左右，再滴入几滴氨水或水玻璃搅匀。将洗净的衣物放进水溶液中浸泡 1 小时左右为宜，时常翻动，不要拉伤衣物，用清水漂洗干净，脱水晒干。

（7）醋酯纤维漂白 醋酯纤维的漂白比较适合的释氧型氧化剂是双氧水。双氧水漂白用量：每升水加入浓度 30％的双氧水 5 毫升、肥皂 3 克，温度 40～45℃，浸泡 50 分钟左右。

3. 去渍剥色

双氧水由于对衣物原有的颜色破坏很小，因此可以对有色衣物沾染的色迹进行剥色。双氧水剥色一般需采用高温，因此，涂层面料、皮革和皮毛的附件配饰的衣物以及不耐高温的织物不适合双氧水高温剥色。

（1）纯棉织物剥色操作方法 兑入双氧水，浓度 5％～8％，再加入洗涤剂 1～2 毫升，水温 80℃，搅匀，将处理的衣物浸入水溶液中拎洗 3～5 分钟。拎洗中注意观察处理结果，颜色沾染清除后，终止处理，进行漂洗。脱水晾干。

（2）注意事项 处理时间不可过长；要连续进行，中途不可停顿。一次未除可两次、三次，温度可由低到高。衣物原有的颜色会有轻微的褪色情况，温度越高，时间越长，褪色越重。

双氧水去除天然色素效果较好。天然色素色迹主要是指树叶、青草、水果、蔬菜及各种饮料中的天然色素形成的颜色沾染。这是双氧水的优势。

4. 漂除陈旧性血渍与汗黄渍

对于沾染多年的血渍和陈旧性汗黄渍，用一般的去渍方法难以去除的纯棉衣物，用双氧水或彩漂粉高温处理可以全部清除。方法有局部浸泡、整体浸泡和高温煮沸。

✚ 案例 3

衣物：纯棉白色 T 恤（图 8-1），图案为涂料印花，因与深蓝色条绒裤混合水洗，造成串色，为浅蓝色，串色均匀（有意试验）；T 恤原有三个陈旧性血渍点。操作要点如下。

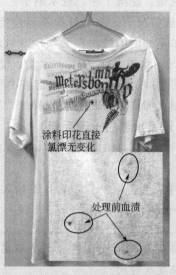

涂料印花直接
氯漂无变化

处理前血渍

图 8-1　纯棉白色 T 恤

　　第一步：次氯酸钠剥色。水温 24℃，水量 3 升左右，加入次氯酸钠 10 克，浸泡 1 小时，脱氯，甩干，检查串色已除恢复白色，但后背三个陈旧血渍点（三年以上）依旧存在，几乎没有变化。

　　第二步：双氧水杯浸去血渍（图 8-2）。水 500 毫升，双氧水 10 克，水温 80℃，将血渍点部位纠合在一起放入杯中。不时搅动，20 分钟时去除两个血渍点，30 分钟后血渍点尽除。然后将杯中双氧水溶液倒入盆中，对 T 恤整体浸泡 10 分钟，脱水、晾干。

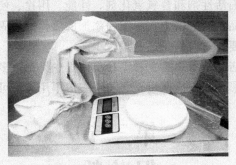

图 8-2　双氧水杯浸去血渍

✚ 案例 4

　　住宿女学生蓝色纯棉床单多处经血陈迹，时间四年以上。经去渍洗涤血迹未除，经彩漂粉和双氧水热水浸泡仍然未除，遂用白钢锅煮沸的办法清除。操作方法：水量以没过衣物为准，双氧水 10 克左右，并加入少量洗衣粉，煮沸将近 20 分钟后取出，经查看血渍全部清除。漂洗、脱水、晾干。晾干后检查床单颜色没有变化，床单没有褪色。

　　两次试验并结合洗衣实践说明了以下四个问题。

　　（1）次氯酸钠对染料染色作用极强，只要是洗涤时掉色的染色，次氯酸钠都可使其清除或变色。

　　（2）涂料印花不起作用。

　　（3）次氯酸钠去除陈旧性蛋白质污垢的功能不强。

　　（4）对于纯棉衣物去除陈旧性蛋白质污垢（如血渍、汗黄渍）应首选双氧水高温浸泡，只要染料染色色牢度不是很差，在高温热漂过程中双氧水不会对颜色造成破坏，虽然同为强氧化剂，双氧水对染料染色的破坏远远低于次氯酸钠。

✚ 三、双氧水使用注意事项

　　双氧水本身不燃烧，但与易燃物接触，能引起剧烈的燃烧。与金属物（如铁、铜等）接触受热或者日光暴晒能够引起分解爆炸。因此双氧水不可装入金属器皿之中，须密封，贮存于阴凉、黑暗、通风处，防止见光分解，常见的是用黑色塑料袋包裹玻璃瓶贮存。搬运时应轻拿轻放，不宜贮存太久。双氧水对铬不发生作用，铬含量较高的不锈钢对双氧水溶液具有良好的抵抗力。双氧水有刺激性气味，对皮肤、金属具有腐蚀性，皮肤接触会起水泡。

四、彩漂粉与彩漂液

彩漂粉与彩漂液属于含氧氧化剂的复配产品。彩漂粉为白色结晶或粉状，是比较温和的漂白剂，其主要成分是表面活性剂和含氧氧化剂，性能、用途、使用方法、注意事项等与双氧水基本相同。为适应产品包装的需要，彩漂粉添加的氧化剂为固体粉状的过碳酸钠。彩漂洗衣粉与彩漂粉的区别主要是含氧氧化剂含量较少。

彩漂粉应该作为洗衣店的常备用品。彩漂粉市面很少见到，多为供应家庭直接使用的彩漂液。彩漂粉保质期长，彩漂液保质期短。彩漂液去渍不用稀释可以涂抹污渍处。

第三节
保 险 粉

一、还原和还原剂

氢（H_2）或新生氢（H）和别的物质所起的化学反应称为还原。氢燃烧时和空气里的氧化合成水，而且还能夺取若干化合物里的氧，并与其氧化合成水。这是氢的一个重要性质。例如氧化铜被氢还原成铜，这是由于氢把氧化铜里的氧夺取出来，并与氧化合成为水，而铜被还原。凡是能供给氢的物质都称为还原剂。氢气是还原剂，保险粉、雕白粉等都能供给氢用于印染，也都是还原剂。保险粉可以促使还原染料在碱性液中还原。

还原剂有很多品种，主要有保险粉、漂毛粉、雕白粉、咬白剂 W、葡萄糖、蒽醌、亚硫酸钠、中性亚硫酸钠、硫代硫酸钠、氯化亚锡、硫酸亚铁等。洗衣店使用的还原剂主要是保险粉和二氧化硫脲。

(1) 保险粉　学名低亚硫酸钠、连二亚硫酸钠，又名快粉。分子式 $Na_2S_2O_4$，分子量 174.1，是印染应用最广的还原剂，也是洗衣店漂除色迹使用最多的化料。保险粉易于受潮分解，并有刺激性的酸臭味，为此有的人称之为"臭漂"。

保险粉有淡黄色粉末和白色细粒结晶两种。市场上销售的保险粉，有效成分为 85%～95%。保险粉有很强的还原力，易溶于水和分解，性质不稳定。但是在 60℃以下的温度还是比较稳定的。保险粉在 pH 值为 10 时最稳定，如果遇到无机酸，就会发生剧烈分解。因此切勿加酸，其耐酸限度最多至 pH 值为 5。

(2) 二氧化硫脲　二氧化硫脲是一种新型还原剂，为非致癌物质，是一种比较安全的化学品，还原能力和稳定性超过保险粉，可以代替保险粉使用。如果代替保险粉使用，仅为保险粉用量的 15%～20%，如果与保险粉混用，保险粉与二氧化硫脲的比例为 1∶0.1。二氧化硫脲在水中的溶解度随温度的升高而升高。

二氧化硫脲是白色结晶粉末，无毒，无熔点，无吸湿性，但有刺激性气体逸出。二氧化硫脲易溶于水，不溶于有机溶剂，10％的水溶液 pH 值为 5，呈弱酸性。溶液温度升至 100℃时呈乳白色。二氧化硫脲在洗衣店的使用与保险粉相同，可以去除染料染色造成的串色、搭色、红蓝墨水或彩笔色迹、天然色素等。

✦ 二、保险粉的性能和使用

(1) 保险粉适用的纤维　保险粉适用于各种纺织纤维面料，故有"保险粉"之称。保险粉高温漂白和漂除色迹时，所漂衣物纤维必须可以承受高温不受损伤。

(2) 保险粉的用途是漂白与剥色　保险粉在洗衣店的用途主要是漂白与剥色。由于保险粉对任何纤维都没有损伤，是洗衣店的重要化料之一。保险粉可以漂白各种天然色素的颜色和大多数染料的颜色。可漂白，可剥色，保险粉漂白被称为还原漂白。

(3) 保险粉的除色能力与局限性　保险粉的还原去色能力很强，可以去除许多颜色和色迹，也可以使很多染料染色发生变化，但不能对所有的颜色都发生作用。保险粉对染料染色和天然色素的色迹漂除有效，对涂料印花、涂料染色、涤纶分散染料染色不发生影响。对还原染料染色可以使其消色或变色，但遇到空气还会恢复原色。

(4) 保险粉的碱性还原　有的有色衣物用保险粉去渍剥色或不慎沾染保险粉，衣物的颜色会变色或消失，之后遇碱还会呈现或恢复原来的颜色。万一出现这种情况，可用碱或碱性洗衣粉水溶液浸泡（pH 值保持在 11 左右），使衣物恢复原来的颜色，效果最好的是纯碱，其次是重垢洗衣粉或工业洗衣粉。

(5) 保险粉的投料　保险粉使用时，应将保险粉加入水中搅匀，不可将水加入保险粉里，否则保险粉将迅速分解，失去作用。

✦ 三、保险粉的使用与操作

1. 白色衣物色迹整体彻底剥色法

保险粉（浓度 1.5％～2.5％）；烧碱（或纯碱、碱性洗衣粉与保险粉同量）；水温 60～90℃；浴比为 1：(15～20)（水量一般以完全没过衣物为准）；保险粉、碱剂搅匀充分溶解；将被处理衣物浸入水中浸泡、翻动、拎洗 3～5 分钟，不得搁置。要时时观察效果，色迹清除后进行漂洗；用室温清水漂洗多次；漂洗干净后用室温清水过酸，冰醋酸浓度 1％，浸泡 3～5 分钟，翻动、拎洗，务使均匀；脱水、晾干。过酸的作用是增加白度防止泛黄。

2. 白色衣物局部色迹彻底剥色法

(1) 杯浸法　如果局部沾染色迹，可以采用刻度杯浸泡方法，将一定量 90℃以上的热水倒入杯中，加入保险粉，浓度 2.5％左右搅匀，再将衣物沾染色迹的部位放入杯中浸泡 2～5 分钟，为保持杯中的水温，可将水杯坐在盆中的热水里，始终观察变化情况，达到效果后将杯中溶液倒在盆中的热水里搅匀，然后将衣物整体放入水中浸泡一会儿，漂净、过酸、脱水、晾干。如果色迹未除，可加大用量。

(2) 油画笔涂抹法　将保险粉溶液兑好，浓度可高于杯浸法，用油画笔蘸溶液涂抹于色迹处，停一段时间，待色迹消失后，整体浸泡、洗涤、漂洗、脱水、晾干。

3. 有色衣物去渍剥色

保险粉可用于有色衣物沾染色迹的剥色,其原理是衣物原有的颜色色牢度强于沾染色迹的色牢度。保险粉剥色效力强于双氧水。保险粉去渍剥色须注意的问题如下。

第一,保险粉主要针对活性染料、直接染料。去渍剥色必须单独使用保险粉,不可加入碱剂或洗衣粉(碱性),加入碱剂将由去渍剥色转为彻底剥色,使衣物原有的颜色瞬间脱落,造成新的更加严重的色迹污染,或者将色迹和衣物原有的颜色一起剥掉。

第二,如果衣物原有颜色是还原性染料,使用保险粉可能会变色或消失。但遇空气还会恢复原色。

第三,如果衣物变色或消色后遇空气不能恢复原色,说明是除还原性染料、活性染料、直接染料以外的其它染料。遇到这种情况需用碱剂还原。由于保险粉对颜色的作用很强,有的可以恢复原貌,有的不能恢复,有的只能恢复到一定程度。

剥色操作方法是:首先将衣物清洗干净做好准备;水温60℃左右;浴比为1:(15~20)(以完全没过衣物为准);保险粉2~3克(浓度0.3%~0.5%);搅匀溶化后放入衣物;稍微浸泡翻动浸透,反复拎洗2~3分钟;不可停顿。观察处理结果,如果颜色污迹已除,立即进行漂洗。如仅有部分清除,残留部分仍然明显,可追加1~2克保险粉,或者提高水温,继续进行拎洗剥色操作,直至色迹全部清除。漂洗干净,用室温清水过酸固色,冰醋酸浓度1%左右,浸泡3~5分钟;脱水晒干。

4. 漂除羊皮毛被的退行性黄色

退行性黄色是指经过干洗后毛被发黄,和较长时间贮存后白色毛皮制品风化性发黄。

适用范围是:白色或浅色绵羊皮、羊剪绒裸皮垫子;或较深颜色的皮毛拼块或其它附件。手工操作处理有冷水法和热水法。具体操作如下。

(1)冷水法

① 将干洗后的羊皮衣物铺平。

② 用30℃以下的温水配制成3%~5%浓度的保险粉溶液。

③ 使用刷子蘸保险粉溶液刷拭发黄的羊毛,使毛被保持湿润,绝对不能出现沥水,避免浸湿皮板。

④ 用熨烫蒸汽喷烫。喷烫方法是:熨斗底板距离毛被三指(5厘米左右),给汽时迅速而过,反复几次,勿使蒸汽烫伤皮板。

⑤ 使用清水浸湿毛巾(白)反复擦拭毛被,彻底清除残余药剂,晒干,梳理皮毛。

(2)热水法

① 将发黄的羊皮衣物铺平。

② 用90℃以上的热水配制3%~5%浓度的保险粉溶液。

③ 用干燥的干净白毛巾饱蘸上述保险粉溶液,稍微拧干,反复擦拭毛被的黄色部分,擦干后覆盖干燥的白棉布,吸收水分。效果不明显,可重复操作,切记不可将保险粉溶液浸湿皮板。

④ 用清水浸湿毛巾反复擦拭皮毛,彻底清除残余药剂,晾干,梳理皮毛。

5. 处理氯漂后变黄的衣物

将一小勺保险粉溶于100毫升的水中,搅匀后滴在衣物变黄的地方可恢复,如未恢复,反复几次或加大用量,直至去除。此法主要针对纤维素纤维,对丝毛蛋白质纤维和尼龙等部分化学纤维无效。

四、保险粉的衍生品——漂毛粉

漂毛粉，又称漂毛剂，是60％保险粉与40％焦磷酸钠的混合物，市售商品为白色粉末，极易溶解于水，能使天然色素还原破坏，变成极易溶解的物质而洗去。漂毛粉漂白效率极强，应用简便，最适合漂白羊毛，不会损伤羊毛纤维。还可用于丝、棉、羽毛、短纤维、黄麻纤维的漂白。要存放在阴凉处，防止受潮、受热、氧化变质。受潮、受热可释放氢气，产生大量热能，同时分解生成游离硫，容易引起燃烧和爆炸。

漂毛粉漂白羊毛操作方法如下。

（1）将洗净的羊毛放入温度40℃的漂毛粉溶液中处理，每升溶液中加30克，隔0.5～1小时翻动一次，以保证作用完全，经处理过夜（最长24小时，需保持40℃），漂白即可完成。取出立即水洗、脱水、干燥。

（2）若为轻薄易漂的织物，每升水加1克漂毛粉；厚重难漂的织物，每升水加5克漂毛粉，但最多不超过5克。漂后的漂液可以继续使用，漂液温度不宜超过45℃。

五、保险粉对颜色的作用

（1）不变色　保险粉对涤纶分散染料染色和涂料印花及涂料染色不起作用，分散染料与颜料对保险粉有极强的抵抗力，无论是沾染还是浸泡，颜色都不发生变化，这一点与次氯酸钠相同（见彩图17、彩图18、彩图23及文字说明）。

（2）脱色　部分染料染色保险粉可使其一定程度脱色、清除，如活性染料。在洗衣时衣物的颜色是活性染料染色，掉色沾染了其它部位或其它衣物，由于衣物原有颜色的色牢度高于沾色的色牢度，因而利用这种色牢度的差别，可用保险粉对沾色进行剥色。但千万不能加入碱剂，如烧碱、纯碱、洗衣粉（碱性）等，如果一旦加入碱剂，原有的活性染料染色就会瞬间严重掉色，造成新的更加严重的色迹污染。

（3）变色　保险粉可使部分染料变色（见彩图20及案例文字说明）。

（4）变色，遇氧恢复原色　保险粉可使还原性染料变色，但遇空气（氧气）会自动恢复原色。还原性染料包括还原染料（含靛菁染料）、缩聚染料、部分硫化染料等（变色后自动恢复颜色见彩图21、彩图22及文字说明）。

（5）变色，碱剂还原恢复原色或部分恢复　部分染料染色衣物意外沾染了保险粉变色可用碱剂还原，轻的可以恢复，重的只能一定程度恢复。用保险粉漂白衣物称为还原漂白，要注意漂白后不能沾染碱剂（见彩图24及文字说明）。

（6）变色，碱剂还原不能恢复原色　略（见彩图25、彩图26及文字说明）。

六、保险粉使用及保管注意事项

（1）保险粉剥色时，应将保险粉加入水中，不要将水加入保险粉里，否则，保险粉会迅速分解失效。无论是剥色还是还原，溶液一定要搅匀后再投放衣物。

（2）保险粉易吸湿板结成硬块失效，最好用时再买，不宜存放时间过长。

（3）在实际操作中，应该有计量工具。要正确掌握浓度、水温、时间，如果用量把握不准，应该从少到多，从低到高。

第四节
各种漂白剂、剥色剂的比较

漂白剂一般是指含氯氧化剂和含氧氧化剂。在洗衣店用于漂白与剥色的化学药剂有次氯酸钠、双氧水、保险粉、平平加、中性洗涤剂、彩漂粉、84 消毒液。由于性能不同、强度和漂白的速率不同、适用的面料、颜色不同，在使用上存在差异。因此正确地选择和使用漂白剂十分重要。

✤ 一、次氯酸钠与双氧水的比较

次氯酸钠和双氧水虽然同属强氧化剂，但性能与使用效果有很大差别。二者区别如下。

（1）去除纤维素、纤维共生物的效果　双氧水好于次氯酸钠；次氯酸钠仅有漂白效果。纤维素、纤维共生物包括果胶物质、含氮物质、蜡状物质、灰分、色素、棉籽壳等。

（2）适用范围　次氯酸钠一般仅限于纯棉纯白织物的漂白，不可用于对有色衣物的去渍与剥色；双氧水可以用于多种纤维织物的漂白，还可用于有色衣物的剥色。

（3）处理后的白度　双氧水漂白白度高于次氯酸钠；次氯酸钠漂白容易泛黄，双氧水漂白白度持久。

（4）对颜色的作用　双氧水对天然色素有效，对染料染色几乎不起作用，如果纯棉白色衣物沾染了染料色迹较重，用双氧水很难剥除，几乎无效；而次氯酸钠一般则比较容易清除，作用强烈。二者相同的是对涤纶分散染料染色、涂料印花、涂料染色均不起作用。

（5）去除蛋白质污垢（如陈旧性血渍及汗黄渍）　次氯酸钠效果不佳；用双氧水高温处理可以彻底清除。

（6）手感　双氧水漂白的衣物手感较好；次氯酸钠较差。

（7）对纤维的安全性　双氧水漂白对棉纤维安全；次氯酸钠对纤维损伤大、风险大，使用不当，会使棉纤维严重损伤。

（8）对温度的要求　次氯酸钠漂白温度最高不超过 60℃，有热漂、温漂、冷漂之分；双氧水则热漂效果好，80℃以上能充分发挥效力，低温或冷水效果较差。

（9）对劳动保护的要求　双氧水安全；次氯酸钠操作不当会释放氯气，有害人体健康。

（10）使用方式　次氯酸钠水溶液和双氧水水溶液均可连续使用。

✤ 二、保险粉与氧化剂的比较

保险粉与双氧水、次氯酸钠比较如下。

（1）对纤维的安全性　保险粉适用于所有纤维，对纤维的损伤很小，或者说基本没有损伤，这是"保险"名称的由来。氧化剂特别是次氯酸钠有严格限定范围。

(2) 对颜色的作用 保险粉可漂白、可剥色，对天然色素、大部分染料染色的作用强于双氧水，低于次氯酸钠。保险粉对涤纶分散染料染色、涂料印花不起作用，与氧化剂相同；对还原性染料可使其变色，但遇到空气便马上恢复原色。

(3) 处理后效果 保险粉漂白为还原性，有的漂白后遇碱可能会呈现除掉的颜色；漂白后白度持久性不如双氧水，但好于次氯酸钠。

(4) 对温度的要求 保险粉漂白与剥色时需要较高温度，但低于双氧水。

(5) 对劳动保护的要求 保险粉有一股难闻臭味，对眼睛、呼吸道、皮肤有一定的刺激性，可引起头痛、恶心和呕吐；双氧水对皮肤、眼睛有刺激性。二者对人体健康的影响大致相当，相对来说属于微毒，对人体没有致命伤害；次氯酸钠对人体也有刺激性，用次氯酸钠漂白时会有少量的氯气释放，有一股臭味，只有在使用次氯酸钠不当，次氯酸钠水溶液呈酸性时会加剧释放氯气，可能使人中毒，严重者会毙命。但洗衣店的使用量不大，即使操作不当一般也不会出现这种严重情况。

✤ 三、平平加与中性洗涤剂

平平加是优良的非离子表面活性剂，具有去渍剥色功能。

福奈特中性洗涤剂与平平加性能相同或相近，可以去渍剥色，是比较温和的剥色剂，操作时要求剂量较高，并要求高温。二者对操作者的健康是安全的。

✤ 四、彩漂粉与 84 消毒液

彩漂粉是双氧水的复配产品，84 消毒液是次氯酸钠的复配产品，其基本性质与原品相同，只是含量较低。彩漂粉主要成分除了含氧氧化剂之外，还有表面活性剂等去污成分。

✤ 五、影响漂白与剥色的九个因素

不管是哪一种漂白剂或剥色剂，除了本身性能外，还受到客观因素的影响，这些客观因素基本相同。化学反应是复杂的，因为某一个操作环节的失误或某个因素的影响，将导致整个操作失败。

(1) 温度 温度是对于漂白与剥色十分重要的因素。次氯酸钠的分解速率随温度的升高而加快，每提高 $10℃$，漂白速率提高约 2.3 倍。双氧水、保险粉、中性洗涤剂、平平加都需要较高温度。福祸相依，利弊同存，温度不当会产生负面效应。

(2) 浓度 浓度的高低对纤维的安全和漂白与剥色效果至关重要，浓度与效果的关系往往不是成正比。以次氯酸钠为例，漂液浓度过高，在一般情况下提高到 3 克/升以上，白度不能显著提高，但纤维强度会明显下降。如果浓度过低，也会降低白度。因此，正常漂白时，漂液的浓度，即有效氯含量一般在 0.8％~1.2％或 1.5％~2％范围内。

漂白一般不可长泡，但也不是绝对的，一般而言，次氯酸钠可以在常温或冷水的条件下浸泡较长时间，但浓度要求很低，在一般情况下以 0.1 克/升左右为宜。

(3) 时间 漂白时间需要根据实际情况而定。相同的浓度、温度，时间越长，强度越高，彼此之间是成正比的关系。

(4) 浴比　大浴比用料多，有利于均匀；小浴比用料少，均匀性差。洗衣店的浴比标准一般以漂液没过衣物为准。

(5) pH 值　漂液的 pH 值的高低，直接影响漂液分解速率。不同的化料对 pH 值的要求不同。所有的漂液均要求呈碱性，尤其是次氯酸钠漂液必须呈碱性，以 pH 值在 11.2 左右为最佳，切忌呈酸性。

(6) 阳光　各种化料在使用时要求漂液不被阳光直接照射，尤其是氯漂阳光照射会作用剧烈，损伤纤维。

(7) 金属离子　铁、铜、锡、铝等重金属离子，都能加速漂液的分解，因此，漂白不可使用金属器皿，质量好的不锈钢器皿可以使用。

(8) 氯漂的脱氯与过酸中和　略（详见第八章第一节七、脱氯与中和第 155 页）。

(9) 皂洗与漂洗　衣物漂白之后需要清洗干净。邻居问我说，她在家用 84 消毒液漂白床单，很快变"糟"是什么原因。经过询问得知，所用浓度和温度都不高。按家庭的条件，除了漂白之后未经脱氯的原因外，氯漂后清洗不净是重要原因。家庭用 84 消毒液或漂水漂白衣物，最后可用白醋过酸。

就漂白成败和效果而言，温度、浓度、时间最为重要；其次是 pH 值、脱氯、浴比。如果织物有铁锈，须先用草酸除之，而后再用次氯酸钠进行漂白。各种漂白剂、剥色剂适用的纤维面料和颜色见表 8-1。

表 8-1　各种漂白剂、剥色剂适用的纤维面料和颜色

品　　名	适用纤维	适用颜色	漂白方法	备　　注
次氯酸钠	棉、麻、黏胶、化学纤维（不适用锦纶）	一般只适用于纯白色衣物	冷、热漂均可，热漂温度最高不超过 60℃	对涂料印花、涤纶分散染料染色无效；蓝色对氯漂最敏感，红色最差
保险粉	所有纤维（丙纶除外）	纯白色衣物和部分有色衣物	一般需要热漂，可高温热漂	对涂料印花、涤纶分散染料染色不起作用
双氧水	绝大多数纤维	白色、有色衣物	温度高效力强	蛋白质纤维低温低浓度
彩漂粉	绝大多数纤维	白色、有色衣物	温度高效力强	蛋白质纤维低温低浓度
平平加	所有纤维	白色、有色皆可	需中、高温剥色	剂量高于其它漂白剂
中性洗涤剂	所有纤维	白色、有色皆可	需中、高温剥色	剂量高于其它漂白剂
84 消毒液	棉、麻、黏胶、化学纤维（不适用锦纶）	一般只适用于纯白色衣物	冷、热漂均可，热漂温度最高不超过 60℃	对涂料印花、涤纶分散染料染色无效；蓝色对氯漂最敏感，红色最差
烧碱	棉、麻	去除全部颜色	沸煮	一般不单独使用

第五节
冰醋酸与草酸

酸类的分子中都是非金属元素。酸有两类：一类是矿物性的，称为无机酸，酸性很强，

均为强酸，如硫酸、盐酸等；另一类是以碳（C）、氢（H）、氧（O）三元素为主构成的酸，称为有机酸，酸性比较弱，多为弱酸，如蚁酸、柠檬酸、冰醋酸、草酸等。草酸是无机酸中的强酸。无机酸对纤维损伤远远大于有机酸，尤其是对纤维素纤维损伤最重，作为洗衣店不宜购置和使用。

✚ 一、冰醋酸

冰醋酸，又称醋酸，学名乙酸、冰乙酸，是有机酸中的弱酸，在印染行业用途广泛。冰醋酸最初发现于食用醋中，食用醋含 3％～6％的醋酸成分，醋酸的名称由此而来。洗衣店和家庭在没有冰醋酸的情况下，可以使用白醋和醋精，但白醋和醋精效果不如冰醋酸，从成本方面看也不划算。

冰醋酸分子式 CH_3COOH，分子量 60.04。纯净的冰醋酸是无色的液体，98％～100％的冰醋酸在气温 16℃时结成冰状物，故此得名冰醋酸、冰乙酸。又称无水醋酸和无水乙酸。熔点 16.7℃，沸点 188℃。市场销售的冰醋酸大多含量为 30％，化工商店销售的冰醋酸化学试剂（分析纯）浓度在 98％以上。食用白醋含量在 5％左右，食用醋精在 30％左右。

冰醋酸有强烈刺激性酸味，有腐蚀性，对皮肤有刺痛和灼伤作用；能与碱类（如纯碱、烧碱）起中和作用，生成醋酸盐（醋酸钠）和水；能与醇类（如乙醇）起酯化作用，生成醋酸乙酯；易溶于水，性质比较温和。

1. 冰醋酸的用途与使用

冰醋酸在洗衣店是防止出现颜色渍迹的四大化料之一，使用的频率高于其它三大化料，其用途主要有以下几种。

（1）中和残碱，防止衣物泛黄和出现水渍 碱在洗涤中的作用是去污，各种洗涤剂都含有不同比例的碱性成分，其中洗衣粉碱性成分含量最高。通用或普通洗衣粉，pH 值为 10～10.5，工业洗衣粉 pH 值为 11.2，最高 pH 值达 14。洗衣店水洗衣物主要使用洗衣粉，其中包括工业洗衣粉，经漂洗后，仍有少量碱性物质残留在衣物纤维之中，可造成四种情况：一是会损伤纤维，缩短衣物的使用寿命；二是面料泛黄；三是形成水渍；四是直接接触人体，碱性物质会使皮肤有瘙痒感，尤其儿童更加明显。为此在漂洗完成之后过酸中和，是非常必要的。冰醋酸可损毁醋酯纤维，但是浓度只要不超过 1％是安全的。

具体操作方法是：醋酸浓度 0.5％～1％，室温水即可，浸泡 5 分钟左右，最长 10 分钟。之后无须用清水漂洗，可直接脱水晾干。

（2）次氯酸钠漂白中和，防止泛黄 氯漂中和实质就是酸碱中和，只是不为人们所熟知。碱性洗涤剂遗留残碱使衣物泛黄。次氯酸钠漂白之后会残留碱、游离氯。游离氯吸收空气中的二氧化碳，转化成次氯酸，进而转化为碱。这些碱性物质可使衣物泛黄和损伤纤维。彻底清除残留碱，除了脱氯之外，用冰醋酸酸洗中和是洗衣店防止氯漂之后泛黄最简易的方法。

（3）固色 冰醋酸对部分染料染色有固色功能，特别是耐水洗色牢度差的染料染色，有很好的固色效果。例如直接染料染色时，酸就是重要的固色剂。为预防衣物在水洗和晾晒过程中串色、搭色、洇色，洗衣时加入冰醋酸可起到固色作用。漂洗后过酸，除固色外还兼具防止泛黄出现水渍等作用。洗衣时加酸浓度一般在 0.5％左右。可以根据衣物的掉色程度调整加酸比例。如果没有冰醋酸，洗涤前用食盐水溶液浸泡衣物也可起到固色作用。

(4) 追色（吊色）　追色就是将掉色追回原态，也称吊色。衣物在洗涤过程中，面料上大量的染料被溶解下来，首先不要停止洗涤，尽快把洗涤工作完成，取出衣物后，不要倒掉含有染料的水，立即将溶液加热并搅动均匀后，加入 50～100 克的冰醋酸（浓度 3%～5%），将衣物重新投入水中，浸泡 10～20 分钟，不时翻动使其均匀浸泡。染料分子会缓慢地吸附在褪色的部位上，使整件衣物恢复到原来的色泽，并保持色泽均匀一致。最后，继续使用含有冰醋酸的水漂洗，脱水晾干。这种情况只能是手洗，如果是自动程序控制的机洗，含有染料的水溶液将被排掉，掉色较重的很难通过追色恢复原色。

> **案例5　洇色的处理——冰醋酸追色**
>
> 衣物：全棉T恤，底色白色、蓝条格。
> 问题：漂洗时洇色（较轻）。
> 处理：清水半盆（约 2000 毫升，以没过衣物为准）。
> 水温 28℃左右；冰醋酸（含量 99.5%，分析纯）用量 50 毫升（浓度 2.5% 左右）兑入水中；将衣物没入水中浸泡，不时拎翻；0.5 小时后洇色消失，浸洇到白色上面的蓝色全部追回到原来的部位，恢复原貌。

(5) 复染助剂　醋酸可作为弱酸性染料、活性染料染蚕丝的促染剂。用醋酸控制染液 pH 值在 4～6 之间，醋酸浓度为 0.3～0.5 毫升/升。

2. 冰醋酸使用注意事项

（1）冰醋酸虽然属于弱酸，无毒，但有强烈刺激性酸味，有腐蚀性，对皮肤有刺痛和灼伤作用，操作时避免与皮肤接触。

（2）冰醋酸易燃，应隔绝火种，不能与氧化剂（如次氯酸钠、双氧水）共贮。

（3）醋酯纤维、硝酸纤维和代纳尔纤维（酸性纤维）的面料对冰醋酸等酸剂反应敏感。最敏感的是醋酯纤维，冰醋酸浓度超过 5%，就会掉色，达到 28%，会造成溶洞和损毁。因此冰醋酸在添加时一定要稀释，并在稀释后加入水中搅匀后投放衣物。这是添加所有化学药剂必须遵守的原则。

冰醋酸是有机酸中的弱酸，对于冰醋酸敏感的纤维织物，使用其它效能强于冰醋酸的酸剂（如草酸）更要格外注意。

✚ 二、草酸

草酸，学名乙二酸，属于有机酸中的强酸之一，由植物主要是木屑加工而来。它的离解常数（又称酸度常数）远高于冰醋酸。市场销售的草酸纯度为 98%～99%，为无色透明的结晶体，在干燥空气中风化成为白色粉末。草酸容易被氧化，因而也是一种还原剂。草酸在洗衣店的用途和使用方法如下。

(1) 去除织物上铁锈斑、锈迹　草酸经常用于去除铁锈斑和锈迹，是洗衣店去除铁锈效果最好的化料，尤其是陈旧性锈迹。通过化学反应，使铁锈生成能溶于水中的草酸亚铁而洗除。

(2) 去除蓝色墨水渍　将衣物上墨水渍充分水洗，去掉浮色；用 2% 的草酸稀释液滴在渍迹处，或直接涂抹在浸湿的渍迹处，待化学反应之后，去除残液；用清水充分漂洗彻底去除残液；脱水晾干（或风枪吹净晒干）。

(3) 去除棕黄色色迹　使用高锰酸钾进行脱色后，会残留棕黄色色迹，该棕黄色色迹主要成分是 MnO_2，可与草酸生成溶于水的化合物，而被清洗掉。

(4) 中和残碱　用草酸中和残碱，浓度一般不超过 1%，总量不超过洗涤剂的一半。先将草酸稀释，然后加入水中。草酸对纤维有腐蚀作用，过酸后必须漂洗干净，以防烘干时草酸浓缩损伤衣物。

> **离解常数**：又称酸度常数，即酸剂的酸度。在化学及生物化学中，是指一个特定的平衡常数，以代表一种酸离解氢离子的能力。有资料介绍，草酸的离解常数是冰醋酸的 2000 倍，有时直接表述草酸强度是冰醋酸强度的 2000 倍；甚至网上有的资料介绍，草酸强度是冰醋酸强度的 10000 倍。草酸的酸度和强度均高于冰醋酸仍无可争议，但酸度即强度，并相差如此悬殊，实难令人苟同。草酸和醋酸都是洗衣店经常使用的酸剂，醋酸的使用有谁按草酸的千分之一或万分之一用料？经 pH 值试纸测试，草酸的 pH 值为 1；醋酸的 pH 值为 3〔测试方法：各 100 毫升水，水温 30℃；粉剂草酸 1 克；醋酸（化验分析纯，含量为 98%）1 克〕。虽查阅许多资料，但没有找到令人信服的具体权威数据。

三、冰醋酸与草酸比较

(1) 草酸属于有机酸中的强酸，冰醋酸属于有机酸中的弱酸，使用时草酸用量要低于冰醋酸。

(2) 草酸与冰醋酸都有中和残碱的功能，但是过酸之后，草酸必须漂洗干净，然后甩干；冰醋酸过酸之后不必漂洗可直接甩干。洗衣实践证明，草酸对衣物有腐蚀性，漂洗不净也可使衣物泛黄。

(3) 冰醋酸在中和残碱、消除水渍、汗黄渍的同时，具有固色作用，可预防搭色、泅色，还可追色；草酸不具备这些功能。

(4) 草酸的毒性大于冰醋酸。在人或肉食动物的尿中，草酸以钙盐或草尿酸的形式存在，草酸钙是尿道结石的主要成分。平均一个人一天约摄入 150 毫克草酸。草酸与草酸的化合物性质截然不同，直接吸入草酸，对成年人的致死量为 15～30 克。人若直接经口 5 克草酸可出现胃肠道炎、虚脱、抽搐和休克等症状，甚至死亡。冰醋酸浓烈的气味虽然对人有刺激、呛人、使人打喷嚏，但毒性大大低于草酸。

(5) 草酸售价低，用量少，成本低于冰醋酸。

第六节

溶剂

溶剂是一种可以溶化固体、吸纳气体或与其它某些液体混合的液体，继而成为溶液。按化学组成分为有机溶剂和无机溶剂。无机溶剂是不含碳原子的溶剂，如盐酸、硫酸、硝酸等。有机溶剂是含碳原子的有机化合物溶剂，洗衣店经常使用的干洗溶剂、酒精、汽油、冰醋酸、松节油、松香水、香蕉水、丙酮、二甲苯等都属于有机溶剂。被溶解的物质称为溶质，溶剂与溶质构成溶液。

水是最常用、最重要的溶剂，水可以溶解很多种物质和污垢，对于洗衣店来说，水不属于化学溶剂，水本身与纤维和化料不发生化学反应，当水中加入了某种化学药剂后，水的性质便发生了变化，如果两种化学药剂加入水中发生化学反应，水起到的作用是两种化学药剂反应的桥梁和传递的作用。用水作溶剂的溶液称为水溶液。化学有机溶剂具有如下特点。

（1）有机溶剂沸点一般较低，容易挥发，绝大部分可以通过蒸馏去除溶质或污垢。

（2）有机溶剂能溶解一些不溶于水的物质，如油脂、蜡质、树脂、橡胶等，在溶解过程中不产生化学反应，只是稀释，溶剂与被溶解物质的性质均无改变。例如食盐水溶液当水蒸发后剩下的依旧是食盐，食盐并未转化为其它物质；干洗溶剂溶解衣物上的油性污垢，只是将它们稀释在溶剂中，之后放到蒸馏箱进行蒸馏净化，油性污垢的性质并未发生变化，蒸馏回收的干洗溶剂性质也未发生变化，照常继续使用。

（3）溶剂的溶解度是在特定温度下，可以溶解物质的数量。溶解度与温度有密切关系，高温溶解度大于低温溶解度。

（4）溶剂通常是透明无色的液体，它们大多都有独特的气味，具有程度不同的毒性，只有水（纯净水，非化学溶剂）无色、无味、无毒。

一、四氯乙烯

详见第十二章第二节三、干洗溶剂、助剂及有关问题第 243 页。

二、溶剂汽油

一般洗衣店配备的去油污效果最好的溶剂汽油是 120 号汽油，即航空汽油，是橡胶工业使用的溶剂汽油，简称橡胶溶剂油。洗衣行业习称 HB。溶剂汽油无色透明，有汽油的特殊气味，不溶于水，溶于乙醇、乙醚、苯等，沸点 80～120℃，易燃，无毒。溶剂汽油主要是去除油性污垢和涂料类污垢，适用的纤维和面料比较广。对于不适合进入干洗机的皮革皮毛制品，如狐狸皮毛围巾、毡帽等，可用溶剂汽油手工擦洗。

由于树脂耐溶剂性能较差，因此，皮革印花、涂料印花、人造革（PVC 革、PU 革）以及树脂制品不宜使用溶剂汽油，擦洗人造革箱包可以使用洗涤用品。

三、酒精

酒精，学名乙醇，俗名火酒。分子式 C_2H_5OH，分子量 46.46。酒精为透明无色液体，易燃烧，易挥发，沸点 78.3℃，冰点 -130.5℃，受剧寒而不凝固，燃烧生成二氧化碳和水。

酒精分为酿造酒精与合成酒精两种。酿造酒精是用粮食淀粉发酵制成，可以饮用，称为食用酒精；合成酒精是用石油等矿物质及其它原料制成，其成分除了乙醇外，还含有甲醇等有毒物质，如果饮用可以使人中毒失明甚至死亡，称为工业酒精。酒精有灭菌消毒性能，75%的浓度效果最佳。酒精能以任意比例与水或醚互溶。对稀淡的酸类、碱类、盐类不起作用。酒精被氧化时生成乙醛，氧量充足可生成醋酸。酒精能溶解许多有机化合物和若干无机化合物。

酒精是洗衣店去渍剂之一，用于去除圆珠笔渍、霉斑等。对于皮革服装，酒精与氨水的混合液是优良的皮革去污剂。工业酒精去渍效果好于食用酒精，所以洗衣店宜选用工业酒精。

✛ 四、丙酮

丙酮，又称醋酮、二甲酮。分子式 $CO(CH_3)_2$，分子量 58.06。丙酮为无色透明液体，25℃时相对密度 0.788，沸点 56.5℃。极易挥发，带有芳香气味，极易燃烧。丙酮遇火呈有光辉的火焰而燃烧。燃烧时产生刺激性的气体。丙酮以游离状态存在于自然界中，在植物中主要存在于精油中，如茶油、松脂油、柑橘精油。在人与动物的尿液、血液中含有少量丙酮，糖尿病患者就是尿中的丙酮异常升高。丙酮没有特殊的毒性，吸入可使人头疼，有麻醉性，如大量吸入，可使人失去意识。

丙酮能以任何比例与水、乙醇、乙醚、氯仿、油类及碳氢化合物等相互溶解。丙酮可以溶解油脂、蜡质、树脂、醋酯纤维、硝酸纤维。在洗衣店丙酮可以作为去除油污、蜡质、树脂类黏合剂的去渍剂，尤其是 502 胶的去除首选丙酮。

如果醋酯纤维、硝酸纤维以及同类纤维衣物上沾染了胶类污渍，切记不可使用丙酮，丙酮可使其纤维直接损伤或溶解损毁。

✛ 五、氯仿

氯仿，学名三氯甲烷。分子式 $CHCl_3$，分子量 119.38。氯仿为无色透明，稍有甜味，不易燃烧，溶于乙醇、乙醚、苯、石油醚，微溶于水。氯仿在光的作用下能被空气中的氧氧化生成氯化氢和有剧毒的光气。在市售的氯仿产品中通常加入 1%～2% 的乙醇，使生成的光气与乙醇作用，生成碳酸乙酯，以消除它的毒气。

氯仿是良好的不燃性溶剂，用作油类、脂肪、树脂、塑料、橡胶等溶剂和去渍剂。氯仿可用作医用麻醉剂，但必须十分纯净。氯仿可以在医用器具药品商店购买。

✛ 六、二甲苯

二甲苯为无色液体，不溶于水，溶于醇、醚、丙酮，易燃，易挥发。二甲苯性质与甲苯基本相同，二甲苯挥发速率适中，低于甲苯，毒性小于甲苯。二甲苯可以溶解油脂、蜡质、部分树脂等，是一种被广泛使用的稀释剂和溶剂，硝基漆、氨基漆等均使用二甲苯进行稀释。洗衣店配备的二甲苯常用来去除油类污渍和作为皮革涂饰用稀释剂。

✛ 七、松节油与松香水

松节油是以松树的松脂、根、茎为原料，通过不同的加工方式得到的挥发性并具有芳香气味的萜烯混合液，根据原料和制法的不同分为松脂松节油、提取松节油和干馏松节油。相对密度 0.86～0.87，沸点 160℃。松节油是一种优良的有机溶剂，广泛用于涂料、催干剂、胶黏剂、印染等工业。市售松节油为无色或淡黄色油状液体，易挥发，具有类似松树油或松香的特殊辛辣气味，微苦。久贮或暴露于空气中，气味渐强，颜色渐深。易燃，燃烧时发出浓烟。

松节油不溶于水，但能溶于乙醇、乙醚、氯仿、苯及冰醋酸中。对碱稳定，对酸不稳定。松节油可溶解硫黄、油脂、蜡质、橡胶、部分树脂。对油脂漆、天然漆（大漆）等有较强的溶解力，性能稳定，挥发速率适当，在涂料行业主要用于稀释酯胶漆、醇酸漆、酚醛漆。在洗衣行业松节油主要用于去除粘在衣物上的油污和涂料。

松香水与松节油性质相同，主要是装修市场销售，用于稀释酯胶漆、酚醛漆、醇酸漆等，质量较差，气味大，溶解能力低。松节油由化工商店销售。

✚ 八、香蕉水

香蕉水，在有的地区称为信那水、天那水，主要成分是二甲苯、醋酸乙酯、醋酸丁酯、丙酮、丁醇、乙醇等。在实际生产中成分和比例是有差异的。

香蕉水为无色可燃液体，带有香蕉或梨香气味，微溶于水，能溶于醇及醚，能溶解油脂、蜡质、樟脑和松香等，是硝基漆的专用稀释剂。

香蕉水在洗衣店主要作为口红、指甲油、鞋油、涂料、沥青等有机化合物类污渍的去渍剂。香蕉水对有些染料有破坏作用，可溶解醋酯纤维、硝酸纤维、莫代尔纤维，这几种纤维沾染涂料、蜡质、沥青等污渍禁用香蕉水。质量好、溶解力强的香蕉水，酯类、酮类成分含量高，气味小。装修市场销售的香蕉水大多质量较差，溶解能力较低，气味大。

化学溶剂溶解油脂试验效果见表 8-2。

表 8-2　化学溶剂溶解油脂试验效果

溶剂名称	四氯乙烯	溶剂汽油	工业酒精	丙酮
豆油	好	好	一般	一般
鞋油	几乎不溶解	几乎不溶解	不溶解	几乎不溶解
机油	好	好	不溶解　成团	—
凡士林油	较好	较好	几乎不溶解	较好

注：1. 试验方法：将溶解物倒进刻度杯少许，之后倒进溶剂用竹筷子搅拌并观察。四氯乙烯、HB（溶剂汽油）、丙酮将鞋油只是分散成一些细小颗粒，未能溶为液体。

2. 试验环境温度：室温在 16℃左右，水温在 20℃左右。

第七节
常用化料

✚ 一、氨水

氨气是氮氢化合物的气体，溶入水中生成氢氧化铵。因此氨水的学名为氢氧化铵。"氨"

是气态物质，使用时主要以液体形式出现，所以称为氨水。氨水相对密度小于水，温度越高，相对密度越小。氨水的性质主要有以下几点。

（1）氨水为碱性，浓度较高时为强碱性，从而具有一定的腐蚀性。氨水能与酸类起中和作用，与盐酸中和生成氯化铵，与硫酸中和生成硫酸铵。

（2）氨水是无色液体，为碱性，具有极强的刺激性臭味，保存时容易释放气体使氨水浓度降低。当煮沸时氨水可完全分解。

市售的氨水大多含氨25%～30%。氨水在洗衣店主要作为去渍剂，用于去除霉斑和汗黄渍。

去霉斑，详见第十章第五节十九、其它污垢第220页；去汗黄渍，详见第十章第五节六、人体分泌类蛋白质污垢第201页。氨水与酒精的混合液是皮革服装非常优良的去污剂。

氨水使用注意事项如下。

① 氨水要密封，预防漏气，氨水受热会发生氨气膨胀而易爆破容器，因此氨水容器不能受热和阳光直晒。

② 小瓶装开启时，瓶口必须向外，以免氨气逸出而触及眼睛，吸入过多可致咳嗽、胸闷。

③ 丝毛蛋白质纤维、醋酯、莫代尔等酸性纤维不可使用氨水。氨水可使醋酯、莫代尔等酸性纤维皂化。

✚ 二、烧碱

烧碱，学名氢氧化钠，又名火碱、苛性钠、苛性曹达、固碱。分子式 $NaOH$。固体烧碱一般纯度在95%以上，液体烧碱一般纯度为30%～42%。无水烧碱为白色半透明固体，潮解性极强，易吸收二氧化碳转化为纯碱。用小苏打（碳酸氢钠）可使烧碱转化为纯碱。

烧碱易溶于水、酒精、甘油，溶化时放高热，溶液呈强碱性，有滑腻的感觉和苦味。不能与皮肤接触，否则会招致严重灼伤。并能使羊毛、丝绸等完全溶解。烧碱与酸相遇发生中和反应，生成盐和水。

烧碱用途广泛，与洗衣有关联的是，在印染行业用于染色前棉布的煮练、纤维素纤维织物的丝光、还原性染料及其它部分染料染色、化工行业洗涤剂（主要是肥皂、洗衣粉）的制造等；在洗衣店间接或直接用于衣物的洗涤、复染、剥色等。在洗涤剂中，烧碱的主要作用是表面活性剂的助剂。烧碱本身也可以去除污垢，烧碱去除油脂、污垢的化学原理是皂化。所谓皂化，就是油脂与烧碱作用后可以制成肥皂，肥皂不仅可以溶于水，而且本身成为表面活性剂的一种，可以洗涤去除污垢。纯碱对油脂的皂化能力相对较差。

烧碱的腐蚀性较强，直接使用烧碱洗涤衣物常见于各大宾馆、饭店的洗衣车间或洗衣工厂，针对的对象是布草。所谓布草一般是指白色纯棉床单、被罩、餐台布、厨衣等，洗涤时在洗涤液中加入烧碱，洗涤效果好、成本低。洗衣店收洗的纤维织物属于布草的很少，收洗的服装和家具装饰用品纤维复杂，有许多是高档品或品牌，一般不宜直接使用烧碱。烧碱可以直接用于洗涤布草，是因为棉纤维在纤维素纤维中耐碱性最好，它可以承受20%浓度烧碱的洗涤（棉纤维织物丝光浓度最高可达22%）。碱去污，也去色。碱去色特点主要是染料直接脱落而颜色不变，而氯漂与还原剂去色特点是消除颜色或改变颜色。

✤ 三、纯碱

纯碱，学名碳酸钠、无水碳酸钠，又称食用碱、白碱、碱面，俗称苏打、曹达灰、洗粉、块碱、石碱、口碱。纯碱是白色的非结晶物，分子式 Na_2CO_3，分子量106。存在于天然的湖域和温泉中。

纯碱易溶于水，遇水生成氢氧化钠和碳酸氢钠。纯碱加热熔融而不分解，将它的水溶液浓缩后变成晶体苏打，内含水分63%。纯碱与重金属盐如硫酸钙、硫酸镁等相互作用，分别生成碳酸钙、碳酸镁等沉淀物。根据这个性质，皂洗和皂煮时，在硬水中加入少量的纯碱可用作软水剂。纯碱的碱性不如烧碱强，不能皂化，仅可洗涤油污。纯碱可与酸类中和生成盐和水，并放出二氧化碳。纯碱是活性染料染色的固色剂。如果有色衣物沾染了保险粉变色，可用纯碱还原，好于碱性洗衣粉。

✤ 四、小苏打

小苏打，学名碳酸氢钠，别名苏打粉、起子、焙碱。白色粉末或细微结晶，无臭、味咸，易溶于水，在水中的溶解度小于碳酸钠，微溶于乙醇，水溶液呈微碱性。受热易分解。在潮湿空气中缓慢分解。固体碳酸氢钠在50℃以上开始逐渐分解生成碳酸钠、二氧化碳和水，270℃时完全分解。碳酸氢钠是强碱与弱酸中和后生成的酸式盐，溶于水时呈现弱碱性。常利用此特性作为食品制作过程中的膨松剂。碳酸氢钠在作用后会残留碳酸钠，使用过多会使成品有碱味。小苏打在洗衣店的用途包括：可以除油污、咖啡渍；消除汗渍味；洗衣时放入小苏打可以提高去污效果。

✤ 五、平平加

平平加O，简称平平加，又名匀染剂O，又称平平加油。是环氧乙烯与高级脂肪醇的缩合物。化学上称为烷基聚氧乙烯醚。平平加是乳白色或米黄色、透明软膏体，十分黏稠。平平加在印染厂属于一种可常备的染化药剂和去渍、剥色化料，属于非离子表面活性剂，在化工商店没有小包装出售，一般为50千克或100千克的大桶包装。平平加特点和用途如下。

(1) 平平加遇冷凝冻，易溶于水，在硬水、酸液或碱液中不起变化很稳定，具有渗透、乳化、润湿、洗净等性能，是一种优良的扩散剂和匀染剂。

平平加作为匀染剂，在印染中主要用于直接染料、酸性染料、还原染料的染色。作为分散染料染弹力丝匀染剂，一般用量为1%～4%。

平平加对直接染料、还原染料有很高的亲和力，在染液中能和染料结合成一种不十分稳定的聚合体，在染色过程中，这种聚合体再缓缓释出染料而上染于纤维，所以是一种缓染剂。对于上染速率较快的直接染料，如加入约0.2～0.5克/升，可以得到匀染性和渗透性良好的效果。用于还原染料染棉时加入0.02～0.1克/升，可降低上染速率，使染料逐渐向纤维转移，从而达到匀染的目的。平平加的水溶液呈中性、弱碱性或弱酸性，并且在水中不电离。平平加1%的水溶液pH值为6～8。

> **注**：电离有两种，一种是化学上的电离，另一种是物理上的电离。本书所讲电离是指化学上的电离，是电解质在水溶液中或熔融状态下产生自由移动的离子的过程。

(2) 平平加具有很好的洗涤去污能力，用后容易洗去。对污垢的乳化、去除能力，优于烷基苯磺酸钠，在去污过程中防止污垢再沉积的能力比烷基苯磺酸钠优越得多。平平加在冷水和硬水中具有很好的溶解度，在烷基苯磺酸钠（洗衣粉的主要成分）中或者在洗衣粉中加入适当的平平加后，可使去污能力提高 1 倍左右。因此，平平加是非常优良的非离子表面活性剂。平平加作为洗涤剂使用时，不可加入强碱，pH 值不可过高，有的品种遇强碱就会引起水解。因此，中性洗涤剂由于含有高比例的非离子表面活性剂，不直接添加碱类材料。

(3) 平平加在氢氧化钠（烧碱）中是保险粉彻底剥色的助剂，也是一种漂白剂和剥色剂，同样具有咬色能力。平平加在未稀释前沾到有色衣物上，就会形成一个白点。

✛ 六、食盐

食盐，学名氯化钠。海水蒸发掉 96% 的水分、去除 1% 的杂质即为食盐。

食盐在复染中用作直接染料的促染剂；用作酸性染料染丝绸、羊毛时的缓染剂。可以起固色作用。作为促染剂不可在染色前将食盐加入染液中，因为染前染液很浓，如过早加入食盐，织物上色过快，容易产生颜色不均匀，应当先染一段时间后再加入为妥。食盐在染料染色中不仅起促染和缓染的作用，还起固色作用。在衣物洗涤时，尤其是一些易掉色的新购衣物在洗涤之前，如果没有冰醋酸可用，以食盐水溶液浸泡一段时间，可以固色。

✛ 七、水玻璃

水玻璃，学名硅酸钠，习称泡花碱。分子式 Na_2SiO_4，分子量 122.054。硅酸钠是硅酸的盐类，水玻璃溶液因水解而呈碱性（比纯碱稍强）。水玻璃商品形态有白色块粒状固体和无色黏稠液体两种。市售商品一般都是液体，往往略带绿色或灰色，很像玻璃，又能溶解于水中，故名水玻璃。水玻璃具有渗透性、乳化性、泡沫性和黏胶性，因而能够洗净和吸附纤维上的杂质，提高白度，防止锈斑等。

水玻璃极易溶于热水，在水中呈中性反应，具有强大的洗涤作用和扩散作用。一方面能防止水中含有铁的氢氧化物，固着在纤维上形成锈斑；另一方面能提高棉布洁白度。水玻璃是双氧水的漂白稳定剂。酸性溶液几乎没有漂白作用，但是过强的碱性会使双氧水分解。用双氧水漂白棉、丝、毛等时，加入少量的水玻璃，可使漂白液保持最适宜的 pH 值 9.3～12。从而发挥稳定作用，取得理想的效果。水玻璃在洗衣店一般主要用于复染。

✛ 八、甘油

甘油，又名丙三醇，是无色、无嗅、味甘的黏稠液体。溶于水和乙醇，不溶于一般溶剂。甘油并不具有清洗功能，然而由于其渗透性极佳，故常以之配合去除各种水性色迹类污渍。不损伤织物，基本不会造成衣物脱色。

九、柠檬酸

柠檬酸是有机酸中的弱酸，广泛分布于自然界中，所有的柑橘果实都含有柠檬酸，以柠檬中含量最高，故此得名。柠檬酸是无色、无嗅、半透明结晶或白色粉末，带有水果酸味，易溶于水和乙醇。柠檬酸在洗衣店的主要用途是去除鞣酸类污渍。

第八节
去渍剂

去渍剂分为两类：一是为洗衣店配制的复配型专用去渍剂，就是洗衣店员工平时所说的去渍剂；二是原料型去渍剂，如次氯酸钠、双氧水、草酸、溶剂汽油等。

一、去渍剂特点

去渍剂在洗衣店很受欢迎，与原料型去渍化料相比具有三点优势：一是不用稀释，只要按照对应的污渍直接使用即可，方便快捷；二是均为复配型化料，因此去渍的范围广，在污渍不明的情况下，往往有很好的效果；三是性质比较温和，对纤维和颜色的破坏相对较小。

去渍剂属于复配产品，它的缺点如下。

① 对个别十分明确的污垢去除效果不如某一种原料型去渍化料。漂白、剥色，原料型化料（如次氯酸钠、保险粉）的独特效用是去渍剂所无法替代的。真正使用好去渍剂应首先从研究原料型去渍化料入手。

② 去渍剂有的是洗衣行业自制和销售，生产不规范，没有成分标注，甚至没有使用说明。有的不公开成分配方，据说是"保护专利"。有些进口的虽然是国外有名厂家生产的产品，但在包装上全都是外文，对于洗衣店的员工来说，等于没有文字说明。这是造成去渍"轮番上阵"的原因之一。

选用去渍剂要从实际效果出发，不能光看牌子名气。中国有句俗话，"不管黑猫白猫，捉住耗子就是好猫"。

二、去渍剂使用注意事项

使用去渍剂时一般都同时配合使用喷水、喷气和蒸汽，由于使用不当造成的二次事故较多，主要是去渍过头、色花、渍迹扩散、损伤面料等。使用去渍剂重点注意的问题如下。

① 一定要熟悉和了解各种去渍剂的性能和适用范围。

② 对症下药，不懂则问，切忌不懂装懂。

③ 在污渍不明的情况下，要先碱后酸，先弱后强。

④ 去渍剂点到污垢处后，要给予一定的化学反应时间，不要急于求成，立即喷打。

⑤ 去渍操作时应先使用冷水喷气，去除大部分污垢或可以全部打除；然后用去渍剂；最后用蒸汽。

去渍的原则是，能够去除的污渍尽量不用去渍剂和蒸汽。去渍过头或打花容易，救治或修复十分麻烦和困难。

第九节
洗涤化料使用的若干问题

在认识和使用化学药剂时，会碰到许多相关的常识性的概念问题，不弄明白这些问题直接妨碍我们的学习、研究和操作。

✦ 一、化学药剂的单一成分与复配

用于去渍和复染的化学用品有原料型的单一成分，也有复配型专用品。原料型的化学药剂一般的化工商店有售，购买方便；复配型的化学药剂（如各种去渍剂）只能通过行业渠道购买，在化工商店是买不到的。

复配型化料是原料型化料调配而成，了解和掌握原料型化学药剂的性能，不仅可以掌握更多的去渍和修复的方法，对有些污渍的去除更有针对性，而且对了解各种去渍剂的成分构成和使用，具有十分重要的意义。复配型去渍剂和原料型去渍剂优势互补，不可偏废。

✦ 二、去渍化料和洗涤化料的稀释

洗衣店购进的洗涤化料和去渍化料与家庭不同，有许多是大包装、高浓度，使用时需要分装和稀释，不能直接使用。如果不经稀释或稀释比例错误，很容易导致洗衣事故和问题。

化料的稀释方法应该是将药品倒进水中搅拌，切勿用水冲化药品。例如稀释保险粉时，把水倒在保险粉里，保险粉将迅速分解失效。烧碱的稀释方法与众不同，应先将烧碱放入盆中，然后用开水或热水冲化。

化学药剂采用正确的稀释方法不仅可保证效能，也可保证人身安全。例如稀释硫酸时，只能把酸慢慢倒入冷水中，绝对不能把水倒入浓硫酸中。如果把水倒入浓硫酸中，硫酸遇水发生高热，瞬间产生大量热能，溶液迅速沸腾飞溅伤人，甚至有爆炸的危险。

✚ 案例 6

一家洗衣店由于洗衣粉加入过量，并且投放时将洗衣粉直接倒在衣物之上，晾干之后呈现褪色，顾客提出索赔。经检验确认发白是洗衣粉的残留物，没有漂洗干净。

✚ 案例 7

　　一家洗衣店用冰醋酸过酸，未经稀释直接倒入洗衣机内，恰巧倒在醋酯纤维的衣物上，直接将衣物烧出孔洞造成损毁。

✚ 三、了解 pH 值的重要作用和意义

　　(1) pH 值　pH 值是化学溶剂的酸碱度值，是用来表示溶液的酸碱度，以判断溶液是酸性、中性还是碱性。用试纸测试，数值越趋向于 0 酸性越强，越趋向于 14 碱性越强，7 为中性。在标准温度（25℃）和压力下，纯水的 pH 值为 7。

　　通俗地讲，pH 值是化学反应强度的一种指示，碱性溶剂 pH 值越高，化学反应的强度越大。据有关资料介绍，pH 值每相差一个数值，氢离子浓度就相差 10 倍，也就是说 pH 值每相差一个数值，其酸度或碱度就相差 10 倍。

　　在洗衣店，每一种洗涤用品、化学药剂都有一定的酸碱性，使用时都是在一定的碱性溶液里进行，使用的效果和安全性都与 pH 值的变化息息相关。可以说洗衣去污去渍的过程，就是酸碱度的变化和应用的过程。了解 pH 值对于正确地选择和使用洗涤用品与各种化料意义很大。

　　(2) 水、水洗溶液、干洗溶液的 pH 值　纯净水在 25℃ 和 1atm❶ 的条件下，pH 值呈中性。污垢大多属于酸性；洗涤剂都呈碱性。因此水洗溶液正常情况下的 pH 值呈碱性，当使用工业洗衣粉（或强力洗衣粉），呈较高的碱性，pH 值一般在 11.1 以上，据资料介绍，有的工业洗衣粉碱含量高达 40% 以上，pH 值高达 14；普通洗衣粉呈中度碱性，碱含量一般在 9.5% 左右，pH 值在 10 左右；中性洗涤剂呈弱碱性，pH 值一般不超过 8。干洗溶液正常情况下 pH 值呈弱碱性，随着干洗次数的增加，干洗溶液会逐渐向酸性方向转化，当干洗溶液呈弱酸性及酸性时，不利于去污。因此干洗溶液的 pH 值要定期检查，平时要注意观察和测试，呈弱酸性及酸性时要及时加入碱剂调整。

　　(3) pH 值的高低对洗衣、去渍、复染的影响　pH 值的高低主要由化料的酸碱性质、使用时的浓度、溶液的温度决定。不同的洗涤用品和化学药剂，pH 值的高低是不同的，以洗衣粉为例，国家标准 GB/T 13171—2004《洗衣粉》规定，含磷洗衣粉的游离碱含量应小于或等于 8%，无磷洗衣粉的游离碱含量应小于或等于 10.5%。

　　在实际操作中，pH 值主要由浓度和温度决定。一般的规律是：浓度越高，温度越高，pH 值越高，碱性越强，作用越强烈；酸性越高，作用越强烈；中性是作用的低点。使用时并非碱性越高越好，也并非酸性越高越好，要根据实际需要来决定。以洗衣为例，碱性越高，去污效果越好，但碱性太高损伤纤维，特别是不耐碱的纤维。再以染色为例，在绝大多数情况下化学药剂使用时要求溶液呈碱性。酸性染料染色的溶液必须呈酸性。而次氯酸钠水溶液则要求适当的碱性，不可呈中性。pH 值过高或过低都不好，应当适度。

---

❶ 1atm=101325Pa。

（4）错误操作，pH 值的不当变化会产生副作用 有些化料使用不当，pH 值变化，会发生负面反应，不仅损伤纤维，而且危害人体健康。

以次氯酸钠为例，次氯酸钠漂白机理和特性详见第八章第一节三、次氯酸钠的性能与用途第 152 页。

（5）pH 值试纸配备 如图 8-3 所示，pH 值试纸是测量酸碱度值最简易方便的工具，化工商店都有销售，洗衣店使用和购买很方便。用 pH 值试纸可以对各种洗涤用品、化学药剂水溶液和干洗溶液进行测试。

图 8-3 pH 值试纸（酸碱度值测试纸）

✚ 四、碱性去色特点

洗衣去渍的每一种化料都具有去色的能力，但去色能力不同，去色对象不同，去色后的表现形态不同。例如次氯酸钠和保险粉去色特点是使衣物原有的颜色发生改变，或变色或变浅，水溶液呈现的颜色并不是织物原来的颜色。碱去色的特点是一般不会变色，而是染料直接脱落，造成衣物的褪色，水溶液呈现的颜色是织物脱落的颜色，可以对其它白色衣物和浅色衣物沾色，这是与次氯酸钠、保险粉对颜色作用的重要区别。因此，碱及碱性洗涤剂超量或使用不当，可使衣物褪色，衣物水洗发生串色都是在碱性水溶液中发生，碱性越高，掉色、串色越重。虽然有的资料介绍碱可以使衣物颜色发生改变，但从洗衣实践来看情况很少。

✚ 五、酸碱中和的作用和意义

在日常生活和化学领域提到中和或中和反应，一般指的都是酸碱中和。中和是物理化学反应的重要现象，如抗毒素与毒素起作用，产生其它物质，使毒素的毒性消失。物体的正电量与负电量相等，不显带电现象的状态称为中和。例如用草酸去除铁锈，使之变成易溶于水的草酸亚铁，氯漂之后用硫代硫酸钠脱氯也是一种中和。保险粉使衣物变色，用碱还原为原来的颜色，这也是一种中和。有些有色衣物色牢度不高，水洗掉色，碱性洗涤剂会加重掉色，水洗衣物加入冰醋酸固色，也是一种中和。

酸碱中和是各类中和之中最重要的化学反应，洗衣去污的过程主要是酸碱中和的过程。

衣物上的污垢大多属于酸性，有的纤维也属于酸性，因此各种洗涤剂都呈碱性。我们根据酸性的程度、纤维性能选择中性、弱碱性或强碱性洗涤用品，以求最佳洗涤效果，并确保安全。

✚ 六、浴比

浴比是衣物与水溶液的质量比例。例如衣物 100 克、溶液 1000 克，则浴比为 1∶10 。或水溶液 1000 克、衣物 100 克，则浴比为 10∶1 。（20∶1）～（30∶1）可称为大浴比，3∶1、

5：1可称为小浴比。大浴比有利于漂白、剥色、复染色泽均匀，但耗料较多；小浴比虽然节省材料，但是色泽不易均匀。在洗衣店实际操作中，合适的浴比一般是以溶液没过衣物为准。浴比是印染行业的专用名词，一些洗涤书籍也经常使用。

◆ 七、衣物穿用和洗涤后发黄的原因

衣物沾染汗水、人体分泌物，或者经过碱剂洗涤后没有漂洗干净，或者经过氯漂之后没有脱氯，都会发黄。原因是各种洗涤化料及污垢都含有一定的铁离子成分，如果衣物漂洗不净，残留在织物上的铁离子会使衣物发黄。据有关资料介绍，每升水铁含量超过 0.3～0.5 毫克，就会使衣物发黄。

洗衣粉都呈碱性，尤其是工业洗衣粉（或重垢洗衣粉、强力洗衣粉）碱性很高。碱性越高，铁离子的含量越高。因此洗涤后过酸，目的之一就是中和残碱，消除铁离子。

次氯酸钠漂白之后，也容易发黄，其原因是氯漂分解后生成烧碱和游离氯，游离氯在透风时吸收空气中的二氧化碳，最终也生成纯碱和次氯酸。这些碱质使纤维强力下降、泛黄，且泛黄之后极难处理。因此氯漂须进行脱氯。

水溶液含有硫化物漂洗不净，也会使织物发黄。例如氯漂完成用硫代硫酸钠脱氯之后，容易在织物上形成残留硫，引起泛黄；用硫化染料染色漂洗不净也会使衣物泛黄。

草酸虽有中和残碱作用，但草酸有腐蚀性，过酸之后不漂洗干净，织物也会发黄，清洗地毯草酸过酸后漂洗不净边穗发黄最为典型。因此过酸应使用冰醋酸，不应使用草酸。

洗衣、印染书籍常见剥色、漂白操作计量符号

L（升）　　mL（毫升）

换算：1 升＝1000 毫升　　1000 毫升的水约等于 1000 克（1 千克）

kg（千克）　g（克）　mg（毫克）

换算：1 千克＝1000 克　　1 克＝1000 毫克

℃（摄氏度）　h（小时）　min（分）　s（秒）

第九章
合成树脂

在现实生活中，合成树脂无处不有、无处不在，在洗衣店也是举目可见，可是对于一些洗衣店的员工来说却很陌生。合成树脂既不属于洗涤用品，也不是去渍使用的化学药剂，但是树脂对衣物的洗涤、去渍、复染却影响很大。合成树脂的应用改善了服装织物的性能，但同时也带来了新的问题，有许多洗衣事故因为合成树脂而引起，有的事故救治因为树脂而突破了部分化学药剂的限制，有的则因为合成树脂的应用而导致事故的救治失败或无果而终。因此研究洗涤和去渍，必须了解合成树脂的相关知识，否则有些问题难以解释和处理。

树脂的发展经历了从天然到合成，从水洗溶解到水洗不溶解，从低质量到高质量的发展过程，各项性能不断提高。合成树脂是石油化工原料最重要的下游产品，中国约 80％的乙烯用于生产合成树脂。随着市场的需求和技术的发展，用于纺织印染的树脂越来越多，合成纤维就是合成树脂中的一个家族。

第一节
树脂的性能与分类

✦ 一、合成树脂的概念

树脂是一个非常广泛的概念。树脂有两大类：一类是天然树脂；另一类是人工合成树脂。以天然树脂为例，树木、棉花、麻、动物皮毛、蚕丝都是树脂，这些物质都属于高分子化合物，是自然形成（或自然合成）。从自然界动植物分泌物所得的无定形有机物质，如松香、琥珀、虫胶等树脂为天然合成。人工合成树脂是从煤炭（煤焦油）、石油通过聚合或缩合所得高分子化合物。本书重点说明的是人工合成树脂，如合成纤维、涂层、黏胶、人造革、塑料制品等。人类最早发现的树脂是从树上分泌物的脂状物，由多种成分组成，如松香等。由于"脂"来源于"树"，故名树脂。人工合成的高分子化合物，即人工合成树脂问世后继续沿用树脂这一名称。

　　人类最早使用的合成树脂是天然合成树脂，但是天然树脂有些性能不够理想，应用于纺织印染，既不耐干洗，也不耐水洗，同时资源有限。1907年，美国化学家贝克兰研制成功代替天然树脂的绝缘漆，而且研制成功了真正的合成可塑性材料酚醛树脂，就是人们熟知的"电木"。贝克兰是第一位用简单分子合成塑料的人。这一成功标志着人类使用的树脂材料，由单一的天然高分子化合物进入广泛使用的人工合成高分子材料的新时代。人工合成树脂最具代表性的是塑料，塑料是人类应用最广泛的合成树脂，因此塑料成为树脂的代名词。

✤ 二、合成树脂的来源与高分子化合物

　　合成树脂都是高分子化合物，来源于低分子化合物。什么是高分子化合物？顾名思义是指分子量高的化合物，一般是在1000以上，高的可达几十万或几百万。低分子化合物相对于高分子化合物，是分子量低的化合物。低分子也称小分子，分子量一般在1000以下，由几个或几十个原子组成，分子量在几十到几百之间。常见的有机低分子化合物有乙醇、乙烯、乙烯醇、甲烷、葡萄糖、果胶等。煤炭、石油中含有许多低分子化合物，这些低分子化合物与高分子化合物性能显著不同，是高分子化合物的生产原料。

　　天然形成的高分子化合物多沿用俗名或专有名称，如棉花、羊毛、蚕丝、虫胶、松香等。人工合成树脂是以石油、煤炭、天然气等为原料，采用聚合法或缩合法生产制成，因此合成树脂在名称前面常加"聚"字，如聚酯、聚酰胺、聚乙烯醇、聚乙烯等；或者在名称后面加"树脂"一词，称为某某树脂，如酚醛树脂、脲醛树脂等；也有采用商品名称，如锦纶、涤纶、维纶等；也有按高分子结构特征命名，如聚酰胺、聚氨酯、聚醚等。有的生产厂家为了创立品牌，在树脂前面加上自己命名的商品名称，例如洗衣店皮革护理用的一种黏合剂，商品名称为"山一树脂"。

　　在日常生产和生活中，合成树脂的应用十分广泛，是工业、农业、建筑、科技、国防、航天等各个领域以及纺织印染行业不可缺少的重要原材料。

✤ 二、天然树脂与合成树脂

1. 天然树脂与合成树脂的区别

　　天然树脂与合成树脂在性能上有很大区别，主要是：天然树脂与合成树脂都溶于部分有机溶剂，合成树脂不溶于水，天然树脂一般不溶于水，但在碱、表面活性剂等化学品的作用下可溶于水。从洗涤的角度看，天然树脂既不耐干洗，也不耐水洗；合成树脂耐水洗，虽然耐有机溶剂性能较差，但好于天然树脂。因此，印花黏合剂、服装涂层、树脂整理使用的树脂材料都是合成树脂，天然树脂已被取代或淘汰。过去印染行业涂料印花使用的黏合剂是天然树脂，严重影响了涂料印花质量，因而极大地限制了涂料印花的发展。

2. 合成树脂的分类

　　合成树脂的概念一般为无定形的固体或半固体，透明或不透明，无固定熔点，不导电，通常受热后有软化或熔融范围，软化时在外力作用下有流动倾向，常温下是固态、半固态，有时也可以是液态。合成树脂的原料来源丰富，早期以煤焦油产品和电石碳化钙为主，现多以石油和天然气的产品为主，如乙烯、丙烯、苯、甲醛及尿素等。树脂种类繁多，聚乙烯

（PE）、聚氯乙烯（PVC）、聚苯乙烯（PS）、聚丙烯（PP）和 ABS 树脂为五大通用合成树脂，应用最为广泛。合成树脂有许多分类方法，其中主要有以下几种。

(1) 按合成反应分类 可将树脂分为加聚物和缩聚物。加聚物是由聚合反应制得的合成树脂，其链节结构的化学式与单体的分子式相同，如聚乙烯、聚苯乙烯、聚四氟乙烯等。缩聚物是由缩合反应制得的合成树脂，其结构单元的化学式与单体的分子式不同，如酚醛树脂、聚酯树脂、聚酰胺树脂等。

(2) 按分子主链组成分类 可将树脂分为碳链聚合物、杂链聚合物和元素有机聚合物。碳链聚合物是指主链全由碳原子构成的聚合物，如聚乙烯、聚苯乙烯等。杂链聚合物是指主链由碳和氧、氮、硫等两种以上元素的原子所构成的聚合物，如聚甲醛、聚酰胺、聚砜、聚醚等。元素有机聚合物是指主链上不一定含有碳原子，主要由硅、氧、铝、钛、硼、硫、磷等元素的原子构成，如有机硅。

(3) 按性质分类 可将树脂分为热固性树脂与热塑性树脂两类。合成纤维均属于热塑性树脂，树脂纽扣、亮珠、亮钻大部分属于热固性树脂。热固性树脂与热塑性树脂的分类十分重要，对于洗衣行业的影响很大。

✛ 四、热固性树脂与热塑性树脂的区别

在洗衣实践中，经常碰到这样的情况：同样是树脂纽扣、树脂珠钻，同时干洗，有的被溶解破坏，有的完好无损；同样是树脂涂层，有的干洗三次完好无损，有的干洗一次涂层即被破坏造成赔付。其原因要从热塑性树脂和热固性树脂性能方面寻找答案。合成纤维都属于热塑性树脂；涂层、树脂纽扣及珠钻、层合面料用的黏合剂等，大多是热固性树脂。热固性树脂和热塑性树脂在耐化学溶剂性能上的区别主要有以下几个方面。

(1) 化学组成和分子结构不同 热固性树脂的分子结构为不熔的网状结构，刚性大，硬度高，耐温高，不易燃，制品尺寸稳定性好，但性脆。绝大多数热固性树脂在成型为制品前都加入了各种增强材料（如木粉、矿物粉、纤维或纺织品等）使其增强，制成增强塑料。不能依靠再加热重新加工。热塑性树脂的分子结构为线型结构和链型。分子是彼此分离的，分子可大可小，可有支链，也可以没有支链，可以快速成型、重复成型。根据定义，热塑性树脂在达到玻璃化温度或熔点以前一直保持模塑的形状，只有加热到熔点以上才能转变为液态；热固性树脂在重新加热时不会熔融，在加热到其化学降解开始的温度以前其形状都是稳定的。

(2) 生产工艺不同 热固性树脂基本是用缩合法生产的产品。有酚醛树脂、环氧树脂、氨基树脂、三聚氰胺甲醛树脂、呋喃树脂（糠醛苯酚树脂、糠醛丙酮树脂、糠醇树脂）、聚丁二烯树脂、有机硅树脂、不饱和聚酯以及硅醚树脂等。

热塑性树脂绝大部分是通过聚合生产工艺生产的产品，也有部分是采用缩合法生产的产品。热塑性树脂的商品名称前面一般都带有"聚"字，如合成纤维前面都带有"聚"字。

(3) 化学性能不同 热固性树脂与热塑性树脂耐氧化剂、还原剂性能都很强，但相比之下，热固性树脂强于热塑性树脂。热固性树脂耐酸、碱、盐等化料性能较强，热塑性树脂耐酸、碱、盐等化料性能也较强，但相比之下，不如热固性树脂。热固性树脂耐化学溶剂性能较差，因此各种有机溶剂（如四氯乙烯、四氯化碳、汽油、丙酮、香蕉水等）一般都用玻

璃瓶或铁桶包装，而不用塑料桶包装；而热塑性树脂耐有机溶剂性能很强。作为热塑性树脂的合成纤维耐有机溶剂性能很强，耐酸、碱、氧化剂、盐等性能虽然不如热固性树脂，但还是远远高于天然纤维，就洗衣店的用量而言，一般正常用量还是安全的。

（4）耐热性能不同　热固性纤维耐热性能强于热塑性纤维。热固性树脂一经固化之后，再加压加热也不再软化或流动。热塑性树脂具有受热软化、冷却硬化的性能，无论加热和冷却重复进行多少次，均能保持这种性能。

（5）用途不同　热固性树脂主要用于制造增强塑料、泡沫塑料、各种电工用模塑料、浇铸制品等，还有相当数量用于胶黏剂。热塑性树脂用途十分广泛，建筑用塑料有 2/3 属于热塑性树脂。合成纤维是热塑性树脂中重要的一类。

（6）导电性能　热固性树脂与热塑性树脂有一项性能是完全相同的，它们都不导电，都具有很好的绝缘性能，因而合成纤维干洗可产生大量静电。

（7）合成树脂的复杂性　合成树脂的种类繁多，分子结构复杂，反映出的性能各异。以热塑性树脂为例，虽然同属链型和线型结构，但是又有结晶和无定形聚合物的区别，反映出的化学性能不同，因此同为热塑性树脂，众多合成纤维耐干洗，氨纶却不耐干洗。耐干洗能力不同。在实际生产中为了改善产品的性能，有的树脂产品中既有热固性树脂，也有热塑性树脂。因此反映出的产品性能有较大差异。服装涂层、树脂纽扣及珠钻、层合面料用的黏合剂，绝大部分属于热固性树脂。由于热固性树脂的性能差异和热固性树脂、热塑性树脂的复合应用，有的干洗溶解，有的完好无损。

在围绕树脂分子结构的问题上，国际化学界有机化学与胶体化学的代表人物之间足足有二十多年的学派争论。

✚ 五、再生纤维与合成树脂

再生纤维也是高分子化合物，它的原料来自天然，广义上也属于人工合成树脂，但再生纤维不是采用聚合法和缩合法生产的，是通过溶解的方法生产的，再生纤维在性能上与合成纤维有很大区别，更多的性能接近于天然纤维素纤维，因此它不属于合成树脂，只有合成纤维才是真正意义上的合成树脂。再生纤维中只有醋酯纤维具有合成纤维的热塑性，是由纤维素纤维改性而得，分子结构和化学组成已经不同于其它再生纤维素纤维，属于纤维素酯类衍生物。醋酯纤维吸湿性很低，与合成纤维中的锦纶、维纶相似，为此有的印染书籍将醋酯纤维列入合成纤维范畴，尽管如此，醋酯纤维的性能还是更多地接近于天然纤维素纤维和其它再生纤维素纤维，例如它的耐酸和耐有机溶剂性能极差，与合成纤维有着根本的不同。

第二节
合成树脂的应用

合成树脂在建筑、工业生产，如汽车工业、塑料制品行业、纺织印染行业等各行业应用十分广泛，在洗衣店只要你举目观察，合成树脂便可映进你的眼帘。

✦ 一、合成树脂在服装上的应用

合成树脂种类繁多，在纺织印染工业生产中，或者进一步说，洗衣店收洗的衣物中，有哪些材料属于合成树脂呢？具体有以下几个方面。

① 合成纤维、人造革（PVC革）、合成革（PU革）。

② 衣物的涂层、层合面料使用的黏胶、染料染色中的整理剂、涂料印花和涂料染色中的黏合剂（固色剂）、纤维织物树脂整理（如拒水整理）的整理剂等。

③ 部分纽扣、拉链和装饰品、人造树脂亮珠、亮钻、亮片及皮革护理使用的黏胶等。

✦ 二、合成树脂在洗衣店的直接使用

在洗衣和皮衣护理中直接使用的合成树脂材料不多。主要有各种皮革修补用黏胶、皮革涂饰剂中的固色黏合剂、光亮剂、服装补色用颜料中的固色剂、润色恢复剂、用于衬布的热熔黏合胶、备用纽扣、拉链、部分设备零件等。

✦ 三、纺织印染应用的主要合成树脂

树脂在纺织印染行业的应用越来越多。纤维织物整理包括拒水拒油整理、防污及去污整理、防皱整理、柔软整理、仿麂皮整理、仿麻整理、羊毛防缩整理、硬挺整理、增重整理、阻燃整理、提高色牢度整理等。在这些整理中使用较多的树脂有聚氨酯树脂及其酯类化合物、聚丙烯酸酯及其酯类化合物、有机硅、环氧树脂（环氧化合物）等。

聚氨酯树脂性能优良，可作整理剂、染色助剂、涂层、树脂整理、印花黏合剂、仿皮涂层剂、油剂、上浆剂等。聚氨酯品种很多，可分为溶剂型PU和水性PU两大类。溶剂型PU涂层称为干式涂层；水性PU涂层称为湿式涂层。从组分上来说，它还分为双组分和单组分两类。水性PU涂层胶又分为水溶性和水分散型两种。

溶剂型PU用于纺织工业，有些性能比水性PU好，如薄膜强度、耐水性和黏结性方面也优于水性PU。溶剂型聚氨酯优于水性PU，但有一定的毒性，污染环境，易燃易爆。水性聚氨酯可以作为涂料染色黏合剂；可以作为染色牢度改进剂，可与多种纤维和染料反应，能显著改善染色物牢度；阳离子型水性聚氨酯可用作染前处理剂，改进织物或无纺布的可染性。水性聚氨酯作为涂料印花黏合剂能改进涂料和织物间黏结性及印花织物的耐磨性。水性聚氨酯作为特种印花黏合剂，主要用于透明印花和消光印花。水性聚氨酯有较好的成膜性和弹性，可用于织物防皱整理剂或柔软添加剂。水性聚氨酯还可用于仿麂皮整理剂、仿麻整理剂、抗静电整理剂、亲水整理剂、羊毛防缩整理剂、织物表面涂层剂等。

聚丙烯酸酯与聚氨酯都是服装涂层剂的主要材料。聚丙烯酸酯还是涂料印花黏合剂的主要材料，用于补色修复的丙烯颜料固色剂也是聚丙烯酸酯。

服装应用的合成树脂种类繁多，随着技术的进步，一些性能更好的产品会逐步问世。

➕ 四、合成树脂对纤维织物性能的影响

合成树脂应用于纤维织物，使纤维原有性能发生了不同程度的变化，直接影响或改变了衣物的洗涤、去渍、复染等要求。具体表现如下。

（1）耐水性能　合成树脂不溶于水，也不吸水膨胀，遇水溶解膨胀的天然树脂已被淘汰。有一些树脂虽然是水溶性，但是彻底干燥之后并不容易被水溶解。合成纤维本身吸湿性很低，经过涂上涂层或树脂整理之后，几乎不吸水或根本不吸水。

（2）耐化学溶剂性能　一些服装面料纤维本身可以干洗，由于使用了树脂涂层便不可干洗。人造革、复合面料使用的黏合剂、涂料印花固色黏合剂、部分纽扣和珠钻饰品等干洗后可以变硬、脆裂或溶解；去渍时也不可使用干洗溶剂和其它化学溶剂。当面料中的树脂层被破坏以后，有的修复难度很大，有的则无法修复。

热固性树脂耐化学溶剂性能较差，但树脂本身和溶剂也有强弱之分。例如有的树脂可以被干洗溶剂溶解，但可以不被其它一些溶剂溶解。同样是干洗，有的涂层衣物干洗可以承受四氯乙烯干洗一次，可能承受石油干洗两三次。同样是去除胶类污渍，最有效的有机溶剂是丙酮，而汽油、酒精无效。

（3）耐酸碱性能　树脂耐酸碱能力很强，碱性洗涤可以损伤蛋白质纤维，但是对合成纤维没有什么影响。所以，合成纤维与含有树脂的服装水洗，适用于碱性洗涤剂。

（4）耐氧化剂、还原剂性能　合成树脂具有较强的抗氧化剂、还原剂、酸碱能力。氯漂是洗衣店对纤维最具破坏力的化料，对丝毛蛋白质纤维有致命损伤，如果使用不当对棉麻纤维素纤维也有致命损伤，但对合成纤维没有影响，锦纶虽然是合成纤维中耐氯漂较差的纤维，但是以洗衣店使用的最高浓度还是安全的。纤维素纤维上染率较高，但经过拒水整理之后上染率大幅度下降，对复染造成很大影响；但经过拒水整理的纤维织物沾色率也同时下降。

（5）色牢度　颜料对于纤维织物没有上染性，对于纺织纤维的着色只能靠黏合剂固着。如涂料印花水洗不掉色，干洗黏合剂被破坏以后，颜色就会脱落。涂料印花及涂料染色虽然耐水洗色牢度很好，但耐摩擦色牢度很差，很容易色化、色绺。

（6）织补　树脂的应用使纺织服装的性能和洗涤要求发生了变化，救治与修复也受到限制。例如一般的纺织纤维织物出现破洞可以织补，但是涂层面料便不能织补，因为树脂在织物表面形成的薄膜与织物成为一体，纱线已被固定。前不久我与织补师傅交流，她说也有人对带有涂层的服装进行织补，但这是勉强织补，因为织补后痕迹十分明显。

第三节
树脂涂层与树脂整理

现在提到服装涂层，洗衣店人人皆知。涂层衣物已引起各家洗衣店的高度关注，是干洗预防洗衣事故和问题的重点。但提到树脂整理却仍然陌生。在事故衣处理时导致失败，如补色、复染不上色，甚至出现二次事故，不知何故，其原因就是有的衣物经过树脂整理。

✦ 一、涂层与树脂整理的区别

涂层，即树脂涂层，或称涂层整理，也称树脂整理，是印染织物染整的一项工艺。涂层与树脂整理都属于纤维的增重整理，因此，按照印染行业的标准，涂层增重低于20％的称为涂层整理，超过20％的称为树脂整理。织物通过涂层和树脂整理产生了新的功能，如防水、防风、防寒等。事实上早在1000多年以前，我们的祖先就已应用涂层，人们用生漆涂布在麻布上形成防水膜，以后用桐油和亚麻仁油涂布织物。随着化学工业的迅速发展，合成树脂广泛应用于涂层，使涂层织物外观和性能产生了巨大的变化。

严格来讲，涂层与树脂整理还是有着明显区别，除了织物增重不同外，其它区别主要如下。

① 涂层的树脂浸透率一般为织物厚度的1/3，在织物表面形成一层薄膜；而树脂整理则要求整理液充分渗透到纤维织物内部。

② 涂层外观比较明显，有的十分光亮；树脂整理外观上看不出来，但手感与未经过整理的衣物有不同程度的差别。

✦ 二、涂层与树脂整理的应用

涂层和树脂整理基本上都用于服装面料，分为外涂层（表面涂层）和内涂层两种。外涂层可以通过视觉发现，内涂层视觉发现不了，只能观察织物是何种纤维，凭经验判断和手摸鉴别。

涂层称为防水处理，主要用于合成纤维织物，例如我们常见的羽绒服是应用表面涂层最多的服装。有的内涂层也应用于合成纤维与纤维素纤维织物交织或混纺织物。

树脂整理主要用于纤维素纤维及混纺织物，具体主要是棉、黏胶及涤/棉、涤/黏等织物的拒水、抗褶皱、抗静电、易洗涤、防缩水整理等，赋予织物许多新的功能。在合成树脂拒水整理的同时，也是防褶皱、挺括整理。防水与拒水不同，防水是不透气、不透水；拒水是透气、透水。经过树脂拒水整理与未经过拒水整理的织物相比，透气与透水性能要低许多。

✦ 三、织物涂层与树脂整理常见问题

服装面料涂层主要有以下常见的问题。

① 涂层干洗脱落、起层、褶皱，导致面料形态变化，严重者丧失服用价值。洗衣店发生的涂层面料赔付事故多为内涂层。内涂层干洗起层、褶皱拉动服装面料导致变形，有的撕掉涂层之后面料外观恢复原来形态，不影响穿用美观，但会产生失重、失去硬挺风格、失去防风及防水等功能，有的则不能撕掉，造成面料直接损坏，失去服用价值。

② 在洗涤、穿用过程中由于摩擦，表面涂层容易出现局部或大面积脱落，有的明显，有的浸湿后明显，出现颜色反差，好像是油污。一般来说，外涂层损伤可以修复，内涂层损伤不能修复。

③ 去渍时由于用料不当，造成表面涂层局部脱落，形成色花。污渍与色花不处理好，

外涂层则不可喷涂修复剂，因为涂层修复剂没有遮盖力，喷涂后污渍与色花仍会显现。

④ 树脂整理织物严重影响补色修复和复染。树脂整理由于树脂用量小，浸入织物内部，不能形成薄膜，即使被溶剂破坏，也不会使面料外观形态发生变化。树脂整理的衣物在洗涤上没有特殊要求。树脂整理衣物对染色和补色有不同程度影响。纤维素纤维上染率高，补色容易获得理想的效果，但经过树脂整理特别是拒水整理的织物，上染率降低，补色难度较大，严重者会导致补色失败，或者被迫中止补色。

一般树脂整理不妨碍复染，但拒水整理与普通树脂整理不同，树脂用量不同，用量较多，对洗涤、去渍、复染、修复影响较大，染色时必须加入高效渗透剂，或对树脂进行剥离。经过拒水整理的衣物，经过 5 次左右的洗涤，质量好的洗涤 20 次左右，拒水功能便全部丧失，此时染色对上染率也基本没有影响。

第四节
合成树脂与洗衣事故

总结以往发生的洗衣事故和洗衣问题，有许多与合成树脂有关，尤其是一些可以干洗的纤维织物，由于应用了合成树脂变为不可干洗，对衣物的去渍、洗涤、复染、剥色、漂白等影响较大，主要有以下五个方面。

① 涂层。略。

② 树脂整理。略。

③ 树脂黏合剂。树脂黏合剂在复合面料、印花中应用十分广泛，如层合面料、胶黏式植绒面料，特别是静电植绒面料、涂料印花（包括金银粉印花、压膜印花、涂料染色及涂料以印代染、皮革印花、珠光皮革、珠光印花织物）、PU 贴膜革、服装热熔衬布等，耐干洗溶剂性能较差，干洗可导致面料开胶起层、绒毛脱落、花纹脱落、珠光粉脱落等问题的发生，而且大多不可修复或较难修复。

④ 合成树脂制品。如树脂珠钻、亮片、树脂纽扣和其它树脂饰品，耐干洗溶剂性能较差，干洗可导致树脂制品溶解损坏，甚至污染面料。

⑤ 其它应用。如发泡印花，它不属于黏合剂，是树脂在印花中的特殊应用，但并未改变树脂不耐干洗溶剂的基本属性。

上述所提及的树脂应用，在实际洗衣工作中，并非干洗就一定会损坏出现问题，例如同样是树脂珠钻，干洗有的溶解甚至污染面料，而有的完好无损；有的涂层干洗前几次没有问题，以后干洗问题逐渐显现。原因是这些合成树脂大部分属于热固性树脂，有的虽属于热固性树脂但同时掺有热塑性树脂成分，因此反映出来的性能产生差异；热固性树脂的种类繁多，不同成分性能不同；同一种热固性树脂对不同的有机溶剂抵抗力不同，例如石油干洗溶剂（四氯化碳，或称碳氢溶剂）对树脂的溶解能力低于四氯乙烯，酒精虽为有机溶剂，但对合成树脂的溶解度很差，所以酒精稀释后经常用来手工擦洗皮衣和其它皮具；同为热塑性树脂性能也不相同，例如氨纶虽属于热塑性树脂，却与其它合成纤维不同，耐有机溶剂性能较差，这是因为分子的结构不同。因此本书再次提醒洗衣店员工，千万不可抱侥幸心理操作。

合成树脂在纤维织物和染整中的应用，改善了服装的许多性能，虽然给洗衣带来许多麻烦，但也并非皆弊无利，有时也对洗衣事故和问题处理带来方便，例如涂料印花衣物沾染了其它色迹（染料染色和天然色素），如果色迹难除，在特殊情况下，可以使用次氯酸钠整体下水剥色。由于树脂黏合剂与颜料对次氯酸钠有很强的抵抗能力，次氯酸钠不会对涂料印花造成咬色、变色。这种操作的前提是必须确认衣物的花色是涂料印花，而不是染料印花，否则将造成二次事故。

➕ 案例 1　羊毛衫干洗，相同树脂亮珠有的溶解，有的完好无损

衣物情况：羊毛衫，黑色，领口镶嵌十个黑色菱形亮钻。

洗涤标识：面料，羊毛100%；里料，聚酯纤维100%。

辅料：①聚酯纤维100%；②桑蚕丝46%；锦纶34%；聚酯纤维20%。

洗涤方法：不可水洗；不可漂白；不可翻转干燥；中温熨烫；缓和干洗。

洗涤：在干洗之前，干洗师傅知道黑色亮钻可能溶解。洗前用四氯乙烯对部分亮钻擦拭检查，观察无变化，于是采用了四氯乙烯干洗。但是干洗结果部分菱形黑色树脂亮钻表面溶解，部分完好无损。

处理办法：购买相近黑钻全部更换，效果十分理想，购物费用10元。

第十章
去污

第一节
污垢性质的分类

✚ 一、污垢的概念

什么是污垢？根据国际表面活性会议（CID）用语，所谓污垢是指吸附于基质表面、内部，不受人们欢迎，可以改变表面外观质感特性的物质。所谓外观质感特性就是符合人们的审美要求。破坏了人们的审美要求，就是污垢。污垢通常是指人们讨厌的各种沾染物。人们平时喜欢的东西，如漂亮的服装颜色，如果因为掉色沾染了其它部位或其它衣物，便由喜欢变成了讨厌的污垢，这就是洗衣行业所说的色迹或颜色污染。

去污与去渍这两个词汇的基本含义是相同的，都是指衣物清洁的过程，而洗涤是清洁的主要方式。去渍在洗衣行业有特定含义，是指衣物在洗涤之前或洗涤之后对衣物局部特殊明显的污垢特殊处理，将处理局部污垢的设备称为去渍台。

✚ 二、污垢的分类

污垢的分类有许多方法，从水洗与干洗不同方式的角度分类，污垢分为油性污垢、水溶性污垢和固体污垢三类。颜色污垢属于水溶性污垢，由于是洗衣中难除的重点污垢，因此本书将其列为一类。

（1）油性污垢　油性污垢的特点是不溶于水。主要分为两类：一是矿物油脂与合成油脂，具有代表性的是用石油、天然气、煤焦油等加工的各种机油类物质；二是天然性油脂，如植物油、动物油脂以及用植物油、动物油脂加工的油性产品。干洗溶剂对油性污垢溶解洗涤效果最好；洗衣粉、肥皂等洗涤用品也可以对油性污垢进行乳化和皂化使之溶于水而洗掉。但脂肪醇、胆固醇和一些矿物油则不能被乳化和皂化。这是一些衣物水洗之后返干洗的原因。

(2) 水溶性污垢　水溶性污垢是水可以溶解污垢的简称，蛋白质、食盐、糖、淀粉等污垢，通过水和洗涤剂的作用，可以使其溶解或分解进而洗除。

(3) 固体污垢　固体污垢，也称不溶性污垢、颗粒型污垢，包括煤烟、灰尘、泥土、砂、水泥、皮屑、铁锈、石灰、颜料等。固体污垢是细小的颗粒，沾染衣物的方式是吸附。洗涤去除的原理是依靠溶剂的分散作用和机械力去除，因此固体污垢先洗涤后去渍，往往比洗前去渍效果要好。

固体污垢不溶于水，也不溶于有机溶剂，但有的可以与某些化学药剂发生化学反应，生成能够溶解的物质，溶于溶剂之中。如铁锈通过草酸的作用生成可以溶于水的硫酸亚铁，进而除之。

(4) 颜色污垢　色素类污垢也属于水溶性污垢，一些专家将其称为水基类污垢。颜色污垢是指染料，包括合成染料、天然色素直接沾染或沾色造成的色迹，其基本形态分为串色、搭色和泅色，统称"三色"。颜料属于固体颗粒型物质，只能沾附，不能迁移，与染料、天然色素性质不同。颜料着色只能脱落，不会沾色，不会出现"三色"。咬色看上去像是污垢，实质不属于污垢，它是沾染氧化剂或其它化料产生化学反应，使颜色发生了变化，用除污去渍的方法是无效的，只能使用化学药剂通过化学反应方法使其改变性质而改变颜色，或者通过补色的方法进行遮盖，或者复染重新染色。

> 水基类污垢就是可以被水溶解的污垢。"基"一词来源于分子结构中的亲水基团。2012年，美国亚特兰大国际家具配件及木工机械展览会展出了水基涂料，实质上这种涂料只是颜料颗粒更加微小，提高了扩散能力和黏附能力，但颜料的颗粒性质并未改变。
>
> 颗粒性污垢有时可以转化。如不溶性还原染料和不溶性偶氮染料，直接使用时为颜料，即属于颗粒性物质，当使用某种化学药剂后，便能使之溶于水中，由颗粒物性质的颜料变成了具有迁移性的染料。

第二节
衣物污垢的黏附方式

✦ 一、物理型

污垢的黏附方式的物理型，是指污垢并没有发生性质的变化，而是借助外部条件和外力，沾附于纤维之上。主要有以下三种情况。

(1) 机械附着　机械附着通常是指固体污垢随空气流动和摩擦散落于纤维之上。如果用显微镜可以看到，纤维的表面凹凸不平，缝隙很多，而固体污垢非常细小，这就为固体颗粒的滞留创造了条件。

(2) 静电吸附　有很多纤维带有静电，而很多污垢也带有电荷，纤维带有的电荷与污垢带有的电荷相反，便马上产生吸附现象，尤其是纤维经过摩擦之后静电加大，污垢的吸附能力也随之提高。例如涤纶纤维织物易脏，重要原因之一就是涤纶摩擦易产生静电。

(3) 黏粘固着 黏合剂黏附于纤维织物上面是黏粘固着的表现形式。有些污垢飘落到纤维上面，如果与黏性物质结合，不容易脱落，这种黏性物质除了胶黏剂外，蛋白质、糖浆、油脂等都具有黏性，同时这些物质沾染衣物本身就是污垢。因此污垢大多数属于复合型污垢。

✚ 二、化学型

化学型的污垢黏附牢固度，非物理型黏附可比，不仅牢固程度高，而且去除的难度大。

(1) 结合型 结合型多为染料类色迹。它溶于水中，并深入纤维的内部，尤其经过高温和其它催化固色之后，变得更加牢固，与纤维成为一体。

(2) 性变型 性变型是纯粹的化学反应型，是污垢黏附到纤维上后，发生了化学反应，生成了新的物质，使纤维、颜色或污垢发生了性质变化。例如氯漂咬色、烫黄渍，在某种意义上已经超越了污垢沾染的范畴，用一般的去污方法是除不掉的。

第三节
污垢去除的原理

在洗衣店，衣物上的污垢通过水、干洗溶剂、洗涤用品、去渍化料、洗衣机、手洗等媒介和外力得以去除。去污的原理，一是化学作用；二是物理作用。

✚ 一、物理去污

(1) 溶解 溶解，就是通过溶剂将污垢由固体变成液体，由黏稠变成稀液，从而使污垢随稀液排掉，达到去污的目的。溶解的特征是污垢的形态发生了变化，但污垢的性质并未发生变化。

污垢的溶解方式有两种。

① 化学有机溶剂的溶解。有机溶剂溶解的对象主要是油性污垢。有机溶剂包括干洗溶剂（四氯乙烯、四氯化碳）、汽油、酒精、香蕉水、松节油、丙酮等。

② 水的溶解。水是特殊溶剂，也是最重要的溶剂，水溶解的污垢主要是蛋白质污垢和其它水溶性污垢。不仅如此，水还是污垢分解、乳化的重要媒介，没有水，许多化学去污方法无法进行。

(2) 分散 分散是借助水和有机溶剂的媒介作用，降低颗粒性污垢的聚合度，将污垢聚合的固体状变成松散状分散于溶液之中。在水溶液中水是分散剂；在有机溶液中有机溶剂是分散剂。通过分散作用，使污垢全部或部分脱离纤维织物进入溶液之中得以去除。

(3) 机械力作用 机械力作用就是揉搓、摔打、拍打、滚动摩擦、刮除、气喷等。

二、化学去污

(1) 分解 利用生物酶具有的分解脂肪、蛋白质、淀粉的能力，将其不可溶变成可溶物质，这一过程称为分解。酶有很多种，其中碱性蛋白酶能催化水解蛋白质的肽键，使污垢中的蛋白质转化为水溶性氨基酸；它还能与表面活性剂起协同效应，使表面活性剂的分散、乳化等性能得到加强。所以加酶衣领净、加酶洗衣粉对去除奶渍、汗渍、血渍等蛋白质污垢十分有效，其去污能力超过一般洗涤剂。酶不仅可以分解蛋白质污垢，也可以分解蛋白质纤维，因此含有酶等生物制剂的洗涤剂，不可用于蛋白质纤维。

(2) 乳化 详见第七章第一节二、表面活性剂的功能第 137 页和五、乳化剂与去渍剂第 138 页。

(3) 中和反应 利用化学药剂与污垢产生化学反应，使污垢的性质发生变化，生成一种新的物质得以去除（详见第八章第九节五、酸碱中和的作用和意义第 179 页）。

衣物洗涤去污是溶解、分散、分解、乳化和中和反应等各种去污方式协同作用的结果。

第四节
去渍操作

洗衣店的去渍绝大部分是在去渍台使用去渍剂和去渍工具进行操作。因此，去渍剂、去渍工具、去渍方法构成了去渍三要素。

一、去渍"三看"与去渍禁忌

1. 去渍"三看"

去渍之前要先"三看"，"三看"的内容如下。

一看面料纤维。选用去渍剂要确保纤维织物的安全。

二看颜色。是色布还是印花布；如果是染料染色，是哪一种染料以及颜色深浅；如果是印花，是染料印花，还是涂料印花；如果是皮革服装及附件，是真皮还是人造革；如果是真皮，是染料染色，还是颜料涂饰等。颜色用料判断是正确选用去渍剂和操作方法的保证。

三看污垢。俗话说"对症下药"，判明污垢是正确选用去渍剂和去渍操作成功的基础。

2. 去渍禁忌

"去渍禁忌"是业内总结的成功经验，应当认真汲取，成为去渍的重要警示。具体内容是：情况不明，盲目下手；不管不问，轮番上阵；缺乏耐心，急于求成；求全责备，矫枉过正。

二、使用去渍剂的一般原则

去渍剂一般是指各种化学药剂，一是原料型，包括有机溶剂、氧化剂、还原剂等；二是复配型，即专门为洗衣店配制的去渍剂。水是一种溶剂，也是去渍剂，是一种最重要、最安全、使用最多的去渍剂，水对许多污垢具有溶解和分散的功能，而这重要一点却被许多人所忽略。水可以去除的污垢，如果使用了化学药剂不仅是浪费，还会增添麻烦，这是有的操作造成去渍过头的原因之一，因而在去渍时应先用水除之，而后再使用化学药剂。

在污渍不明的情况下，如何选择去渍剂？如何进行正确操作？其原则是：先水后药、先冷后热、先弱后强、先淡后浓、先碱后酸，不可轮番上阵。切忌急于求成，盲目使用"猛药"。

在洗衣行业有句行话——"不是所有的污垢都可以去掉"，因此去渍的基本原则是首先保证织物纤维和颜色的安全。

✛ 三、去渍方法

1. 去渍法

去渍台是洗衣店去渍的重要工具，绝大多数的去渍操作是在去渍台完成。去渍台一般配有冷水喷枪、蒸汽喷枪、喷气、鼓风、吸风。去渍台去渍应注意以下事项。

第一，尽量判明污垢，对症下药。在污垢不能判明的情况下，应遵循去渍剂原则。

第二，涂点药液，应有化学反应时间，不可过急，要注意观察变化。

第三，正确使用喷枪。要避免直接使用蒸汽，避免枪嘴紧贴面料，避免过度使用蒸汽和喷气，枪口距离面料为2~5厘米，疏松面料距离大一些，密实面料距离小一些。喷气方向应顺着面料纹路。喷气（汽）可连续、可断续，枪口可固定、可平移、可变换角度，要从实际需要出发。

2. 剥色法

剥色法包括彻底剥色与去渍剥色。洗衣店的剥色来源于印染行业，但洗衣店的剥色与印染行业的剥色概念与含义已经发生了变化。印染行业的剥色是指对不成功的染色全部剥掉重新染色，虽然有的只能剥到一定程度。

(1) 彻底剥色　洗衣店的彻底剥色一般被称为漂白，是指通过剥色使织物变白，通常是衣物整体下水处理，针对的对象是沾染的染料色迹和天然色素。类似印染厂的剥色剥除衣物原有的颜色，洗衣店只有复染时需要。洗衣店去除染料和天然色素沾染色迹的彻底剥色与漂白不完全相同。漂白不仅是去除色迹，还包括去除汗黄渍、血渍以及各种污垢。无论是彻底剥色，还是漂白，适用的对象一般都是白色织物。

(2) 去渍剥色　去渍剥色是指对有色衣物沾染色迹的去除。是利用衣物原有颜色的色牢度高于沾染色迹的色牢度的原理，用剥色剂漂除，同时不破坏衣物原有的颜色。

彻底剥色和去渍剥色的用料及具体操作方法详见第十五章第二节第293~294页、第八章第一节~第四节第150~166页。

彻底剥色与去渍剥色采用的方式有以下几种方法。

① 整体浸泡拎洗法。是将衣物全部浸入盆中的水溶液里。根据用料可高温、可低温、可冷水，根据需要而定。

② 局部浸泡法。是将沾染污垢的衣物局部浸入盆中的溶液里，与杯浸法大同小异。

③ 杯浸法。是将衣物沾有污垢的局部浸入刻度杯中溶液里。如果使用高温，为保持杯中溶剂的温度，将杯子坐在装有热水的盆中，并用竹筷子时时搅动并观察，达到效果即刻取

出。使用双氧水或彩漂粉适宜采用此法。采用杯浸法的优点是省料，并可适当提高溶剂浓度［图 10-1（a）］。

④ 笔涂法。用油画笔蘸药剂涂抹在污垢处。使用氧化剂、还原剂和其它药剂局部处理色迹和污垢时，必须使用油画笔，不可使用毛笔，毛笔不容易控制水分［图 10-1（b）］。

⑤ 点浸法。用棉签或滴管将试剂点浸到污垢处，这是在去渍台局部去渍方法［图 10-1（c）］。

(a)杯浸　　　　　　　(b)笔涂　　　　　　　(c)滴管点浸

图 10-1　彻底剥色和去渍剥色的方法

3. 刷洗法

刷洗法是水洗房衣物进行机洗前对衣物脏垢的重点部位进行刷洗。这是洗衣店局部去污使用量最大的方法之一。洗衣店应准备软硬两种衣刷，避免硬毛刷刷伤衣物（详见第十二章第三节四、手工水洗方法第 249 页）。

4. 其它去渍方法

其它去渍方法主要有揉搓法、刮除法、摩擦法、黏附法、剪除法（用去球器剪除起球脏垢绒毛）、综合法等。

第五节
各种污垢的成分性质与去渍方法

污垢无论是洗除还是去渍，关键是对症下药。对症下药的前提是搞清污垢的成分和性质。有些污垢的成分性质具有共性，有的具有特殊性，有效地去除需要一把钥匙开一把锁。

✚ 一、水果汁类污垢

1. 各种水果的主要成分

水果包括木本与草本的果实。如柑橘、柠檬、菠萝、苹果、葡萄、杨梅、西瓜、梨、桃、李子、草莓、樱桃、柿子、西红柿等。各种水果的主要成分是相同的，主要有糖分、维生素、蛋白、单宁、柠檬酸、天然色素等，其中污渍难除的成分是单宁、柠檬酸、天然色素。

（1）单宁　单宁又称单宁酸、鞣酸、鞣质，存在于多种树木的树皮和果实中。各种水果单宁的含量不同，其中葡萄、西红柿等含量丰富。单宁有强吸湿性，易溶于水及乙醇、丙酮之中，有涩味，不溶于乙醚、苯、氯仿。单宁是植物鞣制皮革的材料，使生皮转化为革。单宁在空气中被氧化颜色逐渐变深，单宁作为污渍沾染在衣物上，氧化的时间越长，与纤维结合的牢度越高。单宁的口感特征是发涩，发涩的果汁单宁含量较高。

（2）柠檬酸 柠檬酸是一种重要的有机酸，又名枸橼酸。天然柠檬酸在自然界中分布很广，存在于植物如柠檬、柑橘、菠萝等果实和动物的骨骼、肌肉、血液中，其中水果柠檬中含量最多，故此得名。柠檬中的成分钙盐在冷水中比热水中易溶解，因此，清除水果汁污垢不宜用热水洗涤。

经过加工提炼的柠檬酸是一种较强的有机酸，是去除水果汁的化料之一。与果汁中自然含有的柠檬酸相比，性质已经发生了变化。去除果汁色迹的方法之一就是用加工的柠檬酸去除含有柠檬酸的果汁污垢，原理是利用相溶性质。

（3）天然色素 天然色素来源于天然植物的根、茎、叶、花、果实和动物、微生物等。天然色素是印染行业使用的染料之一。不是所有的天然色素都可以作为染料。大多数天然色素对纤维没有直接性，需要媒染剂才能使纤维织物染色，因此服装上直接沾染天然色素，大部分色牢度较差，低于染料染色的色牢度，应首选双氧水进行去渍剥色。

2. 果汁污垢特点

果汁污垢特点主要有：时间越长，去除的难度越大；宜水洗不宜干洗，如纤维需干洗，应当干洗前去渍。

3. 去除果汁污垢的一般方法

第一，新鲜果汁污垢用 5% 的柠檬酸溶液涂抹，停一段时间用清水漂洗，一般效果较好。较为严重的可在 40℃ 以下浸泡 0.5～2 小时。

第二，果汁污垢形成一段时间且较轻的，用氨水、乙醇、水的混合液处理。混合液的比例为 3∶40∶57。

第三，用去渍剂处理。

第四，适宜高温洗涤的衣物，可以在正常洗涤时加入彩漂粉或双氧水，大多能够洗除这类污垢。稍重一些或时间较长的，也可洗前用 3%～5% 的双氧水或彩漂粉溶液点浸，停 5 分钟以后再洗涤。

（1）葡萄 葡萄汁单宁含量多于其它果汁，渍迹颜色多为灰白色与淡紫色，用含氧氧化剂处理效果较好。去除方法如下。

第一，用去渍剂处理。

第二，用 1%～3% 的柠檬酸水溶液浸泡，水温 40℃ 以下；时间 30～120 分钟；不时翻动。

第三，如果纤维耐高温，可用双氧水或彩漂粉溶液浸泡，浓度 2% 左右；水温 70～80℃，或者更高一些；浸泡时间 10～20 分钟；要不时翻动和查看；去除后漂洗干净。

（2）柑橘 柑橘汁沾染衣物，经空气的氧化作用，时间越长，颜色越深，从黄色到棕色；受热温度越高，颜色与纤维结合越牢固。去除方法与葡萄汁基本相同。不用双氧水或彩漂粉溶液，不宜用高温，采用高温要视面料纤维是否可以，高温的副作用是固化颜色。

（3）柿子 柿子汁富含单宁、汁浓，时间长了由黄色变成深棕色，去除难度加大。去除方法如下。

第一，用 2%～3% 的柠檬酸水溶液浸泡，水温 40℃ 以下；时间 30 分钟至 2 小时；不时翻动。

第二，对于纯棉及耐碱纤维可采用高碱性洗衣粉，并兑入双氧水或彩漂粉高温浸泡洗涤，甚至煮沸。

第三，不耐碱性及高温的纤维，用去除鞣酸类的去渍剂去除。

（4）西红柿 西红柿汁浓，伴有果籽，柠檬酸含量较少。去除方法：首先用清水浸泡一会，将大部分洗掉；然后用5%的双氧水或彩漂粉溶液点浸，等待一段时间后进行正常洗涤，洗涤时加入双氧水或彩漂粉。

（5）草莓 草莓汁浓，单宁含量较少，色素较多，沾染衣物比较明显。去除方法：先用低温水浸泡，对色迹处轻轻搓洗；再用洗涤剂轻轻搓洗；如果未除，将衣物甩干用5%左右的彩漂粉或双氧水溶液点浸，或直接涂抹彩漂液，等待一段时间后进行正常洗涤；洗涤时加入1%~2%的彩漂粉或双氧水。织物纤维允许可高温洗涤。

（6）杨梅 杨梅汁富含果酸、果糖与维生素，果肉颜色浓重，沾染衣物颜色较深，呈黄棕色至紫褐色。去除杨梅渍迹可用去渍剂、双氧水或彩漂粉。

（7）西瓜 西瓜汁主要成分是糖分与色素。去除方法：一是用柠檬酸水溶液浸泡；二是先涂抹彩漂液，等待一段时间后进行正常洗涤，洗涤时兑入1%左右的双氧水或彩漂粉；如果渍迹较重和顽固，可采用高温浸泡。

（8）桃子 桃汁单宁与柠檬酸含量不高。桃汁与纤维的结合牢度较低。去除渍迹的办法与使用的化料，可参照去除果汁污垢的一般办法。

✚ 二、酒饮类及同类食品污垢

各种酒饮主要成分有酒精、色素、防腐剂、香精等。以雀巢咖啡配方为例：其成分除了速溶咖啡外，还添加了白砂糖、葡萄糖浆、氢化植物油、稳定剂、酪蛋白（含牛奶蛋白）、乳化剂、食用香精等，成分比水果复杂。

（1）果汁饮料 果汁饮料可细分为果汁、果浆、浓缩果浆、果肉饮料、果汁饮料、果粒果汁饮料、水果饮料浓浆、水果饮料8种类型。大部分果汁之所以"好喝"，是因为加入了糖、甜味剂、酸味料、香料等成分调味后的结果。各种常见果汁有苹果汁、芒果汁、凤梨汁、西瓜汁、葡萄汁、橙汁、椰子汁、柠檬汁、哈密瓜汁、草莓汁、木瓜汁等。

真正的果汁及果汁饮料所含单宁、鞣酸、色素与水果相近，所不同的是添加了防腐剂。去渍方法与水果渍相同。

（2）果味饮料 果味饮料即酒精饮料，以甜味料、酸味剂、果汁、香精、茶等调制而成，如橙味饮料、柠檬味饮料等。果味饮料颜色为食用色素。

（3）植物蛋白饮料 按照国家GB 16322植物蛋白饮料卫生标准，以植物果仁、果肉、大豆、花生、杏仁、核桃仁、椰子为原料，经加工、调配后，再经高压杀菌或无菌包装制得的乳状饮料称为植物蛋白饮料。植物蛋白饮料所形成的污垢，属于水溶性污垢，通过水和洗涤剂的清洗基本可以去除。对于时间较长的可以采取如下办法：一是洗涤液、水溶液浸泡；二是洗前先用3%的彩漂粉或双氧水溶液点浸，也可用彩漂液直接涂抹，等待一段时间后进行洗涤；三是洗涤时兑入彩漂粉或双氧水；四是对于较顽固的污垢，在面料纤维许可的情况下，可以用彩漂粉或双氧水溶液高温洗涤。

注意：衣物沾染植物蛋白如需干洗，须洗前去渍。

（4）汽水 汽水泛指碳酸饮料汽水。汽水是二氧化碳的水溶液，含有柠檬酸、苏打粉、白糖、果汁、香料、咖啡因等。由于几乎没有色素，汽水沾染衣物一般不太明显，如果衣物较脏或与外部灰尘混合，则可产生类似严重水渍一样的痕迹。汽水污垢为水溶性，一般通过洗涤可以清除，严重者可以先行去渍处理。

(5) 红酒与葡萄汁饮料　红酒狭义上是指红葡萄酒，从酒饮的分类上划分，红酒不仅包括各种葡萄酒，也包括苹果、樱桃、草莓等各种水果酒。红酒污垢去除难度较大的当属葡萄酒。葡萄酒比较浓稠，单宁含量高，渍迹牢固程度较高，其颜色多为淡紫色。沾染红酒的衣物先水洗，将大部分的酒渍洗掉，余下的污渍滴入无水乙醇（应干燥）化解，之后洗净；陈旧性污渍先滴入无水乙醇，再进行洗涤，有余渍再滴入无水乙醇。在洗涤中加入双氧水或彩漂粉以加大去除色迹效力。

葡萄汁饮料与葡萄酒含单宁较多，去除难度较大。去除方法如下。

第一，沾染葡萄汁时间短的衣物，用5%的柠檬酸水溶液涂抹，等待一会，再进行处理。

第二，采用1%～3%的柠檬酸水溶液浸泡30分钟至2小时，其间进行数次翻动和查看，保证渍迹处充分浸泡。

第三，使用双氧水或彩漂粉、彩漂液处理。具体可参照前面去除果汁饮料的方法。

第四，如果是刚溅到衣物上且较轻的葡萄汁，可在污渍处撒上食盐用清水洗涤，再用洗衣粉或肥皂洗涤。

注意：利用去渍台去渍慎用喷枪蒸汽，操作不当，容易色花。

(6) 蔬菜汁饮料　蔬菜汁饮料是指在蔬菜汁中加入水、糖液、酸味剂等调制而成的可直接饮用的制品，一般都是混合型的饮料，属于水溶性污垢，去除方法与水果汁类基本相同。可参照去除果汁污垢的一般方法。

(7) 咖啡　茶与咖啡、可可并称为世界三大饮料。人们日常饮用的咖啡是用咖啡豆配合各种不同的烹煮器具制作出来的，咖啡豆是用烘焙方法制成的果仁。咖啡含有单宁酸（鞣酸）、多种氨基酸、糖、纤维素、维生素、植物蛋白、植物脂肪（植物油脂）、钙等成分。咖啡豆中的纤维烘焙后炭化，与焦糖互相结合便形成咖啡的棕色色素。

洗涤方法如下。

① 先用清水重点手洗去除表面浮垢，再用去渍剂除之，而后进行正常洗涤。

② 用双氧水占湿，与水的比例为1∶1，之后进行正常洗涤。

③ 对于严重、面积大的洗涤时加入彩漂粉或双氧水。

去渍方法如下。

① 先用10%的氨水溶液刷洗后，再下水皂洗。

② 用10%的草酸溶液浸20～30分钟后水洗。

③ 可使用彩漂粉或双氧水高温杯浸，之后洗涤。

(8) 可可与巧克力　可可也称可可豆。经发酵、焙炒后，可做巧克力糖、饮料和冰激凌等。可可豆含有植物脂肪、氮、可可碱、淀粉、粗纤维、磷酸、钾、氧化镁、咖啡因、单宁等成分，渍迹大都为浅棕色。可可作为食品或是饮料，常常加入牛奶、糖、淀粉等食品添加剂。含糖的可可渍迹还会有些发黏，干涸、时间较为长一些的很可能有些发硬，属于复合型渍迹。"巧克力"意为苦水，原料是可可豆。

巧克力污垢的去除方法如下。

第一，洗前用去渍剂去渍处理，或者用3%的双氧水或彩漂粉或彩漂液擦拭，而后进行正常洗涤，洗涤时加入0.5%～1%的双氧水或彩漂粉。

第二，洗前用浓度10％的氨水溶液浸湿，再用棉球蘸取此液揩擦，直至干净；之后进行正常洗涤，洗涤时加入0.5％～1％的双氧水或彩漂粉。

第三，如果面料允许，可用双氧水或彩漂粉高温杯浸或整体浸泡洗涤。

注意：先去渍后洗涤，尤其是干洗前一定去渍；先重点去浮垢后重点去色素。

(9) 牛奶巧克力　牛奶巧克力呈棕色。其成分主要有可可、奶油、蛋白质、食用碳水化合物、天然色素等。如果沾染衣物，去除的方法主要有：第一，用冷水喷枪和去除蛋白质的去渍剂打除，然后水洗，如有残余色素，洗涤时加入双氧水或彩漂粉；第二，用冷水喷枪打除，如有残余，可用1：1的双氧水或彩漂粉水溶液滴入污垢处，等待一会儿后洗涤。对于不易清除、面积较大的污渍，洗涤时除加入双氧水或彩漂粉溶液外，面料允许可采取高温洗涤。

蛋白质纤维与牛奶巧克力有很好的结合，去除的难度大于巧克力，应引起操作者的注意。一般应洗前去渍，如果水洗，要使用中性洗涤剂和30℃水温。

(10) 可乐型饮料　可口可乐属于碳酸饮料，洒在衣物上的色迹重于其它大部分饮料，去除的难度也大于一般饮料。可口可乐的颜色是经过加工的焦糖带来的，与纯自然色素有所不同，去除的难度大于纯自然色素。去除方法如下。

第一，洗前用柠檬酸处理（同上），然后进入正常洗涤，洗涤时加入双氧水或彩漂粉。

第二，用双氧水点浸，与水的比例为1：1，之后进行正常洗涤。

第三，对于严重、面积大的污渍，洗涤时加入彩漂粉或双氧水，纯棉衣物及其它耐高温衣物可高温洗涤。其它可乐型饮料污垢的去除，基本照此办法。

(11) 茶水　茶起源于中国。成分主要有咖啡碱、茶碱、可可碱、醛类、酸类、酯类、芳香油化合物、碳水化合物、多种维生素、蛋白质和氨基酸等。茶水洒在衣物上不太明显，相比之下红茶重于花茶、绿茶。洒在浅色衣物或白色衣物上，就会出现灰黄色的渍迹。如果是局部性的可采取如下办法。

第一，纯棉白色衣物，可用油画笔、棉签蘸较低浓度的次氯酸钠点浸；如果面积较大，可采取整体下水剥色，纯棉白色衣物可加入双氧水或彩漂粉高温水洗。

第二，染料染色衣物，局部性的用较浓的双氧水或彩漂粉溶液，在污垢处点浸或直接涂抹，之后进行正常洗涤。

第三，如果衣物需要干洗，应洗前用去除鞣酸的去渍剂进行去渍；也可参照上述办法，用双氧水或彩漂粉采取点浸办法。

第四，也可用柠檬酸处理，具体操作参照前面办法。

(12) 啤酒　啤酒的成分有糖、氨基酸、酒、食盐等，可溶于水。啤酒洒在衣物上，少的可形成淡黄色渍迹，多的可加深颜色并发硬。通过洗涤可以洗掉。对于较重的啤酒污渍需要洗前去渍处理。去除方法：一是用去渍剂；二是用双氧水点浸，比例为1：1；三是洗涤时在正常使用洗衣粉的同时加入双氧水或彩漂粉，对于白色纯棉衣物可以高温洗涤。

(13) 白酒　白酒看似清水，实则区别很大。白酒是有一定的浓度和黏稠度的，特别是陈年老酒会挂在酒瓶上，慢慢淌下，是一种较稀的黏稠液。沾染到衣物上与灰尘混合就会形成较明显的污垢，白酒含有氨基酸和糖，都是水解物质，一般的通过水洗可以洗除。

✦ 三、植物枝叶色素类污垢

植物枝叶包括各种树叶、绿枝、草叶、蔬菜等，主要成分是天然色素。植物不同枝叶所含成分不同，与衣物纤维的结合牢度有一定差异。

含氧氧化剂是去除天然色素的有效化料。这些污垢无论是直接洗涤还是去渍，都需要使用双氧水或彩漂粉，或洗前使用去渍剂处理。

有些水果所含单宁酸成分较多，其果汁沾污到衣物上，马上用凉水可以直接洗除，时间长了颜色会越来越深，这是经过空气氧化作用的结果，会逐步、牢固地结合在纤维之上，颜色越深，清除的难度越大。对于这类污垢可以使用去除鞣酸类的去渍剂去除。如果是白色纯棉织品也可以用碱性洗衣粉，并加入双氧水或彩漂粉高温洗涤，去除色素污垢效力最强的还是次氯酸钠。

✦ 四、淀粉类污垢

淀粉可以视为粮食的精细加工品，按照化学成分的标准属于碳水化合物，属于水溶性污垢，在一般情况下可以通过洗涤剂和水直接洗除。过去人们用纸裱墙、贴画，是用淀粉（多用小麦面粉）熬制的糨糊，糨糊就是一种黏合剂。因此，与水混合后的淀粉加热后发黏，干燥后发白、发硬。洗前应浸湿、温水浸泡，用刮板或指甲刮除，然后水洗。干洗衣物洗前应将较厚的浮垢处理干净。

✦ 五、糖类污垢

糖具有甜味，除了可以直接摄入，还可经过生物化学作用由淀粉转化而来。糖属于水溶性物质，糖类污垢经过水的溶解可以直接洗除。糖类污垢有其自身特点，例如，发黏，溶化慢，在未充分溶化之前去渍，不容易清除干净。

（1）糖块与糖汁　如果不注意，糖块会沾到衣物上。碰到这种情况，直接除掉糖块会损伤面料，应该浸湿、浸泡后将糖块除掉。糖汁沾染衣物应充分浸湿或浸泡，待糖汁溶解后洗除。如果糖汁中含有色素，属于天然色素，可用彩漂粉或双氧水除之。

（2）口香糖　口香糖可分为板式口香糖、泡泡糖和糖衣口香糖三种。板式口香糖是口香糖中的主要产品，它的销量最多。泡泡糖的特点是可以通过口腔呼气把糖体吹成皮膜泡，它常用树胶脂等以加强其皮膜强度，糖衣口香糖是通过旋转釜在口香糖表面上挂上糖衣。口香糖的组成成分中，酯胶质约占 25％，糖和其它部分约占 75％。

树胶脂属于橡胶状的黏性物质，常温下不容易彻底溶化，也正是这个东西处处找麻烦，沾到什么地方都不容易处理。口香糖如果沾到衣物上，首先要浸湿或浸泡，用刮板将黏性物质刮掉，之后或者继续浸泡，使其充分溶化进行洗涤；或者先去渍处理，之后洗涤。去渍可使用蒸汽，如果没有里衬，应将衣物放到去渍筛网上面，沾染口香糖的一面朝下，下面铺上白布，一面吸风，一面用蒸汽枪喷打。衣物干洗前一定要将口香糖处理干净。

处理口香糖不要性急，丝绸类的面料处理不好容易出现并丝现象。也有资料介绍，沾到口香糖的衣服，可以用棉花蘸醋，轻轻松松就可以把口香糖擦掉了。

（3）蜂蜜　蜂蜜的主要成分是糖。充分浸湿或浸泡使其充分溶化，可以直接洗除。

✦ 六、人体分泌类蛋白质污垢

蛋白质类污垢主要来源于人体和动物，如分泌物、排泄物（皮脂、皮屑、汗渍、血渍、经血、精液、奶渍、口水、鼻涕、痰液、呕吐物、尿渍、粪便、脓血、淋巴液、蛋清蛋黄、蜂蜜等）。蛋白质污垢属于水溶性污垢，大部分通过水和洗涤剂可以直接洗除。较难洗除的，洗前需要喷洒衣领净或去渍处理。蛋白质类污垢不适合干洗，干洗溶剂对蛋白质没有溶解性，尽管干洗机中有少量的水分和洗涤剂（干洗皂液、干洗强洗剂），但不足以清除较重的蛋白质类污垢。

去除蛋白质类污垢使用衣领净的频率较高，衣领净有普通型与加酶型两种，市场销售和洗衣店使用的多为加酶型。洗衣店应选用加酶衣领净。无论是哪一种类型的衣领净，浓度过高都可以咬色，因此要按规定配比，对有色衣物特别是易掉色衣物，要慎重使用。加酶洗衣粉和加酶衣领净在洗衣店使用的各种化料中属于生物制剂，它的功能和作用就是去除蛋白质污垢，同时对蛋白质纤维也具有破坏作用，因此不可用于丝毛等蛋白质纤维织物。

（1）混合型严重污垢　混合型重度沾染的蛋白质污垢，一般洗涤难以清除干净，需要洗前去渍处理。由于每个人的饮食不同，食入的油脂、蛋白质、盐量、酒水等的区别，成分复杂，因人而异。去渍方法如下。

第一，利用去渍台和去渍剂去除。

第二，洗涤时最好使用加酶洗衣粉，用40℃左右的温水浸泡后洗涤。适宜水温40℃。

第三，纯棉衣物可用双氧水或彩漂粉溶液高温浸泡（80℃以上）、洗除，效果显著。

（2）血渍　血渍沾污时间越短越容易清除，新鲜血渍直接用凉水可以洗掉，时间较短的血渍也容易清除，时间越久清除的难度越大。血渍用热水洗不净，留下的色迹很难除掉，这种现象被称为蛋白质污垢的固化。因此，血渍不可热水洗涤，避免固化。已经固化的血渍或陈旧性血渍采用双氧水高温浸泡或沸煮可以彻底清除。

据有关资料介绍，考究的染色丝毛织品服装沾染血迹，可采用淀粉加水熬成糊糊，调好后涂抹在血斑上，让其干燥。待全干后，将淀粉轻轻刮下，先用肥皂水洗，再用干净清水漂洗，最后用食用白醋15克兑水1升制成的醋液清洗，效果颇佳（食用醋的酸含量5％，冰醋酸的酸含量99％左右）。

> **蛋白质固化：**固化就是凝固，蛋白质及蛋白质污垢具有高温凝固的属性。凝固的结果是物质的性质发生了变化。例如生鸡蛋搅拌之后可以溶入水中，煮熟之后凝固，由溶于水变为不溶入水，这是蛋白质污垢难除的原理。有些物质也具有固化性质，如乳白胶为水溶性，但彻底干燥之后不能再溶入水中。蛋白质固化是高温固化；乳白胶固化是常温干燥固化。

（3）汗黄渍　汗黄渍是洗衣店处理最多的污垢之一。一般的汗黄渍洗前喷洒衣领净或用加酶洗衣粉可以洗掉，时间长久的顽固性汗黄渍，专用去渍剂也难去除。汗黄渍成分有盐、尿素、氨基酸、乳酸等，多为衣领、腋下、袖口等处。沾染汗黄渍的大多是纯棉衣物，去除的办法有以下几种。

第一，洗涤时用加酶洗衣粉。最好把要洗的衣物先在水中浸泡0.5～1小时，洗涤水温40～45℃最佳。

第二，一般的汗黄渍洗前喷洒衣领净，使用时遵循"干、等、温"三字原则（详见第七章第三节一、衣领净第146页）。

第三，用食用白醋或5%的冰醋酸水溶液喷洒在污垢处，30分钟后用清水搓洗，之后用洗衣粉撒在污垢处揉搓，最后漂洗干净。

第四，对白色衣物的汗黄渍可用食盐除之。将6～7克的食盐兑入约3升的清水中，搅匀溶解，将衣物放入水中揉一揉并浸泡1小时，之后用清水洗净，再用少许洗衣粉撒在污垢处揉洗、漂洗干净，污垢即除。

第五，用氨水去除汗渍黄迹。先将衣物用水洗干净并脱水；将食用精盐粉薄薄地均匀涂抹在汗黄渍处；待食盐溶解后，涂抹比例为1∶2∶3稀释后的氨水；3～5分钟后用清水漂洗3次；加入少量冰醋酸过酸，脱水晾干。

第六，对于纯棉衣物除不掉的汗黄渍，可用双氧水或彩漂粉溶液高温浸泡漂除或沸煮去除。

✚ 案例1　双氧水高温杯浸去除陈旧性汗黄渍

衣物：夏装女式连衣裙，黏胶纤维，白地蓝色圆点。领口、腋下、前襟等多处有陈旧性汗黄渍。以前均用干洗，用去渍剂和水洗汗黄渍未除。

操作：用1000毫升刻度杯，装入500～600毫升开水；兑入2克洗衣粉、10克双氧水，将溶液搅匀；将汗黄渍部位纠合在一起放入杯中（此时溶液实际温度92℃左右），为使杯中水温不迅速下降，将杯子坐在装有热水的盆中；浸泡10～15分钟，不时用筷子搅动并观察。

结果：汗黄渍尽除。之后将杯中的溶液倒入盆中，再将整件女裙放到盆中浸泡，搅动，目的是使整件衣物增白，避免遗漏之处。此种办法的优点是省料，突出重点。

说明：黏胶纤维缩水率很高，在此处理之前已经水洗，并经过熨烫整理。此次处理虽然有轻微缩水，但经过熨烫整理后会复原。

---

(4) 粪便　人的粪便与动物粪便由于食物的不同，其成分有较大的区别。粪便是人体排泄物，成分主要是蛋白质，含有胆色素，一般呈棕色。去除方法：先用室温水清洗（不宜开始就用热水）；再用洗涤剂洗涤；如有残余可用双氧水或彩漂粉处理，用量为每升水加入2～3克，水温70～80℃，拎洗2～5分钟。如果是局部面积很小，也可以采取杯浸的方法。干洗的衣物应洗前去渍。

(5) 尿渍　尿渍污垢处理忌热水冲泡，处理方法与去除汗黄渍、粪便污垢大致相同。洗涤时可以适当加入双氧水或彩漂粉，用量为每升水加入1～2克。

(6) 呕吐物　呕吐物大多数为淀粉、蛋白质、油脂、维生素类物质，成分比较复杂，与粪便不同的是未经过消化全过程，食物没有经过肠道，没有胆色素，所以呕吐物的去除难度小于粪便。

呕吐物由液体和黏稠食物构成，都属于水溶性与可以乳化的物质，不论什么样的衣物沾染了呕吐物，都必须先用水将呕吐物的表面部分或大部分洗掉。之后考虑使用去渍剂或其它化料进一步处理，最后进入正常洗涤。如有残迹最好使用加酶洗衣粉洗涤，洗前使用温水浸泡10～15分钟。如果衣物的面料或结构不宜水洗，需要干洗，必须干洗前去渍。

(7) 鼻涕与痰液　鼻涕是由鼻黏膜和黏液腺分泌的黏液；痰是人体呼吸道的分泌物，实质是肺里的脓液。由于口鼻相通，往往痰就是鼻涕。不管鼻涕与痰液中的细菌如何，从化学和洗涤的角度看，其主要成分是蛋白质，属于水溶性污渍，容易去除。鼻涕与痰液污垢多出现于儿童、老年人所穿衣物上，多见于衣袖和袖口之处，洗衣店收洗的此类重垢衣物几乎没有，一般无须洗前去渍，可直接洗除。

✦ 七、奶类蛋白质污垢

奶类包括牛奶、羊奶、马奶及其制品，还有人奶。洗衣店收洗的衣物沾染的奶类污垢主要是牛奶。人奶主要沾染哺乳期妇女和婴儿的衣物，大人多为内衣，洗衣店收洗的概率较低。

(1) 牛奶及牛奶饮品 牛奶属于动物蛋白质，也包含少量动物油脂。只要没有经过高温处理，经过洗前去渍处理，或喷洒衣领净，或用加酶洗衣粉，都可以通过水洗的方式清除。在洗前去渍时不可使用蒸汽；如需干洗必须洗前去渍，否则经过烘干，未清除的奶渍就会成为顽渍。水洗如果不用双氧水或彩漂粉，不可使用高温。牛奶制品与牛奶相同。使用加酶洗衣粉，水温40℃左右。

(2) 奶油 奶油外观呈乳膏状，分为动物性奶油和植物性奶油。植物性奶油是以大豆等植物油和水、盐、奶粉等加工而成的。动物性奶油以乳脂或牛奶制成，口感好于植物性奶油，所含脂肪比鲜牛奶的脂肪多5倍。

动物性奶油和植物性奶油均可水解，洗涤剂中的表面活性剂都可以对其乳化，因此沾染衣物的去除方法与牛奶污渍的去除方法基本相同。如果沾染较多，应先去除浮垢。

(3) 黄油 黄油，又称乳脂、白脱油，是将牛奶中的稀奶油和脱脂乳分离后，使稀奶油成熟并经搅拌而成的。黄油与奶油的最大区别在于成分不同，黄油的脂肪含量更高。黄油黏稠，可用甲苯或四氯化碳溶剂擦洗，留下的痕迹可用酒精与氨水混合液去除，也可用酒精皂去除。

(4) 人乳 人乳的去除难度大于牛奶，这与食物的不同和消化系统的差别有关。人乳忌干洗，如果衣物需要干洗必须洗前去渍；如果不使用双氧水或彩漂粉，忌热水浸泡；洗涤最好使用加酶洗衣粉，洗前宜浸泡。

(5) 蛋糕上的奶油与冰激凌中的奶油 蛋糕上的奶油与奶油冰激凌以及雪糕，在食用时很容易沾染衣物，尤其是儿童衣物。但是蛋糕上的奶油与冰激凌中的奶油，真正从牛奶中提炼的奶油并不多，有的含有大部分植物性奶油或基本为植物性奶油，同时配有其它材料，因此比较容易洗除，如有残迹可使用去除蛋白质污垢的去渍剂除之。

✦ 八、烹调品和菜肴类污垢

(1) 果酱 果酱是把水果、糖及酸度调节剂混合后，用超过100℃温度熬制而成的凝胶物质，也称果子酱。果酱包括苹果酱、草莓酱、草莓苹果酱、橙皮酱、橘皮果酱、橘味果酱、香橙果酱、猕猴桃酱、柠香果酱、杨梅酱、瓜皮酱、胡萝卜杏酱、樱桃果酱、桑椹果酱、玫瑰洋梨果酱、蓝莓果酱、菠萝果酱、山楂果酱等。果酱的主要成分是果酸、糖、维生素、食物防腐剂等，其材料来源和成分均为植物性，因此沾染衣物后的去除方法与果汁饮料基本相同。

果酱沾染衣物应先用清水浸湿，软化后用刮板或手指甲刮除浮垢，所剩残迹再进行去渍和洗涤。

(2) 番茄酱　番茄酱与果酱性质相同，只是用途不同，果酱用于配餐，番茄酱则用于烹调。烹调之后成分与性质发生变化，增加了油脂和其它调料，经过高温固化作用，沾染衣物比较难除。番茄酱污垢的去除方法如下。

第一，用去渍剂去渍。干洗衣物必须洗前去渍，干洗难以彻底洗除，残留的色迹经过烘干会进一步固化。

第二，耐高温的白色面料可用双氧水或保险粉除之。双氧水浓度 1%～2%；水温 70～80℃；拎洗 3～5 分钟。保险粉浓度 5%～8%；水温 80℃；拎洗 5 分钟左右。

第三，洗除番茄酱可在水中滴入适量甘油，将衣服的污渍处浸湿半小时。之后，先用毛刷轻轻刷洗，再用肥皂搓洗干净。最后，用清水冲洗干净。

(3) 大酱　大酱是用黄豆、盐、水，经种曲的培养、发酵加工而成的。大酱食用时往往做成肉酱，或者在烹调时一般离不开动物油脂，因此大酱污垢既含有植物蛋白，又含有动物蛋白与油脂。没有经过油脂加工的大酱容易去除，经过油脂加工的大酱去除难度加大。大酱污垢在菜肴类污垢中，不属于重点难除的污垢，去渍时应按蛋白质与油脂处理。

(4) 辣椒油　中国有很多地区的人们喜欢食用辣椒，辣椒油可谓一绝，沾染红色辣椒油的衣物在洗衣店比较常见。辣椒油的制作方法相当讲究，将大葱头晾干后和老姜皮、辣椒粉一起用植物油煎熬。辣椒油在烹调过程中一般离不开肉与油脂，在菜肴类污垢中是比较难除的一种。去除方法如下。

第一，纯棉白色衣物可用次氯酸钠点浸、笔涂、浸泡等方法去除，要掌握好浓度、温度和时间。

第二，耐高温纤维衣物用双氧水或彩漂粉高温去除。浓度 1～2 克/升水；水温 70～80℃或更高一些；时间 10～20 分钟。如果是局部的，面积很小，也可杯浸。

第三，在去渍台用去渍剂去渍。干洗必须洗前去渍。

(5) 辣酱　辣酱是选用成熟新鲜的红色辣椒为原料，剪去蒂把，洗净、沥干、剁碎，加盐腌制。腌好后加入花椒、五香粉、麻油、姜丁、味精、豆豉等熬制而成。不同风味的辣酱可加入不同的肉食，如牛肉酱、香辣银鱼、鲜肉丝油辣椒、鲜鸡丝油辣椒、鲜牛肉油辣椒、豆瓣油辣椒、辣子虾、脆脆香油辣椒等。辣酱的主要成分是蛋白质、油脂，由于花椒、姜、五香粉等调料的加入和高温熬制，辣酱的成分比较复杂，其污垢沾染衣物也比较难除，其性质与辣椒油相近。洗涤与去渍可参照辣椒油的去污方法。

(6) 酱油　酱油主要是由大豆、淀粉、小麦、食盐经过制油、发酵等程序酿制而成的。酱油的化学成分比较复杂，除食盐外，还有多种氨基酸、糖类、有机酸、色素及香料等。按照制造工序分为酿造酱油与配制酱油；按照颜色分为生抽与老抽。生抽颜色较淡，呈红褐色，一般用来烹调，味道比较咸。老抽是在生抽的基础上，加焦糖制成的，味道鲜美微甜，颜色很深，呈棕褐色，有光泽。洗衣店收洗的衣物沾染了酱油，大都过了一段时间，一般洗涤很难清洗干净。酱油渍的去除方法如下。

第一，酱油沾染衣物，水洗可去除大部分污垢，余垢可用较高浓度的双氧水溶液点浸或笔涂，使之慢慢清除。

第二，需要干洗而不能下水的衣物，在去渍台先用清水和喷汽打除大部分污垢，余垢用去渍剂处理，也可用浓度较高的双氧水溶液点浸或笔涂。如果是白色、耐氯漂纤维织物，可用 2%～3% 的次氯酸钠点浸去除。

第三，用苏打粉法。将衣物浸湿后，在沾有酱油渍的地方涂上苏打粉，10 分钟后用清水洗净，即可除掉酱油渍。

第四，在少半盆清水中，加入 3 克左右的洗衣粉，再兑入 3 克左右的氨水或草酸，充分搅拌使之溶解，然后搓洗即可清除，最后一定要漂洗干净。要注意，丝毛织物不可用氨水洗涤。

第五，丝毛织物可用 10% 的柠檬酸水溶液进行洗涤。最后都要用清水漂净。

（7）老陈醋　醋的种类很多，与洗涤关系较大的是陈醋与黑醋、米醋。顾名思义，前两种醋色深汁浓，沾染衣物可形成色迹。市面黑醋较少，多为陈醋与米醋。陈醋、黑醋和米醋其色素均来自天然，一般的色迹用碱性洗涤剂可以洗除，渍迹较重的洗涤时加入双氧水和彩漂粉，或者用双氧水或彩漂粉单独处理即可除之。

（8）芥末酱　芥末酱通常是由芥末粉、植物油、白糖、味精、精盐等调配而成的。沾染了芥末酱的衣物上面会有一个黄绿色的圈迹，其颜色是天然色素。芥末酱与酱油不同的是含有较高的油脂，所以往往在这种圈迹上也含有一些油渍。因此芥末酱污垢的去除，主要是着力去除油污和天然色素，去渍时适于先去油污，后去色迹。洗涤时如果是棉麻类型或棉麻与化纤混纺类型的面料，可以使用较高温度和碱性洗衣粉洗涤，并加入双氧水或彩漂粉。

如果衣物需要干洗，一般须洗前去渍。一些不太严重的芥末酱渍迹也可以经过水洗之后再进行去渍。方法是洗涤之后使用经过 1∶1 清水稀释后的双氧水采取点浸法，不可性急，有时需要数次才能见效。如果是白色衣物耐氯漂者，也可使用次氯酸钠点浸法除之。

（9）芥末油　芥末，又称芥籽末、辣根、山葵等，原产于中国，后传入日本。芥籽油辣味强烈，主要成分为异硫氰酸烯丙酯（90% 以上）。芥末油在食用中往往离不开油脂，与芥末酱的性质大同小异，因此去除污垢的办法可参照芥末酱。

（10）咖喱　咖喱是由姜黄（也称生姜）为主料，另加多种香辛料配制而成的复合调味料。印度咖喱闻名于世，以丁香、小茴香籽、胡荽籽、芥末籽、黄姜粉和辣椒等香料调配而成，辣度强烈而浓郁。咖喱与辣椒油、辣椒酱、芥末油、芥末酱都属于辣味食品，性质相同或相近。

洗除衣物上咖喱油渍的方法是：先用清水把衣物上的咖喱油渍润湿，然后放入 50℃ 的温甘油中刷洗，最后用清水洗净。若衣物是棉麻质料的，可用 10% 的氨水溶液刷洗。若衣物是丝毛质料的，可用 10% 的稀醋酸水溶液刷洗，最后要用清水漂净。耐氯漂白色衣物上的咖喱油渍，可用 5% 浓度的次氯酸钠水溶液点浸或笔涂，然后用洗涤剂洗涤，最后再用清水漂洗干净。

（11）麻辣火锅汤　麻辣火锅汤是常见难除的污垢。麻辣火锅的底料有老姜、大葱、蒜、牛油、牛尾骨、豆瓣酱、豆豉、冰糖、花椒、白胡椒粒、干辣椒、黄酒、盐、干灯笼辣椒、香料、生姜、桂皮、小茴香、紫草、香叶、丁香、油脂等，加上涮吃的牛羊肉等，包含了蛋白质、油脂、色素等成分，经过高温的作用和多种成分的混合，形成菜肴类中最难除掉的污垢，不仅色迹坚牢，并伴有棕红颜色。尤其是沾染毛绒衫极为难除，处理不当很容易损伤面料纤维。

去除麻辣火锅汤污垢的基本方法是：第一，使用去渍剂利用去渍台处理；第二，使用高碱性洗衣粉高温洗涤，可加入烧碱或纯碱；第三，白色衣物可使用次氯酸钠点浸、笔涂或整体下水漂除。但需要注意的是，丝毛织物不可使用碱性洗衣粉及烧碱、纯碱，不可高温，不可氯漂。

(12) 色拉酱 又称蛋黄酱、美乃滋，是利用蛋黄制作而成的酱料；原料有生蛋黄、白醋、水、芥末、色拉油、盐、胡椒粉、柠檬汁等。色拉酱颜色较浅，渍迹沾染轻于其它酱类。其渍迹可用去渍剂或四氯乙烯、HB 等化学溶剂去除，之后洗涤。

(13) 肉卤汁 卤汁的种类很多，材料的配备也多种多样，有许多炒菜和鱼类烹调都使用卤汁。肉卤汁是卤汁中的一种。肉卤汁所用主料是甜面酱和肉丝。面条浇卤所用多为肉卤汁，有的肉卤汁也使用大酱。肉卤汁的配料有肉、淀粉、食盐、生姜、辣椒粉、五香粉、酱油、味精、葱花及其它各种调料，主要成分为蛋白质、油脂、盐，其颜色为棕色，主要来源于酱油及大酱的天然色素。去除这类污垢可使用去蛋白质污垢的去渍剂，如果渍迹顽固可用双氧水或彩漂粉高温除之。

(14) 鱼汤 鱼汤的配料有葱、姜、油、酱油、肉、骨头、辣椒油、花椒、盐等各种调味品。其主要成分为蛋白质与油脂，其食用色素各有不同。鱼汤污垢一般通过洗涤可以去除，洗前对污垢处喷洒衣领净，洗涤时可加入双氧水或彩漂粉。有色迹的可洗前用去渍剂处理。

(15) 姜黄 一般称为生姜、姜，是烹调不可缺少的调味品。单纯的姜汁为浅黄色，属于天然色素，加工后的姜汁（如姜汤）混有油脂、食盐、味精等调料，可用去渍剂、双氧水或彩漂粉、彩漂液除之。

(16) 蟹黄汤 蟹黄汤是用螃蟹的卵黄或带有卵黄的螃蟹做成的菜汤。蟹黄汤的配料一般有葱、生姜、黄酒、食盐、味精、葱花、大枣等。蟹黄汤污渍的颜色有黄色、橙黄色或灰黄色，其化学成分主要是油脂和蛋白质。一般可用去渍剂除之，洗涤时加入双氧水或彩漂粉。

(17) 蛋黄蛋清 鸡蛋 32% 为蛋黄，57% 为蛋清，余者为氧气。每 100 克蛋黄含有蛋白质 7 克，脂肪 15 克，钙 67 毫克，磷 266 毫克，铁 3.5 毫克；而每 100 克蛋清里含蛋白质 5 克，不含脂肪，钙 9 毫克，磷 8 毫克，铁 0.1 毫克。煮熟的蛋清不会沾染衣物，蛋黄也容易清除，关键是生鸡蛋沾染衣物的去除。

鸡蛋沾染衣物是典型的蛋白质污垢，首先用凉茶叶水或冷水浸泡，待柔软或溶解后揉搓去除，而后正常洗涤。或者用新鲜萝卜捣汁，揉搓衣服上的蛋迹，效果甚佳。需干洗的衣物可用去除蛋白质污垢的去渍剂点浸，待柔软或溶解后擦拭，用去渍喷枪打除。切记不可使用热水或蒸汽，高温会使蛋白渍牢固地黏附在衣物上形成顽渍。

✚ 九、药物类污垢

(1) 红药水 红药水为 2% 的汞溴红水溶液，又称汞溴红，俗称"二百二"，呈暗红色。红药水与天然纤维结合牢度较高。如果衣物沾染了红药水，先用冷水加少许食盐浸泡洗去浮色，然后进行下一步。

第一，如果面料纤维、颜色允许，可采用氯漂。

第二，采用双氧水或彩漂粉高温浸泡洗除。如果衣物为白色，或者有色衣物确认颜色是涂料印花无染料染色，可用保险粉还原漂白。

第三，用棉花蘸酒精擦洗色迹处，之后洗涤，加入双氧水或彩漂粉。

(2) 紫药水 紫药水是常用的外用药剂，其颜色来自龙胆草，所以紫药水又称龙胆紫，是印染行业使用的一种染料的原料，青紫颜色，非常显眼，是去除难度较大的天然色素，也可以把它列为染料。衣物沾染紫药水，用次氯酸钠去除方法效果最明显，其次是双氧水或保险粉。

紫药水沾染到丝毛等蛋白质纤维上去除难度很大。一是龙胆紫与蛋白质纤维结合牢度高；二是蛋白质纤维不耐氯漂、不耐高温，尤其是浅色的毛绒衫。如果毛绒衫是白色，可用保险粉除之。使用保险粉万一变色，可使用碱水（纯碱浓度为 0.5%～1%；高碱性洗衣粉也可）浸泡还原。

(3) 碘酒 碘酒，也称碘酊，是由碘、碘化钾溶解于酒精溶液而制成的。衣物沾染碘酒色迹应首先用酒精去除，如果仍有残迹，视面料情况可用氯漂、氧漂除之。

(4) 凡士林 凡士林属于纯净的矿物油脂，沾染衣物属于油性污垢，可用 HB、四氯乙烯等溶剂除之。

(5) 硝酸银 硝酸银在医药及感光材料中应用广泛。在医学上用于治疗中重度烧伤创面炎症，控制迅速，创面愈合时间短，不易形成瘢痕或瘢痕增生轻微，药品为硝酸银软膏。硝酸银属于强氧化剂，接触到皮肤或织物上，呈黑色斑点污渍。除掉方法如下。

① 用碘酒擦，褐斑会变成黄色，然后擦上肥皂搓洗，1～2 次就除掉了。原理是硝酸银被碘氧化生成了容易被水分散的碘化银，进而除之。

② 用氯化铵和氯化汞各 2 份，溶解在 15 份水中制成混合溶液。用棉团蘸上这种混合溶液擦拭污渍处，污渍即可除去。

③ 将硫代硫酸钠（大苏打、海波）兑入温水内搅匀化开，浓度为 10%，将沾有硝酸银污渍的衣物放入水溶液中浸泡一段时间；用洗涤剂水洗；再用清水漂洗干净。

(6) 高锰酸钾 高锰酸钾，也称灰锰氧、PP 粉，是一种常见的强氧化剂，常温下为紫黑色，加水后变成红色，金属锰是颜色的来源，即色料，沾染衣物可形成色迹。维生素 C 的水溶液能使高锰酸钾溶液褪色，这实质是一种还原反应。根据这一特性，高锰酸钾造成的污渍可用维生素 C 水溶液和还原性的草酸（2%～5%）、柠檬酸浸泡除之，也可用阿司匹林 1 粒蘸水擦洗。

(7) 膏药贴 膏药贴是将药材、食用植物油与红丹炼制成膏料，贴在身体某部位的膏药，膏药基本上都为黑色，称为黑膏药。膏药贴的配料由基料与药料构成。基料有植物油（如棉籽油、菜籽油、花生油）和黄丹（又称章丹、铅丹、红丹、陶丹）等。药料有草药根茎叶、麝香、冰片、樟脑、乳香等。

膏药贴的清洗方法是：沾在皮肤上的膏药用药棉蘸正红花油擦拭，基本上可以完全清洗干净，效果很好。沾在衣物上的黑膏药用松节油清除最快，效果最好。用 HB、酒精和家中炒菜用的植物油也可以清除，但速度较慢。之后进行正常洗涤。

(8) 中药汤 中药汤的化学成分有淀粉、糖类、蛋白质、维生素、挥发油、氨基酸和各种酶、微量元素等。中汤药的颜色属于混合型的天然色素，属于单宁、鞣酸类色迹，与蔬果酒饮和植物枝叶等色迹相比，去除难度增加许多。有试验表明，中药汤沾染衣物后 30 分钟一般洗涤可去除污垢 90%，24 小时之后去除污垢不足 50%，经氧化作用，时间越长，与织物纤维的结合牢度越高，中药汤的绝大多数成分属于水溶性污垢，无论时间长短一般都应该水洗。中药汤渍迹的去除应首先去除浮垢，然后采用以下方法。

第一，用 5% 的柠檬酸溶液涂抹，停一段时间后用清水漂洗。较为严重的可在 40℃ 以下浸泡 0.5～2 小时，去除后洗涤。

第二，如果是白色纯棉或其它耐氯漂纤维织物，可用次氯酸钠除之。如果是局部性的污垢且污垢较少，洗涤之前可采取低温点浸、笔涂、杯浸等方法，浓度2％～3％，时间5～10分钟；面积较大、污垢较多者，可整体下水低温浸泡，浓度1％左右，时间15～30分钟。采用上述方法不可离开，要时时翻动和观察，去除之后马上漂洗干净，然后进行正常洗涤。如果洗后使用次氯酸钠，要么局部处理，要么浸泡。可以浸泡数小时，但是浓度不可超过0.1％～0.2％，需要室温水或低温水，不可在缺乏经验、没有计量的情况下凭感觉随意下料。

第三，有色衣物沾染中药汤可高温氧漂，面料纤维必须能够承受高温。

第四，需要干洗的衣物必须洗前去渍。要利用去渍台和去渍剂及其它化料将中药汤污垢去除干净，否则残余污垢将增加去除难度。

(9) 止咳糖浆　中药止咳糖浆的成分主要是糖分和各种草药的根、枝、叶、果仁加工成的汁剂，如感冒止咳糖浆中的草药有柴胡、葛根、金银花、连翘、黄芩、青蒿、苦杏仁、桔梗、薄荷脑。由此可以确定中药止咳糖浆的渍迹成分是混合型的天然色素。它的性质、去除方法与中药汤大致相同。所不同的是，中药汤沾染衣物时往往是较高温度，其沾染衣物的牢度，按原理应高于止咳糖浆。

(10) 药酒　药酒，简单地说，就是乙醇加上草药。药酒分为内服、外用两类。药酒的成分有生物碱、盐类、鞣质、挥发油、有机酸、树胶、糖、天然色素（如叶绿素、叶黄素）等。药酒一般为泡制而不是高温熬制，与中药汤相比，药酒中的草药成分化学变化较小，其色迹沾染衣物的坚牢度低于中药汤，其渍迹的去除可参照中药汤。

✤ 十、油脂类污垢

油脂分为三大类：植物油、动物油、矿物油。汽油虽然称为"油"，但不是油而是溶剂。汽油不具备油的性质，它可以溶解油脂。油脂类污渍通称为油渍，是一种不溶于水的污渍。去除这类污渍的方法：一是溶剂溶解；二是表面活性剂乳化；三是碱类皂化。

(1) 植物油脂污垢　从植物的果实、种子、胚芽中得到的油脂称为植物油。如花生油、豆油、亚麻油、蓖麻油、菜籽油等。植物油的主要成分是直链高级脂肪酸和甘油生成的酯，脂肪酸除软脂酸、硬脂酸和油酸外，还含有多种不饱和酸，如芥酸、桐油酸、蓖麻油酸等。有效去除植物油脂污垢的化料主要是化学溶剂；其次是乳化剂。

如果衣物沾染的是松树油，可用酒精或酒精与松节油混合液刷涂在污渍处，待松树油渍被泡软溶解后，再用湿毛巾擦拭吸附。如果仍出现痕迹就再用汽油擦洗，一次擦不净就反复数次，直到干净为止。桐油是一种黏稠的植物油，不易干，沾在衣物上不易去除。可用HB刷洗，使桐油溶解而除去，然后还要用洗涤剂去除残留的痕迹，之后正常洗涤。

(2) 动物油脂污垢　动物油脂分为两类：一是以猪油为代表的动物油；二是人体分泌的油脂。动物油脂虽然不溶于水，但容易乳化和皂化。一般的动植物油脂可用溶剂汽油、四氯乙烯等有机溶液擦拭，用洗涤剂刷洗去除。

(3) 矿物油　矿物油是指各种机油、润滑油和干性润滑油，主要是用石油加工的产品。矿物油与动物油、植物油都属于有机油脂。矿物油污垢很容易被化学溶剂所溶解，因此衣物沾染了机械油污垢最佳的去除方法是干洗。水洗衣物洗前去渍所用化料首选化学溶剂，如四氯乙烯、HB、去油污的去渍剂等。

✦ 十一、化妆品类污垢

化妆品的种类很多，从洗衣去污的角度可以分为清洁与美容两大类。化妆品污垢类主要是美容类用品，其中带有颜色和较强固化作用，去除难度较大的主要有焗发膏、指甲油、口红、唇膏等。

（1）染发剂与焗油膏 染发剂，也称染发用化妆用品，可以改变头发颜色，达到美发目的。它可以将白色头发染成黑色，也可以将黑色头发染成棕色、金黄色，还可以漂白脱色变成白色。按染色的牢固程度可分为暂时性、半持久性、持久性三类。染发剂沾染衣物，暂时性的可以洗除，难去除的是持久性的，其次是半持久性的。染发剂有液体、粉状、膏状。最常用的是持久性乳膏染发剂，通常被称为焗油膏。

焗油膏所用是低分子量的染料中间体，如对苯二胺、邻苯二胺、对氨基苯酚等化合物，通常这些染料中间体本身无色，经过氧化后生成有色的大分子化合物，能够渗透到头发纤维结构内与头发结构中某些基团形成化学键牢固地结合，从而使头发改变颜色，并耐洗、耐光、耐酸碱，可保持6～7周不易褪色。

市场销售的焗油膏一般为双组分，即两瓶，一瓶是染料基质或载体，另一瓶是氧化剂，使用时调和均匀，之后涂于头发之上，经20～30分钟的充分反应，再将多余残留的染色剂洗掉，达到染色目的。持久性染发剂被称为氧化型染发剂。半持久性染发剂与持久性染发剂的区别就是不用氧化剂。焗油膏所用溶剂为醇醚类溶剂，其中异丙醇是常用的溶剂。氧化剂为过氧化氢（双氧水）及过硼酸钠、过硫酸钾等含氧氧化剂。为促进氧化，提高染色效果，还加入0.2%～0.5%的螯合剂，常用的螯合剂为乙二胺四乙酸钠。从焗油膏的成分构成来看，去除焗油膏污垢应首选醇醚类溶剂，醇醚类溶剂是一种含氧溶剂，主要是乙二醇和丙二醇的低碳醇醚。其次是其它溶剂和去油去渍剂。

对苯二胺是染发剂必须使用的一种固色剂，但对苯二胺是国际公认的一种致癌物质，我国《化妆品卫生规范》中规定，对苯二胺在染发剂中最大允许浓度为6%，而欧盟已将染发剂中对苯二胺的允许浓度由6%降至2%。利用从植物的花、茎、叶提取的物质进行染色，价格贵，牢度差，在国内还较少使用。有的人用焗油膏染发过敏，主要是对直接使用氧化剂双氧水的过敏反应。目前中国生产的"章华生态"焗油膏一般较少使人产生过敏反应（表10-1）。

表 10-1　两剂型氧化染发剂配方　　　　　单位:%

成 分	黑 色	黑 色	金 黄 色
A. 染料中间体			
对苯二胺	1.56	2.70	0.15
间苯二胺	0.20	0.50	1.00
邻氨基苯酚	0.48	0.20	0.20
2，4-二氨基苯甲醚	0.78	0.40	0.01
4-硝基邻苯二胺	0.02	0	0
对氨基苯酚	0	0	0

续表

成　　分	黑　　色	黑　　色	金　黄　色
B. 基质			
油酸	20.0	20.0	20.0
油醇	15.0	15.0	15.0
水溶性羊毛脂	3.0	0	0
聚氧乙烯羊毛醇醚	0	3.00	3.00
丙二醇	12.0	12.0	12.0
异丙醇	10.0	10.0	10.0
羧甲基纤维素	1.0	1.0	1.0
EDTA 钠盐	0.5	0.5	0.5
亚硫酸钠	0.5	0.5	0.5
氨水	适量	适量	适量
蒸馏水	余量	余量	余量

注：来源于李明阳主编的《化妆品化学》。

(2) 无机颜料染发剂　无机颜料染发剂所用的是矿物性颜料，如铅、银、铋、铜、铁、锌、锰等盐类，由于铅、铋有害已被淘汰。无机颜料染发剂如果沾染衣物，先用洗涤剂清洗，残余色迹可使用溶剂和氧化剂除之。

(3) 指甲油　指甲油薄膜牢固、耐磨，不易破裂和剥落。其主要成分有成膜剂、树脂、增塑剂、溶剂和色素等。成膜剂种类较多，最常用的是硝酸纤维素。树脂常用的有丙烯酸树脂、对甲苯磺酰胺树脂等。成膜剂和树脂对指甲油起关键作用。溶剂主要有丙酮、醋酸乙酯、乳酸乙酯、苯二甲酸酯类等。色素主要使用合成油溶性颜料（表 10-2）。

表 10-2　指甲油配方　　　　　　　　　　　　　　　单位：%

成　　分	配方 1	配方 2
硝酸纤维素	10.0	10.0
醇酸树脂	13.0	0
对甲苯磺酰胺-甲醛树脂	0	10.0
樟脑	6.0	1.5
丙烯酸共聚物	0	0.5
邻苯二甲酸丁二酯	0	5.0
醋酸丁酯	10.0	30.0
醋酸乙酯	25	11.0
甲苯	27.5	25.0
异丙醇	0	4.0
乙醇	5.0	0
色素	适量	1.0

注：来源于李明阳主编的《化妆品化学》。

指甲油属于脂溶性化合物，沾染衣物较难去除，难在含有合成树脂，一般溶剂对树脂没有溶解能力。去除指甲油污渍的有效去渍剂是丙酮、醋酸甲酯、醋酸乙酯。

(4) 指甲油去除剂　指甲油去除剂是用来去除指甲油的制品。其主要成分可以是单一溶剂，也可以是混合溶剂，通常加入一定量的油脂和蜡，以减轻溶剂对指甲脱脂而产生的干燥和不良感觉。对服装去污而言则不用考虑这个问题。指甲油的制造方法是：将油脂加热溶于酯类，然后加入丙酮溶解均匀即可（表10-3）。

表 10-3　指甲油去除剂配方　　　　　　　单位:%

成　　分	配方 1	配方 2
醋酸丁酯	24.1	25.0
醋酸乙酯	45.0	40.0
丙酮	30.0	30.0
橄榄油		4.0
羊毛脂	1.0	
蓖麻油		1.0

注：来源于李明阳主编的《化妆品化学》。

(5) 胭脂　胭脂是用于脸部的化妆用品和护肤品。胭脂可制成各种形态：胭脂块、膏状胭脂。与粉饼相似的胭脂块，即通常说的胭脂；膏状胭脂分为油膏型、乳化型、粉状型、液状型。这几种形态的胭脂成分有所差别，与焗油膏、指甲油相比，比较容易去除。胭脂块的主要成分是色素和胶黏剂。胭脂所用胶黏剂为天然树脂，与印花、层合面料中的黏合剂不同，用洗涤剂基本可以除掉。对于油脂性稍微顽固的可用 HB 和去油污去渍剂清除。

(6) 唇膏　唇膏，又称口红，有原色、变色、无色三种类型。唇膏的基本成分有三类：一是着色剂（色料）；二是油脂、蜡类；三是香精。着色剂包括染料、一般颜料和珠光颜料。染料应用最多的是溴酸红染料；一般颜料和珠光颜料包括炭黑、云母钛、二氧化钛、氧化铁、氧化铝等。唇膏很少使用一种色素，多数由两种或多种色素调配而成。油脂和蜡是唇膏的基本原料，含量一般在90%左右，有动物性、植物性和矿物性三类，如羊毛脂、棕榈蜡、蜜蜡、蓖麻油、橄榄油、凡士林等。唇膏渍迹主要属于油脂型污垢，可用松节油、HB、四氯乙烯、香蕉水、去油污去渍剂等化学药剂清除。

✦ 十二、蜡质污垢

详见第十章第五节十七、各种笔迹污垢第218页。

✦ 十三、油漆、涂料类污垢

油漆（也称涂料）的种类很多，主要有聚酯漆、聚氨酯漆、醇酸漆、硝基漆、酚醛漆、酯胶漆、漆片、银浆漆、防锈漆、沥青漆等。其成分除漆片是天然树脂外，其它都是合成树脂。每一类油漆都有清漆与色漆两种，简单地说，色漆是清漆加颜料调配而成。从洗涤的角度看，清漆就是固色剂。这一点与印花涂料和皮革涂饰剂的性质相同。

去除衣物沾染的油漆，关键是去除"固色剂"——合成树脂，最有效的化料就是各种油漆的专用稀释剂。例如硝基漆的稀释剂是香蕉水；醇酸漆用松节油或松香水。有的稀释剂同时用于几种油漆，例如松节油不仅用于醇酸漆，也用于脂胶漆。有的油漆使用其它油漆的稀释剂也可以溶解，但效果差。例如用香蕉水兑入醇酸漆，也能够溶解，但效果差，用香蕉水清洗醇酸漆器皿会出现许多漆皮渣滓。这说明这两类油漆的性质不同。

比较通用的油漆稀释剂有松节油，其挥发速率介于汽油与煤油之间，是醇酸漆、酚醛漆、酯胶漆、防锈漆、银浆漆的稀释剂，汽油也可以作为这些油漆的稀释剂，标号越高，溶解性越好。松节油与松香水性质基本相同，但质量好于松香水。由于松香水价廉，一般的装饰材料市场出售的基本是松香水。

甲苯与二甲苯是有芳香气味的无色透明液体，微溶于水，为极性溶剂，是被广泛使用的稀释剂和溶剂，对各种油漆都有很好的溶解效果。氨基漆、硝基漆等稀释剂所含主要成分就是甲苯或二甲苯。

用各种稀释剂溶解已经干燥的油漆速率是很慢的，因此用稀释剂点浸油漆后不可立即用去渍喷枪打除，要给予充分的溶解时间，而且在打除前要点浸数次，因为稀释剂会很快蒸发终止溶解。

(1) 聚酯漆 聚酯漆用聚酯树脂为主要成膜物，属于高档家具漆，稀释剂为二甲苯等苯类溶剂。因此去除聚酯漆污垢，在没有聚酯漆稀释剂的情况下应首选二甲苯。如果已经去除了大部分，但仍有残迹，可使用 HB 清除。

(2) 聚氨酯漆 聚氨酯漆是常见的一种油漆，分为双组分和单组分两种。稀释剂含有二甲苯、酯类、酮类等。去除聚氨酯污渍，可用二甲苯、丙酮，也可用高标号溶剂汽油。

(3) 漆片与大漆 漆片与大漆都属于天然漆，但有很大区别。漆片就是虫胶。虫胶来自寄生在树木上的紫胶虫的分泌物，加工之后成为片状，称为漆片。漆片的主要成分是树脂。此外，还含有蜡质、色素和其它水溶物等。漆片在常温下溶解于酒精，不溶于水，也不溶于一般石油、苯类、酯类等溶液和干性油。漆片也能溶于碱液、氨水之中。

大漆，又名天然漆、生漆、土漆、国漆，是中国特产，故泛称中国漆。为一种天然树脂涂料，是割开漆树树皮，从韧皮内流出的一种白色黏性乳液，经加工而制成的涂料。大漆的稀释剂是松节油，高标号汽油也有较好的溶解效果。

(4) 沥青 沥青虽然不是油漆，但性质与油漆相同，区别是过于黏稠。沥青分为煤焦沥青、石油沥青和天然沥青三种。煤焦沥青是炼焦的副产品，即焦油蒸馏后的黑色物质。石油沥青是原油、页岩蒸馏后的黑色残渣。天然沥青贮藏在地下，有的形成矿层或在地壳表面堆积。工程中采用的沥青绝大多数是石油沥青。沥青是一种棕黑色有机胶凝状物质，主要成分是沥青质和树脂。衣服沾上沥青后若马上用汽油浸洗，会使沥青变硬，牢固地附着在衣服上。清除的方法主要有以下几种。

第一，衣服沾上沥青，可把被沾染部位浸泡在豆油中，约 30 分钟后取出，用力揉搓。如果一次不行可以再浸泡一次，直至全部除去；然后用汽油把豆油洗去。

第二，清除油漆或沥青等污渍，可用四种溶液浸泡：①氨水 10%～20%，水 90%～80%；②氨水 10%～20%，松节油 5%～10%，水 85%～70%；③硼砂 2%，水 98%；④用苯或甲苯点浸。待溶解处理干净后再正常洗涤。

第三，用汽车沥青清洗剂（也称柏油清洗剂）喷在衣物沾染沥青的部位，用干净的白布擦除，可反复几次，之后用去渍剂进一步清除，待去除干净后正常洗涤。沥青清洗剂有腐蚀性，用前先做试验，以免损伤面料。

（5）墙体涂料 墙体涂料一般为水溶性，颜料多为滑石粉，价廉；黏合剂为白乳胶。墙体涂料沾染衣物可以洗除或浸泡后洗除。

（6）乳胶漆 乳胶漆与墙体涂料的性质基本相同，但用料质量、成分构成和比例、使用方法、价格差别较大。乳胶漆的黏合剂也是白乳胶。白乳胶虽然是水溶性，但是彻底干了以后很难用水化开。衣物沾染了乳胶漆需要长时间浸泡，待软化溶解后采用刮除、喷打等办法清除后方可洗涤。

✦ 十四、胶类污垢

胶就是黏合剂，黏合剂种类繁多，按原料来源分为天然与合成两类，天然黏合剂的原料来自动植物，合成黏合剂的原料来自石油与矿物，也称树脂黏合剂。树脂黏合剂按化学组成分为热固性、热塑性、橡胶型三类。按使用性能分为快速固化、反应性丙烯酸酯、厌氧型、热熔胶、压敏胶、密封胶六类。每一种黏合剂的化学性能、用途都有很大差异。去除胶类使用常见的有机溶剂无能为力，有效的是酮类溶剂，如丙酮、醋酸甲酯、醋酸乙酯等。

（1）502胶 502胶属于单组分瞬间固化黏合剂（速干胶），与其同类的胶还有401胶等。502胶是以α-氰基丙烯酸乙酯为主，加入增黏剂、稳定剂、增韧剂、阻聚剂等，用于粘接金属、橡胶、玻璃、纺织纤维等。502胶不溶于水和一般溶剂，水洗和干洗均无法去掉。去除502胶的有效溶剂是丙酮，因此丙酮或与丙酮性质相同的去渍剂可以除掉。使用丙酮首先确定面料不是醋酯纤维，502胶沾在醋酯纤维混纺面料上，面料会变薄；沾染在醋酯纤维面料上，渍迹处会溶解成为破洞而无法修复。丙酮能够咬色，如果是有色衣物，试验后没有问题方可使用。

使用丙酮去除502胶的关键是操作，去渍时将衣服翻转，面朝下里朝上，渍迹处下面垫上吸附材料（干净毛巾、布片或卫生纸等）；使用滴管将丙酮滴在渍迹周围，由外向内逐步溶解，还可以垫上一层布轻轻挤压、敲打帮助溶解。一次操作不能去除，需重复多次，并同时更换吸附材料，直至溶解完毕。

（2）万能胶 万能胶是一种由氯丁橡胶或合成橡胶与树脂混合后的溶液，因为此类胶黏剂适用范围广泛，粘接强度高，工作效率快，而被人们形象地称呼为万能胶。万能胶的种类有溶剂油型无苯毒快干万能胶、环保型喷刷万能胶、美能达万能胶、阻燃型万能胶、氯丁无苯阻燃万能胶、乙烯-丁二烯-苯乙烯型万能胶、无苯毒阻燃灭火万能胶、特级万能胶、水性防腐万能胶、环保型建筑防水万能胶等。万能胶广泛适用于各种材质，例如橡胶、皮革、麻布、木材、布、海绵、一般家具、胶合板、甘蔗板、金属、建筑材料、纸器、石材、塑胶、地毯等。万能胶呈黄色液态黏稠状，一般采用苯、甲苯、二甲苯作为溶剂。因此苯、甲苯、二甲苯是去除万能胶污渍的首选化料。操作方法可参考502胶。

（3）乳白胶 乳白胶，学名聚醋酸乙烯酯乳液胶黏剂，也称白乳胶，无毒、无腐蚀，为乳白色黏稠液体，是水溶性合成树脂黏合剂。其成分主要是聚乙烯醇、盐酸、甲醛、氢氧化钠、乳化剂、轻质碳酸钙、水等。其用途广泛，最常见的是用于木质材料的黏合、内外墙涂料的黏合剂、纸制印刷品装订等。但是彻底干燥之后，难以用水溶化，经试验，用乳白胶黏合的木头干透之后放入水中浸泡24小时，仍然十分坚牢。乳白胶污渍可先点浸或浸泡，之后刮除或洗除。乳白胶的稀释剂是水，点浸或浸泡自然首先选择用水；如果用水效果差可选用双氧水的稀释液（表 10-4）。

表 10-4　乳白胶溶解试验效果比较

药剂名称	浓　　度	溶解效果
HB（120 号溶剂汽油）	无水	不溶解
工业酒精	无水	不溶解
四氯乙烯	无水	不溶解
双氧水溶液	浓度 3%	溶解效果好于水

注：室内温度 16℃，自来水温度 7℃；用双氧水试验时，浓度 30% 与 3% 溶解效果相同，稍加温与不加温溶解效果相同。

（4）压敏胶与不干胶　封箱胶带又称包装胶带、不干胶等，它是在双向拉伸聚丙烯薄膜的一面，经过加温均匀涂抹一层压敏胶乳液。压敏胶乳液主要成分是丙烯酸丁酯。压敏胶按照主体树脂成分可分为橡胶型和树脂型两类。橡胶型又可分为天然橡胶类和合成橡胶类；树脂型又主要包括丙烯酸类、有机硅类以及聚氨酯类。目前市场上看到封箱胶带、双面胶、美纹纸、PVC、电工胶带使用的黏合剂属于丙烯酸压敏胶。

胶黏带是胶黏剂中的特殊类型，这种胶迹特别是双面胶容易沾染比较光滑的面料，如皮革，之后黏附灰尘，形成明显的污垢。清除这类污垢，应当洗前去渍，去渍化料是化学溶剂，如 HB、香蕉水、四氯乙烯等，处理之后正常洗涤。

（5）动物胶　动物胶属于天然高分子聚合物，即天然树脂黏合剂，它与用石油、矿物质人工合成的聚合树脂在性能上有很大的区别。动物胶能溶于水，微溶于酒精，不溶于有机溶剂；从洗涤的角度看，人工合成树脂最大的特点是不溶于水。从污垢的角度看，广告粉、水彩画料以及很多的食品和药品，它们的配料都含有动物胶，这些污垢都属于水溶性物质，与合成树脂相比，无论是使用溶剂还是水和洗涤剂都比较容易去除。

（6）植物胶　植物胶是用植物的果实、枝叶、根茎、分泌物加工而成的。如淀粉胶、糊精胶、豆胶、阿拉伯树胶、松香胶、胡麻胶、香豆胶等。植物胶分为两类：一是以植物蛋白、纤维素、木质素、葡萄糖衍生物等为基体加工而成的纯天然胶黏剂；二是经过化学改性后与多种合成树脂复配而成的水溶性高分子胶粉。植物胶主要用于织物、木材、纸张、皮革等材料的非结构性胶接，在食品生产中作为增稠剂或稳定剂，广告粉、水彩画料中的黏合剂基本上都是植物胶。

植物胶的主要性能是：不溶解于乙醇、甘油、甲酰胺等任何有机溶剂；水是植物胶的唯一溶剂；遇水溶胀形成高黏度的溶胶液。沾染了这类污渍，用水充分浸泡而后洗除。

现代涂料印花技术刚问世的时候，使用的是植物树脂黏合剂，由于植物树脂黏合剂溶于水，耐溶剂性能也较差，水洗和干洗均掉色，限制了涂料印花的发展。后来合成树脂黏合剂研制成功，性能不断改善，取代了植物树脂胶。现在涂料印花和涂料染色使用的黏合剂都是合成树脂黏合剂，水洗不掉色。

（7）办公胶水　办公胶水分为固体和液体两种，属于水溶性物质，安全无毒，黏合牢度低于其它胶类，怕冻，冰冻之后变质失效，其性质属于植物胶类，在许多情况下干了之后形成硬膜，可以刮除或撕掉。衣物沾染办公胶水，可点水浸湿，泡软之后刮除或用去渍枪喷气打除。如果用水点浸无效，可用双氧水溶液点浸或浸泡。

十五、固体颗粒型污垢

常见的固体颗粒型污垢有水泥、石膏、石灰、粉尘、泥土、铁锈、铜锈、炭黑、烟尘等。颗粒物的基本性质是：不溶于水；有的溶于某些有机溶剂；有的既不溶于水，也不溶于有机溶剂。固体颗粒型污垢的基本去除方法有以下几种。

第一，物理去除法。对于既不溶于水，也不溶于有机溶剂的污垢，如复印机炭粉、泥土、水泥等污垢，只能借助洗涤剂、米汤、糨糊、喷枪等洗除，黏附、摔打、喷打等方法去除。

第二，化学去除法。如草酸、醋酸除铁锈、铜锈，使其变成可溶性物质。对于防锈漆沾染衣物的污垢，先用溶剂除胶，如有残留铁红色迹，再用草酸除铁，使铁锈生成可以溶解于水的草酸亚铁而除之。

十六、颜色类污垢

(1) 染料、颜料 详见第五章、第八章。

(2) 皮革涂饰剂 皮革涂饰剂是由树脂黏合剂、颜料、成膜剂等成分构成的。皮革涂饰剂脱落不会出现"三色"情况。但是皮革在涂饰之前一般都用染料打底，当涂饰剂摩擦脱落盖不住底色时，便可能染料掉色对其它衣物造成颜色沾染。出现这种情况应按染料进行去除。

(3) 夹克油 夹克油与皮革涂饰剂基本相同，含有树脂黏合剂、颜料、加脂剂等，在没有干燥之前容易对其它衣物造成沾染。对此污垢先用溶剂将树脂溶解，再用去油污去渍剂利用喷枪打除或洗除。

(4) 鞋油 按中国的行业标准，鞋油分为乳化型和溶剂型两类。乳化型和溶剂型均分为膏体和液体两类，乳化型液体可分成蜡乳液型和树脂型两种。溶剂型液体已不在市面销售。

鞋油的成分主要是蜡、颜料、染料，有的含有树脂。鞋油沾染衣物，去除的方法是用松节油、香蕉水、高标号汽油、去油污去渍剂等，点浸之后等待一会，利用去渍喷枪打除。如有残迹，可用牙膏之类的磨料用牙刷摩擦去除、洗涤剂洗涤。鞋油沾染时间很长的去除难度较大。以合成树脂和颜料为主要成分的鞋油使用一般溶剂几乎没有效果。

无色鞋油主要成分是蜡质，无色鞋油沾染衣物不十分明显，可以通过干洗洗除。如果沾染较多，应先采用去渍的办法去除浮垢。

(5) 油画颜料 油画颜料的基本成分是颜料和黏合剂。颜料粉多来源于土质和矿物质，另一部分来源于植物或动物。结合剂是由醇酸树脂、干性油及油脂（如松节油、罂粟油、亚麻仁油、核桃油、红花油、葵花籽油）、香脂和蜡制成的，通常直接使用亚麻仁油。如果油画颜料沾染了衣物，应当首先使用酒精或高标号溶剂汽油去除。

(6) 水粉画料（广告粉） 所用色料为颜料，固色剂是桃胶或水胶。水胶是用牛皮熬制而成的动物胶，过去木匠经常使用。用水胶调兑广告粉，画面反光，影响视觉，因此标准的广告粉画料使用的是桃胶。桃胶与水胶都是水溶性，桃胶用凉水可以化开，水胶需用热水化开。随着电脑喷墨技术的问世，用水粉画作为商业广告的已经很少。如果衣物沾染了水粉画颜料，浸泡化开便可洗除，如果沾染的是水胶或为了加速溶化，应采用热水浸泡。

(7) 丙烯颜料 丙烯颜料所用色料为颜料，所用黏合剂是丙烯树脂，水是稀释剂。丙烯颜料与印花所用的涂料性质相同，在彻底干燥后不溶于水，可溶于部分化学溶剂。对沾染丙烯颜料的衣物，可以采用丙酮、氯仿、除胶去渍剂等化料去除。但是丙烯颜料使用时自然干燥，没有高温汽蒸与焙烘，色牢度与涂料印花差异很大，摩擦和水洗都会有部分颜料脱落。

(8) 水彩画料 水彩画料包含透明与不透明两种色料。不透明色料由矿物性材料提炼，视为颜料（不透明水彩画料精细，广告粉粗糙）；透明色料是由动植物材料提炼的天然染料。水彩画料由色料、黏合剂（阿拉伯树胶）、稀释液（水）以及少量的牛胆汁、甘油、凡尼斯构成。少量牛胆汁可提高附着力和流动性；甘油可延迟户外作画干燥速率。两类水彩画料都用水稀释，沾染衣物后先用水洗，如有色迹未除，可用双氧水或彩漂粉处理；如果是染料的水彩画料沾染了纯棉白色衣物，也可用次氯酸钠处理。

(9) 铁锈 铁锈属于碱性，需用酸中和而除之。去除铁锈最有效的化料是草酸。沾染较轻、时间较短的铁锈，可用5%的草酸溶液浸泡轻揉；时间长的局部顽固性铁锈，可高温杯浸除之。草酸除铁锈的原理是通过化学反应，使铁锈变成能溶于水的草酸亚铁。

有的衣物纽扣使用的是铁质按扣，由于时间较长锈蚀，在纽扣周围形成一圈锈迹，这种情况处理起来十分麻烦，颇费时间，而且晾干之后锈迹重新出现。对于这种情况锈迹除掉之后，必须将衣物周围用去渍枪喷气打干或电吹风吹干。并建议顾客更换纽扣，否则铁扣沾湿后锈迹仍将出现。

✤ 案例2　草酸高温杯浸去除铁锈陈迹

纯棉布连衣裙，前襟一处出现锈迹；烧开热水倒进刻度杯500~600毫升；草酸4~5克加入水中搅匀化开，将衣物锈迹处放入杯中浸泡，用筷子不时搅动，5分钟时已经变化，10分钟左右尽除。为保持杯中水温，将刻度杯坐在热水盆中。

(10) 铜锈 铜锈是铜与空气中的氧气、二氧化碳和水等物质反应产生的一种新的物质，属于碱式碳酸铜，是盐的一种，俗称孔雀石、铜绿。除铜锈使用的化料、原理、操作方法等与除铁锈基本相同。

(11) 炭粉 炭粉即炭黑，属于有色固体颗粒物，是人们通常所说颜料的一种。炭粉人们接触较多，常见的是激光打印机和复印机使用的炭粉，商品名称为墨粉。墨粉比一般炭粉颗粒更加微小，可随微风飘浮，容易隐藏于纤维较深的凹处而很难去除。

墨粉使用氧化剂和溶解等化料无效。去除方法：一是洗涤，通过水、洗涤剂的分散、悬浮以及机械力的作用去除；二是用喷水和喷气交替喷打；三是用牙膏摩擦刷除。如果刚沾染墨粉马上下水洗涤最佳，不宜用力搓洗，轻揉或拎洗，浮粉去除后用米汤洗涤更好，其原理是用米汤黏附墨粉，使其脱离纤维。用力揉搓会使部分炭粉进入织物内部。

✤ 十七、各种笔迹污垢

严重的形成面积的各种笔迹污垢常见于上衣口袋，笔道常见于显露的部位。笔迹类污垢主要有墨水、墨汁、圆珠笔、蜡笔、铅笔、复写纸、水性彩色笔、彩色蜡笔、唛头笔等。

(1) 墨水 墨水，俗称钢笔水，常见的有蓝色、蓝黑色、红色三种，蓝黑色去除难度大于蓝色。墨水的颜色成分为染料，时间越长，去除的难度越大。墨水去除的一般办法是先用清水洗涤，将大部分墨水洗除，余下的残色再用肥皂洗净。对于陈旧性或顽固性墨水笔迹的去除方法如下。

第一，用去渍剂去渍。用去渍剂滴在墨水渍迹处，等待 10～30 分钟后，用去渍枪打掉。

第二，草酸具有去除墨水的功能。用 5％的草酸液滴入渍迹处，不可离开，观察渍迹变化情况，并尽快将草酸液清洗干净。

第三，用保险粉高温去除。面积小可杯浸，面积大可整体下水剥色。

第四，如果是纯棉白色衣物可用氯漂除之。

✚ 案例 3 保险粉去除陈旧性钢笔水色迹

衣物：的确良短袖衬衫，白色。

污渍情况：左胸衣兜染上蓝墨水，面积约有两个大拇指大小，周围还有一小圈浸迹。

污染时间：至少 10 年以上。

方法：用保险粉局部浸泡。

用具：500 毫升塑料刻度水杯，装入 100 毫升 70℃左右热水。

第一次，加入保险粉约 5 克，将污渍处浸入水中约 10 分钟，大部分色迹除掉，但是重垢处呈现粉色。

第二次，衣物漂净后，采用同样办法，水温 80～90℃，10 分钟左右尽除。

自然降温后漂净、脱水、晾干。

说明：

① 在使用保险粉之前，先用学生使用的钢笔水去除灵，无效，但钢笔水去除灵对刚刚染上的钢笔水去除有效。

② 使用双氧水无效。

③ 将保险粉约 5 克稀释于 100 毫升左右的热水中，用画笔涂于色迹处，平铺于烫台，夹在白毛巾中间，用熨斗蒸汽喷除，并同时吸风，无效。

(2) 碳素墨水与墨汁 墨汁的主要成分为颗粒型物质炭黑与黏合剂，因此次氯酸钠与保险粉对其不起作用，用去渍剂效果也较差。去除墨汁笔迹的方法如下。

第一，先用清水反复拎洗，除掉大部分墨汁，如果还有残余，在干燥的情况下，对渍迹处滴入酒精或 HB，主要作用是溶解墨汁中的黏合剂，等待 10～30 分钟后洗净。不耐溶剂的纤维禁用。

第二，用米汤、淀粉稀糊洗涤，作用是黏附炭粉，使其脱离纤维。

第三，用牙膏刷洗。

炭粉的颗粒十分微小，沾染严重的不易全部清除，随着洗涤次数的增多会逐步脱落消失。

墨汁的主要成分是骨胶和炭黑。与碳素墨水的成分和性质是相同的，所不同的是，研磨用于国画的墨汁颗粒更加微小，遇水分散能力很强，几乎近于迁移。去除墨汁的方法与去除碳素墨水的方法基本相同。

(3) 圆珠笔迹　圆珠笔，国外称为比克。书写时依靠球珠滚动摩擦，带出笔芯内的油墨或墨水，以达到书写的目的，常见的颜色有黑、蓝、红，可分为油性圆珠笔和水性圆珠笔两种。油性圆珠笔使用的是油墨；水性圆珠笔使用的是碳素墨水，水性圆珠笔被称为碳素笔。

油性圆珠笔主要成分有色料、油脂、树脂黏合剂、溶剂、润滑剂、抗干燥剂等。油墨颜色大多使用不溶性偶氮染料，处理不当会四处扩散，一塌糊涂。去除油墨污垢有效的化料是化学溶剂，如汽油、四氯乙烯、酒精、苯等。操作时点浸药剂要有反应时间，之后进行洗涤，可反复几次，剩余色迹可用较低浓度的次氯酸钠点浸。

(4) 唛头笔迹　"唛头"是印刷在包装外的标识文字，由英文音译。唛头笔（图 10-2）也称记号笔、白板笔，外形及笔迹很粗，与钢笔、圆珠笔、碳素笔相比，是用途不同的书写工具。唛头笔汁分为两类：一类是书写之后一擦即掉，笔汁为水性；另一类是笔迹坚牢，笔汁为油性，擦洗很难去除，经常用于发货的文字与号码的书写，或者用于要求长久保留的地方书写。唛头笔汁绝大部分为黑色。去除油性唛头笔渍的方法如下。

图 10-2　唛头笔

① 水浸湿后，用苯、丙酮、HB 或四氯乙烯轻轻擦拭，再用洗涤剂、清水洗净。

② 去油渍的去渍剂处理。如果纤维与颜色允许，可以用次氯酸钠清除残余的色迹。

③ 涂些牙膏加少量肥皂轻轻揉搓，如有残痕，再用浓度不小于 75% 的医用或工业酒精擦拭。

注意：严禁用热水浸泡。

(5) 彩色蜡笔迹　颜料掺在蜡里制成的笔称为彩色蜡笔，颜色有数十种，许多掺有荧光粉，主要是供给小学生与儿童画画用。蜡笔没有渗透性，是靠附着力固定在画面上。蜡遇热迅速熔化，彩色蜡笔沾染剂衣物上，可用蒸汽、喷气、吸风或鼓风综合运用将其打除，如果有残余色迹，再使用去渍剂。

如果是没有荧光粉的无色蜡笔或者是其它白蜡，可以运用烫台除之。具体操作是：烫台铺上一层白布或卫生纸，将衣物沾染蜡迹的一面朝下贴在布或纸上，用熨斗压在蜡迹的反面打开蒸汽，并同时吸风，蜡迹很快清除。这两种办法对于不耐高温的纤维面料禁用或慎用。清除蜡迹也使用这种办法。蜡质沾染衣物在去渍处理之前，应该用刮板或小刀小心刮除，这样可以提高去渍的效果和效率。对于不耐高温的服装可使用溶剂和去渍枪喷气除之。

(6) 彩色铅笔与水性彩色笔迹　彩色铅笔分为可溶性彩色铅笔与不溶性彩色铅笔两种。不溶性彩色铅笔可分为干性和油性，一般市面上的大部分都是不溶性彩色铅笔。不溶性彩色铅笔色迹可运用喷气、冷水打除；如仍有色迹存在，可使用溶剂型去渍剂。

可溶性彩色铅笔又称水性彩色笔、水彩色铅笔，在没有蘸水前和不溶性彩色铅笔的效果是一样的，画在纸上颜色清淡，可是蘸上水之后就会变成像水彩一样，颜色鲜艳、漂亮、柔和。水性彩色铅笔属于染料，具有色迹迁移的性质。可运用喷气、冷水、去渍剂去除；残余色迹可用保险粉水溶液点浸；如果纤维与面料颜色允许，可使用次氯酸钠水溶液点浸去除。

✦ 十八、文具用品污垢

（1）印泥 印泥是办公和画中国画不可缺少的用品，在中国已有2000多年的历史。印泥的原料来自于矿物、植物油、植物纤维、天然香料等。印泥为大红颜色，由颜料、油脂和纤维三大原料组成，油脂有菜油、茶油、蓖麻油，颜料有朱砂、朱镖、八宝等及珍贵的红珊瑚和红宝石。

印泥污垢由两部分构成：一是油污；二是颗粒型颜色污垢。印泥沾染衣物应当首先使用去油型去渍剂和化学溶剂去除油性污垢；之后去除色迹。颜色为颜料，属于颗粒型物质，通过洗涤剂水溶液反复洗涤，也可利用米汤、稀糯糊洗涤。无论是干洗还是水洗，应当洗前去渍。

（2）复写纸印迹 复写纸是会计和库管经常使用的办公用品，分为无碳复写纸和蓝印纸两种。其颜色均属压敏染料，在局部受到压力后自行显色，显色剂为酸性物质，在光照、湿气及碱性气体作用下极易褪色。这类色迹污渍用碱性洗涤剂或去渍剂基本可以去除。

无碳复写纸干净、使用方便，一般没有色迹沾染；蓝印纸则极易掉色污染纸张和沾染衣物。蓝印纸的颜色由蜡和染料组成，沾染的牢度不高，可用溶剂或溶剂型去渍剂点浸，用去渍喷枪打除。去渍时应当将沾染印迹的一面朝下，并垫上白布或卫生纸。去除蓝印纸污垢宜洗前去渍，最忌讳用力搓洗摩擦。

（3）油墨 油墨由炭黑或不溶性偶氮颜料、矿物油或植物油、合成树脂或天然树脂黏合剂以及其它材料组成，用于书刊、包装装潢、建筑装饰等各种印刷。去除油墨有效的化学药剂是化学溶剂。一般的油墨渍，可用HB擦洗再用洗涤剂洗净。也可将被沾染的织物浸泡在四氯化碳中揉洗，再用清水漂净。用清水洗不净时，可用等份的乙醚、松节油混合液浸泡被油墨沾染的衣物，待由硬变软或溶解后用汽油洗去。也可用10%的氨水溶液或10%的小苏打溶液揩拭，再用水洗净。

（4）印台水 印台水与钢笔墨水的性质相同或相似，污垢去除可参照钢笔墨水。

（5）涂改液 涂改液是一种白色不透明颜料，涂在纸上以遮盖错字，干涸后可于其上重新书写。涂改液又称"改正液"、"修正液"、"改写液"。涂改液主要由钛白粉、胶和溶剂组成。

涂改液沾在衣服上，干了以后会形成一层薄膜，用酒精、HB等化学溶剂点浸污垢处，或用风油精、洗甲水涂抹，待涂改液变软之后刮除或用手揉搓。涂改液很容易脱落，之后可正常洗涤。如果涂改液进入纤维内部可以用3%的双氧水或彩漂粉溶液点浸或杯浸等，之后揉搓便可去除。

（6）蜡纸修正液 蜡纸修正液使用的溶剂是乙醚或酒精。去除蜡纸修正液污垢的化料，可使用酒精或乙醚，或者与之性能相近的有机溶剂。随着铅字打印机退出历史舞台，蜡纸修正液几乎绝迹。

✦ 十九、其它污垢

（1）霉渍与霉斑 衣物发霉是由霉菌的繁殖而生成，因而霉菌是一种生物。霉菌繁殖的基本条件是污垢、潮湿、适合霉菌生长的温度。生霉重者为成片并有霉毛，轻者为霉斑。合成纤维本身不生霉，即使生霉也可以洗除；纤维素纤维与蛋白质纤维易生霉，轻者易除，重者需动用化学药剂。

霉斑的特征是：在深色衣物上多为灰白色斑点，在去渍台上用清水和冷风喷枪交替可以打掉。在纤维素纤维与合成纤维衣物上面出现的霉渍和霉斑，多为灰黑色或灰绿色，轻者用40~50℃温水和碱性洗衣粉洗除，如可以加少量双氧水或彩漂粉，如果是白色可以多加一些。蛋白质纤维上面的霉渍和霉斑去除难度要大一些。纺织织物霉渍和霉斑的去除方法如下。

① 氨水去霉渍、霉斑

a. 处理局部较轻颗粒状霉斑，用刷洗或手工揉搓处理。要注意控制力度，防止脱色。

配比一：氨水：酒精：水＝1：2：1。

配比二：氨水混合液配制比例为肥皂：氨水：酒精：水＝1：5：5：(5~8)。

配比三：氨水：酒精＝(3~4)：5。处理时用力不要过大，以免掉色。

b. 大面积严重霉斑可采取水洗机洗处理。洗前用肥皂蘸上少许氨水涂抹，再加入洗衣粉2~3克/升水、肥皂1~2克/升水、氨水2~3克/升水，溶解于水中；洗涤时间12~18分钟，水温60~70℃；洗涤后清水漂洗3次；加入少量冰醋酸过酸，脱水晾干。

c. 呢绒衣服上小面积的霉点，晾干后将霉点轻轻刷去即可。

② 其它方法去霉渍、霉斑。丝绸服装出现霉斑，可在水中用软刷刷洗。如果较重，在霉斑上涂上5%的淡盐水，放置3~5分钟后，再用清水漂洗。

白色丝绸服装或衣料上的霉斑，可用5%的白酒擦洗，除霉效果好。

皮革服装有霉斑时，用毛巾蘸肥皂水揩擦，去掉污垢后立即用清水擦洗干净，待晾干后再涂上夹克油即可。

白色纯棉衣物上的霉渍可先洗涤，如有余渍未除可用浓度1.5%左右的次氯酸钠点浸，大面积的可浸泡5~10分钟。去除后脱氯、氧漂、过酸，或氧漂、过酸，或过酸。

注意：干洗溶剂和一般的去渍剂除霉效果不佳，处理霉渍和霉斑需要双洗的衣物，切记不可先干洗，后水洗。否则霉渍、霉斑未除，干洗之后将变得更加难除。

(2) 水迹（水渍） 夏季如果出汗很多湿透了 T 恤，衣物干了之后就会形成圈迹，此为汗迹；当衣物洗涤晾干之后出现的圈迹称为水迹，也称水渍。洗涤出现水迹是常见问题，有时处理起来十分麻烦。水迹实质是遗留的残碱及蛋白质污垢等，正常洗涤和氯漂之后都会出现。在洗衣店出现水迹常见的衣物有以下几种。

① 羽绒服。由于羽绒服有内絮，面料又是紧密型织物，而且大多有涂层或经过树脂整理，污垢不易漂洗干净，不易甩干；同时有些羽绒服羽梗较多，每一次洗涤羽梗内的污垢都会排出一些残留的蛋白质污垢，因此羽绒服每一次洗涤都可能出现水迹。

② 蚕丝织物，即使是干净的织物，如果沾上水或熨烫时错误地使用蒸汽和喷水，也容易出现水迹，柞蚕丝织物甚于桑蚕丝。

③ 细薄、紧密型织物的衣物。出现水渍的原因和情况与羽绒服类似。

④ 有的衣物边缘由于黏合剂溶解造成的残迹形似水迹。

水迹的处理办法如下。

① 蚕丝织物重新漂洗干净，脱水干净晾干即可。

② 羽绒服水渍用干净、潮湿的白毛巾擦拭；也可用含有冰醋酸的干净、潮湿的白毛巾

擦拭；或者先用 1.5%～3% 的冰醋酸温水溶液喷洒水迹处，之后用干净、潮湿的白毛巾擦拭。最后晾干。

③ 水迹较重的衣物重新漂洗，漂洗时洗衣机内加入 20～30 毫升的冰醋酸；高速脱水，之后晾干。脱水效果越好，出现水迹的概率越低。

水迹的预防办法是：为预防衣物晾干后出现水迹，在最后一次漂洗时加入冰醋酸，直接脱水晾干。蚕丝织物晾干后小心不要洒上水，熨烫时一定要干烫；对于黏合剂残迹造成的水迹应用溶剂处理后洗涤漂洗干净。

(3) 烫黄渍 烫黄渍是熨烫后出现的黄迹，实质是熨烫温度过高造成的面料纤维烫焦损伤。纤维素纤维如棉、麻、黏胶的烫黄，是纤维的炭化。处理的办法如下。

① 如果是纯棉纯白衣物，可用含氯氧化剂漂洗烫焦的纤维。

② 用颜料如丙烯颜料补色遮盖。但是这种办法对纯涤纶面料无效。

③ 如果面料较厚，染料染色可用砂纸摩擦去除烫焦部分的纤维消除黄迹。如果烫伤严重，则可能成为死头事故。轻薄织物、蚕丝织物不耐氧化剂，处理困难。丝绸织物可用少许苏打粉调成稀糊，涂在烫黄处，水分干后，焦痕会消失或减轻烫黄痕迹。

(4) 油烟渍 食物烹饪、加工过程中挥发的油脂、有机质及其加热分解或裂解产物，统称为油烟。产生油烟的温度在 250℃ 以上，低于 250℃ 产生的是烟雾。油烟粒度为 0.01～0.3 微米。油烟积聚为液体，为油性物质，其成分主要是动植物油脂。这类污垢可用 HB 去除；如果是纯棉或其它耐高温纤维，可加入双氧水或彩漂粉高温洗涤；也可高温高碱洗涤。干洗衣物可洗后去渍，经过干洗基本可以洗除。

(5) 烟熏黑斑 红色或紫色的绒衣受到烟熏后，颜色常会变灰暗，有时还会出现黑斑，这是因为染料遇到二氧化碳后所起的变化。遇到这种情况，用碱水喷一遍，可恢复原来的色泽。

第十一章
温度与熨烫

洗衣店无论是洗涤、去渍还是烘干、熨烫，温度都是关系到质量和安全的重要因素。温度是一柄双刃剑，高温有利也有弊。有的员工认为水洗衣物水温越高洗得越干净，还有的人认为洗衣店洗衣与家庭洗衣的区别之一就是用温水、热水。所以洗衣时尽量用高温。其实这是一种误解。事实上洗涤衣物需要什么样的温度就采用什么样的温度。

第一节
温度

✛ 一、温度的载体和等级

温度是物质热能的表现和转换，它通过一定的物质形态和媒介进行传递。自然界热能的载体主要有以下三种：一是固态物体，如金属、木材、岩石等；二是液体，如水、四氯乙烯和其它化学药剂等；三是气体。三种情况在洗衣店全都存在，主要表现在以下方面。

第一，电熨斗的温度是通过金属将热能转换出来传递到衣物之上。

第二，水洗和干洗是通过水溶液、干洗溶液将温度传递到衣物之上。

第三，烘干机和干洗机的烘干是通过空气将温度传递到衣物之上；电熨斗和去渍枪的蒸汽则是液体的汽化，这是液体和气体传热的结合。

在日常生活中人们习惯将温度分为高温、中温、低温，不同的对象有不同的标准。例如气候的低温、中温、高温与水洗溶液的低温、中温、高温明显不同。再如水洗溶液的低温、中温、高温与熨烫时熨斗底板的低温、中温、高温差异很大。水洗低温水溶液为30～40℃，中温是40～60℃，60℃以上为高温；熨烫时的低温是指熨斗底板温度为90～110℃，中温为120℃以上，180℃以上为高温。因此不同对象、不同情况的温度等级，含义完全不同，不能混淆和错误套用。

✤ 二、干热与湿热

干热是指干燥的环境中热空气的温度；湿热是指热水、热气的温度。同样的温度，干热与湿热，纤维的受热程度和变化情况明显不同。纤维织物承受干热温度的能力远远高于承受湿热温度的能力。湿热对纤维的影响如下。

1. 加剧纤维溶胀

纤维溶胀是指纤维遇湿后变粗变大。纤维遇湿溶胀，尤其是高温加速溶胀和加剧溶胀，温度越高，纤维膨胀发生变粗变大和变形情况越厉害。而在干热的空气中纤维形态不发生溶胀，因而承受干热的能力高于湿热。以蚕丝为例，印染行业的科研人员曾做过专门试验和测试。

(1) 干热 蚕丝处于干热状态下不会发生溶解，温度在 100℃时，其性能没有显著变化，即使温度升至 110℃时也不受损伤，但时间过长丝色变黄；温度在 130～150℃时，强力和丝长下降，开始出现变化，并随着温度的升高逐步加大变化。

(2) 湿热 当浴温超过 100℃时，蚕丝溶解速率显著提高；若沸煮 6 小时以上，蚕丝可以全部溶解；当温度达到 110℃时，只需 1 小时，蚕丝可全部溶解。

(3) 维纶 水温 100℃时，收缩率为 1%～2%；如果在干热环境里收缩，温度达到 180℃以上，收缩率才能达到 1%～2%。因此维纶既不能高温熨烫，也不能湿烫。

真皮浸入水中，水温 40℃，开始发生抽缩变化；水温 60℃呈现显著变化；水温 90℃以上开始发生不可逆转的严重抽缩变形。如果真皮处于热空气中，即使温度达到 110℃，也基本没有变化。

2. 加快纤维受热速度

烘干机和干洗机烘干时，热气的出口是固定的，热空气的热能传递首先是在纤维织物的表面，由于衣物不停地翻动，使受热面总是不断地变化和相互遮挡，经过一段时间，热气才能深入纤维织物内部。如果是热水可以瞬间浸透，使织物达到热水的温度。同样的温度，湿热的时间等于或长于干热。

3. 促使纤维弹性发生变化

湿热会促使纤维弹性发生变化。涤纶面料吸湿性很低，几乎不吸湿，因而纤维溶胀远远低于其它纤维，是最具代表性的"洗可穿"。但是涤纶的弹性随着水温的提高，弹性变化很大，而且具有褶皱记忆性，涤纶因为弹性好，在中温、低温水洗时几乎没有褶皱。但高温水洗不仅容易出现大量褶皱，而且会出现死褶。丙纶与涤纶相同，只是丙纶很少作为服装面料进行洗涤，人们的感觉较差。

✤ 三、温差与冷却

温差是在一定时间内最高温度与最低温度之间相差的温度。如洗涤温度是 60℃，漂洗温度是 20℃，那么温差是 40℃。从高温到低温的变化是冷却。冷却有自然冷却和迅速冷却。熨烫需要迅速冷却，这样有利于定型，提高熨烫效果；水洗和复染迅速冷却，衣物则容易出现褶皱和死褶。因此，温差与冷却作用于不同的对象，效果是不同的。

熨烫师傅都知道干洗的衣物褶皱少容易熨烫，水洗的衣物褶皱多不好熨烫。水洗衣物褶皱多，其原因源于水洗。水洗时纤维发生溶胀，吸湿性越高，溶胀越厉害；温度越高，纤维溶胀越厉害。衣物洗涤与漂洗，温差越大，冷却速率越快；冷却速率越快，褶皱形成得越多，越容易形成死褶。

✤ 四、临界点温度

在日常生活中有"花不花，四十七八"的说法，是指正常视力的人到了四十七八岁的时候出现眼花是自然规律。四十七八岁是眼花的临界年龄；水温 0℃ 是冰点，即结冰的临界点温度；100℃ 水沸腾，100℃ 是沸水的临界点温度。在洗衣工作中会不知不觉地碰到许多临界点温度，临界点温度对衣物的洗净度、洗衣安全、洗涤化料的效力影响很大。因此，临界点温度一般是指受温度影响的客观物质，某种性质即将发生变化或刚刚发生变化时的温度称为临界点温度。

对衣物洗烫影响较大的临界点温度，主要有如下几种。

(1) 加酶洗衣粉　水温 30℃ 以下酶生物的活力开始呈下降趋势，15℃ 以下显著下降；达到 0℃ 酶生物的活力完全停止，失去作用；如果水温上升到 55℃ 左右以上，酶生物将被逐步杀死，酶生物作用失效。因此 40～50℃ 是使用加酶洗衣粉的最佳水温，50℃ 左右是加酶洗衣粉效力下降的临界点温度。

(2) 中性洗涤剂　水温达到 50℃ 水溶液开始出现浑浊，称为"浊点"，去污效力开始明显下降。因此中性洗涤剂洗涤温度要求 40～45℃ 为佳。这个温度是中性洗涤剂的临界点温度。

(3) 羊毛纤维　在水温超过 30℃ 时开始呈现缩绒趋势；40℃ 时呈现明显缩绒趋势；随着水温的提高和摩擦，缩绒越来越重。当水温达到 80～90℃，则出现显著缩绒。这几个温度都是羊毛纤维织物缩绒变化的临界点温度。

温度作用于不同对象，临界点温度是不同的。例如熨烫时熨斗的底板温度超过 220℃ 时麻纤维才会损伤，而氯纶 90℃ 时就会损伤。纤维织物受热能力除了受临界点温度制约，也同时受到其它条件的制约。例如用次氯酸钠漂白纯棉衣物，漂液温度达到一定程度会损伤纤维，但同样的温度，浓度不同、时间不同，纤维的损伤程度大不相同。

✤ 五、水温的概念与界定

许多洗衣专家和洗衣书籍经常提到，某某纤维衣物应冷水洗涤，或低温、中温洗涤，或可以高温洗涤，那么冷水、低温、中温、高温都各是多少度呢？没有明确的标准。这个问题对洗衣、剥色、复染都有实际的应用意义，应该有明确的标准或一定的范围。

我以为洗涤用水温度是：冷水，7～15℃；低温，30℃ 左右；中温，40～50℃；高温，60℃ 以上。

冷水一般以自来水温度为准，而自来水的温度是随季节的变化而变化，在夏季自来水的最高温度接近低温，洗衣店不可能人工降温。机洗水温是由洗衣机程序控制及人工调整。

1. 常温水、室温水、自来水

每一本洗衣书籍都不可避免地涉及室温水与常温水这两个名词，但是没有一本书提出明确的温度标准，因此是个模糊的概念。从室温水来说，冬夏温差很大，以辽宁省鞍山为例，气象上把每年12月至翌年2月规定为冬季，鞍山地区冬季平均气温在−7.4℃左右，最低气温在−19℃左右，夏季最高气温在33℃左右（此数据来源于鞍山市气象公报）。

夏季室温为28～30℃（没有空调），冬季室温为16～18℃（有暖气），而供暖前和供暖刚结束时室内气温是全年的最低温度。那么室温水是指哪一季节的室温呢？在实际洗衣工作中，许多人实质上将自来水视为常温水或室温水，但自来水温度是随室外气温的变化而变化，温差很大。另外，无论是室温，还是自来水温度，南方与北方都有很大区别（图11-1、表11-1）。

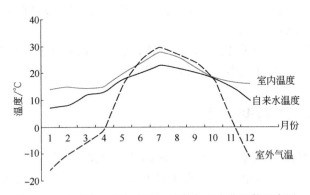

图 11-1 自来水温度与室温、室外气温变化比较示意图

表 11-1 自来水温度实测记录

时 间	水温/℃	备 注	时 间	水温/℃	备 注
2012 年 1 月 19 日	9	室外温度−19～−11℃，最低−30～−20℃	2011 年 7 月 19 日	23	每年气温最高季节，正常最高气温32℃左右
2012 年 2 月 2 日	8		2011 年 8 月 19 日	23	
2012 年 2 月 13 日	7	全年最低水温	2011 年 8 月 24 日	22	
2012 年 3 月 18 日	8		2011 年 9 月 25 日	20	
2012 年 3 月 31 日	10	供暖停止	2011 年 10 月 24 日	19	
2012 年 4 月 22 日	15		2011 年 11 月 1 日	18	供暖开始
2012 年 5 月 22 日	18		2011 年 11 月 17 日	18	
2012 年 6 月 15 日	19		2011 年 12 月 17 日	11	室外温度最低−9℃
2012 年 6 月 23 日	21	室外温度25℃左右	2011 年 12 月 21 日	9	

注：鞍山地理条件为季风气候，北纬41°，东径123°，属于北温带，冬季室内有暖气。

2. 手测水温

在洗衣店很少有人用温度计实际测量水温，对水温缺乏感性认识。水洗衣物离不开双手，手就是一个测温计。事实上很少有人用测温计测量水温并与手测水温比较，缺乏对水温的感性认识，因为用手测定的水温与实际水温上下不差一两度的人不多。如果提到水温60℃是真皮发生明显变化的临界点，也是涤纶出现大量褶皱和死褶的临界点，洗衣店的一些员工会感觉有些茫然。当让他（她）用手和温度计测温对比后，他（她）就会感觉到60℃水可以使手烫伤，真皮抽缩变形就不难理解了。在实际工作中不可能时时处处使用测温计，学会用手测温，就等于有了一个最方便的测温计，可以避免许多水温使用的盲目性。

手测水温结果如下（条件：测试人体温度正常，室内温度15～20℃）：6～7℃——感觉扎手的凉；11℃左右——很凉；18～20℃——感觉不凉，尚温；22～23℃——感觉暖温；36～37℃（人体温度）——感觉挺热；45℃左右——很热；52～53℃——人体承受水温的极限，手只能在水中停留几秒钟。如果停留时间长，手会烫疼和轻度烫伤；温度继续升高，手会烫伤，并随温度的提高而加重烫伤。有人洗浴时喜好泡澡，如果池水温度超过48～49℃是不能承受的。

当水温与体温相同时，用手抚摸自己的身体，感觉水温要高于体温许多，出现这种情况并不奇怪，因为体内温度与体表温度有时差异很大。

✤ 六、高温水洗的利与弊

水洗温度常规60℃以上为高温。但是对不同的纤维织物来说，高温的概念是有区别的。纯棉纤维可以承受90℃以上的温度，甚至可以煮沸，但超过60℃真皮开始呈现明显抽缩变形倾向，因此超过60℃便是高温。合成纤维织物适宜冷水或低温水洗涤，50℃以上则应视为高温。洗衣行业认定水温的高低标准有两个条件：一是安全；二是洗净度。任何事物都存在两面性，水温不论高与低，利弊都相互依存。高温水洗有利的方面如下。

① 提高了纤维的溶胀度，纤维膨胀后使污垢容易从纤维内部清除。

② 提高了洗涤剂和溶剂的溶解能力和洗涤效果。普通洗衣粉和工业洗衣粉所含表面活性剂均为阴离子型，水温越高，去污能力越强。

③ 提高了污垢的溶解度，尤其是油污加速溶解，使其更快地从织物上分离。

④ 提高了水溶液或干洗溶液的容垢度，从而提高了抗污垢再沉积（二次污染）能力。

⑤ 双氧水和含有氧漂的洗涤剂，水温越高，效力越强，漂白效果越好。

高温洗涤的不利方面主要如下。

① 部分染料染色色牢度不高的衣物加重掉色。

② 加剧缩水和缩绒，羊毛纤维缩绒尤为突出。纤维遇水溶胀，高温加剧纤维溶胀，在有利于去污的同时，也加剧了抽缩变形的变化，加之漂洗时迅速降温冷却，衣物容易出现褶皱，有的出现死褶。

③ 部分洗涤化料，前面已经讲到，加酶洗衣粉和中性洗涤剂水溶液超过一定温度导致去污效力下降和失效。

各种纤维织物水洗适宜温度和注意事项见表11-2。

表 11-2　各种纤维织物水洗适宜温度和注意事项

纤 维 名 称		织物及颜色	洗 涤 剂	洗涤温度/℃	备 注
纤维素纤维	棉	白色	高碱	40—50—60—90	
		浅色	普通	30—40—50—60	
		易褪色、深色	普通	室温—30	

续表

纤 维 名 称		织物及颜色	洗 涤 剂	洗涤温度/℃	备　注
纤维素 纤维	麻	白色 浅色 易褪色、深色	高碱 普通 普通	40—50—60 30—40—50 室温—30	
	黏胶	白色 浅色 易褪色、深色	弱碱 弱碱 中性	低温水	黏胶缩水率最高，湿强度 下降50%，宜干洗；若水洗， 适合缓和机洗或手洗
	醋酯	各色衣物	中性	低温水	缓和机洗
蛋白质 纤维	丝	白色、浅色 深色	中性 中性	30 室温水	手洗 手洗
	毛	毛绒衫 拉毛织物	中性 中性	30 30	手洗 手洗
混纺纤维	毛/腈	面料	中性	低温水	缓和机洗或手洗
	腈/毛	面料	中性、弱碱	低温水	
	涤/棉	面料	碱性	低温水	
	棉/涤	面料	碱性	低温水	
	涤/毛	面料	弱碱	低温水	
	毛/涤	面料	中、弱碱	低温水	
	涤/黏	面料	弱碱	低温水	
	黏/涤	面料	中、弱碱	低温水	缓和机洗
	锦/黏	面料	中性	低温水	
	黏/锦	面料	中、弱碱	低温水	缓和机洗

注：室温水在20℃左右；低温水在30℃左右；漂洗温度与洗涤温度的温差不可过大；混纺或交织面料，要以抵抗能力低的纤维为准。

七、干洗温度

　　干洗机的烘干和洗涤温度由事先设定的程序控制。干洗机工作时散发很多热量，但并不等于溶剂温度很高，都是由操作决定，有时事先设定的程序满足不了需要，可以通过手动调整。合成纤维衣物、真皮服装、裘皮干洗，适宜温度在20℃左右，其它纤维都有不同的温度要求。干洗与水洗不同的是，除了洗涤还有烘干，烘干温度正常高于干洗温度10～15℃。手动操作必须参照这个标准。有时由于错误操作温度偏高，不仅增加了电耗，也造成了一些问题和事故。

　　水洗可以使纤维溶胀，干洗也可以使纤维发生一定程度的溶胀，因为干洗溶剂中含有少量的水分。有机溶剂也可以使某些纤维发生一定程度的溶胀，而高温会加剧溶胀使纤维弹性下降。纤维织物不管是水洗还是干洗，受到破坏首先始于纤维溶胀，继而收缩变形、溶解、变硬、脆裂等。

✚ 案例 1

腈纶毛毯干洗时选用了较高的温度，洗完之后绒毛卷曲，虽然并未丧失使用功能，但是原来毛茸茸的绒毛不见了，而且不可修复，变成死头事故，造成赔付。腈纶毛毯虽然使用价值尚在，但原来的价值已经丧失。遗憾的是当时选用的温度没有记录下来。腈纶的弹性与涤纶的弹性性质相似，温度过高，弹性下降幅度很大，容易褶皱和变形。

✚ 八、烘干箱的烘干温度

烘干箱的烘干温度一般控制在 50～60℃。水洗衣物大都是在八九成干的情况下送入烘干箱烘干。烘干衣物发生事故较少，但不注意同样可以发生。北京一家洗衣店水洗一件羽绒服，洗涤标识标注：30℃以下手工水洗，不可烘干。实际操作时进行了烘干，结果导致防衬层严重抽缩，从而拉动整个衣物严重变形。洗衣店使用烘干机烘干温度一般都设定在 55～60℃，这件羽绒服的烘干温度不会离开这个温度范围，如果烘干温度设定在 30℃ 或 30℃ 以下不会抽缩。按规定涂层衣物不可烘干，这在实际工作中往往是矛盾的。以羽绒服为例，按规定必须烘干及烘干后拍打，这样羽绒才能蓬松且保持应有的形态，但是羽绒服的面料大部分都有涂层或经过树脂整理。对于表面涂层十分明显的不可烘干。对于有涂层又必须烘干的应低温烘干，一般为 30～40℃，并且必须翻面，衣扣系好，拉链拉好，时间不宜过长。

有的洗衣店用干洗机烘干水洗衣物，这是有害无利。第一，增加了干洗机多余的水分，对干洗缩水性较大的衣物不利；第二，影响干洗机的使用寿命；第三，大马拉小车，增加了生产成本和投资成本，从投资的角度看，经济上不划算。

✚ 九、去渍喷枪的蒸汽温度

福奈特加盟店配备的去渍喷枪有喷气、蒸汽、冷水，操作方便。很多污垢去渍前断定不了属于哪一类的污垢。正确的做法是首先用冷水，如果污渍未除或未全部除掉，再考虑改用蒸汽。这样做既安全又有利于污渍的去除。如果是蛋白质污渍，先用蒸汽会因高温而形成固化，余垢较难除净。事实上有许多污垢用冷水和喷气可以除掉。蒸汽的温度超过 100℃，一般在 120℃ 以上，蒸汽会使纤维迅速膨胀；纤维表面污垢遇热熔化，一部分随着强大的气流被除掉，另有一部分更易于深入纤维内部。有的污垢由于高温发生化学变化，与纤维合成一体，反而难除。在去渍过程中出现的去渍过头或渍迹扩散，除了化学药剂使用不当外，直接使用蒸汽或过多也是一个重要原因。

有许多事情不能十全十美。去渍台上的去渍枪，蒸汽与喷气是在一个手柄上，使用起来十分方便，而冷水为单独一个喷枪，使用时需要换手，而且冷水用光需要添加，既麻烦又费时，这不能不说是设计上的一个缺陷。因此，在去渍的时候有一些员工因嫌麻烦，习惯用蒸汽而不用冷水喷枪，这种做法十分有害。

去渍蒸汽的温度很高，但是使用方法不同，作用于织物上的温度不同，枪嘴离织物越近，温度越高；如果枪嘴离面料一定距离，温度会降低许多。

✦ 十、纤维织物印染厂染色高温，洗涤不可高温

　　纤维尤其是合成纤维，在制造过程中离不开高温，这是不言而喻的；在印染过程中也离不开高温，特别是高温汽蒸、高温高压、热熔等染色工艺。以涤纶为例，高温高压染色温度为 125~130℃；轧染热熔固色温度为 180~215℃。可是在涤纶衣物洗涤过程中如果高温洗涤容易出现死褶。高温水洗一般是指水温在 60℃ 以上，远远低于染色时的温度，普通浸染温度大多是沸点温度。再以羊毛纤维为例，染色最高温度都超过 85℃，有些达到 100℃，而且染浴时间为 45~90 分钟，而羊毛织物水洗超过 40℃，就会加剧缩绒，超过 60℃，就会出现显著缩绒。原因有以下几个。

　　(1) 平整工艺不同　洗衣店的熨烫平整与印染厂的平整工艺区别甚大不可相比。印染厂在坯布染色过程中有的是在平整状态下进行，并有拉抻，有的则是在非常褶皱的状态下进行，如绳状染色。所谓绳状就是机器的入口小，布匹像绳子一样进入机器，必然褶皱。这就是涤纶分散染料染色的热熔固色。不管染色时色布褶皱如何，最后都经过专门设备的平整处理，经过整理的染色布平整无褶。即使有一定的收缩率，但对于服装的制作也没有妨碍。这种平整设备新购一台需花费 2000 多万元。在洗衣店如果涤纶织物高温水洗出现死褶，以洗衣店的熨烫设备和技术，则不能恢复平整。涤纶出现死褶，纤维性质虽然并未变化，但是褶皱却影响穿用美观，严重降低了使用价值。

　　(2) 缩水时期不同　在印染厂有些纤维织物是在纺织前对纱线染色，例如羊毛基本是在纺织前完成，也就是羊毛纱线染色，印染行业称为"染毛条"。羊毛纱线高温染色虽然同样存在缩绒问题，但是对羊毛纺织没有影响。

　　(3) 手段不同　氯纶纤维的制造离不开高温，其织物染色是在低温条件下进行，与其它纤维织物相比属于个例，即便如此染色温度也是 60~70℃。印染中有许多技术问题对于洗衣店员工是无法想象的，洗衣店只能按照氯纶纤维的性能和要求进行低温洗涤，不可熨烫。

第二节
熨烫

　　熨烫温度是指熨斗底板和蒸汽的温度。人们通常说衣物三分洗七分烫，是强调熨烫的重要性。正确掌握和运用温度是保证熨烫质量和保证熨烫安全的关键因素。

✦ 一、熨烫与热定型

　　服装熨烫是热定型的过程。是通过一定的温度、湿度、压力，按照人体曲线、服装造型的需要、客户的要求，对服装形态整理和定型。在这一过程中织物要有适当的张力。通过这一过程，使衣物平整、美观，褶裥分明，达到穿用要求。

热定型有两种方式：一是干热定型，即不垫湿布，不用蒸汽；二是湿热定型，即不仅需要熨斗底板温度，而且需要使用蒸汽，或者垫湿布，或者熨烫前喷水。不管是干烫还是湿烫，都需要迅速冷却，这样衣物才能定型。吸风、鼓风是实现热定型的重要手段。因此是否配有吸风、鼓风功能是判断熨烫机设备档次的重要标志。

在一些专业书中陈述热定型定义时，经常提到"张力"一词，即纺织纤维织物在热定型时要有适当的"张力"。所谓张力是自然界应力中的一种力。此处所说的张力，是指液体的表面张力，即液体表面收缩力，也就是纺织纤维织物在熨烫时需要一定的湿度，即湿烫。湿烫促使纤维溶胀，有利于定型。干烫没有张力。

印染行业根据多年的实践、检测和研究，总结出结论：就总体而言，化学纤维的耐热性比天然纤维好；天然纤维中，棉的耐热性比麻和蚕丝好；合成纤维中，涤纶的耐热性比锦纶好。按照人们的常规思维，熨烫温度应该是化学纤维高于天然纤维，但事实上恰恰相反。

这里所说的纤维耐热性能主要是指纤维的化学性能，例如涤纶虽然出现了死褶，但纤维性质并未变化，而洗衣时在不使用特殊化学药剂和正常熨烫的情况下，纤维性质不可能发生变化，只有物理形态的变化。洗衣行业多年实践经验证明，麻纤维织物熨烫温度居各种纤维织物之首，最高温度可达220℃，远远高于化学纤维，尤其是合成纤维；其次是纯棉纤维织物，最高温度可达200℃；涤纶等合成纤维织物需要中温偏下，氯纶则不可熨烫。

如果说高温洗涤会使合成纤维出现死褶，那么高温熨烫则可使合成纤维发生质的变化，直接烫毁。例如棉/维混纺织物或棉/维交织织物，已有高温熨烫后棉纤维安然无恙或略微变黄，而维纶纤维直接烫焦损毁的案例。天然纤维与合成纤维在熨烫温度过高时发生的形态变化完全不同。服装熨烫是温度、湿度、压力、熨斗的推进速度、熨烫时间综合运用的结果。熨烫同样的纤维织物，使用相同的温度，不同的操作者手法不同，熨烫结果有明显差异。必须通过实践体会和总结。

✛ 二、熨烫温度的简易测试与温度等级的界定

了解和掌握熨斗底板温度的变化和蒸汽温度，并正确运用，对于保证熨烫质量和熨烫安全至关重要。

1. 调温熨斗底板温度的测试

测试方法是：熨斗放在托板（垫有四层干毛巾）之上，将温度计顺放在熨斗底板与毛巾中间，液囊位于熨斗后1/3处，观察汞柱（或酒精柱）的上升变化。测试数据见表11-3、表11-4。

表11-3　调温熨斗底板温度不同时间段温度变化（不套防亮垫板、不用蒸汽）

温　　度	起测温度	15秒温度	1分钟温度	2分钟温度	3分钟温度	4分钟温度
低温	90℃	101℃	116℃	122℃	124℃	120℃
中温	100℃	114℃	141℃	170℃	182℃	182℃
高温	100℃	124℃	162℃	178℃	200℃	205℃

注：在测试过程中汞柱上升到180℃左右时，白色干毛巾已经变黄。

表 11-4　调温熨斗底板温度不同时间段温度变化测试（套防亮垫板、不用蒸汽）

温　度	起测温度	15秒温度	1分钟温度	2分钟温度	3分钟温度	4分钟温度
低温	90℃	100℃	106℃	116℃	120℃	120℃
中温	100℃	101℃	114℃	130℃	139℃	142℃
高温	100℃	108℃	139℃	170℃	188℃	196℃

2. 调温熨斗蒸汽温度的测试

　　按照蒸汽学的标准，蒸汽分为饱和蒸汽与过热蒸汽。熨斗的蒸汽（包括去渍台喷枪的蒸汽）属于饱和蒸汽，即在蒸汽的温度和压力达到一定程度之后，程序控制自动关机；在蒸汽使用后，温度和压力下降到一定程度，程序自动开启利用潜热迅速加温，使蒸汽继续处于饱和状态。蒸汽温度测试方法是：将温度计液囊放在熨斗底板下面给汽，熨斗略微抬起，给汽后观察温度计汞柱（或酒精柱）的上升变化。测试结果仅供参考，见表 11-5。各种纤维织物、服装的常用熨烫温度见表 11-6。

表 11-5　调温熨斗蒸汽不同时间段温度的测试　　　　　单位：℃

测量时间	5秒	10秒	20秒	1分钟	2分钟	备　注
起测温度	92	105	120	162	180	达到180℃汞柱不再上升

　　注：汞柱上升速度很快，升至160℃左右时，上升速度放缓，升到175℃左右时，上升速度十分缓慢，升至180℃时不再上升，时间延长汞柱略有下降。

表 11-6　各种纤维织物、服装的常用熨烫温度

名　称		常见纤维耐热性能			熨烫温度/℃	备　注
		软化温度/℃	分解温度/℃	燃烧温度/℃		
纤维素	棉		150～180	390	160～200	
	麻		150～180	390	160～210	
	黏胶		150～180	400～475	120～150	
	醋酯	204～250	220～235	450	120～140	
蛋白质纤维	蚕丝		130～150	590	120～140	不可垫湿布，不可用蒸汽
	羊毛		112～130	300	120～160	慎用蒸汽
合成纤维	涤纶	230～240	300～350	560	110～130	稍加熨烫
	锦纶	180～185	300～350	500	110～130	稍加熨烫
	腈纶	190～230	200～250	530	110～13	稍加熨烫
	维纶	200～220	225～239		90～110	115℃抽缩变形，不可垫湿布，不可用蒸汽
	丙纶	145～150	165～177		≤100	
	氯纶	60～75	200～210	难燃	不可	
	氨纶			150～230	100～120	
真皮					90～110	低温垫干布熨烫
裘皮						不可蒸汽喷烫，或特殊方法喷烫
人造革						不可熨烫，不可蒸汽喷烫

　　注：本表资料参考《纺织纤维的结构和性能》、《化学纤维性能和加工特点》、《化学纤维知识》、《纤维的化学》、日本《纺织最终产品》等。

3. 普通熨斗底板的滴水测温

普通熨斗没有温度指示及调节装置，在开关打开停放时间较长的情况下，温度会升至很高，不检查贸然熨烫很容易烫伤衣物或烫出亮痕。怎样检测普通熨斗底板的温度呢？简单的办法是滴水测温。具体是用水滴在熨斗底面上，听声音和观察水滴的变化来加以辨别。

① 100℃，水滴形状不散开，没有声音。

② 100～120℃，水滴扩散开，有很大水泡，发出"嗞"的声音。

③ 130℃左右，熨斗略有沾湿，产生水泡，并向周围溅出细小水滴，发出"叽由"的声音。

④ 150～170℃，发出"扑叽"的声音，不起泡，并形成滚转的水滴，水滴散开并蒸发成水汽。

⑤ 180～200℃以上，几乎没有声音，水滴直接蒸发了。

4. 熨斗底板低温、中温、高温的界定

纤维的玻璃化温度这个概念，对大部分洗衣店的员工和管理人员比较陌生，但是纺织印染许多专业书中介绍，玻璃化转变及玻璃化温度是高聚物（合成纤维）的一个非常重要的性质，与热定型温度有密切关系。一些专家和研究人员一致认为，纤维的热定型温度应该在玻璃化温度和软化温度之间，一般认为应该比玻璃化温度高20～30℃；有人认为应该高30～40℃，但具体是多少没有明确的定论。根据实践经验来看，玻璃化温度和软化温度只能是确定熨烫温度的重要参考，不是唯一的根据，否则会形成误导。洗衣行业服装熨烫熨斗底板温度等级的界定大致如下：低温，90～120℃；中温，120～160℃；高温，160℃以上。

这三个等级温度标准的划分不是绝对的，例如150～160℃虽然属于中温的范围，但对有的纤维来说已是高温；同样是中温，套防亮垫板和不套防亮垫板，温度有很大的不同。实践证明，调温熨斗套防亮垫板选定中温，正常使用时温度为120～130℃，适合绝大多数服装的熨烫，安全性较好，只要熨烫方法正确，基本保障熨烫质量和安全。

✦ 三、服装熨烫标准

熨烫标准有两项，一是洗衣行业的熨烫标准，一是简介顾客的要求。按常规休闲裤与牛仔裤不应有裤线，但有的顾客什么裤子都要裤线；也有的顾客什么裤子都不要裤线。因此顾客的要求高于行业标准。熨烫典型衣物关键部位及外观标准见表11-7。

表11-7　熨烫典型衣物关键部位及外观标准

种　类	关键部位	外观标准
衬衫	1. 衣领	近领口处2寸要呈现圆活状
	2. 门襟	平直，不弯曲变形，无褶皱
	3. 袖山	平整，呈圆形
	4. 袖口折	由袖口往袖管方向折，长度与袖口开衩的长度一样长，或是与熨斗的长度一样长
	5. 袖线	不能出现双线
	6. 后背两边小折	沿托肩向后背顺下，与熨斗的长度一样长

续表

种　类	关 键 部 位	外 观 标 准
衬衫	7. 后背中折	沿托肩向后背顺下
	8. 全件	平整，无皱纹
西裤	1. 前后裤线	不能出现双线，后裤线烫至裤裆往上2寸
	2. 前大折	由裤腰往下顺折，不能出现牛角状、波浪状
	3. 前小折	由裤腰往下顺折，长度与前袋口齐
	4. 两侧接缝处	必须烫开
	5. 后接缝处	必须烫开
	6. 裤内衬	必须烫平
	7. 后口袋	必须烫平，袋口呈一直线
	8. 裤脚	呈直线，不能出现凹凸状
	9. 全件	平整，无皱纹
西装	1. 衣领	上下领交叉处轻压2寸长，下领硬挺、圆活
	2. 袖子	上臂与前胸接缝处圆活，不可压平
	3. 袖口、袖管	袖口呈直线，内里平整往内缩1.5～2厘米
	4. 前襟	平整、硬挺、无极光
	5. 内里	下摆平整，往内缩1.5～2厘米
	6. 下摆	平整，不弯曲变形
T恤	1. 衣领	近领口处2寸要呈现圆活领
	2. 门襟	平直，不弯曲变形，无皱纹
	3. 肩线	两边平行，肩缝线在肩线下1.5～2厘米
	4. 两侧车缝线	呈直线
	5. 下摆	平直，不弯曲变形
	6. 全件	平整，无皱纹
大衣	1. 衣领	近领口处3寸要呈现圆活领
	2. 袖子	上臂与前胸接缝处呈圆活状，不可压平
	3. 下摆	平直，不弯曲变形，内里平整往内缩1.5～2厘米
上衣	1. 衣领	近领口处2寸要呈现圆活领
	2. 门襟	平直，不弯曲变形，无皱纹
	3. 袖子	呈圆活状，不压线
	4. 袖口	平整，呈圆形
	5. 全件	平整，无皱纹

注：1寸＝3.33厘米。

行业熨烫标准一般要求是：烫平无褶；褶裥分明；应有的裤线直而分明，不得出现重复裤线；刀褶、阴褶、箱褶、散褶的头端部位要整齐分明；避免烫伤和错误熨烫。例如：① 不可将泡泡纱、绉纱烫平；② 不可出现水渍（真丝织物湿烫）；③ 不可绒毛倒绒（如立绒、植绒等绒面织物）、扫痕；④ 不可出现亮痕；⑤不可烫焦、烫黄；⑥ 不可抽缩变形等。

✛ 四、面料由不同性能的纤维混纺或交织的熨烫

面料由不同性能纤维混纺或交织，应当如何熨烫？如维/棉，棉花可承受熨斗底板的最高温度为200℃，可干烫，可湿烫，维纶可承受最高温度为110℃，不可湿烫，那么维/棉面料只能按维纶熨烫，如果按棉纤维熨烫，维纶就可能烫焦或烫毁，这已有发生的案例，即便是维纶纤维含量不高，也只能按维纶的熨烫要求进行熨烫；再如真丝/涤丝，真丝如果湿烫容易出现水渍。尤其是真丝比例较大的织物，不可湿烫。有些面料是由不同的纤维织物或皮革拼料组合，如果熨烫要求不同，同样需要注意这个问题。

从纤维的性质来看，合成纤维可承受的最高熨烫温度低于纤维素纤维、蛋白质纤维、再生纤维，大多数合成纤维属于免烫，熨烫时需要注意加以区分。特殊面料熨烫注意问题见表11-8。

表 11-8 特殊面料熨烫注意问题

特 殊 面 料	容易出现的问题	注 意 事 项
泡泡纱面料	泡泡纱烫平	小心熨烫，熨后反面蒸汽喷烫
裘皮皮毛	皮板脆裂损毁	不可熨烫，不可喷烫（或特殊喷烫梳理）
真皮服装	皮板脆裂损毁	低温垫干布熨烫
人造革	皮板脆裂损毁	不可熨烫、蒸汽喷烫；或低温垫干布熨烫
绉类面料	绉风格消失	参考泡泡纱熨烫方法
毛绒衫	变形	免烫，可蒸汽喷烫，快、保持一定间距
表面涂层面料	变硬、脆损	免烫（如羽绒服）
仿毛皮	纤维损伤	不可熨烫，不可喷烫（可反面喷烫）
碱缩织物	腔水缩化，绒球消失	低温大距离快速喷烫
含有金银线的织物	金银丝熔化变形	翻面低温熨烫（金银丝一般为合成树脂）
针织品	变形	低温熨烫，根据面料调整熨烫方式
氯纶	纤维损伤、损毁	不可熨烫，不可蒸汽喷烫
丙纶	变长、绒毛改变方向	免烫，或反面大距离快速喷烫
毛/腈混纺毛绒衫	变形	不可熨烫，可蒸汽喷烫，快、保持间距
波纹织物	波纹减少、闪光	翻面熨烫
醋酯纤维	出麻点	低温干烫
胶黏式起绒织物	面绒倒伏	远距离反面喷烫（如静电植绒）
氨纶	变硬折断	远距离快速喷烫
涤纶	亮痕	避免高温，避免反复推压摩擦

第三节
熨烫常见问题和事故

✛ 一、褶裥与褶皱

褶裥就是人们有意压出的褶，如裤线、百褶裙的刀褶，它要求直而挺括，美观而持久。褶皱是在洗涤、穿用、堆放中形成的折痕，是要通过熨烫烫平或其它办法消除予以解决的缺陷和问题。刀褶、阴褶、箱褶要求棱角分明。刀褶如果是非涤纶纤维织物，熨烫十分麻烦，费时费力（图 11-2、图 11-3）。

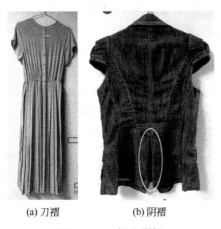

(a) 刀褶   (b) 阴褶

图 11-2 刀褶和阴褶

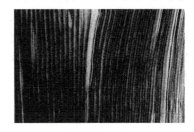

图 11-3 已经废弃的裙装部件——涤纶绸刀褶，仍保持完好（由于涤纶具有记忆褶皱的性质，高温定型后只要不高温洗涤，刀褶不会消失。因此涤纶绸常用于刀褶裙装）

✛ 二、原性死褶与技术死褶

（1）原性死褶 金属丝纤维面料以及其它特殊纤维，无论是何种洗涤方式，只要洗涤就必然出现褶皱熨烫不平，人们称这种褶皱为原性死褶。这种褶皱一旦出现便不可消失，好像牢牢地记住一样，因此被称为记忆褶皱。金属丝在面料中的含量一般在 5% 左右，材质多为不锈钢，具有防静电、防辐射、闪烁光泽等功能，广泛用于军事、科研、电子、医疗等领域。有的服装洗涤标识没有注明面料含有金属丝，经验不足很难发现。原性死褶不属于洗衣事故，但是如果不了解金属纤维的性质，没有识别金属纤维的能力并向顾客予以说明，同样会造成赔付。

（2）技术死褶 技术死褶是在洗涤、熨烫过程中由于操作错误形成的死褶。技术死褶形成的原因有以下几种。

① 高温水洗，并迅速冷却定型。水洗出现死褶的多为合成纤维，涤纶作为面料最为常见，其次是锦纶、丙纶、维纶、氯纶。棉纤维织物高温水洗虽然褶皱多不好熨烫，但毕竟可以烫平（图11-4）。

② 用力拧绞和高速脱水，也会出现死褶。

③ 熨烫操作不当形成死褶。如熨烫裤线脱离了原裤线，形成两条，这是操作者粗心大意，由熨烫高温和定型所致。

（3）技术死褶的修复　处理高温水洗死褶的修复办法是：将出褶的衣物重新过一遍热水，水温高于原来的洗涤温度10℃左右，时间15分钟左右；使死褶软化开、自然降温、晾干、熨烫，但一般较难恢复。

图11-4　翠绿色丙纶窗纱高温水洗后褶皱熨烫不平

✛ 案例2　疑似丙纶窗纱，高温水洗变成死褶

2011年4月，一位顾客送洗一套大幅浅蓝色窗纱，色彩鲜艳，光线下发亮，手感较硬，与真丝手感不同。60℃水洗后严重褶皱，熨烫不平。用80℃的热水漂洗一下逐渐降温后脱水，几个人拉抻熨烫，无果。经协商给予经济补偿800元。拆开窗纱用放大镜观察，纬纱为浅绿色化纤，相对较粗，数量较少，平直，没有卷曲；经纱无染色，白色发亮，特别纤细，数量是纬纱的数倍，拆开露出的纱线部分全都卷曲，由此可见，窗纱死褶由经纱造成。当时没人能指定经纱是何种纤维。后送印染厂也未能认定。经过分析可能是丙纶。其理由有三：一是丙纶不能染色；二是丙纶纤维高温弹性下降幅度很大，极易卷曲变形；三是丙纶与涤纶具有记忆褶皱的性质。

✛ 三、泡泡纱错误烫平

泡泡纱服装属于常见衣物，尤其是用泡泡纱作为面料的衬衫数量较多。在正常情况下，衬衫需要压烫，如果不注意很容易将"泡泡"视为褶皱给予烫平，此类赔付案例已有发生。泡泡纱服装正确的熨烫方法与修复办法是：先正常熨烫，压力不要大，泡泡暂时消失不要担心，熨烫完成之后，用熨斗蒸汽从织物的反面进行喷烫，烫平的泡泡可以重新凸起。泡泡纱最佳的熨烫方法是反面喷烫。

泡泡纱衣物的熨烫与其它衣物不同，方法不当会将泡泡纱烫平，失去原有的风格。泡泡纱正确的熨烫方法是：正常熨烫，但压力要轻，衣物熨烫之后有些泡泡可能消失；再将衣物翻过来用蒸汽喷烫，消失的泡泡就会起来，保持原有的风格。但是如果是特薄的纤维和不耐高温蒸汽喷烫的纤维，这样的纤维泡泡纱熨烫时要格外注意。

✛ 四、蒸汽扫痕

蒸汽损伤纤维称为扫痕，主要发生于绒面织物。熨斗蒸汽的最高温度将近180℃。有些员工不知道熨斗蒸汽的温度是多少，对不耐湿热的纤维面料错误使用蒸汽，或过度使用蒸汽，致使面料纤维受损，出现伤痕，失去了织物表面原有的形态和美观，这种损伤不能修复（图 11-5）。

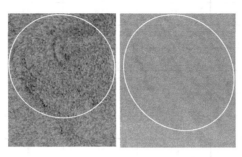

图 11-5 毛呢大衣熨烫蒸汽扫痕

✤ 五、亮痕与"极光"

什么是极光？极光原本是指地球南北两极夜间出现的自然景观，在南极称为南极光，在北极称为北极光。一些洗涤专家借用地球极光一词，称服装发亮为"极光"，给人一种神秘的感觉。其实"极光"就是服装不正常的发亮现象，给人是脏垢的感觉，如同小孩用衣袖擦鼻涕干了之后发亮。"极光"是缺陷、毛病和问题。

"极光"大致分为两种情况：一是由于穿用摩擦造成的，这是一种自然损耗，例如毛纤维织物，穿用时间较长，因摩擦使毛纤维的鳞片脱落，造成纤维织物发亮，最常见的是毛料西服、毛/涤混纺服装、毛衣等；二是熨烫高温和操作不当造成的亮痕，例如涤纶、涤/毛多用于面料，有褶皱必须烫平，中温不平用高温，这是一些操作者的习惯做法。由于涤纶纤维具有容易发亮的特性，因此稍不注意便出现熨烫发亮，严重者颜色发黄。如果使用普通熨斗，熨烫操作时间隔时间较长，底板温度很高，不采取垫布措施，拿起熨斗直接熨烫，出现亮痕几乎不可避免。亮痕实质是烫伤，是纤维性质发生了变化，局部亮痕在裤兜部位出现最多，由于缝线的原因，此处最容易出现褶皱，而且这些褶皱已经被缝线固定，为了烫平提高温度、反复推压，这是造成亮痕的主要原因。轻者可以一定程度恢复，重者恢复不了。修复的办法是用稀释的冰醋酸或白醋喷洒在面料上，或者喷洒在白毛巾上用蒸汽喷烫。预防办法是避免高温熨烫，减少摩擦或垫布熨烫，或翻面熨烫。

✤ 六、"洗可穿"

"洗可穿"就是免烫，但并非绝对免烫，而是指服装洗涤之后不用熨烫或稍加熨烫即可。免烫是指合成纤维面料服装免于熨烫或不用熨烫。涤纶等纤维面料之所以被誉为"洗可穿"，原因是弹性好，洗涤不出褶皱。这种弹性是指纤维的初始弹性。初始弹性随温度的变化而变化，温度越高，弹性下降幅度越大。弹性下降后由不出褶皱变为易出褶皱，而且易出死褶。这就是事物的矛盾转化。从表 11-9 中可以清晰地看到几种纤维的弹性变化情况。因此合成纤维服装适宜低温或冷水洗涤，不可高温熨烫。

表 11-9 部分纤维的弹性变化百分率　　　　　　　　　　单位：%

项　目		羊　毛	黏　胶	涤　纶	锦　纶	腈　纶
伸长	1%	80	32	81	51	55
	3%	43	18	34	42	28
	5%	27	13	22	47	14
	15%	15	11	19	43	10
相对湿度	8%	50	22	38	38	31
	92%	5	16	28	78	26
热水中	21℃	43	58	41	73	22
	76℃	61	80	21	95	13
空气中	70℃	68	25	57	45	56
	177℃	25	12	33	54	29
加负荷	1秒后	66	27	49	60	40
	900秒后	25	8	23	24	10

第十二章
洗涤方式——干洗与水洗

洗涤方式的选择是洗衣流程中十分重要的环节。正确选择洗涤方式是综合业务知识和专业水平的集中体现，是对前台、水洗、干洗岗位等各岗位之间协作配合的具体检验。

第一节
洗涤方式的选择

一、干洗与水洗的比较

干洗是以化学溶剂为媒介，包括四氯乙烯干洗和石油干洗。水洗是以水为媒介。为了区别于水洗，化学溶剂洗涤称为干洗。有的国家洗衣行业除了干洗方式之外，与其对应的是湿洗。所谓湿洗就是水洗，因为湿洗也是以水为媒介，并非介于干洗与水洗之外的另一种媒介。"湿洗"所用洗涤用品，对于现有的水洗同样适用。干洗和水洗都有各自的优势和不足。干洗的优势有以下几点。

第一，去除油性污垢的优势。油性污垢主要包括矿物性油脂、动植物油脂。化学溶剂对这些油性污垢的溶解去污效果，好于洗涤剂对油性污垢的乳化和皂化。

第二，衣物保型的优势。衣物出现褶皱、缩水的重要原因，是纤维吸湿溶胀。干洗使用的媒介是化学溶剂，在正常温度条件下纤维受到化学溶剂浸润不溶胀，虽然溶剂中混有少量的水分，但与水洗相比对纤维的浸润溶胀影响甚微。

第三，保护衣物染料染色的优势。纤维织物色料是染料与颜料，颜料既不溶于水，也不溶于化学溶剂。染料是水溶性的，不溶于化学溶剂。虽然干洗机内有少量的水分，但染料染色干洗掉色轻于水洗。

第四，效率高。干洗衣物出锅前必须经过烘干，因此干洗衣物出锅后即可熨烫，同时褶皱少，易熨烫，熨烫操作劳动强度低。

第五，干洗的衣物防虫蛀，容易保存。

干洗的缺点有以下几点。

① 干洗溶剂对蛋白质类的水溶性污垢，例如人体排泄的汗渍及血渍等无能为力，经过数次干洗之后，越积越多，形成顽渍。欲彻底清除必须水洗。

② 干洗范围小于水洗。不耐化学溶剂的纤维面料不可干洗。有些服装纤维织物本身可以干洗，但由于服装上的一些树脂配饰、面料上的涂层、面料和里料中使用了合成树脂胶黏剂（如层合面料、静电植绒、涂料印花等），限制了干洗。

水洗的优势和不足基本与干洗相反。同时水洗没有化学溶剂的污染，有益人体健康。从洗涤数量来看，正常收洗的衣物水洗占洗涤总量的 70％左右。干洗与水洗是洗衣店的两条腿，缺一不可。因此，衣物洗涤不存在干洗好、水洗不好和干洗档次高、水洗档次低的差别，只有衣物适合干洗还是适合水洗的问题。

二、选择洗涤方式的原则

一般而言，干洗成本高于水洗。从投资来看，全封闭式干洗机昂贵，是洗衣店投资的主体，从实际运营来看，一次可以洗涤 20 件衣物的干洗机，如果只洗涤六七件，消耗的水电、机器的损耗与 20 件基本相同。因此，对于小洗衣店或收洗量少的洗衣店而言，干洗成本高于水洗毋庸置疑。但是对于专业洗衣店和经营好的洗衣店而言，收洗量保持一定的水平，满足或基本满足设备洗涤能力的要求，不仅可以避免这些问题，而且可以提高单件平均效率。如果因为洗涤方式的错误导致洗衣赔偿事故得不偿失，捡了芝麻，丢了西瓜。缺少干洗设备和收洗量很少的个别洗衣店可能将应该干洗的衣物改为水洗。

衣物洗涤方式选择的原则如下。

第一，确保衣物的安全，做到不损伤织物纤维，衣物不变形抽缩，装饰品不损坏，颜色不脱落和发生变化。这是首要的一条。换句话说，就是保证洗涤衣物不出现事故和问题。

第二，根据衣物沾染污垢的性质选择洗涤方式，确保衣物洗得干净。油性污垢应干洗，水溶性污垢特别是蛋白质污垢应水洗。在二者矛盾的情况下择优确定。根据这一分类原则正确分拣衣物（分拣详见第十四章第一节一、收洗衣物的分拣第 277 页）。

第二节
干洗

一、适合干洗的衣物

干洗技术的发明只有一百多年，20 世纪 30 年代传入我国，仅有少数大城市可见干洗，数量很少，很多人没有干洗的概念。1978 年底，我国实行改革开放政策以后，干洗技术引起人们的重视，进入发展阶段，20 世纪 90 年代以后进入迅速发展时期。适合干洗的衣物大体有如下几类。

1. 真皮、裘皮类衣物

真皮与裘皮如果水洗，会造成皮板褪鞣板结发硬，影响穿着舒适度和使用寿命。尤其是经过铝鞣的皮板，在鞣制的过程中皮板经过较大的拉抻出材率高，水洗不仅皮板变硬，而且抽缩。干洗不仅可以避免这些问题，而且具有消毒灭菌作用，可以杀死寄生虫和虫卵，并能较长时间预防虫蛀及抑制细菌的繁殖和生长。这是水洗无法达到的效果。真皮与仿皮有时难辨，因此要避免将人造革当成真皮进行干洗。人造革与真皮性质不同，不可干洗。

2. 西装类的衣物

西装类衣物水洗容易起泡、抽缩变形，尤其是西服里衬抽缩变形比较严重，拉动面料形态发生变化，失去挺括和美感。西装起泡源于热熔黏合衬布。现在，市场上所售西服90%以上采用热熔黏合衬布，而这种衬布质量差别很大。追求质量的生产厂家使用专用的敷衬机，衬布与面料的黏合度均匀一致，牢度高，能够承受一定次数的干洗和水洗。有的服装生产厂家和加工点采用熨斗黏合衬布，均匀度自然较差，起泡概率较高。有些衬布由于质量差，不耐洗涤，容易起泡、开胶和变形，对水洗更为敏感。

近年来休闲西服比较流行。与正装西服相比，休闲西服宽松随意，款式多变，色彩丰富，缝制结构相对简单，较少使用硬挺衬布，对洗涤的要求也比较宽松。特别是西服面料大量使用涤/毛、涤/棉、纯棉、纯棉防皱（树脂拒水整理），要求挺括平整，干洗适应了这一要求。因此干洗成为首选。与西服相似的有中山装、军官制服、警官制服、有一定档次的工装等。

3. 水洗严重缩水和变形的衣物

有些纤维织物水洗后缩水率很高，极易抽缩变形，而干洗则可保持原来的形态。从纤维来看，主要是羊毛、兔毛、黏胶纤维织物；从织物组织来看，主要是粗纺织物、绉织物、部分面料疏松织物；从成品衣物来看，主要是羊毛衫、羊绒衫、毛呢大衣、黏胶纤维服装、部分丝绸和仿丝绸布料，如美丽绸、羽纱、府绸，以及未经预缩处理的部分棉麻衣物，都是水洗缩水严重和容易变形的衣物，应该首选干洗。

✦ 二、不可干洗的衣物

有的服装面料或里料不耐干洗溶剂，有的服装面料和里料本身可以干洗，按纤维性能和污垢性质分类应该干洗，可是为了美观和增加某些功能，服装上增加了不能承受干洗溶剂的材料、附件、饰品等，如果干洗必然损伤或损毁，因此只能采取水洗的方式。不可干洗的衣物主要有如下17种。

(1) 涂层面料 涂层面料及鉴别详见第三章第四节。

(2) 复合（层合）面料 详见第三章第四节。

(3) 植绒面料 详见第三章第四节。

(4) 羽绒服 羽绒服不适宜干洗是综合性问题，详见第十六章。

(5) 人造革服装及人造革作为附件的衣物 详见第四章。

人造革干洗发硬的修复方法是：人造革如果错误地进行了干洗，出现了发硬的症状，可用复柔剂与四氯乙烯按1：1的比例进行涂抹，使之复原；如果已裂纹裂口，用之无效。

(6) 带有树脂饰品和其它特殊配饰衣物 许多衣物带有树脂装饰品，如亮钻、亮片、亮珠等，也包括纽扣。这些树脂饰品由于性质不同，有的耐干洗溶剂，有的不耐干洗溶剂，干洗溶剂可使其溶解、变形，严重者不仅饰品损毁，而且沾染面料，成为除不掉的污垢。特别是需要干洗并镶嵌许多树脂饰品的衣物，必须经过四氯乙烯溶剂逐个擦抹试验，确认干洗没有问题之后，方可干洗。有的服装镶嵌的饰品从外表看完全相同，经过干洗之后，有的完好无损，有的溶解损坏。有些配饰虽然干洗溶剂不会对其造成任何影响，但很薄的贝壳饰品不可机洗，只能手工水洗。

✚ 案例 1　羊毛衫干洗，镶嵌塑料亮珠溶解

衣物情况：羊毛衫，黑色，领口镶嵌 10 个黑色菱形树脂亮钻，从外表看完全一样。

洗涤标识：面料，羊毛 100%；里料，聚酯纤维 100%。

辅料：① 聚酯纤维 100%；② 桑蚕丝 46%；锦纶 34%；聚酯纤维 20%。

洗涤方法：不可水洗；不可漂白；不可翻转干燥；中温熨烫；缓和干洗。

洗涤：在干洗之前，干洗师傅知道黑色亮钻可能溶解。洗前用四氯乙烯擦拭检查（没有逐个擦拭），观察无变化，根据经验干洗问题不大，于是采用了四氯乙烯干洗。但是干洗结果部分亮钻溶解，部分完好无损。

处理办法：购买相近黑钻全部更换，效果十分理想，购物费用 10 元。

提示：这件羊毛衫应当干洗，因有塑料亮珠确实存在风险，塑料亮珠能拆卸则拆，不能拆卸，应向顾客说明，并提出洗涤建议，顾客需同意并签字。

（7）氨纶　氨纶就是人们常见的一种带有弹力的纤维。氨纶纤维没有单独成衣，都是与其它纤维混纺而成，多用于面料较厚的衣物和服装罗纹袖口、衣领等处。氨纶不耐干洗，不耐热，高温收缩，易老化，失去弹性，重者断裂，在衣物表面呈现许多纤维断头，丧失美观和使用价值。

（8）涂料印花衣物　涂料印花可使树脂黏合剂受到破坏，致使颜料脱落，造成褪色；也有人喜欢在服装上手绘图案，虽然色彩鲜艳，如果使用油画颜料或油性颜料，出现问题将重于涂料印花。手绘图案使用的画料也属于颜料。

（9）涂料染色与涂料以印代染　详见第五章。

（10）压膜印花　详见第五章第五节。

（11）PU 贴膜革　详见第四章第七节。

（12）静电植绒革　详见第五章第七节。

（13）珠光革　详见第四章第七节。

（14）珠光印花织物　详见第五章第五节。

（15）假羊剪绒反转革　假羊剪绒反转革从外表看为皮毛一体，实际是人造毛用黏合剂粘在皮板之上，与静电植绒革性质相同。

（16）金银粉印花　详见第五章第五节。

（17）发泡印花　详见第五章第五节。

（18）皮革印花　详见第四章。

结论：上述不可干洗的衣物都与合成树脂有直接关系。

✦ 三、干洗溶剂、助剂及有关问题

1. 四氯乙烯与四氯化碳

(1) 四氯乙烯　无色透明，为有机溶剂，又称全氯乙烯，主要成分是氢化烷类和氢化乙烯，沸点较低，易于回收。四氯乙烯不溶于水，可混溶于乙醇、乙醚等多数有机溶剂。分子式 C_2Cl_4；分子量 165.83；相对密度（20℃）1.6226；沸点（0.1MPa）121℃；气相相对密度 5.8。不燃、不爆、无闪点，较为安全可靠。

四氯乙烯是有机化合物的广谱溶剂，它溶解油脂、树脂、焦油、橡胶、硫、碘、氧化汞，也能溶解一定量的氯化铝。它可以和氯化有机溶剂及其它大部分普通溶剂相互溶解，并生成约 60 种二元共沸物。

四氯乙烯是一种强有效的有机溶剂，在洗衣行业主要用于干洗和去渍，主要作用是去除油性污垢，去污效力强于四氯化碳。

(2) 四氯化碳　又称碳氢溶剂，为区别于四氯乙烯干洗，通常称为石油干洗溶剂。碳氢溶剂无色透明，相对密度（25℃）0.77，燃点 50～60℃，其主要成分为高纯度烷烃碳氢化合物，能有效去除各种油污、油脂及树脂、抛光蜡、水分、灰尘等。去油污能力低于四氯乙烯，但对合成树脂的损伤低于四氯乙烯，因此有的衣物不可四氯乙烯干洗，可以石油干洗。

四氯乙烯和四氯化碳散发气体，均有害人体健康。人体部位不小心接触到四氯乙烯，对皮肤产生刺激，使之干燥、粗糙、脱皮等，如溅入眼睛可使眼睛红肿，应立即清水冲洗。

2. 全封闭式干洗机与开启式干洗机洗涤效果比较

干洗机分为两类：一是开启式干洗机；二是全封闭式干洗机。为了减少干洗机开启时的气体排放，应加强规范操作和店内通风。目前中国拥有各类干洗机 20 万台左右，全封闭式干洗机不足 30%。由于开启式干洗机的排放量不能达到标准，国家已明令淘汰。

目前全封闭式干洗机主要是四氯乙烯干洗机。四氯乙烯不燃、不爆，采用全封闭蒸馏回收比较安全。全封闭式四氯乙烯干洗机售价远远高于开启式干洗机，尤其是从意大利进口的第四代、第五代全封闭式四氯乙烯干洗机价格昂贵，一台设备售价数十万元，小洗衣店难以承受。四氯化碳全封闭式干洗机已经问世，为进口设备，由于四氯化碳燃点低，蒸馏回收设备制造难度大，因此售价高于四氯乙烯全封闭式干洗机，不仅小洗衣店无力承受，一些较大的专业洗衣店也难以承受。全封闭式干洗机干洗与开启式干洗机干洗的主要区别是溶剂回收方式的不同，一个是蒸馏净化，另一个是过滤净化。

全封闭式干洗机每次洗涤都进行蒸馏净化回收，并配备了活性炭过滤颜色装置，这就保证了洗涤溶剂的清洁，每次都可以用洁净的溶剂洗涤浅色衣物和白色衣物，不存在先洗白色、再洗浅色、最后洗深色和黑色的顺序安排。这是四氯乙烯的洗净度高于石油干洗溶剂的原因之一。开启式干洗机回收溶剂的方式是过滤净化，其净化的程度远远低于蒸馏，洗涤衣物必须遵循先白、次浅、再深的顺序，同时石油干洗溶剂的去污力低于四氯乙烯。所以全封闭式干洗机的洗净度高于开启式干洗机。

全封闭式干洗机可以洗涤皮衣裘皮类衣物，溶剂回收率高，气体泄漏少、污染轻，与开启式干洗机相比具有独特优势。

3. 干洗要添加各种助剂的原因

干洗的突出作用是通过化学溶剂溶解去除各种油性污垢。衣物上的油性污垢，并非都是纯粹的油性污垢，还包含一些水溶性污垢。这部分污垢只溶解于水，要靠水来清洗去除。由于干洗溶剂中含有一定比例的水分，对于去除水溶性污垢十分有利，在干洗去除油性污垢的同时，也可以去除水溶性污垢，但是"油水不溶"。干洗剂（四氯乙烯）的相对密度为1.6，水的相对密度为1.0，水会浮在干洗溶剂液面上，形成游离水，这为去除水溶性污垢造成了障碍。干洗助剂所含主要成分是表面活性剂，表面活性剂不仅可以有效去除水溶性污垢，同时对去除油性污垢也有协同作用。干洗助剂加入后，将水分子和干洗溶剂分子亲和在一起，使水分均匀地分布在干洗溶液中，让干洗机中的水分充分发挥作用。干洗溶剂不能溶解的污垢，通过加入干洗助剂，使这部分水溶性污垢与织物分离，并防止污垢再重新沉积到织物的表面，从而洗净衣物，达到一次性洗涤效果的目的。这就是干洗助剂的主要作用。每一种干洗助剂重要的功能都是去污，即便是抗静电剂也是如此。抗静电剂的主要成分是两性活性剂，既有去污的功能，又有抗静电的功能，因此而得名，与其它表面活性剂相比不同的是，去污能力低，抗静电功能强。而其它表面活性剂与此相反。

4. 干洗皂液与枧油

枧油就是皂液，只是不同的厂家，配方和名称不同而已。"枧"，字典的解释是"皂"的意思，枧油源于粤语。主要成分是环氧乙烷的缩合物，无色、无臭，呈油液状，是一种非离子型的表面活性剂，是制造合成洗涤剂、非离子表面活性剂、乳化剂等产品的生产原料。环氧乙烷作为洗涤剂，能溶解在冷水中，形成透明的溶液，在硬水中不受钙盐和镁盐及酸碱的影响，是干洗的理想助剂。它具有悬浮性，能将污物颗粒悬浮起来，防止衣服颜色发灰，并带有正或负电荷，具有抗静电性。

干洗皂液的使用方法：一是直接加入干洗机内；二是在衣物重点污垢处涂刷皂液。要按照要求稀释和使用。皂液使用的注意事项如下。

① 加入洗衣机的皂液适量，要按照产品说明书使用，或根据成功的实践经验按配比稀释。

② 缩水严重的衣物不可涂抹皂液，如毛呢大衣。

③ 皂液既去污也去色，具有咬色性能，因此易掉色的衣物不可涂抹皂液。例如深色棉、麻、真丝、毛料、毛呢大衣等。

④ 皂液主要是针对水溶性污垢，油性污垢涂抹皂液效果不佳。

✚ 案例2　毛呢干洗涂抹皂液，严重咬色抽缩变形

衣物情况：浅灰白色女性呢子大衣；里料黑色。

洗涤标识标注：面料，96%羊毛，4%氨纶。里料，57%黏胶纤维，43%聚酯纤维。不可水洗，可任何干洗溶剂干洗；不可拧绞；不可用含氯氧化剂的洗涤剂洗涤及含氯漂白剂漂白；不可放入滚筒式干洗机内处理；熨烫温度不可超过110℃。

实际操作：四氯乙烯干洗。洗前将前襟、袖口、下摆等脏垢处用干洗皂液刷抹，皂液与水的比例为2:1，进机洗涤时间约有30分钟。

干洗结果：皂液涂抹处严重咬色，出现局部抽缩。

处理过程：此件呢子大衣干洗后皂液涂抹处严重咬色，并抽缩变形，如果复染有可能出现整体抽缩；复染恢复原色很难，需要改色，由米黄色改染深色，顾客很难同意，即便同意改色复染，也很难保证效果十分理想；复染需要拆缝，重新缝合与拆前保持一致难度很大。随即送店外处理，两天之后返回，告知处理不了。之后邮寄有关技术部门鉴定处理，后来原物邮回，告知修复不了，并说洗涤方法正确，问题的产生主要是衣物自身的原因。最终赔付 7200 元。

教训：洗前不应涂抹皂液。皂液虽不同于氯漂和衣领净，但同样会咬色；皂液中的水分造成皂液涂抹处局部抽缩。

✚ 案例 3

这是一件真丝提花棉袄，因干洗前涂抹干洗皂液造成严重咬色，无法修复造成赔付。另外，还有一个教训，这件真丝棉袄是一位近 50 岁的中年妇女送洗的衣物，她说这是母亲的嫁妆，她很喜欢，母亲病故后留为己用，也留个纪念。事实上这件真丝棉袄送洗时已经褪色较重，按照标准，这件真丝棉袄已经超过了使用年限，四五十年前的染色水平及老化，使纤维强度与色牢度已经大大降低。按理应予拒洗或说明情况无责洗涤。

5. 衣物干洗抽缩变形的原因

缩水，就是纤维织物吸水后出现抽缩变形。干洗机内的水分从何而来？主要来自以下四个方面。

① 洗涤的衣物本身含有的水分，10 千克的衣物水分为 0.5~0.8 千克。这是水分的主要来源。

② 洗前去渍残留的水分，如涂抹皂液。10 千克衣物的所用去渍剂带入的水分为 50~200 克。

③ 干洗助剂中的水分。一般在 4％左右。洗涤一锅衣物带入的水分为 50~100 克。

④ 每次干洗后残留一定的水分，蒸馏或过滤不能将水分彻底排净。

以上原因大部分是不可控的，只有洗前去渍残留的水分是可以控制减少的因素。因此在涂抹干洗皂液时，要均匀，不要用量过多。干洗机内含有少量的水分并非有害无利。干洗机内含有一定的水分，对一次性洗除污垢有利，使干洗也能洗掉一部分水溶性污垢。

6. 干洗溶剂的酸化处理

衣物上的污渍基本上都呈酸性，洗涤剂大多呈碱性。干洗溶剂在正常情况下呈弱碱性，经过多次反复洗涤，干洗溶剂逐渐转为酸性。干洗溶剂呈酸性降低了洗涤效果，而且对设备蛇形冷却管有明显的腐蚀。因此要定期检查干洗溶剂的酸碱度，可用 pH 值试纸定期检测，发现溶剂酸化马上进行处理。

7. 静电与抗静电剂

静电是生产、生活中普遍存在的一种自然现象。物质都是由分子组成的，分子是由带负电荷的电子和带正电荷的原子组成的。在正常状况下，一个原子的质子数与电子数相同，正负平衡，一旦失去平衡便产生静电。

物体产生静电的条件是绝缘和摩擦。绝缘越好，摩擦越大，产生的静电越多。合成纤维和毛纤维织物具有很好的绝缘性，干洗烘干之后，经过烘干时的滚动摩擦，于是产生静电。如果这些衣物水洗则没有静电。衣物静放或者面料中含有金属丝等导电物质，也不会产生静电。服装干洗产生静电的坏处是击打人体；吸附灰尘使衣物脏污，造成二次污染；衣物穿着不舒适，影响美观。

在纺织印染行业使织物具有抗静电性，通常采用两种办法：第一，使用抗静电剂，即表面活性剂处理，赋予纤维表面吸湿性和离子性，从而降低纤维的绝缘性，属于暂时性，最常用的是季铵盐；第二，使用合成树脂整理，使织物表面光滑，减小纤维的摩擦系数，属于永久性。洗衣店干洗时为了减少静电，使用的都是抗静电剂，即抗静电性较强的表面活性剂——两性活性剂及其它辅料，兼具抗静电和去污两种功能。

8. 手工溶剂擦洗也是干洗

如同干洗也是机洗一样，使用化学溶剂手工擦洗也是干洗。因此对不耐溶剂的服装和织物在擦洗、去渍时不可使用有机溶剂，或慎用有机溶剂。化学溶剂种类很多，性能不一，对象不同，溶解能力不同，使用溶剂时要有选择。

9. 正确选择洗涤程序

干洗机是洗衣店的主要设备，开店投资成本最高，设备构造最复杂，自动化程度最高，操作最复杂，维护事项最多。因此，要想洗好衣物，保证安全，操作者必须认真学习，熟读使用说明书，掌握干洗机的各项功能和操作方法，做好日常的设备维护。

干洗机有多项事先设置的洗涤程序，操作人员要熟练掌握操作方法，根据衣物情况正确选择控制程序。特殊衣物要手动操作。掌握设备的工作原理和操作程序是保证洗涤效果、洗衣安全、设备安全的基础。要认真学习和观察，总结经验，吸取教训，只有这样才能不断提高技术水平，减少洗衣事故和问题的发生。意大利 FIRBIMATIC 全封闭四氯乙烯干洗机洗涤、烘干程序见表 12-1。

表 12-1　意大利 FIRBIMATIC 全封闭四氯乙烯干洗机洗涤、烘干程序

程 序 号	程序名称	时间/分钟	洗涤衣物及洗涤件数
F01	标准洗涤程序	44.5	西装、夹克、毛衣、风衣、毛呢
F02	不太脏衣物洗涤程序	43	10件以内西装、夹克、毛衣、风衣、毛呢
F03	少量干净衣物洗涤程序	37	10件以内西装、夹克、毛衣、风衣、毛呢
F04	浅色衣物洗涤程序	43.5	粉色、浅黄色、乳白色、白色
F06	易掉色衣物洗涤程序	43	红色、黑色、彩色褪色
F07	轻柔洗涤程序	44.5	羊绒衫、羊绒大衣、真丝等
F08	较厚衣物洗涤程序	50.5	毛毯、真丝被、羊毛被等
F09	纯白色衣物洗涤程序		纯白色棉、麻、丝、毛等
F10	烘干程序		烘干不彻底，单独再烘干一次
F12	洗涤少量衣物洗涤程序	34	快速洗涤（少量衣物）

第三节
水洗

水洗是人类历史上延续至今的洗涤方式，现在仍是衣物洗涤的主要方式。目前，洗衣店收洗的衣物 70％ 以上适合水洗，而水洗的衣物大部分适合机洗，只有少部分必须手工水洗。

一、机洗与手洗的比较

在行业交流中得知，有一家洗衣店怕出事故，水洗衣物能手洗的全都手洗，不用机洗，通过增加手洗数量减少洗衣事故。如果洗衣量很小尚可维持，如果洗衣量大则难以为继。有人认为机洗不如手洗干净，事实并非如此，衣物机洗干不干净，要看洗什么衣物、如何洗。机洗具有手洗不可替代的优势。

① 洗涤大件衣物的优势。如窗帘、床罩、棉服、羽绒服等，可以说手洗洗不了，也洗不好。

② 效率高的优势。机洗普通衣物一个人 8 小时可以洗涤 140～180 件，或 200 件以上，一个班一人最多洗涤近 300 件（含延时），效率是手洗的数倍。

③ 漂洗干净的优势。在漂洗过程中，每漂洗一次都经过甩干脱水，脱水后再次漂洗其洗净度是不脱水难以相比的。

④ 节省体力、降低劳动力成本的优势。洗衣既是技术工作，也是体力劳动，特别是洗衣量很大的时候，需要很好的体力支持，否则从事这项工作不能持久。如果增加人手，不仅提高劳动力成本，而且需要扩大工作场地。绝大多数的专业洗衣店面积不大，门市租金较高。

机洗与手洗相比，手洗注重的是安全，机洗注重的是效率。手洗，洗衣事故和问题的发生率较低，尤其是娇嫩衣物必须手洗，这一点是所有洗衣店的共识。但是手洗方法错误或洗涤剂使用错误，洗衣事故和问题同样可以发生。

二、轮转机与涡轮机的比较

洗衣店的水洗主机都是轮转洗涤，大多数洗衣店也同时配备了涡轮式双缸洗衣机，主要是适应单件或几个小件衣物手洗和甩干的需要。轮转机与涡轮机的区别主要有以下几点。

① 轮转机可以洗涤所有款式的衣物，各部位洗涤均匀；涡轮机不可洗涤羽绒服、双面服之类的双层衣物，这类衣物在洗涤时会充满气体鼓包，局部漂在上面，影响洗净均匀度。因此洗净度轮转机高于涡轮机。

② 轮转机无论大小基本都是全自动，并可自动加温；涡轮机为半自动，洗涤、脱水分为两个部分，同时，甩干桶不可甩干双层衣物，如羽绒服、双面服，因为双层衣物在甩干瞬间产生大量气体，达到一定程度会发生气爆，损坏衣物和机器，这已有发生的案例。

③ 轮转机洗磨损衣物轻于涡轮机洗，而且磨损也较为均匀，如果硬挺衣物（如汽车亚麻坐垫）满负荷洗涤，几乎没有滚动摔打，衣物的磨损很小；涡轮磨损重于轮转，而且重点磨损

的部位突出，如果是硬挺衣物强力洗涤及洗涤时间较长，很容易造成严重局部磨损和色花。

④ 涡轮机也具有轮转机不可替代的优势，如手洗单件或少量衣物需要脱水，只能用涡轮式双缸洗衣机甩干桶。

✛ 案例4 错误甩干，机毁衣破

衣物情况：夹克，双面服。

操作：水洗；用双缸洗衣机单件脱水，软盖未盖。结果甩干桶爆裂，桶口塑料崩飞，服装后身下摆处撕破将近7厘米×7厘米的三角口，如图12-1所示。

图12-1 撕破的夹克

处理情况：为配买相同面料更换，跑遍全市布料市场和服装批发市场，但无功而返；即使购得相同面料，此衣做工精细，拆开重缝恢复原状难度也很大，很难保证双面服的两面缝线都在原来位置，必然露出针孔。遂与顾客协商，最终赔付5000元洗衣卡了结。

✛ 三、必须手工水洗的衣物

洗衣店的主要洗衣机都是程序控制，衣物一旦进入洗衣机，操作者便不能随意关闭或开启，若发现某件衣物应单件手洗，已经为时已晚。因此，在洗涤前一定要把好分拣这道关口。常见需要手洗的衣物主要有以下几种。

1. 羊毛衫、羊绒衫

羊绒衫、羊毛衫应选择干洗，但有的穿用很长时间，干洗次数很多之后，一些蛋白质类污垢和汗渍沉积较多，十分明显，只有进行水洗。水洗必须手洗，因为缩绒与其它衣物缩水不同的是，又增加了毡缩，因此要尽量减少揉搓，绝对不可用力揉搓，特别是含有兔毛的衣物，水温以25～30℃为宜。而且要进行保护性甩干，甩干时间要短，晾晒时要方法正确，用多个衣架平挂，以防拉长变形。

2. 丝绸服装与轻薄夏装

丝绸衣物质地薄软，耐磨性差，在高速运转的洗衣机桶内极易起毛，发生浅表性磨伤，出现白条子形态的色花，救治和修复很难达到理想的效果。极少数采用真丝面料的羽绒服和棉服，虽然衣物厚重，但面料娇嫩，同样需要手工水洗。如果可以机洗，必须翻面，而且必须采取非常稳妥的保护性措施。部分 T 恤夏装和裙装多采用新型纤维，轻薄娇气，机洗容易损伤。

3. 带有各种饰品的衣物

有的衣物镶嵌各种亮片、亮珠、标牌等装饰品。这些装饰品有的极易损伤和脱落，很难购配；有的是金属带有棱角，机洗极易划伤面料。这类服装以女装和夏季服装为多。

4. 硬挺面料

硬挺面料属于一种特殊的娇嫩面料。这种衣物的磨损度重于其它衣物。有的第一次机洗就严重色花，面纹磨损，衣角磨破。因此这类衣物应当手工刷洗。

5. 掉色严重的衣物

掉色严重的衣物均为染料染色衣物，不可机洗，不可与其它衣物混洗，即便是相近颜色的衣物也不可同盆浸泡，同机洗涤，因为没有颜色完全相同的衣物，沾染后虽然不是改变颜色，但可以形成色差或色花，只能单件手工水洗。

6. 麻纤维织物

没有经过预缩的麻纤维织物，尤其是面料较厚疏松织物，机器水洗缩水率高于手洗。

7. 苯胺革、裘皮附件服装

苯胺革作为滚边、镶条的服装比较常见，掉色非常严重，泅色基本不可避免，即便手洗也难以控制，如果水洗则完全失控。裘皮附件服装容易加重毛被擀毡。

✦ 四、手工水洗方法

手工水洗大致有五种方法。

1. 搓洗

搓洗包括搓衣板搓洗、双手搓洗、案板搓洗三种方式。搓衣板搓洗是传统的家庭手工水洗方法，使用的是洗衣板。洗衣板搓洗在专业洗衣店基本绝迹，只有个别洗衣店偶尔使用。现在许多洗衣店配备了白钢案板，洗衣店基本采用案板搓洗方式。搓洗在各种洗涤方式中摩擦力最大，色牢度不高的衣物极易造成局部掉色或色花。搓洗分为用力搓洗和轻柔搓洗，摩擦力显著不同。

2. 刷洗

刷洗是手工水洗的重要方式，是洗衣店手洗采用最多的方法。洗衣店配备的白钢案板也为刷洗创造了有利的条件。刷洗的要求是"三平一均"，即配备的白钢案板要平，在操作过程中，要做到：铺衣平、走刷平，刷洗均匀。带绒的衣物要顺着绒的纹路轻刷，防止绒毛损伤和脱落。

洗衣店应当配备刷毛硬度不同的衣刷。硬毛刷刷洗效果明显，但容易刮伤织物纤维。有一件羽绒服，面料为尼龙绸，是一件品牌服装，由于右前幅刷洗过重导致起毛，最终赔付2000 元。从实践经验来看，薄软面料、丝绸面料，尤其是丝绸缎纹面料不可刷洗，包括真丝、黏胶人造丝。

3. 拎洗

这是十分温柔的洗涤方法。首先将洗涤剂溶解在洗衣盆的水中，然后将衣物放到水溶液中泡透，双手抓住衣物上下提拎，也可以称为"涮洗"或"淋洗"。这种方法在处理串色、搭色衣物，去除色迹时使用最多。

4. 挤洗

这是最为柔和的洗涤方式，用于最娇气的衣物。

5. 擦洗

这种方法主要针对皮革服装和光面外涂层衣物。

五、不适宜干洗又不适宜水洗的衣物

许多洗衣店都有过这样的境遇，有的衣物既不能干洗又不能水洗，处于两难的尴尬局面。这样的衣物基本分为三种类型：一是服装结构由不同性能的纤维织物拼料组成，这些不同的纤维织物洗涤要求不同；二是服装织物纤维与饰品或附件的洗涤要求相矛盾，例如有的羊绒衫，特别是含有兔毛的羊绒衫，水洗将严重缩绒抽缩，如果采取干洗是比较安全的，但是衣物上却镶嵌了许多亮片、亮钻、亮珠等饰品，又无法拆卸，这些饰品都是合成树脂材料，干洗可能被溶解和脱落，不可修复；三是有的著名品牌和贵重衣物采用了新型纤维，售价昂贵，洗涤标识明确标注不可干洗也不可水洗。如果遇到这种情况只能向顾客说明原因并拒洗。如果顾客坚持要洗，风险只能由顾客独自承担，而且必须签字。

在洗衣实践中这种情况碰到多次，有的拒洗，有的经顾客同意签字进行了水洗。衣物太脏不能不洗，一般来说，既不适宜干洗又不适宜水洗的衣物，最终选择的基本都是水洗。

案例 5　特殊衣物的洗涤

洗涤标识：不可水洗；不可漂白；不可熨烫；不可干洗；不可转笼翻转干燥；面料：67% COTTON；33% POLYURE T H T HANE[1]；不可水洗；不可氯漂；不可熨烫；不可高温；里料：(日文略) 67%；(磨损不清) 33%。

服装及检查情况：米黄色男西式外衣（图 12-2）。此件上衣属于硬挺衣物，似皮非皮，带有里衬。衣物很脏，尤其是衣领油渍很重，且有几个磨破的小眼。顾客说“购买这件衣服花了两万多元”。事实上该店过去曾遇到一件与此同样的衣物，未收洗。此次

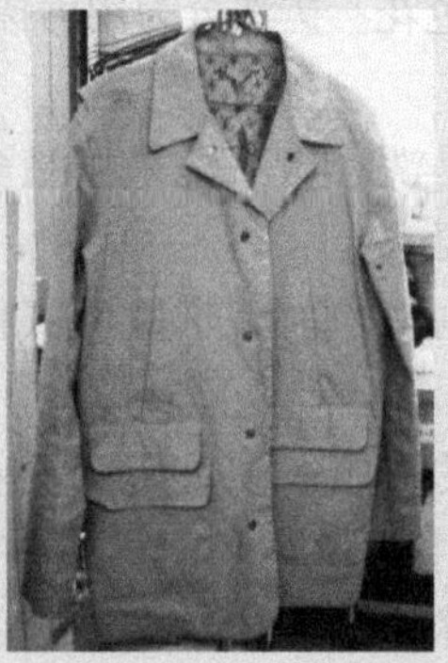

图 12-2　品牌外套（米黄色）

[1] 个别服装品牌，类似这件不可干洗又不可水洗的情况经常出现，洗涤标识标注不规范、标注错误甚多。以这件服装洗涤标识为例，不仅违背了洗涤标识不可使用外文的规定，所注面料“POLYURE T H T HANE”的英文也是错误的。——编者注

一开始拒洗。应顾客的要求和协商，最后顾客签字同意按皮衣收费水洗，出现意外顾客承担责任。

　　洗涤操作：手工擦洗；常温水；洗涤用品：立白洗洁精（pH值为7）；挂晾。

　　洗涤过程中出现的问题：衣服浸湿后里衬品牌图案透过面料全部显现，干后全部消失。返洗两次。顾客取衣时很满意。品牌服装不可干洗又不可水洗的情况较多，提醒各洗衣店注意。

✦ 六、硬水与软水

　　水本身具有去污作用，是使用最多、最重要的溶剂，它对污垢的作用是溶解、分散、悬浮等，还起到热能和机械力的传递作用。纯净水呈中性。水分为软水和硬水，软水洗衣与硬水洗衣以及染色效果不同。

　　什么是硬水？洗衣店洗衣用的都是自来水，自来水中都含有杂质，一般而言，含有杂质的水称为硬水，杂质越多，硬度越高。其杂质分为两类：一是可过滤的杂质，如泥土、灰尘、碎屑等，其化学成分主要是碳酸盐，这类杂质可用煮沸法除去，称为暂时硬度（或称碳酸盐硬度）；二是溶于水中的铁、钙、镁等金属离子的硫酸盐及氯化物，这类杂质不能通过煮沸法除去，称为永久硬度。暂时硬度与永久硬度之和称为总硬度。水里含的固体杂质很多，总硬度达到一定程度称为硬水。

　　硬水（永久硬度）的衡量标准世界各国的表示方法尚未统一，中国称为硬度，1度相当于1升水中含有10毫升金属离子。低于8度的为软水；8~17度为中度硬水；17度以上为硬水。因此软水中也含有少量的金属离子，真正不含金属离子的软水只有蒸馏水。雨水、雪水、江水、河水、湖水所含金属离子相对较少，深井水、矿泉水、海水含量较多。自来水经过过滤比较清澈，但是金属离子用煮沸方法和一般的过滤方法是清除不掉的。

　　金属离子是锅炉、水壶、洗衣机形成水垢的主要成分，腐蚀设备，阻隔传热，使设备的使用期缩短。对于洗衣来说，水中的钙、镁离子可与肥皂结合形成金属皂，重新污染衣物，形成皂斑，这种现象称为"钙镁皂"，日久可使衣物泛黄。

　　软水和硬水的简易检测方法有以下几种。

　　① 手指捻水，发涩为硬水，发滑为软水。

　　② 可在水样中加入少量的透明皂溶液，边加边摇荡，如水溶液不浑浊，溶液表面上所生泡沫静置5分钟也不消失，证明水样为软水，否则是硬水。

　　③ 观察水壶水垢，无水垢为软水，有水垢为硬水，水垢越厚越硬，水的硬度越高。

　　进一步检测方法是：将煮沸后的开水放置数分钟，若水中有沉淀，则证明水中杂质较多。取出上面的澄清液少许倒入试管或锥形瓶中，加入透明的肥皂溶液，照前法试验，如水样变为浑浊，并且摇荡后所产生泡沫立刻消失或容易消失，证明水样为永久硬水。

　　硬水软化及用硬水洗衣的方法有以下几种。

　　① 化学软化方法，主要用品是无机盐类的碳酸盐、磷酸盐、焦磷酸盐、硅酸盐、硼酸

盐、三聚磷酸钠、多磷酸钠等。

② 为了防止使用肥皂或透明皂洗衣时产生"钙镁皂"，可在水中加一些洗衣粉。洗衣粉中含有软化水的成分。

洗衣店最好配备软水机。软水机的工作过程分为两部分：一是过滤净化，解决暂时硬度；二是软化净化，解决永久硬度。软化所用材料是无机盐，也称软水盐。洗衣店配备软水机，不仅可以提高洗衣质量，延长设备的使用寿命，降低维修率，而且可以对外宣传，提高顾客的信任度。

日常生活长期饮用硬水或软水都不好，对健康不利，饮用纯净的中度水最好。对于家庭来说，如果水源硬度不高，使用经过过滤的自来水最好。

✦ 七、保护性脱水

娇嫩的衣物脱水甩干是一道关口，很容易出现问题。为防止衣物损伤、变形采取如下措施：第一，不能拧绞；第二，需用大毛巾包裹脱水甩干；第三，脱水时间要短。不宜甩干或充分甩干的衣物主要有以下几种。

① 部分起绒织物，如静电植绒、真丝烂花绒、仿麂皮绒、仿皮针织绒等，尤其是高速甩干，极易出现绒毛倒伏现象。

② 紧密细薄丝绸制品，如真丝绸；新型娇嫩纺织品。

③ 羊绒衫类织物，包括腈纶绒衣，高速甩干和时间过长极易变形，有的开始可能并不明显，洗过几次之后就会猛然发现与当初购买时相比，已经明显抽缩变形。

✦ 八、晾晒

衣物水洗后相同的颜色要放到一处晾干，并留有间距。所有的衣物不能在阳光下晾晒，尤其是真丝衣物和其它易褪色衣物。衣物在湿态状况下的染色耐晒色牢度远远低于干燥情况下的耐晒色牢度，尤其是耐晒色牢度差的衣物，在阳光下晾晒褪色十分严重。因此，衣物洗涤之后不可在室外阳光下晾晒。有些容易变形的衣物如腈纶绒衣、羊毛衫等，要用多个衣架平挂晾晒。

✦ 案例6 真丝室外晾晒，阳面褪色赔付

某洗衣店在开业之初，由于缺少洗衣常识，不了解真丝衣物及颜色不耐日晒，将一件真丝T恤水洗之后挂在室外晾晒，结果阳面褪色，与阴面形成色差，造成赔付。在所有纤维中，蚕丝纤维织物耐光性最差，阳光照射会使其颜色泛黄和褪色，尤其是在湿态的情况下暴晒尤为严重。

✦ 九、衣物缩水缩绒规律与洗涤

在第二章介绍了纤维的回潮率（吸湿性）对纤维织物缩水的影响。除了吸湿性外，纤维的结构、织物的疏密、纱线的粗细、印染时拉抻自然回缩等，都对纤维织物的缩水有着不同

程度的影响。

1. 织物缩水变形规律

综合分析织物缩水变形规律主要如下。

（1）纤维的吸湿性不同，缩水率不同　纤维织物吸湿性越大，缩水率越高。纤维素纤维和蛋白质纤维的缩水率高于合成纤维。纤维缩水率的一般顺序是：羊毛≥黏胶≥棉、麻≥丝≥醋酯≥维纶、锦纶≥腈纶≥丙纶、涤纶。缩水率最低的是丙纶、涤纶，几乎不缩水。部分纤维织品缩水率见表 12-2。

（2）纤维织物组织不同，缩水率不同　常见缩水率较大的有双绉、府绸（棉、黏胶）、美丽绸（黏胶）、纯丝织物、元贡（棉、麻）、棉平布、棉卡其、棉华达呢等。面料疏松、密度小的面料缩水率高于密度大的面料。总体来看，针织物的缩水率高于机织物。

（3）织物纱支粗细不同，缩水率也不同　纱支粗的织物缩水率大于纱支细的织物。

（4）纤维织物缩水率受织造印染整理工艺影响　织物在纺纱、织造和染整过程中，纤维要拉抻多次，使纤维、纱线和织物有所伸长，致使留下潜在应变，当织物一旦浸入水中处于自由状态，拉长部分会不同程度回缩。拉抻越大，缩水率越高。缩水织物主要是天然纤维，天然纤维除毛纤维织物外，其它纤维织物如果织物经过预缩处理，水洗基本不缩水或缩水很小。

表 12-2　部分纤维织品缩水率

织品种类	缩水率/%		备注
	经向	纬向	
棉纤维织品			
哔叽、华达呢	5.5	2	
府绸	4.5	2	
平布	3.5	3.5	
棉丝光平布	3.5	3.5	
棉丝斜纹布	4	3	
棉本光平布	6	2.5	
棉/丙织品	3	3	
麻			
羊毛			
羊毛含量大于60%	4～5	3	
一般织品	4	3.5	
粗纺羊毛化纤织品			
化纤含量小于40%	3.5	4.5	
化纤含量大于40%	4	5	
精纺化纤羊毛织品			
涤纶含量大于40%	2	1.5	
锦纶含量大于40%	3.5	3	
锦纶含量大于50%	3.5	3	
涤纶含量大于50%	3.5	3	
一般织品	4.5	4	
化纤丝绸织品			
醋酯丝织品	5	3	
纯黏胶丝织品及各种交织品	8～10	3	
涤纶丝织品	2	2	
涤/黏/绢混纺织品	3	3	涤含量65%，黏含量25%，绢含量10%
富/涤织品	3	3	富纤含量65%
真丝双绉	10	3	

（5）缩水的延续不同　纤维素纤维织物第一次水洗发生了较大的缩水，以后水洗不再缩水，即使有缩水，缩水的程度也很轻，通过熨烫可以整理恢复。唯独毛纤维与众不同，每一次水洗都会缩水，而且摩擦毡缩，只要羊毛上的鳞片存在，每次水洗都会继续缩绒，其中兔毛缩绒重于羊毛。

（6）纯纺与混纺不同　缩水率高的纤维织物，与其它不缩水或缩水小的纤维混纺，缩水率低于纯纺织物。

（7）温度不同，缩水率也不同　同是一件纤维织物，高温洗涤的缩水率高于低温和冷水，毛纤维尤甚。

（8）粗纺高于精纺　纤维织物粗纺高于精纺，面纹粗厚的高于薄而细密的面料，尤其是麻纤维面料，兼具了纤维粗细、织物疏密等多种因素。

2. 缩水与缩绒衣物的洗涤

衣物被水浸湿或水洗后产生收缩，并发生变形，这种收缩和变形称为缩水，缩水的百分率称为缩水率。黏胶纤维（包括人造丝、人造棉），纯棉府绸、双绉，结构疏松的麻类织物等，初次水洗缩水严重，很难整理恢复，但是二次水洗不再缩水，或缩水很轻通过熨烫可以整理恢复。缩绒是毛纤维特有属性，包括毡缩与缩水。毛纤维的缩绒与其它纤维的缩水不同，每次水洗都缩绒，温度越高，摩擦越重，缩绒越重。有的水洗一两次不太明显，当水洗次数多了以后猛然发现，与当初购买时相比已严重抽缩。织物缩水的预防和整理措施主要有以下几种。

① 缩水严重的衣物应首选干洗。
② 缩水严重的衣物干洗，洗前涂抹皂液不要过多或者不涂抹皂液，尽量减少水分。
③ 洗涤温度应低温不超过 30℃，温度越高，收缩越重。
④ 缩水严重而又必须水洗的衣物，洗涤之前要量好尺寸，以备洗后整理。
⑤ 羊毛服装确定水洗，不可机洗，水温 30℃ 左右为佳，不可过多揉搓和用力揉搓。

✤ 十、衣物水洗容易沾色的预防措施

易掉色衣物的洗涤是个综合性问题。易掉色衣物从纤维方面来说，多为天然纤维及再生纤维；从着色方面来说，基本是染料染色和染料印花、染料染色真皮及真皮附件；从服装款式方面来说，多为牛仔服、休闲服、染料染色 T 恤和染料印花 T 恤；从颜色的种类来看，深色重于浅色；从掉色的次生结果来说，有的染料染色纤维织物不仅水洗掉色，而且还可造成颜色沾染，如串色、搭色、洇色、褪色；涂料印花和涂料染色纤维织物水洗容易摩擦掉色，形成色花、色绺，但一般不会造成颜色污染；从洗涤方式来说，水洗掉色重于干洗。易掉色衣物水洗应采取如下措施。

① 分色洗涤。
② 翻面洗涤。对于预防机洗摩擦掉色造成的色花、色绺，最有效的办法就是翻面洗涤，翻面时同时将纽扣扣好、拉链拉好。防止色花、色绺，在刷洗时一定要做到"三平一均"，顺向刷洗，选用的衣刷刷毛适当，对于薄软织物不可刷洗，需要刷洗的一定要选用软毛刷。
③ 单件手洗，尤其是掉色严重的衣物。
④ 洗涤过程自始至终加入冰醋酸；没有冰醋酸，可加入食盐水或先用食盐水浸泡。

⑤ 充分甩干、局部速干对于真皮染料染色（附件）服装要采取多项措施。例如苯胺革作为服装镶条的服装，晾晒前，用风枪或电吹风将镶条与面料连接处打干，杜绝洇色的可能性（参见第十三章第四节四、洇色第 274 页）。

⑥ 分开挂晾，保持一定的间距等。

⑦ 印花衣物出现洇色，采取吊色处理（详见第八章第五节一、冰醋酸第 168 页）。

✤ 十一、水洗刷伤及预防

刷洗是洗衣店水洗衣物使用最多的方法。许多人习惯使用硬毛刷，因为硬毛刷的去污效果强于软毛刷，使用起来很舒服，软毛刷几乎没人使用。由此一来刷伤事故不期而至。刷洗不当出现的事故和问题主要有以下几种。

(1) 色花　刷洗色花原因：一是衣物的色牢度差，尤其是耐摩擦色牢度较差；二是操作方法不当，没有遵循"三平一均"的原则，特别是衣物铺得不平有褶皱，极易造成色绺（白条子）；当污渍未除用力刷洗，掉色严重，局部发白，与整件衣物的颜色形成明显色差。

(2) 刮伤　主要特征是剐丝起毛。主要原因是不分面料选用了硬毛刷，以及用力过大。

刷伤事故和问题有的可以救治和修复，如色花；有的一旦出现便是死头事故，无法救治和修复。刷伤事故和问题充分说明了预防重于救治的道理。刷洗注意的问题主要有以下几种。

① 刷洗必须坚持"三平一均"的原则和方法，对于掉色严重的衣物要加倍注意。

② 洗衣店应备有软、中、硬三种衣刷，根据不同面料进行选用。

③ 薄软面料、疏松面料、缎纹面料不可刷洗，刷洗不当易造成衣物色花。

✤ 十二、织物的上浆与退浆

过去有许多家庭洗完被单、褥单、床单有上浆的习惯，所用的浆料是淀粉，目的是减轻污垢对纤维织物的沾染，下次洗涤时污垢很容易随同退浆洗掉。现在家庭用的床罩、被罩，洗涤的次数大大增多，上浆的概念在人们的意识中已逐步淡化，从洗衣店收洗的衣物情况来看，家庭上浆衣物几乎绝迹。目前衣物洗涤时上浆主要是大酒店的布草。

纺织厂、印染厂与家庭不同，上浆、退浆是生产过程中不可缺少的程序。上浆有两种情况：一是纺织上浆；二是印染上浆。纺织上浆是为了织布时使纱线光滑顺畅，纺织前对纱线主要是经纱上浆，有化学浆料，有淀粉浆料，都是染色前比较容易洗除的浆料。印染上浆有的是印染工艺的需要，使用的浆料多为淀粉；有的是应用户要求而上浆。

✤ 十三、合成纤维水洗"三忌"

有关专家根据实践经验，总结出合成纤维水洗"三忌"如下。

(1) 忌热水洗涤　合成纤维织物不能承受高温洗涤，温度过高就会使布面起皱、变形、发硬或软化，不能恢复原状，适宜冷水或低温水洗涤，氯纶适用冷水洗涤。

(2) 忌拧绞　合成纤维织物忌用力搓、硬刷子刷。洗净漂净后不可用力拧绞，脱水时间不宜过长和充分脱水，然后抖直整平，挂起来让其自然滴干和晾干。

(3) 忌高温熨烫　合成纤维衣物许多是免烫衣物，被誉为"洗可穿"，但这并非不需要熨烫，只是低温稍微熨烫一下即可。氯纶不可熨烫；维纶只能干烫。

✛ 十四、水洗"八忌"与"三平一均"、水洗五要素

水洗"八忌"与"三平一均"是业内总结的成功经验。

(1) 水洗"八忌"　不分大小；不分颜色；不分脏净；不分原料；温度不宜；用料过多；中途放手；长泡不管。

(2) "三平一均"　案板平、铺衣平、走刷平；刷洗均匀。

(3) 水洗五要素　水、洗涤剂、机械力、温度、时间。

第四节
干洗、水洗共同注意事项

✛ 一、保护性洗涤

无论是干洗还是水洗都有娇嫩的衣物，都有容易损坏的纤维织物、配件和附件，都有容易掉色污染的衣物，如果不事先检查和不加区别、不采取有效措施一起投进洗衣机，难免出现问题。因此无论是干洗还是水洗，对娇嫩衣物和特殊衣物都要采取保护性措施，这是防止事故和问题发生的重要事项。娇嫩衣物和特殊衣物一般包括以下几种。

① 丝缎类薄而轻的服装、固定裘皮领子的外衣。

② 小件衣物和附件，如领带，纱巾，可拆卸的毛领、腰带、袖头、帽子，手套等。

③ 有装饰物的衣物，如亮钻、亮片、亮珠、穗子、坠子、标牌等。

④ 硬挺而不耐摩擦的衣物。

⑤ 容易掉色沾染的衣物。

✛ 案例 7

这是桑蚕丝女性上衣，腋下干洗后发现出现 3 厘米开口，如图 12-3 所示。此处较隐蔽，也是穿用和洗涤容易撑破的地方。干洗时已装入网袋，为减小洗涤中的摩擦摔打，仅用了口袋的一半，并扎得很牢，但意外还是发生了。顾客取衣时发现了腋下的开口。根据经验，不完全排除分拣漏检和洗涤中裂口扩大。

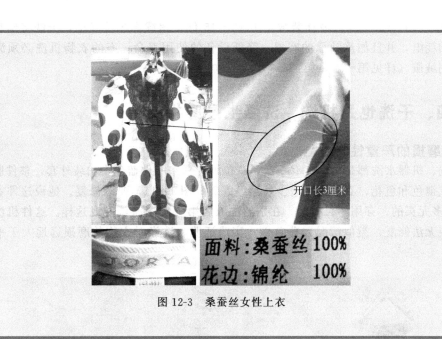

图 12-3　桑蚕丝女性上衣

保护性措施主要有以下几种。

第一，翻面，将纽扣扣好，拉链拉好。

第二，可能溶解的纽扣、饰品、附件要进行拆卸，纽扣、拉链头、标牌等硬质附件用白布、锡纸包裹，或用白布缝盖，以防磨损或刮伤面料。

第三，娇嫩的衣物装入网袋和布袋，娇嫩衣物和易掉色衣物装入白色布袋。

第四，机洗采用缓和洗涤程序，尽量缩短洗涤时间。自动程序满足不了要求，采取手动。

第五，掉色严重的衣物，如果干洗要采取相应的措施；水洗需单件手洗，并自始至终加入冰醋酸；对于不宜干洗也不宜水洗，最终选择水洗的衣物，必须小心手洗。

二、分色洗涤

分色洗涤是广义的概念，它不仅仅指洗涤，而是指从去渍到洗涤、晾晒的全过程。分色洗涤是防止串色和其它颜色沾染事故的一项十分重要的措施，必须严格遵守。分色洗涤包括衣物处于湿态时的同色堆放、同色浸泡、同盆洗涤、同色机洗、同机甩干、同色挂晾。

洗涤过程中发生的串色和色迹沾染事故的主要原因是不同颜色的衣物混洗造成的，严重的不是一件或两件，而是整批衣物同时发生串色。有的串色处理难度大。2004 年，山东一家洗衣店，由于新员工的错误操作，将 15 件不同颜色的衣物同时放到洗衣机里洗涤，造成严重的串色事故，店长（老板）带领员工全力以赴处理，费时两天多。因此洗衣时贪图省事一分，出现事故麻烦十分，并造成经济损失，严重影响正常经营。

三、机洗装载量

在一般情况下机洗最佳装载量应该是额定千克数的 80％。15 千克干洗机最佳装载量为

18～22 件，10 千克干洗机最佳装载量为 12～15 件。超载影响洗净度，干洗将延长烘干时间，增加耗电，并且加重轴承的磨损，降低设备的使用寿命。有的衣物机洗必须满负荷装载，如羽绒服（详见第十六章第一节第 300～303 页）。

✦ 四、干洗也是机洗，洗涤也是磨损

1. 机洗磨损的严重性

干洗、机器水洗都是机洗。有一次，一位顾客拿来一件蓝色中山装外套，整件服装严重磨损造成褪色和色花，衣角和兜边多处已经磨破（图 12-4），要求修复。他说这件衣服是花了 5000 多元买的，穿用不长时间，在别的洗衣店第一次洗涤就变成这样。这件机洗严重磨损的服装无法修复，类似情况并非首例。实践证明，洗涤对衣物的磨损远远大于平时正常穿用。

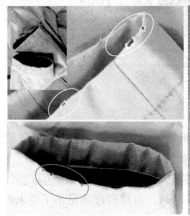 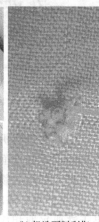 

(a) 机洗袖口磨出孔洞　　　(b) 机洗面料刮伤　　　(c) 皮革附件磨伤

图 12-4　机洗衣物的磨损

机洗衣物磨损一般大于手洗，那么机洗磨损到底能达到什么程度？以干洗机为例看一下磨损情况。

干洗机 40 转/分钟；洗涤全过程需时 40～45min；扣除停顿、排液、脱液等占用的时间，实际转动 30 分钟左右。每转动一次，起伏跌落、摔打摩擦至少 2～3 次，计算结果如下。

40 转/分钟× 30 分钟 ×（2～3 次）＝2400～3600 次

但这不是最终结果。有的衣物一次洗涤不净，需要返洗，就得经过 4800～7200 次的摔打摩擦。有的返洗 2～3 次。不算不知道，一算吓一跳。如此这般，有的衣物不采取一定的保护措施，第一次收洗就造成严重磨损和色花，便不足为怪了。有的衣物先水洗后干洗，又多次返洗，乃为大忌。

2. 各种洗涤方式摩擦力的比较

如果洗涤时间相同、转速相同，摩擦力和磨损大小如下。

不同洗衣机机械力比较：涡轮式洗衣机 ＞ 工业滚筒式洗衣机 ＞ 小型滚筒式洗衣机。

不同手洗方式机械力比较：搓洗＞刷洗＞拎洗＞挤洗。

各种洗涤方式和方法比较：搓洗居首位。手工挤洗最温柔，摩擦力最小。

机洗衣物装载量大小机械力比较：装载量小＞装载量大＞满负荷。

洗涤液位高低机械力比较：洗涤液位低＞液位高。

不同机洗度机械力比较：强力洗涤＞缓和洗涤。

机械力以及摩擦是双刃剑，一方面是去污的手段，另一方面是对衣物的磨损。对这种双重性，操作者要有清醒的认识，操作时要从实际出发。

五、自动程序洗涤与手动洗涤

洗衣店使用的干洗与水洗主机都是全自动程序控制，各种不同的程序都是生产厂家根据不同衣物的洗涤要求经过反复试验确定的，因此绝大多数的衣物洗涤时只要按下程序开启键就可以了。但是也有个别衣物或特殊情况需要手动操作，实质是自定洗涤程序，需要多次按键。例如有的进口全自动水洗机，设备综合性能很好，但是有一个缺点，洗涤温度越高脱水转速越快，温度越低脱水转速越慢，如果选用常温水或冷水洗涤，脱水效果非常不好。而有的衣物需要低温洗涤，并同时需要高速脱水。为了使脱水效果好，就必须手动操作。这样一来全自动就变成了半自动，操作者需要抽出精力观察，及时按键。有的人嫌麻烦，本应低温洗涤也采用高温；有的新员工不会手动操作，全部使用自动程序。这不仅浪费能源，也因水温过高出现了洗衣事故和洗衣问题。因此每一位操作人员都要认真阅读设备使用说明书，了解各种程序的功能和作用，在最短时间内学会设备程序操作和手动操作。

六、洗前去渍与洗后去渍

有些污渍靠正常洗涤是除不掉的，必须经过去渍处理。去渍的程序有洗前去渍，有洗后去渍。就绝大多数衣物而言，应当洗前去渍，这样可以降低返洗率，减少洗涤的磨损。对于有的污渍或污垢很重，或洗前去渍风险较大，可以采取洗后去渍。有些污垢经过洗涤之后可能已经除掉，省去了洗后去渍的麻烦，降低了风险系数。哪些污垢应当洗前去渍处理，哪些污垢应当洗后去渍处理，这要根据纤维和污垢的实际情况确定。

1. 干洗前去渍的污垢

干洗需要洗前处理的污垢主要是：第一，蛋白质类的污垢，如血渍、尿液、汗渍，这些统称为人体污垢，血渍干洗不仅洗不掉，反而经过干洗烘干会造成固化变成难除污渍；第二，生活污垢，如饮料、红酒、牛奶渍、各种食品、化妆品等；第三，部分颗粒型污垢，如工业粉尘、烟尘、炭黑、碳素笔迹、泥土、铁锈、颜料等；第四，再生污垢，如霉斑等。

2. 水洗前去渍的污垢

水洗需要洗前处理的污垢主要是油性污垢，包括无机油污垢和有机油污垢，如各类机油、动物油、植物油、脂肪等。水对油性污垢没有溶解力，洗涤剂中的表面活性剂虽然对油性污垢有乳化作用，但去除油性污垢的效果不如干洗溶剂，这类污垢如果较重，估计正常洗涤不能除掉，需要洗前去渍。

无论是干洗还是水洗，对于易掉色和深色衣物，为了减小去渍时的风险可以采取洗后去渍。

✦ 七、容垢度与二次污染

溶液容纳污垢的饱和程度称为容垢度。在洗涤过程中，当溶液中所含的污垢与衣物上的污垢达到平衡时，即溶液中的污垢达到饱和浓度时，污垢不再从衣物上继续脱落进入溶液之中。如果继续洗涤，衣物上污垢较重的部位，污垢会继续脱落进入溶液之中，溶液中的污垢则沾染服装上干净的部位，或者说干净的部位、已经洗净的部位反过来要吸纳污垢，以获得衣物上的污垢与溶液中的污垢程度的平衡，这种现象被称为污垢的再沉积或"二次污染"。其表现特征是衣物"发灰"，尤其是白色和浅色衣物表现明显。造成"二次污染"的主要原因有以下几种。

① 过量使用洗衣粉。洗涤特别脏的衣服时适当多加一些洗衣粉是可以的，但并不是加得越多越好，洗衣粉的浓度为 0.2%～0.5% 就足够用了。日本测定的洗衣粉标准浓度是 0.133%，中国是 0.2%。洗衣粉过量不仅浪费，而且不易使残液漂洗干净。

② 洗衣中途添加洗衣粉，结果事与愿违。后加的洗衣粉基本不起作用，反而造成浪费。

③ 洗涤时间过长。

④ 衣物脏污程度差别较大的衣物混洗，或深浅不同的衣物同机混洗。

干洗白色、浅色衣物出现发灰现象较多，除上述原因外还有下列因素。

第一，干洗溶剂去除油性污垢的原理是溶解，油性污垢被溶解稀释在溶液中，但油性污垢的性质并未发生变化，而油性污垢沾染衣物的能力较强，如果溶液不干净而浓度达到一定程度，很容易造成"二次污染"。

第二，化学溶剂不干净，特别是过滤净化的开启式干洗机，衣物发灰现象较多。

第三，干洗溶剂是循环使用的，为了降低成本，生产厂家设定洗涤程序时，即便是最新全封闭四氯乙烯干洗机，一般也是在洗涤时使用过滤的溶剂，漂洗时使用蒸馏的纯净溶剂，影响了衣物的洗净度。相比之下，水洗白色、浅色衣物发灰现象少于干洗。

因此，干洗白色、浅色衣物之前应手动，用蒸馏的纯净溶剂冲洗滚筒，然后用蒸馏的纯净溶剂进行洗涤和漂洗；同时洗涤时不可使用圆盘过滤器和脱色过滤器，洗涤时间不宜过长。

> **操作实例：**一位实践经验和理论知识丰富的专业老师讲述他亲身经历的一个操作事例。他曾经在一家大宾馆洗衣工厂工作，平时水洗使用的是 20 千克的工业洗衣机，有一天这台洗衣机已被占用，他便使用一台暂时闲置的 100 千克的工业洗衣机，洗涤量和操作方法与 20 千克洗衣机完全相同。但是洗完的衣物发灰。为了解决这个问题，最后用 20 千克的洗衣机重新洗了一次，结果衣物洗净了，解决了发灰的问题，但不知何故。后来经过研究才明白，由于 100 千克的洗衣机直径大，摔打和摩擦力远大于 20 千克的洗衣机，同样的洗涤等于时间延长，即洗涤时间过长。由此而造成衣物发灰。

✦ 八、二浴法与二次洗涤

对于重垢衣物应与其它衣物分开洗涤，洗涤不是时间越长越好，也不是洗涤剂添加得越多越好。正确的方法是：先将衣物用清水洗涤，将浑浊的水溶液排掉；当水不浑浊时再用清水加入洗涤剂进行正常洗涤。如果洗净度不够理想，可进行二次洗涤。这样可以避免"二次污染"衣物发灰。洗衣行业将二次洗涤称为二浴法。在洗衣工作中无论是水洗还是干洗，都存在返洗，这都属于二次洗涤，但返洗属于被动的二次洗涤。二浴法则是主动的二次洗涤。

✛ 九、双浴法

所谓双浴法是衣物既水洗又干洗。有的衣物污垢较重，既有油性污垢，又有蛋白质污垢。如果干洗，需要先对蛋白质污垢进行去渍剂处理；如果水洗需要先对油性污垢进行去渍处理。有的衣物污垢多，去渍麻烦且风险大，而且去渍容易将有色衣物局部打白，如果分别干洗和水洗，比较容易洗除。这种衣物应该先水洗，晾干之后返干洗，如有污垢再进行洗后去渍处理。这种洗涤方法称为双浴法。双浴法必须先水洗后干洗。

✛ 十、使用洗涤用品和去渍化料的四要素

使用化学药剂的三要素是：温度与浓度、时间、使用方法。

(1) 温度与浓度 在一般情况下，温度越高效力越强，但并非温度越高或越低效果越好。

(2) 时间 在温度与浓度不变的情况下，时间越长效力越强，但并非效果越好。

(3) 使用方法 绝大部分洗涤用品和去渍化料需要稀释后投放，即先加水后投料、最后投放衣物，只有烧碱需要用热水冲化。

上述三要素掌握运用好，可以避免许多事故的发生。

✛ 十一、洗涤三大纪律八项注意

为了保证洗衣质量，预防洗衣事故和洗衣问题，洗衣行业总结了许多成功经验。如洗涤三要素：机械力、温度、时间；水洗五要素：水、洗涤剂、机械力、温度、时间等。

(1) 三大纪律

① 分色洗涤（详见第十二章第四节二、分色洗涤第257页）。

② 机洗翻面。衣物洗涤的过程是磨损的过程，机洗对有些衣物的磨损是很严重的（图12-5），有的衣物颜色耐磨色牢度很差，极易造成严重的色花、色绺。实践证明，翻面洗涤基本可以避免严重磨损，减少色花、色绺至少达70%以上。

③ 娇嫩衣物手洗和保护性机洗。保护性机洗包括翻面洗涤、娇嫩衣物装袋洗涤、用锡纸包裹纽扣和配饰硬件等。

上述三项必须严格遵守，绝对不可贪图省事（图12-5）。

(2) 八项注意

① 合理掌握浸泡时间和溶液浓度。

② 正确用料和用量。

③ 正确投料。

(a)纯棉面料较厚的硬挺衣物， (b)纯棉面料较厚的硬挺衣物， (c)纯棉面料较厚的硬挺衣物，
机洗磨损严重色花   机洗磨损严重色花   机洗磨损严重色花

(d)纯棉面料较厚的硬挺衣物， (e)羽绒服面料严重磨毛   (f)纽扣连带损伤面料(破漏)
机洗磨损严重色花

图 12-5　机器水洗不翻面及强力洗涤造成的严重损伤

④ 正确使用温度。
⑤ 合理确定洗涤时间。
⑥ 连续操作。
⑦ 正确晾晒（如多个衣架平挂）。
⑧ 正确选择双洗顺序。

✚ 案例 8　手洗衣物省事机洗，装饰标牌损伤面料

衣物情况：女性白色 T 恤，夏季外装，胸前镶有方形白钢标牌。此件 T 恤本应小心手工水洗，却错误地选择了机洗，结果衣物被方钢棱角剐漏 20 个小眼，晾干后马上织补，效果很好。顾客取衣时未提出异议。可见贪图省事并未省事，反而造成事故增加了很大的麻烦。

第五节
洗涤标识的认识与应用

服装洗涤标识是服装的重要组成部分。洗涤标识分为两个部分：一是衣物纤维成分，包括面料、里衬、絮料、附件；二是洗烫要求。如果洗涤标识正确完整，会避免许多事故和问题的发生。但实际上标识错误屡见不鲜，既有一般品牌，也有知名品牌，包括市场十分畅销的名牌，也包括一些国际大品牌。因此而发生的洗衣事故，顾客为避免麻烦及耗费时间和精力，极少有人同意找商家和厂家索赔，认为衣物在洗衣店洗的就得由洗衣店负责。

✛ 一、服装纤维错误标注或标注不全

① 衣物面料纤维成分标注错误或标注不全，甚至有意标注高档成分，误导消费者。例如一件衬衫标注为全棉，然而却是使用棉纬纱与维纶经纱交织而成。熨烫人员当时没有鉴别出是棉/维混纺，按全棉熨烫，结果经纱部分烫焦损坏，造成赔付。

② 里料、附件纤维不标注，或错误标注，或使用含糊不清的词汇。例如羊毛衣使用了人造革滚边、镶条，标注为皮革。在实际生活中真皮称为皮革，人造革也可以称为皮革。虽然都是皮革，但是二者性质不同，人造革不耐干洗溶剂，干洗容易硬脆、裂损。纤维成分标注应当具体。再以皮革为例，有的生产厂家标注很规范，如绵羊皮、苯胺革。苯胺革不仅标出了皮革是动物皮革（真皮），而且标出了是染料染色。

③ 对涂层面料与复合面料不标注或极少标注。有许多涂层是内涂层，外表是看不出来的，凭手感也很难发现，往往发生事故和问题令人猝不及防。这是此类衣物发生干洗事故频率很高的原因，其中以大额赔付居多。

④ 标注错误、缺项、掩盖设计缺陷。有的生产厂家在服装设计上只考虑美观，不考虑洗涤。这种情况有的国际品牌表现尤甚，他们生产销售的服装，新型纤维较多，售价昂贵，而洗涤标识不予标注或标注不全或错误标注，洗衣店稍有不慎便造成重大赔付。

⑤ 饰品不标注。有的服装镶嵌许多合成树脂亮片、亮珠、亮钻等配饰，这些饰品和附件有很多不耐溶剂，如果干洗可以被溶解，面料却需要干洗，有的饰品又不可拆卸，使洗衣店处于两难的境地。

✛ 二、洗烫要求错误标注

① 社会上有许多人认为干洗高档，水洗低档，在洗涤标识方面也有充分的反映。本来服装应该水洗，不可干洗，却标注必须干洗。而有的顾客对洗涤标识坚信不疑，按照顾客的要求洗涤，一旦出现问题，顾客又不愿意承担责任。

② 不宜干洗，却建议最好干洗。本应水洗的衣物，如全棉内衣、衬衫、家居用品等却建议干洗，更有甚者标注必须干洗。

③ 洗涤标识本身自相矛盾。如要求干洗，却同时标注不可烘干，甚至标注不可笼转。甚至有的服装标注不可干洗、不可水洗。

④ 有的服装标注全部是外文，并且没有洗涤符号。这不仅违背了产品销售的规则，也违反了国家有关保护消费者权益的法律和规定。即使服装是从国外购买，也应该有洗涤符号。

⑤ 不了解石油干洗和四氯乙烯干洗的区别，错误地提出要求和建议。

⑥ 洗烫要求标注不规范。服装洗涤标识的标注，不使用国家规定和国际通用的洗烫标识，甚至把不同国家和地区的洗烫标识混用。

⑦ 没有洗涤标识。这可能是在加工点定做的服装，或者是小厂加工的服装。

✛ 三、对待洗涤标识的正确态度——标识必看，不可照搬

洗涤标识尽管问题很多，但还是衣物洗烫的重要参考，不能因噎废食。相比之下，面料

纤维的标注正确率高于洗烫要求的标注。服装生产厂家加工服装，首先要研究和选择各种纤维织物和其它面料。生产商选用的纤维面料和辅料是最专业的，胜过洗衣店。如果不是有意误导消费者或疏忽，厂家正确标注纤维成分不存在技术问题和信息障碍。

洗衣店对待洗涤标识的正确态度应该是：标识必看，不可照搬。总结以往的经验教训，

为了避免洗涤方式的错误，一是要加强技术学习和培训，二是工作要仔细认真。遇到错误的标识，应耐心向顾客解释，从专业的角度进行说明。如果顾客执意坚持按洗涤标识洗涤，在顾客认可的情况下同意签字，万一出现问题由顾客承担，否则应予拒洗。有的顾客知道自己的服装洗涤标识有问题，但是已经穿得很脏，不能不洗。遇到这类情况，无论顾客的态度如何，都必须同意签字，不能因为是老顾客就只凭口头承诺。常见洗涤、熨烫标识见表12-3。

表 12-3　常见洗涤、熨烫标识

标识	含义	标识	含义
	可用含氯洗涤用品洗涤；可用氯漂		可以烘干
	漂白时要用含氯氧化剂漂白		不可烘干
	不可用含氯氧化剂洗涤剂洗涤；不可氯漂		只能手洗，不可机洗
	可以干洗，小心温和干洗		不可水洗
	不可干洗		可以机洗，只能弱挡缓和洗涤
	干洗，可以使用四氯乙烯和石油干洗溶剂		不用搓衣板搓洗
	可以所有干洗，A代表可以使用的干洗溶剂		不可用沸水或高温
	只能石油干洗		可以机洗，水中数字代表温度，水上数字代表洗涤强度
	可以所有干洗，横线代表洗后的衣服处理要格外小心		
	可以拧干		不可熨烫
	不可拧干		可以高温熨烫，但必须垫湿布
	不可悬挂，要放到平面上晾干		低温熨烫，熨烫温度110～120℃
	不可拧干，只能悬挂晾干		中温熨烫，熨烫温度120～150℃

续表

标　识	含　义	标　识	含　义
	要悬挂起来晾干		可以高温熨烫，熨烫温度150～200℃
	悬挂晾干，不可阳光下暴晒		可以蒸汽熨烫
			垫布小心熨烫

✚ 案例 9　照搬洗涤标识干洗，复合面料溶胶

　　2006 年 4 月，顾客送洗一件黑色棉服，为国内一知名品牌。洗涤标识标注：必须干洗。但是此棉服为复合面料并未标注，干洗前也未发现。结果干洗后黏胶溶化渗透前胸，形成大片除不掉的污渍。顾客不同意洗衣店协助找厂家负责赔偿，最终洗衣店赔付3000 元。

　　教训和启示：这件棉服应水洗，水洗不会出现上述事故。洗涤标识错误应向顾客说明。

✚ 案例 10　忽略洗涤标识，烘干抽缩变形

　　这是一家外地洗衣店。衣物情况：橙色/黑色羽绒服。纤维成分：面料100％锦纶，里料100％涤纶，填充物90％鸭绒和10％羽毛。

　　洗涤标识标注：30℃以下手工水洗，不可烘干。

　　实际操作：水洗、烘干机烘干。烘干结果：衣物整体严重变形抽缩。原因：羽绒服里侧防渗绒衬层（未标注）不耐高温，致使防衬层抽缩带动面料、里料全部变形抽缩。

　　分析：羽绒服水洗之后，需要经过烘干处理，使其迅速干燥，避免水渍的发生，并经过拍打，使其柔软蓬松。在一般情况下，这种操作程序是正确的。发生问题的原因是防渗层未标注，厂家负有责任。但是厂家虽然没有对防渗层不耐高温具体标注，但已有提示不可烘干。洗衣店烘干温度一般设置在 45～60℃。如果这家洗衣店将烘干温度设在提示的 30℃以下，可能不会出现问题。为此洗衣店应负有责任。

第十三章
洗衣事故防治

洗衣技术和事故防治是专业洗衣店经营管理水平的综合反映。洗衣事故的救治和修复水平很高，并不代表洗衣店经营管理十分优秀，也并不表明洗衣事故和洗衣问题一定很少，因为洗衣事故和洗衣问题的发生，不仅是洗衣技术问题，而且与各项管理有着密不可分的关系。洗衣店经营的根本方向是以洗衣为主业，提升经营业绩靠的是增加衣物的收洗量，增加洗衣额，扩大业务服务项目。洗衣事故有许多一旦发生便是死头事故。不是所有的污垢都可以去掉，同样，不是所有的洗衣事故都可以救治和修复。因此，洗衣事故的预防重于救治。

为了做好洗衣事故的预防，必须研究洗衣事故，只有对各种事故深入研究，努力探寻各种事故发生的根源，找出预防事故发生的有效措施和处理办法，才是探寻洗衣事故的原因和研究洗衣事故救治技术的根本意义。

本书每个章节都是围绕洗衣事故和洗衣问题进行探讨和阐述，对于其它章节已经详述的问题本章不再重叙。

第一节
洗衣事故的分类

我们这里所讲的洗衣事故，不仅包括技术性事故，也包括管理性事故。洗衣事故主要分为以下三类。

1. 颜色事故

颜色事故在洗衣店出现的数量最多，可占洗衣事故总量的60％以上，几乎成为经常性的问题，洗衣店的各种原料型化学药剂大部分都是为处理颜色事故和颜色问题所准备的。

2. 形态事故

如果说颜色事故是"软伤"，形态事故则是"硬伤"。形态事故直接涉及纤维的性质和树脂的应用，缺乏对纤维性质和树脂的了解，便丧失了事故预防和救治的基础。

3. 管理事故

管理事故不属于洗衣技术问题，属于管理问题和责任问题。它虽然不属于洗衣技术的范畴，却是洗衣店事故防范的一个重要方面，不可忽略。

洗衣事故，广义是指洗衣店发生的所有事故，狭义是指洗烫过程中发生的衣物事故。

洗衣事故分类见表 13-1。

表 13-1　洗衣事故的分类

事故	**颜色事故**	**色迹型**：串色；搭色；洇色；变色、咬色；脱色；渍花；渍迹扩散；皮革印花和压膜印花干洗图案脱落、涂料印花图案脱落等
		色花型：洗涤方式错误造成整体褪色、局部褪色、整体色花、局部色花、色缗等；室外挂晾或窗前挂放局部褪色等
	形态事故	**化学型**： 1. 绒面织物面绒损坏：植绒脱落、仿麂皮掉绒；倒绒、缩绒；人造毛卷绒、倒绒 2. 树脂材料附件干洗溶解损毁：树脂纽扣、珠钻等饰品溶化、损毁 3. 干洗溶剂和其它化学溶剂损伤或损毁织物纤维：如醋酸、丙酮损伤醋酯纤维、硝酸纤维；人造革硬裂 4. 面料涂层损伤：干洗溶剂损伤面料涂层，致使涂层溶解、起皱、脱落 5. 层合面料黏合剂溶解：胶溶化，致使胶渗透到面料表面形成固迹、面料起泡、起层 6. 氨纶丝弹性下降、变硬折断：面料表面形成许多断头；罗纹（松紧袖口、领口）松弛
		物理型： 1. 缩水：缩绒、整体缩水、局部缩水、抽缩变形 2. 死褶：原性死褶；技术死褶 3. 烫伤烫毁：熨烫发亮；褶皱面料烫平 4. 扫痕：熨斗蒸汽损伤；蒸汽喷烫皮板损毁 5. 纤维面料勾剐损伤损毁：漏洞、露眼、破损、起毛、起球、剐丝、跳丝、并丝；填充物擀毡、滚包、损坏 6. 附件损坏丢失：纽扣、拉链、珠钻等饰品
	管理事故	衣服付错：丢失；无主；配件忘付；忘收款；少收款；多收款；重复取衣等 设备损坏：影响正常营业

第二节
救治和修复的一般方法

（1）去渍　这里所说的去渍是指洗前或洗后对局部明显污渍的处理，大多是在去渍台和水洗房白钢案板上完成，剥色有许多是属于救治和修复的性质。

（2）补色　补色是指采用对褪色、色花的衣物面料颜色进行修正，使其恢复原貌或达到、接近理想的外观效果。使用的色料有染料、颜料，主要的工具是喷枪及其它用品。办法主要是喷涂，其次是辅以描绘、刷涂等。

（3）润色　主要是对衣物褪色、色花问题进行修复。

（4）剥色与漂白　具体操作详见第八章第一节～第四节。

（5）还原　还原法是指不小心将化料（如保险粉）弄到衣物上造成变色，用碱还原为原来颜色的方法（详见第八章第三节）。

（6）复染　对于衣物重新染色或改染，是对严重色花、严重褪色衣物进行救治和修复。

同时复染也是对外一项服务项目（详见第十五章）。

(7) 织补　织补是在衣物不影响穿用、美观的地方抽出纱线，采用类似机织的方法，对破漏处走线缝合进行修复。织补既是修复手段，也是对外服务项目，洗衣店有专人更好，若没有专人，要有技术较好的固定联系人员，建立协作关系。有两种面料不可织补：一是涂层面料不可织补，如果勉强织补痕迹明显；二是纱线一抽即断的面料不可织补。

(8) 缝纫　缝纫与织补的性质与作用相同。有的洗衣店配有缝纫，有的外加工。

(9) 粘补修饰　对于皮衣的开口需用胶粘；对于纺织服装面料被烟头烫成洞孔一类的问题，无法织补，经顾客同意，可以粘贴热熔胶图标一类装饰物进行遮盖，这类图标市场有售。

(10) 购配　对于纽扣、饰品损坏、丢失的，到市场购买补换，可以个别补换，也可以全部更换。特殊纽扣购配难度很大，成功率几乎为零。

第三节
色花与褪色

一、色花与褪色

色花型事故是指衣物本身色花、色绺、褪色形态，包括整体色花、局部色花、色绺、整体褪色、局部褪色等。色花除了衣物本身色牢度不高外，主要原因是洗涤摩擦造成的。色花脱落的颜色有的沾染其它衣物。如果织物是染料染色和染料印花，可沾染其它部位和衣物；如果是涂料染色或涂料印花，颜色只是脱落，一般不对其它部位和衣物造成色迹污染。

二、色花与褪色的修复

色花衣物的修复一般采取补色与复染两种办法。这两种办法各有优势与不足，一般来说，纯棉深色硬挺衣物适宜涂料补色方法，并且容易取得较好的效果。整体褪色较轻的衣物一般用润色恢复剂润色即可；褪色较重的或褪色不均匀的需要补色与润色相结合；局部褪色的需要先补色后润色，否则润色后衣物很难颜色一致；色花衣物则必须补色，尤其是色绺、白条子色花衣物，必须先对白条子部位用画笔、棉签进行细致描补，衣物整体颜色基本一致后进行喷补，不消除白条子喷色后会依然色花。

1. 补色性质

补色所用色料有两种：一是染料；二是颜料。业内有人对于用颜料对纺织服装补色予以否定，认为有欺诈顾客之嫌。因此有必要正确认识这个问题。皮革服装穿用以及清洗之后，颜色有不同程度脱落，必须经过重新涂饰与上光。皮革服装补色所用色料，有染料，也有颜料（涂料），实际上这就是补色修复，人们却认为这是正常的事情。如果其它纺织纤维服装褪色、色花用颜料进行补色，则认为是事故修复，有欺诈顾客之嫌，这种不对等的认识值得商榷。印染行业使用涂料印花和染色已有多年，为何洗衣店服装补色不可使用颜料（涂料）？事实上不管是用染料还是用颜料补色，关键是看补色效果如何，是否达到理想的色泽，是否保持原来的手感，是否有较好的色牢度。有的顾客服装褪色主动要求补色，对用颜料补色的结果很满意。这就说明了颜料补色是可行的。诚然，纺织纤维服装补色与皮革服装补色有许多不同特点，面料纤维比皮革服装要复杂许多，有的根本不着色，有时看上去是个局部的小问题，但实际操作难度很大。因此，洗衣店在收衣和去渍、洗涤时要加倍注意，尽量避免洗花或褪色。

2. 补色对象

在实际工作中，衣物的颜色问题，有的复染效果好，有的则补色效果好，应根据实际情况采取措施。补色适用的对象是吸湿性好，或者说容易着色的纤维织物。不着色的纤维织物是不能补色的。

染料补色与颜料补色适用的对象不同。在一般情况下，颜料补色适用的对象是硬挺衣物、厚型衣物和深色衣物，其功能是遮盖；绸类薄软面料只能用染料（色浆）补色，不能用颜料，使用颜料补色的织物会手感发硬。

3. 补色工具

补色修复用具主要有以下几种。

（1）气泵、喷枪、电吹风，配备喷笔更好。

（2）油画笔和小毛笔若干支、美纹纸、棉签、白毛巾（有时也可用卫生纸）。

（3）调色杯（用饮料瓶制作即可）、调色盘（白瓷盘即可）等。

4. 不同色料的选择

（1）补色浆　补色浆属于染料性质，具有迁移、浸润、扩散的特点，没有遮盖力。由于补色浆的性质和特点，颜色的种类不全，没有白色，很难调配灰色，不像美术绘画用的油画颜料和广告粉可以任意调色。补色浆一般由洗衣行业配售。

（2）丙烯颜料　丙烯颜料是为美术界提供的产品，各地的书画社和美术用品商店有售。包装有盒装、瓶装两种，售价便宜，颜色齐全，购买和使用都很方便。丙烯颜料具有很好的遮盖力，没有迁移、浸润的性能，扩散有一定的限度，与补色浆是两种性质不同的色料。马氏纤维补色浆是专门为纺织纤维补色生产的产品，看上去很像染料，实际属于颜料，从2010年起书画商店有售。

（3）皮革护理涂饰剂　皮革护理涂饰剂与丙烯颜料的性质相同，属于颜料。涂饰剂是皮衣护理的专用材料，主要是以适应皮革涂饰要求而配制，一般不适宜纺织服装补色，也不如丙烯颜料使用方便。

（4）润色恢复剂　润色恢复剂具有加深颜色的功能，是洗衣店的必备用品，大多为行业自制，网上也可以购买。润色恢复剂主要用于褪色衣物加深色泽，也可以用于表面涂层脱落的修复。

润色恢复剂的使用方法如下。

① 喷涂。用温水稀释，稀释比例视情况而定，一般为6～8倍，用量由补色具体情况决定。

② 浸泡。浸泡的方式是：稀释比例为1∶（20～80），半盆水加入50克左右即可；浸泡时间20～90分钟。

（5）皮革光亮剂　皮革光亮剂是皮衣护理的一种用料，可用于表面涂层脱落的修复，与润色恢复剂的使用方法相同。

5. 补色的色牢度

不管是染料还是颜料，补色修复最大的问题是色牢度、色泽均匀度和手感。如果色牢度差，不仅补色的衣物本身达不到要求，而且会沾染其它衣物，形成二次事故和问题，因而解决色牢度问题是补色技术的关键。如果色牢度问题解决不好，补色修复只能停止。

在印染行业，涂料印花和涂料染色适用于所有纤维，然而洗衣店补色不具备印染厂的生产条件，因而洗衣店的补色范围和补色效果，一般来说不可与印染厂相比。洗衣店的补色适用于纤维素纤维、蛋白质纤维与部分合成纤维。一般来说可以复染的衣物可以补色。纯涤纶织物根本不上染，均不能复染与补色，即使补色色牢度也很难达到要求。

用补色浆和丙烯颜料补色，均需超过24小时之后才能具备一定的色牢度。补色浆中配有固化剂，丙烯颜料中的固色剂是树脂黏合剂。为了提高丙烯颜料补色的色牢度，可以借鉴涂料印花生产工艺。在涂料印花生产工艺中有一个共同点是均采用高温汽蒸，具体方法是：在涂料印花之后都经过105℃以上的高压汽蒸和130～150℃的高温烘焙（热气烘烤），其作用是使固色黏合剂进一步溶解、渗透和固化，在织物表面形成一层均匀的薄膜。

熨斗蒸汽温度最高接近180℃，正常在120℃以上。用颜料补色之后，在未干燥的情况下，用蒸汽喷烫数秒钟，或者更长一些时间。实践证明，可以提高色牢度，这是颜料补色十分重要的方法。用丙烯颜料补色提高色牢度的第二种方法是：补色之后喷涂润色恢复剂，如果是硬挺型衣物也可喷涂皮革光亮剂，然后参照上述办法蒸汽喷烫。润色恢复剂与皮革光亮剂主要成分是树脂，固色原理与颜料中的黏合剂性质相同。对丝毛类不耐高温的纤维不可喷烫，这类织物一般也不适合使用颜料。

6. 补色的颜色调配

补色修复的第二个关键性技术问题是拼色，也就是颜色调配。补色是一项很细致的工作，不可性急，"欲速则不达"（颜色的调配详见第五章第一节四、光色与颜色调配第99页）。

7. 补色操作

补色主要采用喷涂和刷涂，刷涂仅限于皮衣，对纺织纤维织物只能喷涂。遮盖性的补色必须使用颜料，如果使用补色浆，任凭喷涂得再多，缺陷也是盖不住的。补色不要急于一次完成，要逐次进行。每一次喷涂不可过多，每喷完一次都要用电吹风吹干，在湿态下观察颜色效果是不准的，要尽量避免二次修复，否则会增加难度和麻烦。

(1) 整体褪色或局部褪色的补色　整体褪色就是衣物整体颜色变浅，而且是均匀地变浅。这种情况只要均匀地喷涂润色恢复剂即可；如果褪色较重的应先均匀地喷涂色浆，然后再喷涂润色恢复剂。

局部褪色的处理难度大于整体褪色。首先要对褪色的部位进行补色，色泽基本均匀后再进行整体补色。局部补色难免有补色痕迹，一般需要在局部补色后，对整个衣物进行均匀喷涂，以消除局部补色痕迹，提高补色后的整体效果。如果是颜料补色，干燥后可喷涂润色恢复剂，在八九成干燥的情况下，用蒸汽喷烫。

(2) 整体色花或局部色花的补色　色花修复难度大于褪色修复。不管是整体色花还是局部色花，首先要用毛笔或油画笔、棉签对白条子或明显褪色的地方进行重点描绘补色，这是一项很细致、很费时的工作，必须一丝不苟。要注意三个事项：第一，蘸取色浆不可过多，一般在蘸取色浆后要用卫生纸吸收大部分色浆，使笔头处于近似七成干的状态进行描摹，绝对不可蘸色过多，蘸色过多，下笔就呈现深深、浓浓的笔道，这样做的结果会造成修复失败，上色容易去色难；第二，修补白条子，色液浓度应大于喷涂；第三，描摹尽量减少摩擦，摩擦导致光滑，增加上色难度，影响补色效果，尤其是上染率低的纤维。为减少摩擦可使用棉签采取滚涂的办法。反复摩擦会使补色部位发亮，加大补色难度。

(a) 补色前　　　(b) 补色后

图 13-1　棉服，衣领局部已磨破，丙烯颜料补色，熨斗蒸汽喷烫提高色牢度（补色效果很好，顾客很满意）

白条子消除之后，对整体衣物再进行全面喷涂，其作用有两个：一是修复整体褪色；二是消除描摹痕迹，提高整体色泽均匀度。确认修饰补色效果已经达到目的，在干燥前用蒸汽喷烫，提高固色效果（图 13-1）。

(3) 树脂整理对复染和补色的影响　一般的树脂整理衣物不影响复染，影响复染的是拒水整理，但加入高效渗透剂仍可复染，如果没有高效渗透剂，则需要药剂去除树脂。树脂整理的衣物对补色有不同程度的影响，树脂用量较多的，影响着色，补色效果不佳，色牢度较差，有的只能中止。

(4) 补色操作注意事项

① 补色一定要看准面料正确选择染料或颜料，为了稳妥，调配颜色要由浅入深，使用前要在不显眼的地方试验观察。

② 无论是纺织纤维服装还是皮衣，都要在理想的光源下补色，在补色过程中，需要喷涂数次，每一次都要用电吹风吹干。观察补色效果必须在干燥的情况下进行，因为颜色在干湿不同情况下深浅、饱和度均是有差异的。操作要连续，不可随意中断。

8. 衣物洗花之后补色效果与复染效果的比较

衣物洗花之后，通常有两种办法修复，即补色或复染。这两种办法哪个效果好要看具体情况。如果是薄型衣物、浅色衣物，彻底剥色比较理想，复染效果好；如果是厚型衣物、深色衣物，剥色困难的，或者是色花、色绺不能经过彻底剥色处理均匀，补色效果好，尤其是纯棉硬挺深色衣物，颜料补色虽然费时，但效果好于复染。

第四节
沾色与"三色"

✦ 一、沾色

沾色这个名词源于印染行业，是指织物染色后由于色牢度不高，掉色后造成的二次染色，是颜色脱落后产生的次生问题。这种次生问题在洗衣行业表现为"三色"，即串色、搭色、洇色，也被称为色迹沾染或色迹污染。处理"三色"问题每个洗衣店都不能回避，是洗衣事故救治与修复的重点之一。

✦ 二、串色

1. 串色的定义

串色是在浸泡、洗涤的过程中发生和形成的颜色污染。被称为"共浴串染"。串色特点有以下五个。

第一，由耐水洗色牢度不高的染料染色或染料印花所造成。

第二，串色一般规律是深色串染浅色，浅色串染白色。

第三，被污染衣物上染率越高，沾色越重。

第四，串色衣物基本是整体改变颜色，有的改变后非常均匀，给人的感觉像是染色。

第五，串色的原因和基本条件是：两种或两种以上不同颜色的衣物同机、同盆混洗所致，产生和形成于浸泡和洗涤过程之中。

✦ 案例 1

2004 年，山东一家洗衣店，由于新员工的错误操作，将 15 件不同颜色的衣物同时放到洗衣机里洗涤，其中有黑色、蓝色，还有两件纯棉白色衣裤，造成严重的串色事故，所有的衣物面目全非，两件白色衣裤彻底改变了颜色。店里一位从事洗衣工作 15 年的老师傅惊讶地说，这是我从事洗衣工作以来头一次见到的重大洗衣事故。由于店长（老板）有经验，临危不乱，在加盟总部老师的电话指导下，带领员工用两天时间全力以赴地解决了全部问题。这是极为少见的重大串色案例。

---

2. 串色的救治方法——剥色

（1）彻底剥色　是对白色衣物彻底剥除全部颜色，也可以称为漂白。主要化学药剂是次氯酸钠、保险粉、保险粉＋烧碱、保险粉＋烧碱＋平平加等。

（2）去渍剥色　是针对有色衣物剥除污染的色迹，并使衣物原有的颜色不变。使用的化学药剂主要是保险粉、双氧水、彩漂粉、中性洗涤剂、平平加等。使用的原则是：从弱到强，从少到多。需要注意以下几个方面。

第一，严禁使用氯漂。有的服装原有颜色或花纹具有很好的耐氯漂能力，例如涂料印花、涤纶分散染料染色，但是没有成熟的经验和把握，不可使用氯漂。

第二，不可轻易使用保险粉。保险粉去色能力大大强于双氧水，可以使有的服装颜色变化或消失。

第三，在使用保险粉时不可加入碱性物质，如烧碱、纯碱、洗衣粉。例如活性染料染色衣物单独用保险粉一种化料剥色时，衣物原有的染色基本不脱落，一旦加入碱性物质，衣物原有的染色会瞬间大量脱落，造成新的严重色迹污染。

① 中性洗涤剂剥色。水温 80℃；比例 80 毫升/升水（浓度 8%）；手工拎洗 3～5 分钟，可重复多次，直至串色全部剥除，漂净之后，加入冰醋酸固色，脱水晾晒。

② 平平加剥色。参照中性洗涤剂剥色。

剥色剂的选择和具体操作详见第八章。

3. 串色的预防

串色的预防方法如下。

① 分色浸泡、分色洗涤。

② 易掉色的衣物在洗涤过程中自始至终加入冰醋酸，浓度 0.2%～1%。

✦ 三、搭色

1. 搭色的条件与形成

搭色是由染料染色掉色造成的局部颜色沾染，可以是两件不同颜色的衣物之间互相沾染，也可以是衣物本身的不同部位、不同颜色的脱落互相沾染。其规律是：深搭浅、浅搭白；色差大相互搭色。搭色必须具备如下三个条件。

① 衣物处于湿润状态，造成染料溶解脱落。

② 不同颜色的两块面料或衣物必须贴在一起。只有紧贴在一起，才能具备搭色机会。

③ 具有一定的搭色时间。

根据上述三个条件，搭色只能发生于洗涤之前衣物处于湿润状态堆放在一起，或者洗涤之后晾晒时贴在一起，或者衣物甩干后搁置在洗衣机内没有马上晾晒，停放较长时间。在洗涤过程中衣物在不停地翻动，没有机会贴在一起，不可能发生搭色。

按照色料的性质，涂料染色、涂料印花不会造成搭色，只有一种情况可以造成搭色，如果用涂料（颜料）补色，在未彻底干燥之前，或者补色色牢度太差，与其它衣物贴在一起会造成搭色。

2. 搭色衣物的处理

(1) 搭色处理使用化料　包括去渍剂、次氯酸钠、保险粉、双氧水及彩漂粉、平平加、中性洗涤剂。衣物搭色的处理办法主要有以下几种。

① 去渍法。搭色面积很小、较轻的可利用去渍台和去渍化料清除。

② 杯浸法。用 1000 毫升的刻度杯，装入 70% 左右的热水（水温按需要确定）；兑入适量的化料搅匀；将搭色处放入杯子溶液中，使搭色处浸入溶液中浸泡；用无色竹筷子不时搅拌观察；搭色去除后马上取出漂洗干净，脱水晾干。

③ 点浸法。用油画笔（不可用毛笔）、棉签、滴管蘸取药液，点浸搭色部位清除。

④ 整体下水剥色法。如果是白色衣物可采取彻底剥色法，即通常说的整体下水漂除。

(2) 使用化料注意事项

① 次氯酸钠处理搭色虽然速效，但操作不当极易造成咬色，因此，次氯酸钠一般只能用于白色衣物搭色的处理，不得用于有色衣物，如染料印花；对于涂料印花把握不准，不可轻易使用次氯酸钠，确认是涂料印花也应先在不显眼的地方试验而后操作。浓度一般不超过 1%～2%，最高不超过 3%；衣物纤维必须耐氯漂。

② 保险粉对染料染色作用复杂。如果采取整体下水的办法，对白色衣物可直接使用保险粉，也可加入碱剂、洗衣粉；对有色衣物只能使用保险粉，不得加入碱剂或洗衣粉。

③ 双氧水对染料染色作用较差，一般不会破坏衣物原有颜色，因此对有色衣物搭色采取整体下水漂除的方法比较安全。采用局部去渍的方法，可选择去渍剂。

剥色剂的选择和具体操作详见第八章。

3. 搭色的预防

搭色的预防与串色的预防大致相同。第一，不同颜色的衣物要分开去渍和洗涤。第二，洗前去渍的不同颜色衣物不要堆放在一起；去渍后的衣物尤其是潮湿的有色衣物不能搁置时间较长，要尽快装机洗涤和晾晒，洗衣的每个环节不要停顿，连续进行。第三，衣物在晾晒时要格外注意，深色、浅色、不同颜色的衣物要分开悬挂晾晒，要有一定的间距。

✤ 四、洇色

1. 洇色的特点

洇色，有人称之为"界面洇染"。服装洇色基本是发生于洗涤之中，形成于晾晒阶段。晾晒时水分越多，洇色越重。涂料染色和涂料印花不会发生洇色，即便是掉色也是脱落，不会洇染其它部位。洇色主要有如下规律。

图 13-2 去渍不当掉色形成的洇色

第一，纤维织物吸湿性越强，洇色越重。

第二，色差越大，洇色越明显。

第三，洇色基本是由简单染料印花和滚边、镶条（最典型的是苯胺革）掉色所形成的条状色迹污染。虽然面积不大，但处理的难度很大。难在一面处理一面掉色浸洇，弄不好还会扩大洇色面积。因此滚边、镶条造成的洇色，往往需要将衣物的滚边、镶条拆卸下来进行处理，处理好之后重新缝上。如果服装设计复杂，做工精细，价格昂贵，重新缝纫要达到拆卸前的原貌，又增加了一道难题。

去渍不当掉色形成的洇色如图 13-2 所示。

2. 易洇色的服装

① 纯棉简单染料印花服装（参见第五章第六节八、色迹沾染，简单印花重于复杂印花第 125 页）。

② 染料染色真皮作为服装的滚边、镶条。无论是水洗还是干洗都会洇色，只是干洗洇色轻于水洗。同样的衣物洇色，国际品牌重于国内品牌，因为皮革的色牢度标准国外低于中国，国外看重色泽、讲求天然和皮革自然柔软，掉色非常严重。如果收洗衣物遇到国外品牌、购价昂贵的此类衣物要加倍注意（参见第五章第六节六、染料染色真皮掉色最重第 125 页）。

3. 洇色的修复

洇色处理有三种基本方法。

第一，剥色。滚边、镶条衣物需拆卸剥色之后重缝。

第二，对于洇色较轻的可利用去渍台和去渍剂去除，但此种方法难免留有痕迹。

第三，使用冰醋酸采用追色法（吊色法）。具体操作详见第八章第五节一、冰醋酸第 167 页。

4. 洇色的预防

① 易掉色的衣物要单件手工水洗，便于控制和处理。

② 水洗过程中自始至终加入冰醋酸，比例 $0.3\% \sim 1\%$。

③ 苯胺革滚边、镶条衣物充分甩干脱水。

④ 局部速干。充分甩干之后用风枪将可能洇色的部位打干，根除洇色的可能性。

✚✚ 案例 2　苯胺革镶条真丝外套干洗洇色（较轻）

　　洗涤标识标注：面料 100% 桑蚕丝，里料 100% 涤纶，袖里 100% 铜铵纤维，不可水洗、漂白；不可翻转干燥，熨斗底板最高温度 110℃，配料羊皮革（苯胺革）。

　　这件真丝外套袋盖边沿、袖山、衣领后侧局部均为苯胺革镶条。苯胺革水洗掉色十分严重，干洗也同样掉色，只是轻于水洗。顾客还有一件与此相同的服装，间隔不长时间送洗。这两件服装都干洗，均出现洇色。为处理这个问题，颇费周折。由于事先已向顾客说明，尽管有轻度洇色，但顾客表示满意。其中第一件干洗五次、第二件干洗三遍才基本消除洇色。

　　提示：衣物机洗磨损大于穿用磨损，同样存在风险，所以应尽量减少返洗。

第五节
咬色与变色

　　咬色与变色虽属于颜色事故或问题，但与其它不同，形成的原因不同，处理的方法也不完全相同。

✚ 一、咬色

　　咬色是洗涤用品或去渍化料使用不当，导致衣物的局部颜色变化。任何洗涤化料和去渍化料使用不当都可以造成咬色，与"三色"的区别是不对其它部位造成色迹污染。最容易造成咬色的化料是次氯酸钠和 84 消毒液，其次是专用去渍剂、衣领净、透明皂（搓洗）等。咬色是不可逆转的；去渍剂去渍不当容易造成渍花，通常被称为去渍过头，是蒸汽、喷气综合作用的结果；使用透明皂用力搓洗，导致局部发白，无论是洗衣店还是家庭，发生这种情况的频率均较高；洗衣店使用的衣领净为高浓度，使用时需要稀释，如果浓度太高或者使用量过大都会造成咬色，只是咬色后的形态不同罢了（彩图 27）。

　　咬色的修复多采用两种方法：一是补色，如果是面料较厚、上染率较高、深色衣物，使用颜料用遮盖法修复效果较好；二是复染，复染一般需要彻底剥色，一般很难将衣物的颜色彻底剥除。

✚ 二、变色

　　衣物在洗涤和熨烫过程中出现变色有以下四种情况。

1. 干洗变色

　　出现这种情况主要是涂料印花和涂料染色。干洗溶剂破坏了固色黏合剂，导致颜色中某些颜料成分脱落，使得原来的颜色发生了变化。黑色由红、蓝、黄构成，失去哪一种颜色成分的全部或部分，黑色都会发生变化。但出现这种情况极少（详见第五章第三节五、涂料染色第 107 页）。

2. 药剂变色

药剂变色主要是咬色。

3. 高温熨烫变色

高温熨烫变色有两种情况。

一是服装色料有些属于热敏性染料，遇高温变色，但冷却之后恢复原色。例如一条蓝色牛仔裤用直接染料染色后，在熨烫时由蓝色变成棕色，熨烫温度越高，变色越重，操作者第一次碰到这样的情况都会大吃一惊，吓人一跳，待冷却之后又恢复蓝色。高温熨烫变色属于假性变色，但因不明白而盲目处理可能真的出现问题。

二是高温熨烫纤维受损，纤维的性质发生了变化，颜色变黄、发亮。纤维烫伤变色属于熨烫事故和问题。轻者可以修复，重者修复不了。有的是熨烫之前熨斗底板温度定得过高；有的是熨烫某些衣物需要高温，之后应马上调整温度，但未经调整继续沿用，致使衣物烫伤；有的是突然有事，随手将熨斗放在烫台的衣物上，将衣物烫伤、烫毁。普通熨斗最容易发生衣物烫伤，普通熨斗只要不关闭电源，底板温度会持续升高，有时间隔时间过长，需要时拿起熨斗直接熨烫，织物烫伤很难避免，尤其是涤纶等合成纤维织物。

4. 烫发液熨烫变色

烫发液属于化学药剂，从表面看没有颜色。由于不小心沾染到衣物上没有及时洗掉，衣物熨烫时熨斗底板高温和蒸汽高温的激发，造成服装沾染部位变色。烫发液熨烫变色需要用化学药剂，通过化学反应除之。

第十四章
事故与管理

洗衣事故和洗衣问题不仅仅是洗衣技术低而造成，还有些是由于管理不善、制度不明确和工作马虎所导致。有些事故赔付，看似洗衣店被冤枉，仔细分析发现洗衣店负有推脱不掉的责任，暴露了洗衣店管理方面的漏洞。因此避免和减少洗衣事故，必须一手抓技术，一手抓管理。

第一节
管理程序与制度

✦ 一、收洗衣物的分拣

分拣是指收洗衣物的检查与分类。分类是对收洗的衣物在认真检查的基础上，进行干洗或水洗、机洗或手洗的分类。分拣不仅是前台的责任，也是各有关岗位的责任。分拣要求准、快、全；要求各负其责，相互配合，及时沟通，做到当时事当时毕，当日事当日毕。拖延和推诿是衣物分拣的大忌。

洗衣事故有许多是漏检和分类错误所造成。为了避免和减少这类事故赔付，有的洗衣店由老板亲自负责，可见分拣的重要性。实践证明，做好分拣是避免和减少洗衣事故十分重要的一环。

1. 一次分拣

（1）一次分拣的"七查" 一次分拣是前台人员的重要工作和责任。一次分拣要做好"七查"，具体是查纤维、查颜色、查污垢、查饰品、查缺陷、查口袋、查洗涤标识。根据"七查"的结果，对衣物洗涤方式进行分类。

① 一查纤维。认真查看面料、里料、附件的纤维种类、织物组织、款式，服装面料是否有涂层、层合面料和特殊纤维，碰到疑难问题马上与有关人员沟通。

② 二查颜色。首先要查看衣物是否有颜色沾染，有色衣物是染色还是印花；如果是印

花，是染料印花，还是涂料印花；真皮附件是染料染色，还是颜料涂饰等，从而判断有色衣物的色牢度。

③ 三查污垢。查看衣物的污垢情况，如果衣物污垢较重，要查看污垢性质，是油性污垢，还是水溶性污垢，对重垢和特殊污垢要进行询问，并对重点污垢贴上污渍标签。

④ 四查饰品。查看衣物是否有饰品，包括亮珠、亮片、标牌等，也包括附件中的纽扣和拉链等，是否有特殊制品，做出登记和标记，向洗烫人员交代。

⑤ 五查缺陷。要按照服装的检查顺序和重点部位，对衣领、前幅、兜口、里衬、袖口、后背、裤腰、裤裆、裤脚等部位进行检查，看服装是否变形、起泡、缩水、破口、霉变、虫蛀、磨损、开线、抽丝、并丝、色差、极光、熨烫亮痕等。

⑥ 六查口袋。要查看服装口袋是否有遗忘物品和币钞，尤其是类似刮胡刀片、圆珠笔芯等小件坚硬锋利容易损伤衣物或容易污染衣物的物品。

⑦ 七查洗涤标识。详见第十二章第五节第262～265页。

洗衣标签要订全。收洗的衣物每一件衣物都需要订上洗衣标签，对多件套衣物和拆卸的附件，要件件有标签，不能图方便只订一两件，漏订衣签、订签不全是错付、漏付衣物的隐患。

(2) 一次分拣要求

① 及时沟通。根据"七查"的结果，对衣物进行干洗与水洗、机洗与手洗的分类，并将有关问题向后台交代清楚。洗衣店要建立与其它岗位沟通的有效办法。如衣物按类别分放（如装入分类衣筐）、贴污渍标签、文字注明、传递衣物时当面交代等。发现了问题，却不及时与洗烫人员沟通，等于收洗衣物没有检查，等于没有发现问题。

② 对分拣人员要求。不管是员工还是老板亲自分拣，一定要按程序检查，仔细认真；对顾客提出的不恰当要求，要耐心、正确地给予解释和回答；对检查发现的问题要马上与顾客沟通，并得到顾客的确认与认可，重要问题必须要顾客签字；分拣人员要熟悉业务，熟练掌握电脑操作，而且要掌握洗衣常识成为"通才"，要具备沟通能力，服务热情，态度和蔼。

2. 二次分拣

二次分拣是指水洗、干洗、皮衣护理、熨烫等岗位具体操作人员在洗涤、去渍和熨烫前对衣物进行检查及分类。二次分拣实质是复检，是对一次分拣的确认。二次分拣是防止前台漏检的必要措施。

(1) 二次分拣重点　二次分拣的重点有以下几点。

① 检查口袋内是否有遗忘物品。

② 检查部分衣物水洗是否掉色，并检测确认。

③ 检查衣物是否有损伤和其它缺陷。

④ 确定娇嫩衣物与特殊衣物及洗涤方式，并在检查后进行洗前分类。

⑤ 检查衣物污垢的程度和性质，特殊污垢能否去除，是否需要洗前去渍或洗后去渍，需要洗前去渍的衣物单独存放。

(2) 分类洗涤原则　分类洗涤的原则是：同色同款衣物同机洗涤；大、小衣物分开洗涤；脏垢轻、重分开洗涤；厚重与轻薄分开洗涤；特殊衣物特殊方法洗涤；娇嫩衣物、硬挺衣物手洗或缓和机洗等。

(3) 二次分拣人员要求　前台收衣尤其是在旺季有时顾客取送衣物集中，而且时间要求较短，甚至催促不断，在这种情况下，难免有漏检情况。二次分拣发现问题，一定要马上与前台进行沟通。在衣物投入机器洗涤之前，要做好每一件衣物的翻面，并将纽扣扣好，拉链拉好，该包裹的包好，该装袋的装好。

3. 兜内物品的处理

在一次分拣和二次分拣中经常发现有顾客将钞票、证件等物品遗忘在服装兜内，有的顾客遗忘的钞票近 2000 元。如果是身份证等证件要马上通知顾客，有的顾客是在出差前来洗衣店洗衣物，如果将某些重要物品遗忘在洗衣店会妨碍其行程和办事。洗衣店员工对于钞票和其它贵重物品要及时通知顾客，绝对不允许私揣腰包、个人享用或集体消费。违规者要严肃处理。

✚ 案例 1　污渍漏检，未洗赔付

衣物：纯棉夹克、米黄色、立领。

情况：衣物送洗时，前台还有几位顾客在等待，并不断催促。服务员将衣物平放在案台上检查，未发现立领背面有一块污渍，洗衣师傅洗前复检发现，马上询问前台，前台服务员给顾客打电话沟通。从收衣到打电话不到一个小时。顾客拒不承认污渍送洗时就有，坚持说是洗衣店造成的。结果衣服未洗，以赔付 200 元钱而告终。

✚ 案例 2

一家洗衣店对顾客放在衣兜内的一小包刮胡刀片漏检。当发现刀片粘在洗衣机门的玻璃上时停机检查，有许多衣服已被刮破损坏。

✚ 案例 3

一家洗衣店对顾客装在衣兜内的口红、黄连素药片没有检查出来，最终整机衣物被污染，造成重大赔付。

✚ 二、明确制度与责任

为防止漏检和分类错误，需要各岗位之间团结互助，通力配合。每位员工要虚心学习，相互之间加强交流，不断增加专业知识，提高业务技术水平。同时必须明确责任，在制度上予以明确规定，具体是：前台漏检，清洗责任岗位未检查出来，由清洗责任岗位负全部责任；熨烫岗位未检查出来，由熨烫岗位负全部责任；上道岗位没有检查出来由下道岗位负全部责任；下道岗位检查出来及时通报给上道岗位后，上道岗位没有及时处理，由上道岗位负

全部责任。责任岗位检查出来的问题能够解决的没有解决，由责任岗位负全部责任；责任岗位检查出来的问题需要协同岗位处理的，协同岗位未予处理或未及时处理，由协同岗位负全部责任或主要责任；本岗位漏检或检查出来的问题未予及时通报，由本岗位负全部责任。其它类推。

有人可能认为上述制度不尽合理，例如，"前台漏检，清洗责任岗位未检查出来，由清洗责任岗位负全部责任。"过于苛刻，前台也应负有责任。事实上前台确有责任，但是实践证明，当前台收衣检查认真很少出现漏检时，水洗和干洗等岗位很容易放弃检查，甚至发现了问题也不询问，以为前台已经和顾客进行了沟通和交代。这种情况已有经验教训，其结果最容易漏检，导致有问题和缺陷衣物层层过关的现象发生，一旦出现问题互相推诿。因此"活口"不如"死口"，在制度上彻底断绝侥幸的心理和做法。

✦ 三、质检把关与打包上架

打包上架是付衣前的最后一道程序，负有质量检查的重要责任。按照洗衣流程规律，打包上架由前台负责。对于有问题的衣物是否可以上架、是否返洗、污渍未除是否进一步处理等，有的洗衣店由店长负责；有的指定专人负责；有的由打包人员负责，对于重要问题请示店长决定。对于洗衣事故的处理一般由前台、店长出面，最终由经理或经营者决定。

俗话说"编筐织篓全在收口"。质量检查和打包上架要重视如下事项。

第一，熨好的衣物（包括不用熨烫的衣物）要迅速打包上架，对于一次送洗衣物较多只差一两件未完成的要及时督促，尽快备齐打包，提高付衣速度，做到按时付衣。尽快打包上架不仅可保证按时付衣，提高洗衣店的信誉，也为出现问题在付衣前查找原因和处理提供了宝贵的时间。

第二，质量检查不可抱着蒙混过关的侥幸心理，这不仅是对顾客不负责任，也是拿洗衣店的信誉作为赌注，长此以往，必然造成顾客流失。有三种衣物不能打包上架：件数不齐的衣物不能打包上架；洗烫不合格的衣物不能打包上架；有问题的衣物不能打包上架。

第三，对于确实去除不掉的污垢，必须通知前台所有人员知晓，有对客人合理解释的事先准备；对有问题或已经形成事故的衣物要马上处理，争取在顾客取衣之前处理完毕。对于可能出现麻烦的衣物要做好具体处理预案。

洗衣店只要开门营业，前台必须有人负责，不管是专职还是兼职，前台必须保证有人。洗衣店前台大多实行错时倒班，加上休息日，无论是哪一位前台人员都不可能时时刻刻在岗，不可能对有问题需要向顾客说明的衣物件件清楚，因此要加强交接班制度，有必要将问题写在纸上订在打包袋上，以免在付衣顾客问及时处于被动。

✦ 四、洗衣店的衣物保管与电话催促取衣

有的顾客由于出差、遗忘和其它原因，送洗的衣物较长时间未取。这不利于洗衣店的管理，占用了洗衣店的宝贵空间；大多数洗衣店空间小，势必造成拥挤，容易混淆，妨碍取衣；时间长者必然沾染灰尘，需要更换包装袋，甚至衣物重洗；如果保管不善，出现问题，

还会引发意外事故。有的洗衣店阴暗潮湿，通风不好，衣物存放时间长容易发霉。笔者曾去一家品牌洗衣店考察时一进门就闻到了一股潮湿味。

有的洗衣店输送线位于阳面窗前，每天都有一定的时间阳光可以照射衣物，时间长必然局部褪色。因此洗衣店的阳面窗户必须安装遮阳窗帘，并及时放下遮阳。

✦ 案例 4　衣物窗前挂放，阳光照射局部褪色

2012 年，一位顾客将一件黑、灰相间的印花毛衣送回洗衣店。原来这件毛衣左衣袖及肩部凸显处明显褪色。这是长时间悬挂窗前被阳光照射的结果。由于毛衣已经取走较长时间，不能确定是在洗衣店还是在家里造成。顾客要求洗衣店给予处理，如果处理不好就不要了，洗衣店答应尽最大努力。洗衣店对此进行了补色修复，顾客取衣时很满意，说效果比想象的要好。

第二节
前台管理

管理型洗衣事故有许多发生在前台。如果管理不善，这类事故会经常发生，不仅造成经济损失，还会发生经常与顾客争吵的现象，影响洗衣店的信誉和正常经营。

✦ 一、电脑的使用和收付方式的改进——取消登记簿的好处

随着电脑的普及，各专业洗衣店收付衣物都实行电脑管理，这是洗衣店进入现代化管理的重要一步。提高了工作效率，误差率也低于手写。电脑软件需要不断升级换代。旧版电脑软件需要配有登记簿并需要顾客签字，登记簿需要不断整理，时间稍长不及时整理便容易出现混乱情况，严重影响了收付效率。使用最新软件取消了登记簿，顾客只需在取衣票（一式两联）上签字，拿走取衣联即可，减少了许多麻烦，大大提高了收衣和付衣效率，节省了登记簿占用的空间。

采用最新软件，有些问题仍然需要有妥善的处理办法。例如顾客取衣票忘带或丢失、洗衣卡丢失、洗衣卡透支、衣物送洗后遗忘不取、洗衣卡寄存洗衣店、特殊的顾客连取衣票都要求寄存洗衣店等。从洗衣店自身来看，有电脑打字有误、衣签漏订、不全订、打包上架出现差错、特殊要求的衣物没有打入电脑标示注明、没有及时通知下道工序岗位等。由于上述问题的存在，虽然电脑软件不断更新，仍然会出现错付衣、漏付衣、重复付衣、忘收款、少收款、漏收款等情况的发生，造成纠纷和经济损失。

✦ 二、前台工作要求与注意事项

洗衣店由于收洗量的不同，配备的电脑及软件不同，人员配备的不同，管理办法很难划

定统一模式和标准，要根据洗衣店的自身实际情况，制定便于操作的办法和措施。其中有几点需要特别注意。

（1）认真操作，降低打字差错率　第一，前台收衣时要认真操作，集中精力，克服麻痹大意的思想和习惯。第二，前台人员招聘时应要求会电脑操作，正式上岗前必须学会收衣付款、结账等各项电脑操作事项。收衣事项越熟悉、打字速度越快、越认真，收衣和付衣效率越高，差错越少。

（2）洗衣标签必须订全　略。

（3）顾客特殊要求和特殊污渍必须登记、标识，及时传递到岗、到人　以裤线为例，有的客人无论是什么样的裤子都要裤线，有的客人所有的裤子都不要裤线。对于估计很难去掉的污渍或特殊脏污的衣物，不仅要向顾客说明，还要在衣签上标识向后台交代。这类问题琐碎却不可忽视，只要营业就会发生，尤其是旺季时稍微疏忽或忙碌很容易遗忘，一件小事可以演变成大事。

（4）前台人员要学习了解洗衣常识　前台人员应当是洗衣"通才"，除了收付衣物电脑操作外，应掌握干洗、水洗、皮衣护理等基本常识；对熨烫不但应当了解，而且应会操作，当其它岗位人员下班后，有顾客送来一件衣物单烫着急穿用，在没有其它顾客取送衣物的情况下，前台有责任负责熨好。洗衣量能否提升，一些洗衣问题和事故能否化解，前台工作人员起着至关重要的作用。有的洗衣店规定，前台必须学会熨烫，并在干洗、水洗、去渍岗位轮训一段时间，这种做法值得肯定。

（5）规范用语与洗衣卡最佳推销时机　热情的服务态度和良好的规范用语，有利于同顾客的交流，有利于化解矛盾，有利于吸引顾客，提升洗衣店的经营业绩。实践证明，洗衣店定位在什么档次，就吸引什么样的顾客。

每个商家都有最佳的推销时机，洗衣店的最佳推销时机是前台接待每一位顾客时。洗衣店的推销分为培养式推销和促成式推销两种模式。培养式推销是指通过洗衣店良好的店容店貌、前台人员的形象和服务态度、客人满意的洗衣质量、快速的取衣时间等。培养式推销需要全店人员的共同努力。促成式推销则由前台一个岗位承担，也就是前台人员抓住一切机会使顾客购卡或充值。实践证明，顾客能否购卡充值，往往就是一句话的事情，洗衣店在运转正常保证质量的情况下，业绩能否提升关键在前台。

（6）收洗衣物集中注意力　实践证明，洗衣店不能允许店外人员随意出入，员工在工作时不能说说笑笑，分散精力，尤其是前台收付衣物时，不可随意打扰，防止出现差错。

✚ 案例 5

　　一次顾客取汽车毛坐垫时，因为一号之差付错，而且取走的毛坐垫远远好于他本人的毛坐垫。当洗衣店员工发现时追讨，取走的顾客推脱出差半个月，当到了半个月的时候再打电话关机，以后打电话干脆停机。因此前台收衣、付衣时一定要仔细认真，集中注意力。

<h1 style="text-align:center">第三节
技术培训与考核</h1>

经营者开店的目的是挣钱,多赢利,追求利润的最大化;员工应聘是为了多挣钱,养家糊口。洗衣店的人员管理,实质上都是围绕这两个目的而展开,是在追求二者的统一和平衡。员工愿意长期从事洗衣行业工作,洗衣店的分配制度真正与技术挂钩,这是员工学习技术的动力和基础。这样才能少发生或不发生事故,即便发生了事故也能吃一堑长一智,不犯重复性的错误。

✦ 一、建立学习技术与考核制度

每一位员工都不愿意自己在操作时发生事故和问题。但是主观愿望代替不了客观结果。有许多事故是发生于不懂或似懂非懂的情况下,发生于似与不似之间。例如衣物挂晾并不是所有的有色衣物贴在一起都必然造成搭色,如果操作者知道两件衣服贴在一起会造成搭色,即便是洗衣店的空间再紧张,也会将其分开。洗衣看似简单,真正做好却需要掌握许多专业技术知识,有的人善于学习和研究,能触类旁通,举一反三,有的人则缺乏这种悟性。因此,洗衣店必须建立学习和技术考核制度,持续不断地推动和鼓励员工学习技术。

怎样才能让员工更好地学习技术呢?根据洗衣店的具体情况,作为洗衣店的管理者应抓好如下三个方面的工作。

(1)交流 每月、每周应固定时间学习技术和交流,淡季应争取更多的时间。学习和交流可以采取多种形式,例如:提出问题一人回答,大家评判和补充;提出案例大家分析;让员工提出问题,大家分析原因,并提出解决办法;师傅或老员工操作,大家学习;新员工操作,大家指导等。应当鼓励老员工将自己掌握的知识和经验热情传授给新员工,应当在制度上明确规定,改变"教会徒弟饿死师傅"的传统观念和陋习。

(2)授课 采取走出去请进来的办法进行技术培训。对于专项技术需要交纳学费外出学习,这是提高技术、增加服务项目的重要措施;要充分利用加盟、连锁的技术资源,聘请老师指导培训。

(3)考核 建立考核制度。没有考核,技术培训很容易流于形式。考核内容主要包括:试卷考核;实际操作考核;工作计量考核,如每天或每小时完成的符合质量的熨烫件数、洗衣件数、差错率、事故率等;每个月出现的事故率和修复率。如有必要可予公布。

✦ 二、技术水平与分配挂钩

技术必须与分配挂钩,否则重视技术只能停于口头,很难落到实处。我主张实行技术等级制,但是据了解还没有一家洗衣店这样做,洗衣行业还没有一套完善的便于操作的考核标准和办法。目前,洗衣行业缺乏统一的职称评定制度,职称评定仅限于极小范围。有的洗衣店员工获得职称证书后,并未与收入挂钩,证书获得后不久便先后离职。因此获得证书主要是为了装饰门面，对外宣传。洗衣店难以实行技术等级制原因很多，例如洗衣店很多都是个体经营，工资待遇较低，缺乏长期从业的吸引力，甚至为了降低工资成本，不惜让技术全面、经验丰富的老员工离职。因此，缺乏学习技术的动力，员工流动大。根据目前全国洗衣行业发展情况，开展技术职称评定，制定和完善易于操作的评定标准，需要行业管理部门和加盟连锁总部的统一规范。

✚ 三、洗衣事故和洗衣问题的责任认定与处罚

有许多人在出现洗衣事故和洗衣问题时希望悄悄处理好，不愿意让他人知道，这是为了自尊心而顾及脸面。实事求是地说，没有一家洗衣店不出现洗衣事故和问题。但出现事故和问题不应当成为一两个人的秘密，应当变成洗衣店的经验和技术成果，否则重复性的事故不可避免。洗衣事故赔偿大多在千元以上，多则一件近万元，一二百元或几十元的大多属于补偿。出现事故对员工不可不罚，又不可全罚。罚得太重，把员工给罚走了不行，这不是善善之策。到底什么样事故该罚，罚多少合适，只能根据每个洗衣店的实际情况而定。

洗衣店的事故基本分为两种类型，一种是技术事故，另一种是责任事故，绝对的意外事故极为少见。技术事故包括许多方面，例如错误选择洗涤方式、错误用料、错误操作等。主要原因是不懂，缺乏对纤维性能、颜色、织物组织、洗涤化料和去渍化料的了解，没有掌握设备的性能和使用方法等。责任事故简单地说就是工作马虎，不懂不问，粗心大意，贪图省事，甚至明知可能出事故和问题，依旧贪图省事不采取预防措施。

什么样的事故应该扣罚？主要有以下几种：第一，发现问题没有及时沟通和采取措施造成的事故；第二，重复性的事故，尤其是多次重复性的事故；第三，工作中途停顿遗忘或贪图省事造成的事故等。

事故的责任认定不可回避的现实问题是前台与后台技术要求的区别。洗衣店难得有一个好前台服务员，前台人员素质高、技术全面，是避免和减少事故，提升洗衣店经营业绩的重要因素，按照理想化的要求，前台服务员不仅应电脑操作熟练，打字速度快，很少出现差错，而且干洗、水洗、皮衣护理、熨烫等方面知识丰富，然而这是不现实的。根据多年的实践经验和行业规律，前台服务员多为未婚姑娘，当她们结婚或怀孕后便离开洗衣店。因此，绝大多数前台服务员的从业周期是两到三年，达到五年左右者很少。而洗衣技术涉及纺织、印染、皮革、精细化工、洗衣实践等多方面的知识，要求她们上岗后在很短时间内对洗衣技术达到十分专业的水平，显然是不客观的过高要求。

对前台服务员要求合理的标准是：电脑操作、接待顾客、促销等方面是"专才"，洗衣技术方面是"通才"。而其它岗位人员本岗位业务是"专才"，其它方面是"通才"。在事故认定责任时应当客观地考虑这一因素。例如前台人员第一次收洗真皮印花服装，洗衣单上没有注明不可干洗，皮衣护理人员进行了干洗，致使花纹脱落，无法修复，造成赔付。这起事故十分明确是皮衣护理人员的责任。按制度皮衣护理人员接到真皮印花皮衣，在操作之前必须查看洗衣单，如果发现洗衣单未提示有关事项，洗皮师傅应询问前台人员是否已向顾客交代印花皮革不可干洗，而后才能操作。未经询问进行操作，责任不在前台人员。

出现事故必须将责任落实到人头，否则管理必然混乱；如果定责错误会影响员工的积极性，也说明管理者是外行或者处理问题不公。定责错误将导致遇事能躲则躲，能推则推，拒洗的情况必然增多，逐渐形成经营萎缩。

第四节
设备维护、使用与可视性管理

洗衣店的主要设备开业时选定，规模不同，配置不同，在一般情况下十年内不能更新，只能加强管理和维护保养，保持正常运转。设备能否正常运转，不仅关系到洗衣质量和洗衣效率，也关系到洗衣安全，设备事故以及操作不当而引发的洗衣事故并不少见。设备的事故造成停产的损失，有时超过一起重大洗衣事故赔付。

洗衣设备的工作原理和维修是一个专项课题，尤其是设备的维修是一项专业性很强的技术工作，涉及的内容很多，同时每个洗衣店配置的设备不尽相同，本书只能就某项问题进行阐述，提出思路，以供借鉴。

✛ 一、熟悉设备，正确操作

洗衣员工必须熟悉设备的各项功能，熟悉设备主要部件的作用。否则很难正确操作与自觉维护。同样一台设备在不同使用者手里，使用时间大不相同。因此新员工上岗后要尽快地熟悉设备，全面掌握各种性能及操作注意事项，师傅和店长、经理要多次检查与考核，只有不断督促与考核，才能尽快达到标准。

现代洗衣设备功能多，比较复杂。以洗衣店专用的封闭式四氯乙烯干洗机为例，仅仅常用的自动程序就有30多种，可编程序有90多种，特殊情况需要手动操作。每一台设备购进时都附有说明书，操作者要仔细阅读，牢牢记住；作为师傅要认真带徒，手把手教会；作为徒弟要不懂则问，切忌不懂装懂。

手动操作是指不用事先设置好的自动程序，只按下开启键，根据需要自己按键操作。例如干洗白色、浅色衣物需要先将滚筒和管道内的残留液用干净的干洗溶液冲洗干净，防止脏液对衣物进行污染，洗涤时不使用圆盘过滤器和脱色过滤器，以防止衣物发灰。再如全自动水洗机水温越高，脱水转速越高，温度越低甩干转速越低。羽绒服需要低温洗涤、高速脱水，在这种情况下只能采取手动操作。

✛ 二、搞好维护，按时保养

洗衣设备的正常运转，有赖于完好的维护与保养。设备维护与保养主要包括如下内容。

① 设备的正常开机与关机。打开电源前应先打开水源开关，关机时应先关闭电源，然后关闭水源开关。

② 设备开机后以及在工作过程中，要注意观察是否有异常情况，发现问题马上报告进行检修，易损件损坏及时更换，禁止设备带病运转。

③ 按时注入润滑油。

④ 每日或按时清理设备表面灰尘、污垢和设备内需要清理的污垢。

⑤ 为延长设备的使用寿命，防止熨烫和去渍时积水、污垢对衣物造成不应有的污染，

烫台和气泵按要求应每日排放积水及污垢。关机后需要压力降到一定程度才能打开排水阀门。

烫台、去渍台每天需要提前30～40分钟开机，以保证工作时蒸汽达到标准压力，要有专人负责。每一位接触设备人员都必须了解设备，否则遇到问题处理不当会影响正常工作和损伤设备。

设备检修，包括装修设施的维修与更换，是洗衣店管理的重要事项。应确定设备检修人员，一般的设备问题和经常出现的问题能够随时解决；对于大的问题和自己解决不了的问题，提前与设备保修部门或加盟总部预约；对于易损件应储备充足，或者有顺畅的购货渠道保证需要时能及时供给，有些洗衣店由经营者亲自操办或督办。

操作者在每日开机和操作过程中，发现设备异常要马上检查，解决不了的迅速报告进行修理，争取问题较轻时得到处理。操作人员应当掌握简单的维修常识。曾发生过这样的案例，有人发现熨烫机不好使了便马上报告，当维修人员来了检查却发现是电源跳闸，当合上电闸发现熨烫机一切正常。再如意大利全自动全封闭四氯乙烯干洗机，在做F20维护时设备启动后没有声响，约过了5分钟后滚筒才开始转动。曾有实例，做F20维护的操作者不懂得这个规律，以为没有声响是设备出了问题，重新按键操作，由于按键错误最终把溶剂打进了蒸馏箱，使蒸馏箱内的溶剂超出了警戒线，设备发出警报，被迫关机，不仅增加了耗电，而且推迟了第二天正常洗衣的时间。师傅带徒，不仅要教会怎样操作，还要讲述设备操作的原理和表现状态等事宜，操作者不仅要知其然，而且要知其所以然，否则容易出现问题。

✚ 三、全封闭四氯乙烯干洗机的使用与维护

干洗机是洗衣店投资的主体设备，成本高，结构复杂，维护事项多，要求操作者熟悉、掌握干洗机的各项性能和维护事项。全封闭四氯乙烯干洗机维护项目主要有以下几种。

（1）程序维护　F18主要是清洗管道；F19主要是清洗滚筒；F20主要是清洗圆盘过滤器。F18每日工作结束后做；F19、F20约一星期做一次。

（2）纽扣收集器维护　纽扣、饰品等杂件在洗涤过程中脱落都进入纽扣收集器。纽扣收集器一方面是防止这些杂件对机器的损坏，另一方面可以收回洗涤过程中丢失的服装附件，因此清理纽扣收集器时，不要随手倒掉，要认真检查。清理纽扣收集器每天在开机前进行，在洗涤过程中不得开盖，如若着急查看，可以在洗涤结束后的蒸馏时开盖查看。

（3）蒸馏箱及蒸馏器维护　蒸馏箱每天早晨开机前清理干净。蒸馏箱的蒸馏是通过蒸汽进行，蒸馏温度为120℃。蒸汽由蒸汽发生器产生，蒸汽发生器的耗水量几乎为零。只有泄漏时才需要加水。加水必须加纯净水，最好是医用蒸馏水（大医院自产），纯度最高。如有水垢会影响蒸馏效率和设备寿命。平时要注意观察和检查水箱是否有泄漏。

（4）过滤器维护　干洗机的过滤器包括脱色过滤器和圆盘过滤器。脱色过滤器装有颗粒型活性炭，其作用是滤除衣物脱落的颜色，防止脱落的颜色在溶液中继续循环，对下一次洗涤的衣物造成颜色沾染。圆盘过滤器内有尼龙滤网，其作用是过滤溶剂中的污垢杂质。

脱色过滤器活性炭更换时间为3～4个月，此时炭粒已失去脱色作用。由于各洗衣店洗

衣量的不同，具体时间有一定差异。因此活性炭更换要观察脱色过滤器上面压力表的变化情况。压力表超过 1.5～1.8 时，说明活性炭已失效，应当更换活性炭。脱色过滤器压力表不启动时处于 0 位；在二次漂洗时启动，指针从 0 上升至 0.8～1.3 之间为正常。

圆盘过滤器的维护有两个办法：一是按时做 F20 维护；二是更换尼龙滤网。多长时间做一次 F20 维护，在同一本使用说明书上就有两种说法：一是完成 50 个循环做 F20 维护；二是 25～30 个循环做 F20 维护；也有说 15～20 个循环做 F20 维护。但是有一个标准是准确的，即圆盘过滤器的压力表达到或接近 1.8 时便应该做 F20 维护。但是压力表的观察只有在溶剂洗涤结束，从滚筒打入蒸馏箱的短暂时间才能观察到，脱色过滤器的压力表也与此相同。因此操作者对压力表要细心观察，及时通报，因为 F20 经常需要晚班人员来做，晚班人员观察不到压力表的变化情况。在设备正常运转情况下，圆盘过滤器的压力表如果在较短时间内重复出现指针超过 1.8，尼龙滤网可能有损坏情况，需要更换。

(5) 滚筒清洗维护 滚筒是干洗机的中心部件，随着使用次数的增多，污垢会逐渐沉积，影响洗涤效果，因此要定期清洗，清洗的办法是启动 F19 维护程序。每一次 F19 维护程序开启，可在 F20 之前进行。

(6) 绒毛过滤器维护 绒毛过滤器的作用是将干燥循环过程中的残余物过滤出来。过滤海绵沉积的绒毛 1～2 天清除一次，一个星期清洗一次。如果洗涤绒毛较多的衣物如汽车毛垫，每日清毛一次。海绵损坏要及时更换。

(7) 油水分离器维护 氯乙烯的密度是水的 1.6 倍，因此油（干洗溶剂）水分离器中，水在溶剂的上面，水超过一定数量，由排水孔自动流出，沿排水管道进入塑料桶中。按使用要求，油水分离器排水阀门，每日开启一次。日久会有污垢沉积于分离器的下面，一般 1 个月左右清理 1 次，或者在污垢较多颜色发绿时进行清理。

如果塑料桶装满分离水，下面有一定数量的溶剂，将水倒掉，将溶剂倒回机内（从纽扣收集器倒入，自动流进蒸馏箱）。

(8) 容器观察 容器是指干洗溶剂的三个贮存箱，在干洗机的底部，正面有三个玻璃窗口可以观察溶剂的贮存量和洁净程度。

(9) 溶剂酸化处理 污垢大多呈酸性，四氯乙烯溶剂在正常情况下 pH 值呈弱碱性，有利于去污。时间长了溶剂会慢慢变为酸性，不仅影响去污，降低衣物的洗净度，还会腐蚀设备，缩短使用寿命。检查干洗溶剂酸碱性有两个办法：一是观察油水分离器，如果水面出现绿色，表明四氯乙烯酸化；二是用 pH 值试纸检测即可，若呈酸性要加入酸性调和剂。

(10) 检查易损件备存 检查易损件备存，若缺少要及时补充。

✦ 四、可视性管理

可视性管理就是员工能看得见的管理，包括以下两个方面。

① 重要的注意事项和规定，贴在墙上或醒目的地方，操作者随时可以看到，起到随时提示的作用。如果没有条件张贴在醒目的地方，应订成簿册挂在操作间，以备随时查看。

② 化料管理。洗衣店购进的洗涤化料多为大包装、高浓度，使用时需要分装，可是商品名称、说明书是在大包装上，放在仓库，操作人员不能随时可见。分装后应贴上注明标

签。有的洗涤化料包装上全是外文，实际等于没有文字说明，这给使用者带来极大的不便。有的不同化学药剂外包装和颜色相同，如果商标脱落没有及时贴上或标明文字，时间长了很容易造成混淆。特别是对新员工来说更容易用错。万一用错就可能引发事故，甚至找不到原因。仅凭记忆是不够的，俗语说"好记性不如烂笔头"。这些都是细微的小事，然而正是这些细微的小事，有时可能引发重大事故。

洗涤用品和各种化学药剂都有一定的存放期限，超过期限会效力下降或完全失效，有的会变质，因此要有计划进货和妥善保管。

第十五章
复染

洗衣店对衣物的染色称为复染。复染是在衣物有色的基础上重复染色、重新染色或改色，也包括将白色衣物染为有色衣物。复染既是洗衣事故救治的一个手段，也是洗衣店的一项业务和服务项目。

洗衣店复染与印染厂染色的区别有以下几个方面。

(1) 染色对象不同 复染绝大多数是对服装染色，印染厂是对服装的原料——白色坯布染色，对服装染色很少。

(2) 染色方式不同 洗衣店染色一般是浸染；印染厂有浸染、轧染、印染。

(3) 染色工艺不同 印染厂设备和工艺都很复杂，有的设备价值 2000 多万元，染色前必须由实验室事先打样，并经过煮练，染色及固色方法有常温染色、高温高压、高温蒸汽、高温载体、热熔等以及后整理等一系列工艺处理，所用染料助剂复杂，洗衣店复染一般只用染锅浸染，染色用料比较简单，与印染厂染色相比，色牢度、色泽均匀度有一定差距。

(4) 染色纤维范围不同 洗衣店复染主要是纯棉织物以及其它吸湿性、上染性较高的纤维织物，对吸湿性很差、不上染的纤维服装如涤纶、丙纶等合成纤维洗衣店不能复染。

第一节
复染事项和注意问题

✚ 一、染色概念和一般事项

(1) 染色上染 染色是染料在织物上形成色淀，使纺织品获得指定的颜色和光泽，并且色泽均匀而坚牢。上染是纤维的着色，上染率就是纤维的着色程度，指染料向纤维转移，并进入纤维内部的过程。纤维的着色过程包括吸附、扩散、固着三个阶段，这三个阶段不完全独立，在多数情况下是同时进行或交替进行，只有活性染料染棉时，是在加碱后固色，界限比较明显。

(2) 亲和力 亲和力是染料从溶液向纤维转移趋势的度量。亲和力越大，上染率越高，越容易染色。一般来说，纤维的吸湿性越大，亲和力越高，上染率越高。几乎不吸湿的纤维是不上染的。丙纶的吸湿性为零，常规染色根本不上染，所以有许多丙纶织物的颜色是在生产纤维时就已将染料加入原料之中，因此丙纶丝生产出来就带有所需要的颜色。而涤纶则必须使用分散染料，采用高温高压或热熔的染色工艺，才能使其上染。在染色过程中染料的消耗受织物疏密度影响。疏松织物吸收染料多，密实织物吸收染料少。因此疏松织物染色染料用量多一些，密实织物用量少一些。

（3）复染用具 小型染色机、染锅（必须用白钢）、白钢夹及无色竹木筷子等，非白钢铁锅生锈对染色影响很大。使用化料不能没有计量，复染需要配备小型电子秤、水温计、白钢丝过滤网、耐酸碱长袖乳胶手套、pH 值试纸等工具和用品。

（4）复染用水 染色必须用软水，硬水影响染色效果，例如直接染料不耐硬水，容易造成色斑、色点等疵病。如果没有软水要添加软水化料。软水化料主要是无机盐类的碳酸盐、磷酸盐、焦磷酸盐、硅酸盐、硼酸盐、三聚磷酸钠、多磷酸钠等。将水烧开沉淀后使用是降低暂时硬度的简易方法，但不能解决永久硬度，钙、镁、铁等金属离子不能清除。

（5）染料 洗衣店复染可以使用的一般染料是活性染料、直接染料、硫化染料、酸性染料等。其中，活性染料最适合洗衣店复染，活性染料适用范围广、色牢度较好；直接染料色牢度差；硫化染料染色过程中毒性较大，不宜复染使用。

✦ 二、复染前注意问题

（1）复染的前处理 复染之前，必须将织物去渍、清洗干净；对于衣物色花洗前进行彻底剥色处理，尽量使色泽均匀，否则复染之后，依旧色花或颜色不均匀。事实上有的剥色变白难度很大，只能剥到一定程度。因此复染适合白色改染浅色，浅色改染深色。

（2）交织布纤维不同，上染率不同 交织布服装复染，与纯纺、混纺不同，如果有一种纤维复染不上色或上色率很低，那么复染后这种纤维还会保持原来的颜色。例如涤/棉交织面料中的棉纱线，直接、硫化、活性等染料都可使棉纤维上染，可是涤纶纤维却不能上染，复染之后涤纶纱线仍然保持原来的颜色，与棉纱线形成明显色差，例如有些纯棉衣物使用了涤纶缝线，染色后涤纶缝线仍保持原来的颜色，为此洗衣店在收衣时需要向顾客说明。涤/棉交织面料在印染厂需要染色两次，称为二浴法，对涤纶采取高温高压或热熔方法固色，而洗衣店不具备高温高压和高温热熔条件。

（3）涂层织物不可复染 有些面料和纤维织物本身可以复染，但如果有树脂涂层，情况便发生了变化。涂层服装不仅不着色，而且复染时的高温还会破坏涂层，使织物形态发生变化。因此涂层衣物不可复染。

树脂整理的衣物可以复染，但经过拒水防皱整理的影响上染率，如果在染色时加入高效渗透剂可以解决这个问题。如果没有高效渗透剂，需要对树脂进行剥离处理，否则影响染色。经过拒水整理的衣物，如果质量差的洗涤 5 次左右，质量好的洗涤 20 次左右，防水功能便全部丧失，此时染色对上染率也没有影响。

（4）黏胶黏结装饰物不宜复染 有些衣物镶嵌了许多树脂珠钻，有的是用黏合剂粘在衣物之上。类似这样的衣物，一经高温，黏胶便会溶解使珠钻全部或部分脱落，同时黏胶并不能全部消失，大部分还会残留在衣物上形成固迹，类似这样的衣物一般不宜复染；确需复染要有处理预案（彩图 28）。

(5) 迅速冷却——死褶　有的纤维衣物热水洗涤可以出现褶皱，复染温度高于洗涤，出现的褶皱更多，特别是涤纶等合成纤维衣物，因此复染后需要自然降温或逐步降温。漂洗与染色不可温差太大。

(6) 皮革附件抽缩损毁　复染一般多为沸染，温度达到 100℃，中温或低温也达到 60℃。真皮超过 40℃会出现变形倾向，超过 60℃会出现较明显抽缩变形。有一次试验性复染一件真皮衣领外套上衣，最后时刻发现衣领附近染色不够，忍不住浸入染液，瞬间皮领严重抽缩变形，因此，真皮服装及真皮附件，包括人造革不可复染。如果需要复染，只能将皮件拆卸复染后重缝。

(7) 高温复染——缩绒　羊毛成衣复染具有缩绒风险。印染厂染毛都是染毛线（印染行业称为毛条），洗衣店染毛基本是针对成衣，缩绒这道关难过。毛线染色与羊毛成衣染色性质不同，所以在一般情况下羊毛织物不适合洗衣店高温复染。羊毛织物适于洗衣店低温复染，应采取大浴比，不宜频繁翻动，这样会加剧毡缩。

(8) 不上染衣物不可复染　如涤纶、丙纶等合成纤维洗衣店不能复染。洗衣店一般不具备高温高压染色和热熔固色条件。涤纶染色需要高温高压浸染（125～130℃，最高不超过 145℃）或需要热熔固色（最高温度为 215℃），洗衣店一般不具备这个条件。

> **高温高压染色与沸点温度：** 水或者加入化学药剂的水溶液，用火或电热煮沸时的温度为沸点温度。在不同的气压下，水的沸点温度不同。在常压下，即 1atm 沸点温度为 100℃；气压越高，沸点温度越高；气压越低，沸点温度越低；海拔达到一定高度以后，气压逐步下降，海拔越高，气压越低，沸点温度越低。海平面的标准大气压为 1.01atm，沸点温度为 100℃；海拔为 3000 米，标准大气压在 0.7atm 左右，沸点温度为 90℃；青藏高原的平均海拔超过 4000 米，标准大气压远低于海平面，沸点温度在 80℃左右，去过那里的人知道，做饭时虽然已经煮沸，饭却不易煮熟。高压锅的原理是提高气压，从而提高沸点温度。
>
> 目前中国设定的家庭用高压锅气压标准为 2atm，正常情况排气阀冒汽后表明已经煮沸，其温度在 120℃左右。印染厂高温高压染色一般在 125～130℃之间；已经超过了家庭压力锅的气压。

✤ 三、复染流程与操作注意问题

复染的一般流程是：染色前准备 →复染前处理（如彻底剥色）→投料及染料溶解 →染色→复染后充分水洗。复染操作过程中需要注意的事项主要有以下几点。

(1) 染料应充分溶解　染料一般用温水或热水稀释溶解，然后倒入水中。不可将染料直接投放水中。染料溶解的好坏直接影响染色的均匀性，溶解不好，会造成色点、色斑、色花等现象。按照印染厂的规定，如果一开始染料就溶解不好，以下的操作没有必要继续进行，否则会造成染料、助剂、人力、能源的进一步浪费。

(2) 染液浓度　染液浓度高，纤维吸收染料多，浓度低，吸收染料少，但达到饱和程度织物不会继续吸收染料。一般规律是：染浅色染料少一些，染深色染料多一些。

（3）浴比 大浴比有利于染色均匀，但用料较多；小浴比省料，但容易染花。洗衣店染液用水量的一般原则是：染液必须完全没过被染衣物。

（4）始染温度不能太高，升温速度不能太快 始染温度太高，升温速度太快，往往会造成染色初期或短时间内上染百分率太高，造成被染衣物着色染料不均匀，所以开始时添加缓染剂的目的就是为了解决这个问题。

（5）促染剂加入的剂量和时间要控制得当 有的染料染色需要加入促染剂。如果染料用量过高，会造成染料的聚集，甚至沉淀，导致色点、色斑、色浅等染色瑕疵。促染剂通常在染色一段时间后再加入，并可根据具体情况分次加入。

（6）注意 pH 值的变化情况 pH 值是印染厂在染色过程中时时监控的指标，如果 pH 值出现异常，会直接关系到染色效果，因此操作工人应人手一本 pH 值试纸随时测试。洗衣店的复染与印染厂染色相比，虽然工艺简单，但原理是相同的，pH 值对染色的影响是一样的。

（7）正确掌握染色时间 不同的染料和纤维，染色时间不同，染色过程每个阶段时间的长短都有区别，要根据染料、纤维和纤维上染情况而定。染色时间通常在 1 小时左右。染浅色时间短一些，染深色时间长一些。

（8）复染后充分水洗 复染之后要充分水洗，将未固定的"浮色"洗去，从而提高色牢度。漂洗应在染液降温之后，漂洗温度与染色温度不可温差太大。

✦ 四、复染常用助剂

（1）食盐 在直接染料、活性染料、硫化染料中促染，在酸性染料中先缓染、后促染。

（2）元明粉 元明粉，学名硫酸钠，也称芒硝。元明粉属于盐类，在洗衣店主要用于复染。纯净度高于食盐，能经得住强热而最后分解。在直接染料染色中，选用元明粉作为促染剂能得到鲜明的色泽，用食盐效果较差。染浅色时元明粉为佳，染深色则食盐为佳。元明粉在使用前应先用水充分溶化，过滤后加入染锅，边搅拌边缓缓加入，以防未溶化的促染剂进入染锅，造成局部过量接触染剂，使染料发生盐析作用，染物上出现黑色疵点。元明粉还作为硫化染料、还原染料染棉布的促染剂。酸性染料染丝绸、羊毛类纤维，往往加入硫酸及醋酸，以促进色素酸的上色，但同时也加入元明粉作为缓染剂。

> **盐析：**盐析一般是指溶液中加入无机盐类而使溶解的物质析出的过程。染色中的盐析现象是指染料聚集在织物表面，不易向纤维内部扩散和转移，而形成表面染色。

（3）水玻璃 水玻璃在复染中使用，作用是促进染料的扩散，防止水中含有铁的氢氧化物固着在纤维上形成锈斑，用量一般为棉布质量的 0.4%。

（4）固色剂 一般是在染色的后期加入。例如直接酸性染料染色织物，一般以固色剂 UR（大连轻化工厂生产）3～5 克/升、30%醋酸 1～2 克/升、温度 60℃处理 30 分钟，可以大大提高成品染色牢度。

（5）冰醋酸 冰醋酸是印染行业使用最多的化学药剂之一。冰醋酸在复染中的主要作用是调节 pH 值和固色。

（6）纯碱（包括烧碱） 主要是调节染液的 pH 值使染料上染纤维。碱在活性染料染色中主要起固色作用。

✛ 五、颜色调配

详见第五章第一节四、光色与颜色调配第 99 页。

第二节
复染前的彻底剥色

印染厂在白色坯布上染色，如果所染颜色不理想，需将所染颜色彻底剥除重新染色。洗衣店复染是在有色服装上染色，复染前衣物如果色花、色绺、改色等，有的也需要将衣物原有颜色彻底剥除。否则复染后的衣物仍然色花或颜色不均匀、颜色不正。剥色方法如下。

✛ 一、次氯酸钠

次氯酸钠仅限于不耐氯漂的染料染色进行彻底剥色，不耐氯漂的染料染色也不是能将所有染色全部彻底剥除，有的只能剥到一定程度，其中纯蓝色可以彻底剥除。为了提高剥色效果可以加入烧碱等。

✛ 二、保险粉、烧碱、平平加

1. 对纳夫妥（不溶性偶氮）染料染色的彻底剥色
　　（1）剥色剂 保险粉＋蒽醌糊料＋烧碱。
　　（2）具体配方、操作 保险粉 38 克/升，30％蒽醌糊料 5～10 克/升水，烧碱 5～15 毫升/升水，温度 60～70℃，浴比 1：20，时间 10～30 分钟。
2. 对还原染料染色彻底剥色
　　（1）剥色剂 保险粉＋平平加＋烧碱。
　　（2）具体配方、操作 保险粉 5～6 克，平平加 2～4 克/升水，烧碱 12～15 毫升/升水，温度 60～70℃，时间 30 分钟。不能剥净，只能剥到一定程度。
　　还原染料剥色剂（剥色剂 KD-5A，具体配方不详，徐州开达精细化工有限公司生产）经鞍山博艺印染公司使用配方（1）效果不理想，改用剥色剂 KD-5A，基本全部剥除。
3. 对活性、直接染料染色彻底剥色
　　（1）剥色剂 保险粉＋烧碱。
　　（2）具体配方、操作 保险粉 15 克/升，烧碱 15 克/升，水温 100℃，浴比 1：12，时间 30 分钟。
4. 对其它染料染色彻底剥色
　　（1）剥色剂 保险粉＋平平加＋烧碱。

(2) 具体配方操作 保险粉 25 克，烧碱 25 克，平平加 8 克，水温 100℃，浴比 1：12，时间 40 分钟。

5. 分散染料染色织物剥色

二甲基甲酰胺试剂中，经 40～50℃处理 10 分钟左右（二甲基甲酰胺在印染行业作为染料的溶剂）。

对于织物用其它染料染色或判别不了的染料染色可以参照上述办法试剥，由弱到强。

第三节
活性染料复染

一、活性染料及分类

1. 活性染料是洗衣店复染首选染料

第一，凡是洗衣店可染纤维织物都可使用活性染料。其特点是色谱齐全、色泽鲜艳，扩散性和匀染性好，应用方便，尤其是低温型、中温型特别适合洗衣店。

第二，耐水洗色牢度好，活性染料能与纤维素纤维上的羟基、蛋白质纤维的氨基、锦纶纤维上的氨基发生化学反应，形成共价键，使染料成为纤维大分子的一部分，因此耐水洗色牢度平均达到 4 级以上，基本可以做到水洗不掉色。在印染行业有一项技术要求，混纺织物染料染色时选用的染料色牢度相近，因此印染厂涤/棉二浴法染色选用的染料经常是分散/活性。

第三，活性染料无毒，在染色过程中没有毒性气体散发，属于安全染料。

第四，中国是活性染料的生产大国，市场售价不高，虽然售价高于直接染料。

2. 碱性固色剂与电解质

活性染料是在碱性条件下染色，碱剂是活性染料的固色剂。用于活性染料固色的碱剂有纯碱（食用碱）、烧碱等。比较适合洗衣店的是纯碱。纯碱学名碳酸钠。活性染料染色是在染色进行了一段时间后加碱，因而固色阶段比较明显。

电解质为食盐和元明粉。活性染料染色时最好使用元明粉，因为食盐杂质较多，元明粉纯度高，效果好于食盐。食盐与元明粉也是活性染料的固色剂。

> **电解质**：在水溶液中或熔融态下能导电的物质称为电解质。电解质都是以离子键或极性共价键结合的物质，电解质分为强电解质和弱电解质。酸、碱、盐等无机化合物都是电解质，其中强酸、强碱和典型的盐是强电解质，弱酸、弱碱和某些盐是弱电解质。不能导电的化合物称为非电解质，例如蔗糖、酒精等（大多数的有机物都是非电解质）。电解质不一定能导电，能导电的不一定是电解质，具体情况比较复杂。由于电解质一词在一些印染和洗衣书籍中经常出现，作为洗衣店一般了解即可。

3. 耐氧化剂、还原剂性能

活性染料不耐氯漂，含氯氧化剂可使活性染料染色彻底破坏，改变颜色。因此活性染织物绝对不可使用次氯酸钠等含氯氧化剂。活性染料耐含氧氧化剂能力相对较强，活性染料染色的衣物可用双氧水去渍剥色。

低浓度（0.5%～3%）的还原剂（保险粉）单独作用于活性染料染色织物，不掉色或掉色较轻，可用于去渍剥色；如果一旦加入碱剂，如烧碱、纯碱或洗衣粉，可瞬间严重掉色。所以可用还原剂＋碱进行彻底剥色。

4. 活性染料常用助剂

（1）中性电解质（促染） 元明粉、食盐。

（2）固色剂 纯碱、磷酸三钠、烧碱。

5. 活性染料的分类

活性染料品种很多，有多种分类方法，其中比较适合洗衣行业的分类方法是按照应用温度分类。

（1）低温型 为 X 型。染色温度 20～30℃；染料上染阶段根据染料用量加入一定的促染盐，30～60 克/升，目的是提高染料的利用率。操作中要注意：染料的溶解时间要控制在 1 小时内，不能提前稀释；最好采用小浴比染色，降低水解，提高利用率。低温染料最适合洗衣店使用。低温型活性染料染色的缺点是色牢度低于中温型、高温型活性染料染色。

（2）中温型 国产 KN 型。宜采用 40～60℃染色；60～70℃固色。缺点是染料-纤维键耐碱性较差，容易产生风印。

还有国产 M 型、B 型、ME 型、EF 型、FN 型。宜采用 40～70℃上染，60～95℃固色。优点是具有较高的固色率和色牢度，工艺适用范围广（KE 型由上海染化八厂生产）。

（3）高温型 国产 KD 型、KE 型、KP 型。染色温度为 100℃，沸染。染料-纤维键的稳定性与 K 型染料相似，具有较高的固色率，工艺条件也与 K 型活性染料相似（KE 型由广东伟华化工公司生产）。

✦ 二、活性染料染纤维素纤维工艺

印染厂的基本工艺流程是：染物洗净→染色→固色→水洗→皂煮→热水洗→冷水洗→脱水→烘干。复染也基本是这一流程。

（1）染料使用量 0.2%～3.0%。

（2）稀释调浆 先用少量的水将染料稀释调成薄浆。X 型用冷水；其它用 40～50℃热水稀释。之后倒进水中搅匀使染料溶解。染料搅匀之后投放所染衣物，在规定温度染色。染液 pH 值保持在 9 左右。

（3）浴比 1：（10～12）。

（4）纯碱 4%。纯碱最佳，如果没有纯碱，可以加烧碱，用量减至 3%左右。在 20℃染色 20 分钟升温前加入。染液 pH 值保持在 10～11。

（5）元明粉 20～40 克/升。分三次加入。第一次与纯碱同时加入；之后间隔 15 分钟左右加入。如无元明粉，加入食盐，用量为元明粉的 50%。

（6）染色温度 染色温度根据染料和纤维而定。以 X 型为例，染色温度为 20℃，即染液温度为 20℃时投放所染衣物，在 20 分钟左右开始逐步加温，染棉纤维加温至 40℃；染黏胶纤维加温至 50℃。染色时间在 40 分钟左右。一般来说，亲和力大、扩散性差、用量大的染料，染色时间要求长一些。

（7）皂煮剂 皂煮剂的主要作用是去除浮色。切勿选用碱性的皂洗剂，要选择中性皂洗剂。好的皂洗剂有中性螯合分散皂洗剂 1546。

（8）皂煮温度和时间 皂煮前水洗。皂煮温度为 85～95℃；皂煮时间为 10～15 分钟。皂煮后热水洗、冷水洗、脱水、晾干（或烘干）（表 15-1、表 15-2）。

表 15-1　印染厂活性染料染色工艺

染化料及工艺条件		用　量
染色	活性染料	1%～3%
	食盐（元明粉）	15～80 克/升
固色	纯碱	3～20 克/升
皂煮	工业皂粉	1.5～2.0 克/升
工艺条件	浴比	1∶(12～15)
	染色温度	视染料类别而定
	染色时间	40～60 分钟
	固色温度	视染料类别而定
	固色时间	30～40 分钟
	皂煮温度	90～95℃
	皂煮时间	15～20 分钟
	用量	元明粉用量为食盐的 2 倍

注：为印染厂配方，供参考。

表 15-2　X 型活性染料染色工艺

项　目	数　量
染料	0.2%～3.0%
元明粉	20～40 克/升
纯碱	4 克/升
净洗剂	3 毫升/升
浴比	1∶(15～20)
染色温度	30～40℃
染色时间	20 分钟左右
染色 pH 值	9～10
固色温度	30～40℃
固色 pH 值	10～11
固色时间	40 分钟左右
皂煮温度	85～95℃
皂煮时间	10～15 分钟

注：为印染厂配方，供参考。

➕ 三、活性染料染羊毛

活性染料染羊毛由于鳞片层的阻隔，影响了染料向纤维内部扩散，需要较高的温度，但容易造成染料的分解。因此，需专用的染毛染料。

以中温型 KN 型活性染料染毛为例，KN 型活性染料染色，配制染液时用醋酸调节酸碱度，使 pH 值保持在 4～5，染色时可为 6～6.5。如果 pH 值太低上染快，容易不均匀；太高呈碱性，上染很少。40～50℃入染；然后逐步升温（每分钟升温 1～1.5℃）至沸腾；沸染 30～90 分钟；染色完成后水洗和用中性洗涤剂中性洗涤；洗后用 2% 的醋酸处理；冷水洗净；脱水晾干。

➕ 四、活性染料染锦纶

活性染料染锦纶颜色鲜艳，耐水洗色牢度较高，但是难染深色，匀染性也差。活性染料染锦纶有三种方法：中性染色；酸性染色；先酸性后碱性染色。酸性染色得色率高，但色牢度差；中性染色得色率低，一般仅用于染浅色；先酸性后碱性染色为佳。

先酸性后碱性染色方法是：用醋酸调节染液 pH 值在 4 左右，50～60℃开始染色，20分钟后升温至沸腾，沸染 10 分钟后加入纯碱，使 pH 值为 10～10.5，续染 60 分钟，之后进行后处理。染色时可以和其它不同类型活性染料拼色。

第四节
直接、酸性染料复染

➕ 一、直接染料复染

直接染料主要用于纤维素纤维织物及混纺纤维织物的复染，使用方便，操作简单，但染色牢度较差。在直接染料中只有耐晒染料色牢度很高。

1. 直接染料的分类

（1）A 型——匀染型、低温型 易溶解，匀染性好，但上染率低，中性电解质（盐、元明粉）对上染率影响不大，耐水洗色牢度差。染色时一般始染温度可略高（50℃），升温速度可略快，染色温度一般以 70～80℃为宜，保温时间可略短，如少于 30 分钟。

（2）B 型——盐敏型、中温型 溶解性好，匀染性略差。电解质（盐、元明粉）对上染率影响较大，可通过调节电解质的用量和加入时间控制。始染温度应略低（40℃），升温速度要适中，染色温度一般以 80～90℃为宜，保温时间需略长；加电解质（盐）起促染作用，用量可多一些，中色 5～8 克/升，深色 10～20 克/升，要分批加入，一般在保温前、中期加入。

（3）C 类——湿敏型、高温型 上染率高，匀染性差，对盐不敏感。可借助较高温度来提高染料的扩散速率和匀染性。始染温度要低（40℃），升温速度不能太快，染色温度控制在98℃左右为宜。

2. 直接染料对纤维素纤维织物的染色

直接染料对棉、麻、黏胶等纤维素纤维织物的染色，染液中先加入纯碱、匀染剂等，将染液稀释至规定体积，升温至50～60℃开始投放染物进行染色，逐步升温至所需染色温度，染色10分钟后，加入食盐，继续染30～60分钟。染色后再进行固色处理。

直接染料使用食盐或元明粉的作用是促染，用量为10～20克/升。操作时可根据实际情况增减。直接染料的上染温度大致可分为三种情况：低温染料的最高上染温度在70℃以下；中温染料的最高上染温度为70～80℃；高温染料的最高上染温度为90～100℃。棉和黏胶纤维通常在95℃左右染色，时间为40～80分钟。

如果续染其它衣物，染液可以连续使用，染料用量为第一次染色时的75%，助剂为30%。

✚ 二、酸性染料复染

1. 酸性染料分类

酸性染料主要用于蛋白质纤维（如羊毛、蚕丝）和锦纶的染色，也可用于皮革着色。酸性染料染色方便，色谱齐全，色泽较鲜艳，但耐水洗色牢度较差，因此染中、深色时，一般都需要进行固色处理，才能达到色牢度要求。按酸性染料应用性能和染色性能，可分为强酸性染料和弱酸性染料，其中弱酸性染料还包括弱酸浴和中性浴染色的酸性染料。

(1) 强酸性染料　是最早使用的酸性染料，匀染性很好，因此又称匀染性染料，主要用于羊毛的染色。染液pH值为2～4，缺点是湿处理牢度差，不耐缩绒，染后羊毛强度有损伤，手感较差。

(2) 弱酸性染料　主要用于蚕丝和锦纶的染色，染液pH值为4～6或中性pH值为6～7。弱酸浴染色时，通常用冰醋酸作为酸剂；中性染色时用醋酸铵作为酸剂。湿处理牢度好于强酸性染料，需要接近沸点染料才能充分溶解染到纤维上。

2. 酸性染料对羊毛的染色

染羊毛纤维酸性染料有强酸性、弱酸性、中性三种。强酸性染料染毛色牢度差，难染深色；弱酸性染料染毛色牢度好于强酸；中性染料近于弱酸性染料。三种染料起染温度不同，但是都经过95～100℃的高温、45～90分钟的染色。酸性染料染色用料有染料、硫酸（或醋酸）、元明粉、匀染剂等。

例1：把洗净后的羊毛织物放入染缸，盛水后加热，在水稍热时将色浆徐徐加入，同时要不停地翻动织物，使其着色均匀。为了获得匀染，可往染液中加入匀染剂1克/升，弱酸剂3～5克/升。温度控制在60℃左右，染色时间为1～2h或3h。然后让织物在染缸内自然降温，待冷却后取出用清水漂去浮色，脱水晾干。

例2：强酸性染料染色，用冷水、温水或醋酸打浆，再用温水或沸水稀释过滤。染液升温至30～40℃入染；缓慢升温（过快染色不均匀；过慢有的变浅、萎暗）；升温至100℃染45～60分钟。

3. 酸性染料对蚕丝的染色（印染厂工艺，供参考）

流程：洗净→染色→水洗→氧化→水洗→皂洗→水洗→脱水晾干。

弱酸性染料橘黄 R	1.8％（对织物质量）
弱酸性染料桃红 BS	0.14％（对织物质量）
平平加 O	0.3 克/升
食盐	0.5 克/升

升温曲线：50℃，10 分钟；添加染料；升温 40 分钟；达到 80℃，添加食盐；20 分钟达到 95℃；30 分钟，降温；排液、水洗。

后处理：先以冷水冲洗一次，然后用 40℃温水和冷水洗，再经固色处理。

固色剂 ZS-201	3％（对织物质量）
平平加 O	0.2 克/升
温度	40～50℃
时间	20～30 分钟
处理方法	固色后可冷水洗 5 分钟或直接出机
pH 值	4～6
升温方式	逐步升温

染色后需用固色剂处理，无甲醛固色剂一般为阳离子型的多烯酸或季铵盐树脂，固色效果好，固色后织物色光变化小，如 ZS-201、无甲醛固色剂 HWS 等。

第十六章
重点衣物的洗涤

第一节
水洗羽绒服

羽绒服因柔软蓬松、舒适保暖、色彩鲜艳、丰富多彩而受到人们的青睐。在中国的北方从 10 月下旬开始，羽绒服洗涤逐渐进入旺季，一直延续到次年的 4~5 月份。羽绒服占用空间大，洗涤程序比较复杂，晾干时间长。因此，能否洗好羽绒服，是衡量一个洗衣店专业水平高低的一个重要标志。

✛ 一、羽绒服特点

(1) 面料　羽绒服大都采用细薄紧密的面料，柔软爽滑，强度高，耐洗耐磨；色牢度较好，颜色品种齐全，色彩鲜艳。为满足上述要求，大多采用尼龙绸、涤纶绸等化纤作为面料和里料。也有棉和真丝。真丝一般为高档品，数量很少。

(2) 涂层　为了提高防寒效果和防止渗绒，很多羽绒服面料都有一层合成树脂涂层，或经过树脂整理。有的表面涂层十分光亮、滑润，不耐干洗，溶剂和摩擦都容易造成涂层损伤和脱落。羽绒服防渗绒的衬层一般由无纺布构成，如果质量较差，强力水洗也会导致破损。

(3) 羽绒　羽绒服大多采用鸭绒作为填充物，全世界的 60% 来自中国。鸭绒中的上品大多来自北欧和北美的高寒地区。鹅绒优于鸭绒，属于羽绒中的上品，价格昂贵。一般的羽绒服所用羽绒中混杂羽毛、羽梗。羽绒在使用之前需要洗净脱脂，但是脱脂过度羽绒就会发硬而降低保暖性能。四氯乙烯的脱脂能力很强，干洗会一定程度降低羽绒的保暖性能。

(4) 重垢与水渍　羽绒服一般穿着时间较长，污垢重于其它衣物，有的衣物污垢很重，进机洗涤之前重点部位一般需要刷洗。羽绒服的污垢大多属于水溶性污垢，因此除个别者外都适合水洗。水洗羽绒服极易产生水渍，

综合上述情况，羽绒服适宜水洗，不适宜干洗。对于真丝面料羽绒服不宜机洗，需用中性洗涤剂手洗。真丝羽绒服如果穿得较脏，一般很难洗净。

✦ 二、羽绒服洗涤要点

（1）洗前检查　洗涤前进行认真检查，发现问题立即与前台沟通。对前台通知需要特殊洗涤和处理的衣物，不能与其它羽绒服混杂放在一起，要单独存放。真丝面料的羽绒服要手工洗涤。

（2）分色洗涤　按颜色分开，同色放置，同色浸泡，同色洗涤。

（3）预前去渍　首先去除重点污渍。洗前将袖口、领口等易脏处均匀喷洒衣领净，搁置 3～5 分钟，对污垢严重的部位进行刷洗，刷洗必须遵守"三平一均"的规定。袖口、领口等处用力不可过大，防止磨伤、刮伤。

（4）浸泡　羽绒服面料密实，浸透速度较慢，因此洗前泡一会浸透再洗为宜。对于特别脏的羽绒服在刷洗前应放在含有洗衣粉的室温水中浸泡，浸泡时要反转衣物，将衣物内的空气挤压出去，使之充分浸泡，时间 5～15 分钟。由不同颜色拼成的羽绒服要单独浸泡，以防串色。如果面料、里料色差较大，特别是里料为深色易掉色的，而面料是浅色的，以及面料是拼色的，不宜浸泡。对于特别脏而又易掉色的羽绒服也可以不浸泡，可增加一次轻柔预洗，以防串色、搭色和洇色。

（5）必须使用滚筒洗衣机　螺旋式全自动洗衣机和双缸洗衣机不可洗涤羽绒服。羽绒服用螺旋式洗衣机洗涤时会有大量气体不能排出而形成鼓包影响洗涤效果。羽绒服不可用螺旋式全自动洗衣机和双缸洗衣机的甩干桶脱水，否则羽绒服的双层衣料内会迅速产生大量气体，达到一定程度会发生突然气爆，损坏洗衣机和羽绒服，甚至伤人。

（6）翻面洗涤　羽绒服必须翻面里朝外，并系好纽扣，拉好拉链。这是防止面料磨损的重要方法，必须严格遵守。

（7）满负荷装机　羽绒服在洗涤过程中容易挣大线孔出现渗绒，因此机洗羽绒服必须满负荷洗涤，这是与机洗其它衣物不同之处，也是减轻磨损的措施之一。

（8）洗涤　洗衣粉用量为 2～3 克/升水。洗衣粉不可过量使用，更不可中途再次添加洗衣粉，宁可再洗一次也不可过量和中途添加，中途添加不起作用只能是浪费。过量使用洗衣粉，不易漂洗干净，容易造成洗衣粉留存增加水渍。

水温以 30℃为宜，一般不超过 40℃。洗涤时间 8～15 分钟。为消除水渍漂洗 3 次，每次漂洗 3～5 分钟。每次都要高速脱水，每次脱水时间 30～40 秒。

（9）过酸　过酸使用冰醋酸。主要作用是清除残碱，预防水渍。用室温水，时间 3～5 分钟。用冰醋酸 2～3 克/升水，在最后一次漂洗时加入。用冰醋酸过酸不用漂洗，可直接脱水。

（10）晾干　尽量抖平，面朝里悬挂晾干。

（11）烘干　羽绒服晾到八九成干时，进行烘干。之后将羽绒服平铺在桌案上用竹板或双手拍打，使之蓬松舒展。按要求涂层衣物不可烘干，因此对明显涂层的羽绒服不可烘干，因特殊情况需要烘干的，要低温烘干，不超过 30℃。

✦ 三、水渍的预防和处理

水洗羽绒服容易产生水渍，而且很棘手。水渍产生主要有两个原因：一是由于面料采用的是紧密型纤维织物，加之有涂层，透水性很差，不易漂洗干净，脱水效果差，为残留污垢和残留碱形成水渍创造了条件；二是羽梗中残留的脂类物质，每次洗涤都会外溢，这种脂类物质极易形成水渍。

预防和清除水渍的综合办法是：避免添加过多的洗衣粉；增加漂洗次数；每次漂洗都高速脱水，充分甩干；过酸。有的洗衣店采取如下办法效果很好。

① 羽绒服脱水后取出，用洁净、干燥的白浴巾里外都包裹好，放到洗衣机内再次脱水。这种办法很费时，但百分之百奏效，晒干后不会有水渍。这种办法适合于洗衣量很小且没有烘干机的洗衣店。

② 晾干后出现水渍，将羽绒服平铺在案板上，先用浓度 0.2%～0.3% 的冰醋酸溶液喷洒在水渍部位，用洁净、潮湿的白毛巾擦拭，之后迅速烘干。

✛ 四、羽绒服"三色"的处理

羽绒服面料多为锦纶（尼龙绸），锦纶的吸湿性在合成纤维中较高，仅次于维纶，容易着色，如果有其它深色的纤维面料或附件（如染料染色裘皮领帽）掉色，很容易发生二次染色。如果水洗羽绒服出现串色、搭色、洇色情况，有以下五种处理办法。

① 直接打除。如果沾染的颜色比较轻容易去掉，可用喷水枪将沾色的部位喷湿，涂抹去渍剂，用喷汽枪直接打除，同时可用一块洁净的白布配合擦拭打下的颜色。用凉水可除，尽量不用蒸汽。直至全部清除干净。

✛ 案例 1

这是一件儿童羽绒服，面料由粉、蓝、黄三色条形尼龙绸拼成，里料为黑色。由于掉色造成严重的颜色沾染，其中黑色掉色沾染最重。这是顾客自己在家洗涤造成，要求洗衣店想办法清除。如果采用剥色法，很有可能在剥色过程中继续掉色沾染或破坏衣物原有的颜色。最终选择了去渍台去渍的办法，用喷枪打除，其效果十分理想，只是费时。

② 用中性洗涤剂或彩漂液、搭色净，将原液涂在染色部位，等待 3～5 分钟化学反应后进行揉搓，之后用清水洗净，可反复多次，直至清除。

③ 用中性洗涤剂整体浸泡拎洗，水温 80℃ 以上，浸泡时间很短，以浸透为限，开始拎洗。拎洗为主，对染色部位揉搓为辅，可反复多次，直至清除。

④ 用双氧水或彩漂粉加入 90℃ 以上热水中整体浸泡拎洗。用双氧水漂除色迹，应加入一定量的洗衣粉，操作方法与③基本相同。

⑤ 用保险粉漂除色迹，操作方法参考③、④。

常见特殊面料的羽绒服主要有两种：一种是配有染料染色真皮附件的羽绒服，不可水洗，真皮掉色严重形成洇色难除；另一种是真丝面料羽绒服，属于娇嫩贵重衣物，适宜手工水洗。真丝羽绒服无论是干洗还是水洗都容易出现问题，需要向顾客说明。

✛ 五、羽绒服发臭的原因

有的羽绒服经过潮湿的夏季之后会发出难闻的臭味，这是什么原因？羽绒服内的羽绒在作为填充物之前，都经过净化处理，其中包括羽绒的脱脂。一般来说，纯净的羽绒受潮不会发出臭味。由于有的羽绒服填充的羽绒掺杂相当数量的羽毛，羽毛的羽梗中会残留油脂，一旦受潮受热便会发霉，从而发出臭味。羽绒服如果过脏发霉也会发出臭味。因此羽绒服穿过之后一定要清洗干净，彻底晾干。保管时不要受潮。

第二节
水洗牛仔服

　　牛仔布，学名坚固呢，又称劳动呢，也称单宁布。产生于19世纪美国西部，是一种世界范围的传统纺织品，经久不衰。牛仔布机织、针织皆可生产。所用纤维有棉、麻、黏胶、混纺等。在织物组织上，有斜纹、斜纹变化组织、平纹、缎纹、凸条、大提花组织等，有的还采用了植绒、刺绣，有的牛仔裤进行了防皱树脂整理。档次高的牛仔布服装多带有弹力，多采用氨纶包芯纱，弹力分为经纬双弹、经弹、纬弹。

　　靛蓝坚固呢是最流行的牛仔布。靛蓝也称石磨蓝，是还原染料的一种，来自天然。还原染料分为两类：一类是蒽醌染料，各项色牢度优良；另一类为靛青染料。靛青染料渗透性不强，染料大都集中在布料表面，耐水洗色牢度和耐摩擦色牢度均差，特别是耐湿摩擦色牢度很差。所以牛仔裤洗涤后出现色花比例很高，居各类衣物洗涤色花之首。但是色牢度低这种缺点有时也会变成优点，例如裤子穿用时间不长就掉色磨白，有很多人喜欢这种风格，甚至刻意磨白和有意将特殊部位挑破，形成"花子服"。但是正常穿用磨白是有规律性的，机洗摩擦形成的磨白色花没有规律，不该白的地方也磨白了，看上去很不顺眼，客户自然不能认可。

　　某省工商局2010年第一季度纺织品服装商品监督抽查通报：抽查100个批次，64个批次不合格，占64％。有三个主要问题，其中之一是"染色牢度不合格。有部分服装（主要是裤子）耐干摩擦色牢度不达标，其中牛仔裤较为突出。这意味着这类服装在日常穿着时与白色衣物摩擦，将导致白色衣物直接被染色污染，影响正常使用。"

　　牛仔布衣裤基本上都是水洗，洗涤和熨烫要注意以下三点。

　　① 预前去渍和重污地方的处理，不宜使用硬毛刷。因为刷后就可能出现花白。刷洗一定要做到"三平一均"。适宜常温洗涤。

　　② 不宜使用工业洗衣粉或强力洗衣粉。碱性大会加剧靛蓝染料掉色。

　　③ 机洗必须翻面，这是最为重要的一项。

第三节
西服洗涤

　　西服具有庄重、典雅的特点和风格，是出入正式场合与外交场合的重要服饰。主要特点是外观挺括、线条流畅、穿着舒适。若配上领带或领结后，则更显得典雅高贵。

　　西服面料主要有纯毛精纺和毛/涤混纺两种。西服制作所用衬布为热熔黏合衬布，这是加工方法的改进，但是热熔黏合衬布并非十全十美。西服洗烫容易出现的问题是缩水、起泡、亮痕。主要原因有以下几点。

① 西服经过一定次数的干洗之后，热熔胶逐步出现脱胶现象，导致起泡。因为所用衬布为热熔黏合衬布，热熔黏合胶材料为合成树脂，耐干洗溶剂性能较差。

② 加工质量。服装厂加工西服使用的是专用敷衬机敷衬，结合牢度高，平整自然，服装加工点使用熨斗黏合的衬布，温度和压力很难达到标准，其结合牢度和平整性自然较差。因此，服装加工点与正规服装生产厂家敷衬不可避免存在质量差别。敷衬不牢，干洗、水洗都容易起泡。

③ 摩擦发亮。精纺羊毛面料和毛/涤混纺面料最容易摩擦发亮，原因是羊毛纤维表面鳞片在穿用和熨烫过程中由于摩擦的作用，使部分鳞片脱落，鳞片脱落便使面料发亮。

④ 高温熨烫。涤纶初始弹性很高，但在高温下下降幅度很大，高温洗涤容易出现死褶，高温熨烫容易发亮，实则是烫伤。

上述洗涤和熨烫问题有的可以避免，有的很难避免。综合来看，西服适合干洗，因为干洗具有保型的优势。西服在洗涤中须注意的问题主要是：干洗及烘干时间不宜过长，尽量减少洗涤中的摩擦；熨烫温度不能过高，最好中温偏下，宜垫布熨烫或翻面熨烫，不可来回摩擦；如果西服水洗，温度不宜过高。

第四节
皮革装饰服装的洗涤

皮革包括真皮与人造革。皮革装饰服装分为两类：一类是作为服装面料及拼料；另一类是作为附件装饰，如滚边、镶条、贴补，常用于袖口、兜口、衣领、拉链牙口、拉链头、皮扣、商标、接缝、衣边等处。皮革附件服装常见的有夹克、风衣、休闲装、防寒服等。在洗涤之前首先要鉴别认定皮革是真皮还是人造革。

一、真皮附件服装的洗涤

真皮附件服装洗涤出现的最大问题是掉色严重造成洇色，虽然色迹污染的面积不一定很大，但是处理难度很大，需要拆卸剥色后重新缝合。但在实际工作中真皮附件服装有的水洗掉色，有的不掉色，或掉色较轻。这是什么原因呢？原因是掉色严重的真皮是染料染色；不掉色的是颜料涂饰；掉色较轻的是颜料涂饰为主，染料染色为辅，或者说是半苯胺革。

真皮附件服装如何洗涤呢？首先用棉签蘸水擦拭检验是否掉色，确认掉色后要与顾客沟通，其次采取相应措施。

（1）水洗 为预防洇色，对染料染色真皮附件服装，在不破坏服装结构，可恢复情况下，拆卸洗涤后重缝。如果拆卸不了，应采取如下措施。

① 单件手工洗涤，洗涤过程自始至终加入冰醋酸，要超过其它衣物过酸浓度。

② 使用中性洗涤剂和低温水（20℃左右）。碱性和温度越高，掉色越重。洗涤时间越短越好，洗涤速度越快越好。

③ 脱水彻底。在晾晒过程中，衣物湿度越大，洇色越重。

④ 局部速干。在衣物甩干之后，趁洇色尚未形成之前，用风枪或电吹风将真皮附件连接处吹干，杜绝洇色的可能性。

（2）干洗 染料染色真皮作为附件的服装干洗，掉色轻于水洗。为减轻掉色主要措施有以下几种。

① 用干净的纯棉白布浸湿甩干或拧干，也可以用潮湿棉签擦拭皮件，尽量去除真皮上的部分颜色，以减轻洗涤过程中的掉色程度。

② 采用隔离保护的措施，用专用铝箔或干净白布、小毛巾等包好，手工缝好固定，确保包裹严密后装袋洗涤。

③ 缓和干洗，洗涤时间控制在 3 分钟左右。

皮革附件服装洗涤出现洇色只能拆卸后剥色，处理好晾干后重新缝合。如果不拆卸，采用去渍剂和风枪去除，会出现一边去渍，一边色迹扩散，加重洇色，这是洇色处理的最大难点。如果水洗后真皮附件发硬，可用棉签蘸加脂剂擦拭复软。洗后皮件褪色可用颜料涂饰剂补色。

✚ 二、人造革附件服装的洗涤

人造革包括 PVC 革与 PU 革。人造革用于服装的装饰作用与真皮相同，但是人造革与真皮的性能和洗涤要求完全相反。人造革无论采取哪一种洗涤方式都不存在掉色洇染问题，但是人造革如果干洗会发硬，甚至硬裂。人造革附件服装适宜水洗，不可干洗。在实际工作中，会经常碰到服装面料与皮革附件洗涤要求相矛盾的情况，碰到这种情况要权衡利弊择优。人造革附件服装干洗，如果人造革附件变硬，可用复柔剂（福奈特配制）与四氯乙烯溶液（1∶1的比例）涂抹，可使之恢复。如果已经硬裂则涂抹无效。

第五节
真丝衣物的洗涤

✚ 一、真丝面料的分类与着色特点

为了与人造丝相区别，人们将蚕丝称为真丝。真丝属于高档面料，最厚的丝织物称为织锦缎，最薄的称为纱，有的薄如蝉翼。仿丝绸一般在前面冠以纤维的名称，如涤纶绸、尼龙绸、府绸等。在现代生产中，有许多绸缎织物是真丝与仿丝的混纺或交织品。

丝织品大概可以分为三类。

（1）绸类 如电力纺、杭纺、春绸、双宫绸、竹节绸、绌绸等。其特点是多为平纹，织物组织比较简单，外观上基本都是薄型织物。绸类织物基本是织后染色和印花。

（2）缎类 如织锦缎、古香缎、软缎、桑波缎、金玉缎、绉缎等。基本组织为缎纹，并在缎纹基础上，融入了其它多种复杂组织以及提花、绣花等技术，织物表面呈现各种花纹和图案，绚丽多姿，丰富多彩。与绸类织物相比，缎类属于厚型织物。缎类织物基本是织前纱线染色。

（3）绉类 如双绉、泡泡纱、乔其纱、留香绉等。其特点是主要是采用平纹组织，薄型绉类丝织物，织物组织为平纹，采用特别工艺整理后，使织物表面起绉；其次是绉组织织物。绉类织物是绸类织物的深度加工。

✦ 二、真丝面料的特点及常见事故和问题

真丝织物的主要特点有以下几点。

① 基本上都属于娇嫩衣物，工艺最复杂、最娇嫩的当属真丝烂花绒。真丝服装适宜低温温柔洗涤方式，有的采取水洗方法且需要手洗，需要保护性脱水，不可高温，适于低、中温熨烫，不可使用蒸汽。其原因有两个：一是真丝耐湿热能力远远低于耐干热；二是湿烫极易出现水渍。

② 丝绸织物种类有素色、印花、绣花等。丝绸织物的色牢度不高，真丝涂料印花的色牢度好于染色和染料印花。真丝耐光性差，在所有的纤维中居于首位，染色所用染料耐晒色牢度不高，因此，真丝衣物不可在阳光下晾晒。

③ 耐摩擦性能差。真丝织物由于是天然长纱无捻，最容易出现并丝、跳丝、剐丝问题，不仅洗涤中容易出现，穿用时也容易出现，一旦出现几乎无法修复。机洗摩擦很容易出现浅表性磨伤。

④ 针孔扩大。有些真丝织物很薄，密度不大，由于外力的拉抻作用，缝线针孔很容易扩大，甚至开线。

> **什么是"三丝"？**
>
> **并丝**：真丝纱线是由两根以上的单丝合并成一根股线，或者将两根及两根以上的股线再合并成一根复合股线。衣物在穿用和洗涤中由于摩擦、勾剐等原因，纱线脱离原位向一侧集中，脱离的位置出现较大空隙，这种情况称为并丝。出现并丝多为纬纱，一是纱线密度一般小于经纱，二是纬纱勾剐的机会高于经纱（图16-1）。
>
>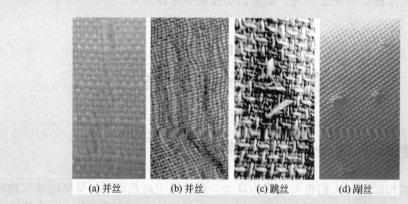
>
> (a) 并丝　　(b) 并丝　　(c) 跳丝　　(d) 剐丝
>
> 图 16-1　三丝
>
> **跳丝**：跳丝就是经纱或纬纱断裂，使织物表面形成一道没有纱线的白条，并逐渐扩大。人们最熟悉的是尼龙丝袜跳丝。跳丝也称抽丝。
>
> **剐丝**：缎纹丝织物是真丝类最厚的织物，由于有一部分纱线浮在织物的表面，在穿用和洗涤过程中都容易将浮在织物表面的纱线剐伤、剐断。跳丝与剐丝基本属于同类性质，纱线均为外伤折断。

✦ 三、真丝服装和一般织物的洗涤

真丝织物不管是干洗，还是水洗，都必须采取温柔方式和保护性措施。对于真丝混纺织物，要按真丝织物洗涤。双绉一类的衣物缩水性很大，应采取干洗方式。对于掉色较重的衣物不宜水洗。

(1) 干洗 大部分真丝织物适合的洗涤方式是干洗。干洗时装网袋或布袋，选用温柔或缓和的洗涤程序，洗涤时间不要过长。对于纽扣、饰品，或拆卸或用软布包裹，减少摩擦、碰撞、缠绕、拉抻。对于大红、大绿、黑色、蓝色等深颜色的衣物或其它容易掉色的衣物，不可涂抹皂液、椤油。对于污渍应该在洗前进行温柔去渍。

(2) 水洗 有些真丝织物较脏，干洗达不到洗涤效果，需要水洗，要采取手工水洗。水温以低温为宜，最高不超过 40℃。对于薄型织物和特别娇嫩的衣物，避免用力搓洗和刷洗。有的则需要采取最温柔的挤洗方式。洗涤剂必须使用中性洗涤剂。在最后一次漂洗时加入 0.5%～1% 的冰醋酸。如果掉色较重，从开始洗涤到最后漂洗，自始至终加入冰醋酸。

脱水甩干时，应用干净、干燥的白毛巾包裹甩干。脱水时间要短，防止出现碎褶和针孔拉大以及变形。当甩干桶达到最高转速时即可关机，甩干时间 1 分钟左右即可，最长不可超过 2 分钟。脱水之后要将衣物抖平，清理衣物的缠绕，间隔一定距离挂晾阴干。不宜在室外晾晒，严禁在阳光下晾晒。

(3) 去渍 一般是洗前去渍。要温柔去渍，对症下药。去渍或洗涤不宜刷洗。不可使用碱性去渍剂，严禁使用氯漂，剥色可以使用保险粉。

✦ 四、唐装与缎类织物的洗涤

唐装面料多为真丝提花缎纹织物，一般适合于干洗。缎类织品有一部分纱线浮在织物的表面，摩擦容易造成跳丝、剐丝；无论是干洗还是水洗都需要采取保护性措施，如装入布袋或网袋，缓和洗涤程序等。如果不是大件织品，水洗应手工水洗，顺向轻柔搓洗，不能用力太大，不可刷洗。要保护性甩干，不可在阳光下晾晒。机洗必须翻面，洗涤温度以不超过 30℃ 为宜。熨烫时不可湿烫。真丝缎类织品色牢度不高，去渍时要格外注意，干洗不可涂抹皂液。

第六节
毛绒衫的洗涤

毛纤维组织光泽柔和自然，富有弹性，没有折痕，吸汗透气，保暖舒适，因此，羊毛衫、羊绒衫深受人们的喜爱。

羊毛衫、羊绒衫是洗衣店常见的衣物，也是重点洗涤衣物之一，同时也是容易出现事故和问题的衣物。羊绒衫按照标准用料应为山羊绒，但山羊绒很少，价格昂贵，被称为"软黄金"。因此，羊绒衫用料多为细羊毛。细羊毛以澳大利亚产的美利奴绵羊细羊毛为上品。有的羊绒衫混有兔毛，还有的与腈纶混纺。从洗涤的角度看，毛绒衫的款式可以分为两种类型：第一种是常规型；第二种是有珠钻等装饰物以及皮革滚边、镶条的毛绒衫。第二种类型不仅存在缩绒问题，而且纤维与配饰、附件的洗涤要求相矛盾。

✚ 一、毛绒衫的特点和洗涤中容易出现的事故和问题

常规型毛绒衫在洗涤中容易出现的事故或问题主要有以下几种。

(1) 缩绒 羊毛织物缩绒包括缩水与毡缩。羊毛织物适宜干洗，有时需要水洗，但水洗受到水温的限制，容易缩绒，"丝光毛"目的是防缩，但是实践证明"丝光毛"照样缩绒（详见第二章第二节六、毛纤维第 20 页）。

(2) 松懈肥大 真正的山羊绒虽然也有鳞片，但与绵羊毛不同，鳞片"发育不全"，水洗并不缩绒，而是松懈肥大、袖身细长。在实际工作中，用上乘绵羊细羊毛生产的羊绒衫和真正山羊绒生产的羊绒衫，并不容易区分。

(3) 饰品、附件损伤、溶解 为了美观，许多毛绒衫镶嵌了合成树脂珠钻等饰品。这些饰品有许多不耐干洗溶剂和其它部分溶剂，有的可被溶解。甚至同一件毛绒衫上镶嵌的珠钻，干洗后有的被溶解，有的完好如初。

(4) 皮革附件掉色洇染 有的毛绒衫使用真皮作为镶边、滚条或附件。如果是染料染色真皮，无论是干洗还是水洗都会掉色洇染。还有的毛绒衫用人造革作为附件，如果是人造革不耐干洗溶剂，会变硬、裂口、变形。

(5) 化学药剂损伤纤维 毛纤维耐化学药剂性能较差，使用不当会损伤纤维，尤其是氯漂。去渍不可使用含氯氧化剂和碱类去渍剂。剥色可使用双氧水、保险粉，温度不可过高。

✚ 二、常规型毛绒衫的洗涤

毛绒衫适宜干洗。干洗应选择缓和程序，应采取保护性措施，一般是套一个网袋，必要时可套两个网袋。毛绒衫穿用时间较长或洗涤次数较多，衣物的手感发生了变化，不如当初蓬松柔软，浅色的越来越暗，有些蛋白质类的污垢不能除去，甚至留下斑斑黄渍。有效的解决办法是水洗。

水洗不可机洗，只能手工水洗。水洗要注意如下几点。

① 要使用中性洗涤剂，一般剂量为 2～10 毫升/件，不可过多使用洗涤剂。

② 水温最佳为 25～30℃。经日本有关专家测试研究表明，毛纤维鳞片约在 20℃时开始张开，而穿在人身上的毛织物通常是在 20℃以上，所以有一部分鳞片处于张开状态。如果用冷水洗涤，鳞片就会闭合起来，使得污垢难以洗掉。如果水温过高会导致缩绒和纤维的破坏，40℃是变化的临界点；55～60℃是明显变化的临界点。

③ 搓洗在各种洗涤方式中摩擦力最大，搓洗会加剧毡缩。因此手洗要轻轻揉搓，应尽量减少搓洗；有的要采取温柔的挤洗方式。

④ 用柔软剂浸泡 3～5 分钟，浓度为 1.7 毫升/件。

⑤ 最后漂洗要用冰醋酸过酸，浓度一般为 0.5%～1.5%，掉色严重的在洗涤过程中自始至终要加入冰醋酸。

⑥ 脱水时间要短，甩干桶旋转达到最高速时即可关闭电源自然停机。毛绒衫在甩干过程中容易出现松懈、肥大、伸长、变形的问题，因此甩干时宜用白毛巾包裹甩干。晾干时用 2～3 个衣架平挂，防止抻长；需要阴干。

⑦ 毛绒衫不宜烘干。

✚ 三、带有珠钻等装饰物毛绒衫的洗涤

带有珠钻等饰品以及树脂纽扣的毛绒衫，应当将这些饰物拆卸下来干洗；如果拆卸不了，应经过四氯乙烯擦拭确认不会溶解，要将这些饰物和纽扣用白布或锡纸包裹起来，装网袋干洗。对于很脏的毛绒衫，应当选择水洗，在防范措施做好以后，水洗的方法与上述常规型毛绒衫的洗涤方法相同。此类衣物在收洗时应向顾客说明，并同意签字。

✚ 四、带有染料染色真皮附件毛绒衫的洗涤

染料染色真皮作为附件的毛绒衫干洗掉色洇染轻于水洗。干洗时不可涂抹皂液或枧油，尤其是靠近染色真皮的部位不可涂抹；干洗温度不可超过 30℃；洗涤时间不要过长。

染色真皮附件毛绒衫确认需要水洗，要采取如下措施。

① 要单件手洗，不可浸泡，不可停顿，要连续进行。

② 洗涤剂使用中性洗涤剂，不可使用碱性洗涤剂。

③ 在洗涤过程中要自始至终加入冰醋酸固色；用量可比其它毛绒衫过酸适当增加。

④ 真皮染料掉色造成洇色，在洗涤中发生，在晾干时形成。因此毛绒衫洗完脱水之后，要用去渍枪喷气迅速将毛绒衫与真皮接触部分打干，杜绝洇色的可能性。在挂晾时莫让真皮附件部位与衣物潮湿处接触。

在收洗这类衣物时一定要向顾客说明，并同意签字。

✚ 五、毛绒衫的漂白

洗衣店常用的漂白剂有氧化剂次氯酸钠、双氧水和还原剂保险粉。次氯酸钠对羊毛纤维有致命损伤不可使用，因此羊毛织物的漂白可以使用双氧水和保险粉。

1. 双氧水漂白法

双氧水水溶液浓度 3%～4%；手工拎洗，辅以轻揉；水温 50～60℃；水量以没过衣物为准；时间 10～20 分钟，最长一般不超过 30 分钟。需要注意的是，双氧水使用过量和水温过高都会对羊毛造成一定程度的损伤，可能造成二次事故。

2. 保险粉＋双氧水漂白法

第一步，保险粉浓度 1%～2%；水温 50℃左右；水量以没过衣物为准；漂液搅匀后放入衣物；翻动浸透，反复拎洗 3～5 分钟；不可浸泡，不可停顿。观察处理结果，如果颜色

污迹已除，立即进行漂洗。如仅有部分清除，残留部分仍然明显，可追加 1～2 克保险粉，继续进行拎洗漂色操作，直至色迹全部清除。

第二步，衣物漂净后放入双氧水溶液中，浸透后拎洗 2 分钟左右，漂净过酸，脱水晾干。双漂的白度高，稳定性好，不易泛黄。

需要注意的是，羊毛织物浸水缩绒的基本条件是高温与摩擦。因此羊毛织物漂白要权衡利弊，水温不可过高，能用低温不用中温；尽量减少揉搓摩擦。

第七节
毛呢大衣干洗

毛呢大衣适宜低温干洗，不可水洗。毛呢大衣水洗的最大问题是抽缩变形。毛呢大衣适宜干洗后去渍。干洗之前不可涂抹皂液或枧油，否则极有可能造成局部抽缩和咬色。

另有一案例，毛呢大衣干洗后里衬沾染色迹未除掉出现色花，店方用保险粉进行了处理，里衬干净了，但在处理里衬色花时不小心将保险粉溶液浸到了毛呢面料，面料由卡其色变成了红色。类似这种操作不小心出现的问题较多，一定要加倍注意。

第八节
水洗汽车坐垫

随着轿车进入家庭数量猛增，各种汽车坐垫已经成为洗衣店收洗的重要项目之一。汽车坐垫主要分为四类：一是皮毛坐垫；二是内装填充物的棉垫；三是亚麻坐垫；四是布垫和座套。

1. 干洗毛垫

汽车皮毛坐垫主要是羊毛坐垫。羊毛坐垫一般分为两种：一是皮板毛垫；二是背面用布料缝制，有的中间还加有衬布和填充物。羊毛坐垫的洗涤方法与裘皮服装的洗涤方法大致相同。要采取低温干洗、低温烘干的方法。如果有海绵为填充物，一定要拆开取出，洗完重装缝合。海绵可以被干洗溶剂溶解。

羊毛坐垫使用时间较长会出现发黄、重垢、羊毛擀毡现象。对于发黄的可以用保险粉或双氧水漂白（详见第四章第九节十、裘皮毛被泛黄的漂白第94页）。重垢、擀毡的毛垫一般不能完全恢复原貌或理想的程度，在收洗时要对顾客说明。

2. 水洗棉垫

棉垫都有填充物，有的是絮棉，有的是海绵，还有的是碎海绵用黏胶压成的海绵絮片。棉垫适宜水洗，正常的程序是先去渍后洗涤，洗涤方式有两种：一是手工刷洗；二是机洗。

棉垫水洗易出现的问题主要是：第一，絮棉机洗滚包，其原因基本是贪图省事造成，防止滚包的方法是手工刷洗，如果采取机洗，填充絮棉的坐垫必须水洗前用结实的缝线将棉垫横竖多行缝牢，确保在洗涤摔打过程中不滚包；第二，海绵絮片坐垫机洗，没有相应措施捶打必然破碎无疑。因此，洗涤之前必须将海绵及海绵絮片取出，洗后重新装入缝合。海绵絮片坐垫机洗并非一定破碎，如果机洗必须满负荷，确保在机洗过程中没有滚动捶打现象。

机洗絮棉坐垫和海绵絮片坐垫，不可贪图省事。省事一分，处理麻烦十分，而且需要购新更换造成经济损失。

3. 水洗麻垫

麻垫硬挺、分量重，基本上都是由麻条编织而成的。麻垫适宜水洗。可以手工刷洗，也可以去渍后机洗。机洗必须满负荷装机，勿使在洗涤过程中出现滚动捶打现象。如果滚动捶打容易造成磨损。

麻垫的颜色分为两种：一是绝大部分为编织前麻条染色；二是编织后低温喷染。麻条编织前染色的，相对来说色牢度较好，在水洗过程中不掉色或掉色较轻，一般不会出现颜色污染；编织后低温喷染的麻垫则色牢度极差，尤其是紫色、红色、黑色等深颜色，只要浸水便迅速严重掉色，令人猝不及防，而又极难处理。即便干洗也会掉色。因此喷染的麻垫，特别是颜色鲜艳的喷染花色麻垫，洗涤前一定要用湿棉签擦拭检验，没有问题再进水洗涤。在收洗这类麻垫时必须向顾客说明，如果太脏不得不洗，其方法是：第一，手工刷洗；第二，刷洗用水兑入 2%～3% 的冰醋酸。

4. 洗涤汽车坐垫的增值服务

汽车坐垫的绳带、挂钩在使用中多有损坏，在打包之前必须给予更换和修补。此项服务可以收费，也可以免费。一般来说，毛垫绳带、挂钩的更换和修补是免费的，因为干洗毛垫的收费较高。是否收费要根据洗衣店的具体情况而定。

第九节
水洗蚕丝被

1. 蚕丝被的标准

2010 年 2 月 1 日新发布的 GB/T 24252—2009《蚕丝被》国家标准规定：蚕丝被是以桑蚕丝绵、柞蚕丝绵为主要原料，经制胎并和胎套绗缝（包括机缝和手工缝）制作而成的。蚕丝被分为纯蚕丝被和混合蚕丝被两类。其中蚕丝含量为 100% 的称为纯蚕丝被，蚕丝含量达到 50% 及以上的称为混合蚕丝被。

蚕丝被拥有冬暖夏凉、防霉、抗菌的天然特性，严冬保暖，盛夏清爽舒适，因此蚕丝被属于上乘之品，售价昂贵。蚕丝被分为三等：优等品，100% 蚕丝，没有经过漂白，没有明显粉尘等；一等品，100% 蚕丝，经过了漂白；合格品，蚕丝含量 50% 以上。

2. 蚕丝被结构与特点

蚕丝被分为三层：第一层是被芯（被絮，蚕丝）；第二层是被芯套，也称内套，由胎套、蚕丝或混合蚕丝组成；第三层是被套，也称被罩，即蚕丝被的贴身外层，材料为真丝织物或纯棉织物。被套毫无疑问是可以洗的，而且需要经常洗涤。蚕丝被使用时一定要罩上被套，尽量不使被子本身沾污。平时以洗涤被套为主，内套一般不宜洗涤，洗涤容易滚胎，失去被絮形态无法使用。洗衣店有责任对顾客宣传这类被子的使用方法。

3. 蚕丝被的洗涤

蚕丝被内胎使用时间长因而较脏，或者被小孩尿湿且有骚味、臭味，不得不水洗。如果整体洗涤，要点如下。

① 使用中性洗涤液或洗涤蔬果的洗涤灵（如立白洗洁精经试纸测试，pH 值为 6.5～7，完全符合要求）。

② 洗涤温度以 30℃ 左右为宜，先将洗涤剂放入水中搅匀，之后将被芯浸入水中浸泡，用手轻柔搓洗或挤洗，洗后不可拧绞，以防丝缕位移、散乱、纠合成团。脱水方法是：应手工规整叠好挤压出水，需甩干应将被芯折叠卷好放入洗衣机内。

③ 只能阴干，不宜暴晒。如果烘干必须采用低温。

④ 不宜熨烫，如需熨烫宜垫布，切忌高温，切忌喷水和使用蒸汽。

蚕丝被保管注意事项是：存放时不要叠压重物，以免变薄、变硬。不可使用樟脑丸等化学药物，以免污染蚕丝。蚕丝被过一段时间需要晾晒，但不可把被子放在烈日下长时间暴晒，这样会造成蚕丝断裂、泛黄。

第十节
衬衫、T恤的洗涤

衬衫、T恤夏季多为外衣，其它季节为内衣，一年四季洗涤量较大，属于洗衣店最常见的衣物之一，换洗率很高。其颜色有素色、有色织、有花型图案；有深色、有浅色、有白色；有印花、有染色；夏季 T恤多有配饰。洗涤中碰到的事故和问题主要有以下几种情况。

第一，色迹沾染。T恤多为纯棉或真丝纤维。总体色牢度不高，有的掉色严重，出现"三色"问题概率较高。

第二，漂白不当，损伤衣物或颜色。衬衫、T恤需要剥色、漂白的概率较高，因此出现问题的概率也较高。药剂咬色、衣领净配比和使用不当，造成咬色。

第三，饰品损坏或刮伤衣物。衬衫、T恤适宜水洗，不适宜干洗，常规类型的衬衫、T恤既可机洗，也可干洗。带有树脂珠钻、金属标牌一类的衣物以及金银粉印花、真丝类衣物不可机洗，只能小心手洗。

第四，对于掉色的衣物要单件手洗，并自始至终加入冰醋酸。在洗涤中简单印花的 T恤万一洇色，水溶液不要倒掉，要迅速完成洗涤用冰醋酸"吊色"。

第十一节
亚麻衣物洗涤

亚麻纤维织物硬挺、粗糙、结构疏松、透气凉爽，因此洗衣店收洗的亚麻服装基本是气候温暖季节穿用的外套，如西装（非正装）、休闲服等，属于常见衣物。亚麻服装既可干洗，也可水洗。由于结构疏松，容易刚丝、并丝，因此不可刷洗；机洗应套袋、缓和洗涤。麻纤维着色率不及棉纤维，在各类纤维织物中色牢度属于较差的一类，所以亚麻服装多为浅色，去渍不当容易去渍过头或咬色。

第十二节
金银丝纱线织物的洗涤

　　金银丝分为两类：一是用金属金银制成，这是高档衣物所用，在洗衣店收洗的衣物中极为少见；二是用树脂材料制成，将聚酯膜切细丝，进行真空镀铝或真空镀铜，形成金银颜色。含有金银丝纱线的织物，光亮明显，有特殊装饰效果，在洗衣店收洗的衣物中属于常见衣物，其织物多为松散面料，一般含量在5%左右。

　　金银丝由于是用合成树脂加工而成，因而它的化学稳定性较差，铝膜不耐碱，银膜不耐酸，银膜接触硫化物会发黑，颜色耐干洗溶剂性能不强，摩擦易脱落。因此这类衣物适宜水洗，不适宜干洗。

第十三节
箱包清洗

　　从清洗的角度，箱包分为两类：一是真皮类箱包；二是人造革与布料箱包。箱包清洗方式只能是手工清洗，其方法是擦洗或刷洗。

1. 真皮箱包的清洗

　　真皮箱包的颜色分为以下两种情况。

　　（1）真皮箱包清洗可用化学溶剂和洗涤用品　真皮箱包大部分是颜料涂饰，如果是染料染色或染料涂饰，会浸水掉色。因此清洗前应检查擦拭。如果掉色要采取措施。

　　（2）涂料（颜料）涂饰的真皮箱包和涂料印花箱包　清洗时应使用洗涤用品，不可使用干洗溶剂或其它化学溶剂。化学溶剂可以使树脂薄膜脱落和印花图案破坏。

2. 人造革与布料箱包

　　人造革箱包主要用料是PVC革与PU革，可以使用各种洗涤用品，不可使用化学溶剂。一般不宜使用去渍剂和其它去渍药剂。布料箱包主要用料是经过树脂整理或树脂涂层的牛津布。适宜各种洗涤用品，慎用化学溶剂、去渍剂和其它化学药剂，尤其是牛津布涂料印花箱包。

第十四节
水洗白色旅游鞋防止泛黄

　　刷洗白色旅游鞋最大的问题是泛黄现象，有的泛黄严重。随着刷洗次数的增多，旅游鞋的泛黄问题会越来越重，极大地影响美观。其原因是遗留的残碱中铁离子造成的。

　　白色旅游鞋刷洗之后不容易漂洗干净，也不方便甩干，因此遗留的残碱较多，这个不大的问题困扰了许多人。为了解决这个问题，白色旅游鞋刷洗晾干时有人用卫生纸敷在鞋的表面，有一定的效果，但效果并不理想。

使用卫生纸的原理是酸碱中和。经 pH 值测试，卫生纸的 pH 值为 5～6，呈弱酸性；1%的冰醋酸水溶液 pH 值约为 4。为防止旅游鞋泛黄，在晾晒之前应该用冰醋酸水溶液浸泡 5～10 分钟，浓度达到 1%即可。

注：冰醋酸纯度为 98%～99.5%，浓度为 1%，一般饮料瓶盖装满冰醋酸为 6.6 克。

第十五节
地毯刷洗后防止泛黄

地毯刷洗后泛黄，尤其是周围的白穗泛黄严重，令人心烦。原因与旅游鞋一样，是由残碱造成的。地毯脏垢严重，所用洗涤剂碱性很高，无论怎样清洗都会遗留很多的残碱，因此最后必须过酸。用冰醋酸中和残碱好于草酸。冰醋酸中和残碱后可直接晾晒；草酸则必须漂洗干净，否则草酸对纺织纤维有腐蚀作用，而且漂洗不净，白色边穗也可以因腐蚀作用而泛黄。冰醋酸过酸浓度可高于白色旅游鞋。

参 考 文 献

[1] 张仁礼，廖文胜编著. 洗衣厂洗涤及洗涤剂配制. 北京：化学工业出版社，2003.
[2] 吴京淼编著. 服装洗涤与去渍技术. 北京：中国物资出版社，2007.
[3] 吴京淼编著. 服装洗涤事故案例分析. 北京. 化学工业出版社，2008.
[4] 王军主编. 功能性表面活性剂制备与应用. 北京：化学工业出版社，2009.
[5] 上海饮食服务公司编著. 洗染技术. 北京：中国财政经济出版社，1987.
[6] 程基沛，黄家玉，许少石编著. 黏胶纤维生产技术问答. 北京：纺织工业出版社，1987.
[7] 魏斌，董盛福编著. 家庭洗涤用品. 北京：轻工业出版社，1986.
[8] 上海市印染工业公司编著. 练漂（印染工人技术读本）. 北京：纺织工业出版社，1984.
[9] 上海市印染工业公司编著. 印染工业基本知识（印染工人技术读本）. 北京：轻工业出版社，1975.
[10] 杜秀章编著. 洗衣师读本. 北京：化学工业出版社，2010.
[11] 吴京淼编著. 服装洗涤化料与应用. 北京：化学工业出版社，2009.
[12] 吴京淼编著. 洗衣技术 300 问. 北京：化学工业出版社，2010.
[13] 刘正超编著. 染化药剂（上下册）. 北京：纺织工业出版社，1978.
[14] 王超义编著. 洗衣师读本（水洗技术）. 北京：化学工业出版社，2009.
[15] 杜秀章编著. 衣物清洗和皮革美容. 北京：化学工业出版社，2010.
[16] 徐宝财，周雅文，韩富编著. 洗涤剂配方设计 6 步. 北京：化学工业出版社，2010.
[17] 上海市印染工业公司编著. 印花. 北京：纺织工业出版社，1983.
[18] 上海市印染工业公司编著. 印染工业基本知识. 北京：纺织工业出版社，1983.
[19] 董盛福编著. 家庭洗涤指南. 北京：北京出版社，1987.
[20] 黄玉媛，陈立志，刘汉淦，杨兴明编. 轻化工助剂配方. 北京：中国纺织出版社，2008.
[21] 李南主编. 纺织品检测实训. 北京：中国纺织出版社，2010.
[22] 蒋耀兴主编. 纺织品检验学. 第 2 版. 北京：中国纺织出版社，2008.
[23] 马建伟，陈韶娟主编. 非织造布技术概论. 第 2 版. 北京：中国纺织出版社，2008.
[24] 上海皮革塑料工业公司编. 皮革整饰. 北京：轻工业出版社，1975.
[25] 翟亚丽主编. 纺织品检验学. 北京：化学工业出版社，2008.
[26] [苏] 英·夏普豪斯著. 制革技术基础. 万克武，魏世林译. 北京：轻工业出版社，1983.
[27] 上海五交化公司编写. 染料商品知识问答. 北京：中国商业出版社，1985.
[28] 田树新，邱培生编著. 灯芯绒·平绒织物生产技术. 北京：纺织工业出版社，1987.
[29] 陈元普主编. 机织工艺与设备. 北京：纺织工业出版社，1982.
[30] [日] 小川安朗著. 服装材料概论. 范守德，赵书经译. 北京：纺织工业出版社，1988.
[31] 赵振河编著. 干洗技术. 北京：化学工业出版社，2010.
[32] 商业部系统中等技工学校试用教材编写组编写. 服装材料知识. 北京：中国财政经济出版社，1990.
[33] 上海市针织工业公司，天津市针织工业公司主编. 针织手册（第一分册）. 北京：纺织工业出版社，1981.
[34] 宋晓霞编著. 针织服装设计. 北京：中国纺织出版社，2006.
[35] 罗仁贵等编著. 丝织原料. 北京：纺织工业出版社，1984.
[36] 陈彤编著. 色织物织造与整验. 北京：纺织工业出版社，1987.
[37] 张永吉，吕绪庸，赵振环，贾文平编著. 制革辞典. 北京：中国轻工业出版社，1999.
[38] 《皮毛裁制技术》编写组编著. 皮毛裁制技术. 北京：轻工业出版社，1985.
[39] 诸哲言，李泰亨编著. 针织. 北京：纺织工业出版社，1982.
[40] 《毛皮生产技术》编写组编著. 毛皮生产技术. 北京：轻工业出版社，1980.
[41] 裘愉发，贺文利编著. 丝织常识问答. 北京：纺织工业出版社，1985.
[42] 日本纤维机械学会，纤维工学出版委员会编著. 纺织最终产品. 北京：纺织工业出版社，1988.
[43] 季仁编著. 古今皮革. 北京：轻工业出版社，1984.
[44] 马建中，卿宁，吕生华编著. 皮革化学品. 第 2 版. 北京：化学工业出版社，2008.
[45] [美] 希克 M J 主编. 纤维和纺织品的表面性能（上）. 杨建生译. 北京：纺织工业出版社，1982.

[46] 吴建彬，沈峦编著. 人造皮革及其制品. 上海：上海科学技术文献出版社，1988.
[47] 天津市第十塑料厂编. 聚氯乙烯人造革. 北京：轻工业出版社，1981.
[48] 上海市毛麻纺织工业公司编. 毛织物染整（上册）. 北京：纺织工业出版社，1987.
[49] 杨丹编著. 真丝绸染整. 北京：纺织工业出版社，1983.
[50] 程时远，李盛彪，黄世强编著. 胶黏剂. 第2版. 北京：化学工业出版社，2008.
[51] ［日］荻原长一著. 皮革生产实践. 王树声，杜明霞译. 北京：轻工业出版社，1988.
[52] 吴宏仁，吴立峰编著. 纺织纤维的结构和性能. 北京：纺织工业出版社，1985.
[53] 《化纤纺织品的性能与使用方法》编写组. 化纤纺织品的性能与使用方法. 北京：纺织工业出版社，1984.
[54] 刘程等编著. 表面活性剂大全. 北京：北京工业大学出版社，1992.
[55] 刘程主编. 表面活性剂应用手册. 北京：化学工业出版社，1992.
[56] 魏斌，董盛福编著. 家庭洗涤用品. 北京：轻工业出版社，1986.
[57] ［日］荻野圭三编著. 合成洗涤剂实用知识. 尚尔和译. 北京：轻工业出版社，1984.
[58] 杨之礼等编著. 纤维素与黏胶纤维（中册）. 北京：纺织工业出版社，1981.
[59] 《化学纤维知识》编写组编著. 化学纤维知识. 北京：科学出版社，1978.
[60] 顾民，吕静兰编著. 工业清洗剂. 北京：中国石化出版社，2008.
[61] 江锡安，胡宁先编著. 黏合剂及其应用. 上海：上海科学技术文献出版社，1981.
[62] 钱国坻编著. 染料化学. 上海：上海交通大学出版社，1988.
[63] 郑开耕编著. 聚氧乙烯型非离子洗涤剂. 北京：轻工业出版社，1980.
[64] ［苏］奥依尔斯诺ＧＨ著. 织物组织手册. 董健译. 北京：纺织工业出版社，1984.
[65] 沈阳化工研究院编. 染料工业. 北京：化学工业出版社，1980.
[66] ［苏］布格切夫斯基著. 纤维素纤维磨损的研究. 钱樨成译. 北京：纺织工业出版社，1981.
[67] 徐行，潘忠诚编. 颜色测量在纺织工业中的应用. 北京：纺织工业出版社，1988.
[68] ［苏］古希娜ＫГ主编. 衣料的使用性能及其质量评价方法. 何联华，吴震世译. 北京：纺织工业出版社，1988.
[69] ［苏］帕克什维尔ＡＢ主编. 化学纤维性能和加工特点（上下册）. 吴震世，何联华译. 北京：纺织工业出版社，1981.
[70] ［日］樱田一郎著. 纤维的化学. 戴承渠，章谭莉译. 北京：纺织工业出版社，1982.
[71] 金壮，张弘编著. 纺织新产品设计与工艺. 北京：纺织工业出版社，1991.
[72] 蔡陆霞主编. 织物结构与设计. 北京：中国纺织出版社，1992.
[73] 天津市纺织工业局《物资管理》编写组. 毛纺原料·绵羊毛. 天津：天津科学技术出版社，1987.
[74] 王革辉主编. 服装材料学. 北京：中国纺织出版社，2010.
[75] ［日］日本纤维机械协会工学出版社编. 纤维的形成结构及性能. 丁亦平译. 北京：纺织工业出版社，1988.
[76] 崔栋良，聂跃华编著. 扎染技法. 北京：纺织工业出版社，1992.
[77] 唐从生编著. 日用皮革制品. 上海：上海科学技术文献出版社，1987.
[78] 钱家麒编著. 制革. 北京：轻工业出版社，1979.
[79] ［法］波雷Ｊ著. 皮革加脂方法及原理. 北京：轻工业出版社，1986.
[80] 孙静编著. 制革生产技术问答. 北京：轻工业出版社，2009.
[81] 徐穆卿编. 印染试化验. 北京：纺织工业出版社，1985.
[82] 上海市印染工业公司编. 印染手册（上册）. 北京：纺织工业出版社，1978.
[83] 上海市第一织布工业公司编. 色织物设计与生产（上册）. 北京：纺织工业出版社，1982.
[84] ［苏］麦利尼科夫ＢＨ等著. 纺织材料染色工艺现状和发展前景. 何联华译. 北京：纺织工业出版社，1986.
[85] 孙铠，蔡再生主编. 染整工艺原理（第一分册）. 北京：纺织工业出版社，2008.
[86] 孙铠，沈淦清主编. 染整工艺原理（第二分册）. 北京：纺织工业出版社，2008.
[87] 王宏主编. 染整技术（第三册）. 北京：纺织工业出版社，2008.
[88] 徐穆卿编著. 新型染整. 北京：纺织工业出版社，1984.
[89] 丁中传，杨新玮编. 纺织染整助剂（第三分册）. 北京：纺织工业出版社，1988.
[90] 袁国松编著. 时装设计款式手册. 上海：上海科技出版社，1990.
[91] 李锦华主编. 染整工艺设计. 北京：中国纺织出版社，2009.
[92] 杨秀稳主编. 染色打样实训. 北京：中国纺织出版社，2009.

[93] 沈志平主编. 染整技术（第二册）. 北京：中国纺织出版社，2009.

[94] ［美］琳·库利斯. 手工染. 传神译. 北京：化学工业出版社，2011.

[95] 刘玉宝，刘玉红编著. 服装结构设计大系. 沈阳：辽宁科技出版社，2002.

[96] 陈国强等编著. 纺织品整理加工用化学品. 北京：中国纺织出版社，2009.

[97] ［英］兰伯恩，斯特里维编著. 涂料与表面涂层技术. 苏聚汉等译. 北京：中国纺织出版社，2009.

[98] 廖选亭主编. 染整设备（第一分册）. 北京：中国纺织出版社，2009.

[99] 《制革手册》编写组. 制革手册. 北京：轻工业出版社，1977.

[100] ［德］沃尔默特 B 著. 高分子化学基础. 黄家贤等译. 北京：化学工业出版社，1986.

[101] 胡金生，曹同玉，刘庆普编. 乳液聚合. 北京：化学工业出版社，1987.

[102] 侯玉芬，吴祖望，胡家镇编. 颜色有机分子结构. 北京：化学工业出版社，1988.

[103] ［日］阿部芳朗著. 洗涤剂通论. 张金廷，张锦德译. 北京：中国轻工业出版社，1992.

[104] ［瑞士］詹达利，威德曼著. 热塑性聚合物. 陆立明等译. 上海：东华大学出版社，2008.

[105] 章苏宁主编. 化妆品工艺学. 北京：轻工业出版社，2007.

[106] 李明阳主编. 化妆品化学. 北京：科学出版社，2010.

[107] 廖隆理主编. 制革化学与工艺学. 北京：科学出版社，2011.

[108] 周华龙，何有节主编. 皮革化工材料学. 北京：科学出版社，2010.

[109] ［英］爱尔兰 P J 著. 时装部件和装饰设计大全. 吕逸华等译. 北京：中国计量出版社，1991.

[110] 陈乐怡编著. 合成树脂及塑料速查手册. 北京：机械工业出版社，2006.

[111] 詹环宇主编. 纤维化学与物理. 北京：科学出版社，2010.

[112] 曾林泉编. 纺织品印花 320 问. 北京：中国纺织出版社，2011.

[113] 纺织部化纤局. 化纤产品目录. 1983.

[114] 上海印染工业行业协会，《印染手册》编修委员会编著. 印染手册. 第 2 版. 北京：中国纺织出版社，2003.

[115] 倪云波主编. 毛纺织染整手册（下册）. 第 2 版. 北京：中国纺织出版社，1998.

[116] 刘正超编著. 染化药剂. 北京：纺织工业出版社，1995.

[117] 薛迪庚，马兰宇编著. 印染技术 500 问. 北京：中国纺织出版社，2006.

[118] 周宏湘编. 印染技术 350 问. 北京：中国纺织出版社，1995.

[119] 王菊生，孙铠主编. 染整工艺原理（第一册）. 北京：中国纺织出版社，2011.

[120] 贺良霞，季莉，邵改芹编著. 涤纶及其混纺织物染整加工. 北京：中国纺织出版社，2009.

[121] 郑光洪，冯西宁. 染料化学. 北京：中国纺织出版社，2001.

[122] 陈荣圻，王建平编著. 禁用染料及其代用. 北京：中国纺织出版社，1995.

[123] 唐玉民编. 染整生产疑难问题解答. 北京：中国纺织出版社，2004.

[124] 林细姣主编. 染整试化验. 北京：中国纺织出版社，2005.

[125] 陶乃杰主编. 染整工程（第三册）. 北京：中国纺织出版社，2001.

[126] 刘广文编著. 染料加工技术. 北京：化学工业出版社，1999.

[127] ［英］迈尔斯 L W C 主编. 纺织品印花. 岑乐衍等译. 北京：纺织工业出版社，1986.

[128] 董永春，滑钧凯编著. 纺织品整理剂性能与应用. 北京：中国纺织出版社，1999.

[129] 宋心远，沈煜如编著. 新型染整技术. 北京：中国纺织出版社，1999.

[130] 陈金芳编著. 精细化学品配方设计原理. 北京：化学工业出版社，2008.

[131] 周美凤主编. 纺织材料. 上海：东华大学出版社，2010.

[132] 史江恒，白彦岭主编. 新编实用化学配方手册. 北京：中国建材工业出版社，2004.

[133] 邢声远主编. 常用纺织品手册. 北京：化学工业出版社，2012.

[134] 董川，双少敏，卫艳丽等编著. 环保色料与应用. 北京：化学工业出版社，2009.

[135] 程万里主编. 染料化学. 北京：中国纺织出版社，2012.

[136] 顾平主编. 织物组织与结构学. 上海：东华大学出版社，2010.

[137] 徐宝财编著. 日用化学品——性能、制备、配方. 北京：化学工业出版社，2007.

[138] 章友鹤主编. 棉纺织生产基础知识与技术管理. 北京：中国纺织出版社，2011.

[139] 曾凡瑞，贾显灿主编. 洗涤剂生产技术. 北京：化学工业出版社，2011.

[140] 李东光主编. 液体洗涤剂配方手册. 北京：化学工业出版社，2010.

[141] 宋小平，韩长日主编. 洗涤剂实用生产技术 500 例. 北京：中国纺织出版社，2011.

[142] 蔡苏英主编. 纤维素纤维制品的染整. 北京：中国纺织出版社，2011.

[143] 曲建波等编著. 合成革工艺学. 北京：化学工业出版社，2010.

[144] [以] 利温 M，[美] 塞洛 S B 主编. 纺织品功能整理（上下册）. 王春兰译. 北京：纺织工业出版社，1992.

[145] 《树脂整理应用技术》编写组. 树脂整理应用技术. 北京：纺织工业出版社，1987.

[146] 时涛，金小芳编著. 皮具品鉴. 北京：中国纺织出版社，2010.

[147] 北京福奈特洗衣服务有限公司. 洗衣技术通汇.

[148] 北京福奈特洗衣服务有限公司. 事故报告.